| 길잡이 |

건축기계설비
기술사

15개년 용어설명 기출 풀이

예문사

머리말

제4차 산업혁명 시대에서 설비분야는 Smart Grid 설계, Smart City 건립 등 정보통신과 건축물 및 각종 산업을 연결해 주는 핵심 역할을 하고 있습니다. 기계설비법의 제정에 따라 위상이 높아지고 있는 설비분야에서 건축기계설비기술사는 자신의 가치를 인정받을 수 있는 최고의 자격증이라고 생각합니다.

이 설비분야의 기술사 시험은 자신의 견해를 일목요연하게 표현하는 것이 중요합니다. 이론적 지식과 경험만으로는 기술사 시험에 합격하기 쉽지 않으므로 차별화된 견해와 함께 각종 그림과 도표, 적절한 대제목 및 ITEM을 구성하여 답안지에 담을 수 있어야 합격에 한발 더 다가갈 수 있습니다.

본 수험서는 최근 10개년 이상의 용어설명 출제문제에 대한 해설을 이론적 지식과 저자의 경험 및 견해를 바탕으로 구성하였습니다. 또한 최대한 시각화를 할 수 있도록 도표 및 그림, 대제목과 ITEM을 적절히 배치하여 최대한 시각화하였습니다. 이에 본 수험서는 다음과 같은 사항에 입각하여 여러분의 합격을 돕기 위해 노력하였습니다.

■ 이 책의 특징과 구성

1. **최근 15년간 출제된 용어설명 기출문제에 대한 해설로 구성**
   최근 15년간 출제된 용어설명의 기출문제에 대한 해설을 이론적 사항과 현재의 경향성을 근거로 작성하였습니다.

2. **출제경향 파악이 용이하도록 문제별 출제 회차 표기 수록**
   문제별 출제 회차의 표기로 다수 출제된 중요문제의 선별을 용이하도록 하였으며, 최근 기출되는 문제를 통한 경향성을 파악할 수 있도록 하였습니다.

3. **실제시험에 적용할 수 있는 대제목 및 ITEM, 그림 및 도표 활용**
   실제시험에서 적용 가능한 대제목 및 ITEM 구성과 활용 가능한 그림 및 도표를 다수 수록하여 수험생들이 실전 대비력을 강화할 수 있도록 하였습니다.

기술사 시험은 공부기간보다 공부방법이 중요한 시험입니다. 어떻게 공부해야 하는지에 대한 방법론을 반영하여 구성하였으므로 최대한 활용한다면 좋은 결과가 있을 것입니다.

끝으로 이 책을 출간하는 데 애써 주신 예문사 임직원 여러분, 책의 출간을 독려해 주신 종로기술사학원 관계자 여러분, 설비분야에 대해 조언을 아끼지 않으신 대학원 교수님과 연구원들 그리고 늘 힘이 되어 주는 가족에게 깊은 감사의 말씀을 전합니다. 이 책으로 공부하는 모든 분에게 합격의 영광이 있기를 바랍니다.

저자 이석훈

수험정보

▶▶▶ 건축기계설비기술사

건축설비는 우리 인체와 비교하여 건물의 핏줄 및 신경계와 같은 매우 중요한 분야로서 실내외의 환경이 인간과 기타 물체에 적합해지도록 위생설비, 냉난방설비, 환기설비, 공기조화설비, 방재설비 및 기타설비의 계획 및 설계에서 시공, 관리에 이르는 전 과정에 관한 공학적 지식과 기술 그리고 풍부한 실무경험을 갖춘 전문인력을 양성하고자 자격 제도를 제정하게 되었다.

▶▶▶ 건축기계설비기술사 자격시험 안내

- 자격명 : 건축기계설비기술사
- 영문명 : Professional Engineer Building Mechanical Facilities
- 관련부처 : 국토교통부
- 시행기관 : 한국산업인력공단

▶ 시험수수료
  - 필기 : 67,800원
  - 실기 : 87,100원

▶ 출제경향
건축기계설비와 관련된 실무경험, 전문지식 및 응용능력 - 기술사로서의 지도감리 · 경영관리능력, 자질 및 품위

▶ 취득방법
① 시행처 : 한국산업인력공단
② 관련 학과 : 대학 및 전문대학의 건축공학, 건축설비공학, 전기공학 관련 학과
③ 시험과목 : 건축기계설비의 계획과 설계, 감리 및 의장 기타 건축기계설비에 관한 사항
④ 검정방법
  - 필기 : 단답형 및 주관식 논술형(매 교시당 100분, 총 400분)
  - 면접 : 구술형 면접시험(30분 정도)
⑤ 합격기준 : 100점 만점에 60점 이상 득점자

▶ 출제경향

연도	필기			실기		
	응시	합격	합격률(%)	응시	합격	합격률(%)
2024	568	29	5.1	59	24	40.7
2023	546	19	3.5	39	20	51.3
2022	450	22	4.9	57	25	43.9
2021	461	34	7.4	55	31	56.4
2020	354	36	10.2	54	29	53.7
2019	346	34	9.8	69	41	59.4
2018	328	33	10.1	72	32	44.4
2017	387	26	6.7	50	20	40
2016	324	17	5.2	34	20	58.8
2015	379	31	8.2	65	31	47.7
2014	440	32	7.3	69	34	49.3
2013	433	27	6.2	60	24	40
2012	546	38	7	92	40	43.5
2011	560	41	7.3	94	44	46.8
2010	620	61	9.8	122	54	44.3
2009	653	57	8.7	126	63	50
2008	534	63	11.8	127	65	51.2
2007	578	25	4.3	83	44	53
2006	544	48	8.8	80	31	38.8
2005	531	42	7.9	71	39	54.9
2004	514	8	1.6	48	23	47.9
2003	481	40	8.3	95	26	27.4
2002	548	59	10.8	136	70	51.5
2001	579	72	12.4	116	55	47.4
1977~2000	6,591	612	9.3	800	601	75.1
소 계	18,295	1,506	8.2	2,673	1,486	55.6

▶▶▶ 건축기계설비기술사 출제기준

▶ 필기시험

직무분야	건설	중직무분야	건축	자격종목	건축기계설비기술사	적용기간	2023.1.1.~2026.12.31.

직무내용 : 건축설비분야에 관한 고도의 전문지식과 실무경험에 입각한 계획, 연구, 설계, 분석, 시험, 운영, 시공, 평가, 진단, 감리(사업관리) 또는 이에 관한 지도 등의 기술업무 수행

검정방법	단답형 / 주관식 논문형	시험시간	400분(1교시당 100분)

시험과목	주요항목	세부항목
건축기계설비의 계획과 설계, 감리 및 의장, 그 밖에 건축기계설비에 관한 사항	1. 건축기계설비관련 공학기본사항	1. 열역학 2. 유체역학 3. 열전달 4. 건축환경 5. 습증기 및 유체의 물리적 성질
	2. 공기조화설비	1. 부하계산　　　　2. 냉·난방설비 3. 공기조화용 기기　4. 열원 및 공조장비 5. 수·빙축열 설비　6. 지역 냉·난방설비 7. 환기 및 공기청정　8. 특수공조설비 9. 산업공조설비
	3. 위생설비 및 반송설비	1. 급수 및 급탕설비 2. 오·배수설비 3. 오수, 중수도, 우수 처리설비 4. 위생장비 및 기구 5. 서비스 설비 및 반송설비 6. 가스설비
	4. 건축설비 설계	1. 공기조화설비 계획 및 설계 2. 위생설비 계획 및 설계 3. 설비자동제어 계획 및 설계 4. 산업공조설비 계획 및 설계 5. BIM(Building Information Modeling)과 3차원 설계 6. LCC(Life Cycle Cost) 7. 설비적산 8. 설비시스템검토 9. 설계검증 시뮬레이션
	5. 건축시공감리 및 사업관리	1. 설계도서검토 2. 시공계획수립 3. 관련법규검토

시험과목	주요항목	세부항목
	5. 건축시공감리 및 사업관리	4. 원가 관리 5. 운전교육과 인수인계 6. 공사착공 관리 7. 감리행정업무 8. 건축설비감리 기술검토 9. 건축설비감리 공정 관리 10. 건축설비감리 품질 관리 11. 기성준공 관리 12. 건축설비감리 환경안전 관리 13. 건축설비 설계감리 14. 기계설비 재료 15. 방음 및 방진 16. TAB(Testing Adjusting and Balancing) 및 커미셔닝 17. CM(Construction Management) 18. 시운전, 준공 및 사후 관리 19. 시공방법 관리
	6. 건축설비 유지 관리 및 리모델링	1. 유지관리 계획 수립 2. 설비리모델링 3. 설비진단 4. 시설물 성능 상태 분석 5. 유지관리 개선사항 피드백 6. 설비운영종합계획 7. 건축설비 유지관리 에너지관리 8. BEMS(Building Energy Management System)
	7. 에너지절약, 친환경(에너지절약 및 건축기계설비와 환경)	1. 건축설비관련 법규와 인증제도 2. 친환경건축 3. ESCO(Energy Service COmpany)사업 4. IAQ(Indoor Air Quality) 5. 신재생에너지 6. 건축물에너지 평가 7. 에너지절약 계획서
	8. 건설공사 환경 관리	1. 공사환경 특성 파악 2. 환경관련규정 검토 3. 환경관련 인·허가 이행 4. 에너지 및 온실가스 저감
	9. Issue 및 Trend	1. 기후변화대책 2. 비구조물 내진설계 등 최신건설기술 동향에 관한 사항 3. 경제성 검토(VE)

▶ 면접시험

직무분야	건설	중직무분야	건축	자격종목	건축기계설비기술사	적용기간	2023.1.1.~2026.12.31.

직무내용 : 건축설비분야에 관한 고도의 전문지식과 실무경험에 입각한 계획, 연구, 설계, 분석, 시험, 운영, 시공, 평가, 진단, 감리(사업관리) 또는 이에 관한 지도 등의 기술업무 수행

검정방법	구술형 면접시험	시험시간	15~30분 내외

면접항목	주요항목	세부항목
건축기계설비의 계획과 설계, 감리 및 의장, 그 밖에 건축기계설비에 관한 전문지식 / 기술	1. 건축기계설비관련 공학기본사항	1. 열역학 2. 유체역학 3. 열전달 4. 건축환경 5. 습증기 및 유체의 물리적 성질
	2. 공기조화설비	1. 부하계산 2. 냉·난방설비 3. 공기조화용 기기 4. 열원 및 공조장비 5. 수·빙축열설비 6. 지역 냉·난방설비 7. 환기 및 공기청정 8. 특수공조설비 9. 산업공조설비
	3. 위생설비 및 반송설비	1. 급수 및 급탕설비 2. 오·배수설비 3. 오수, 중수도, 우수처리설비 4. 위생장비 및 기구 5. 서비스설비 및 반송설비 6. 가스설비
	4. 건축설비 설계	1. 공기조화설비 계획 및 설계 2. 위생설비 계획 및 설계 3. 설비자동제어 계획 및 설계 4. 산업공조설비 계획 및 설계 5. BIM(Building Information Modeling)과 3차원 설계 6. LCC(Life Cycle Cost) 7. 설비적산 8. 설비시스템검토 9. 설계검증 시뮬레이션
	5. 건축시공감리 및 사업관리	1. 설계도서검토 2. 시공계획수립 3. 관련법규검토

면접항목	주요항목	세부항목
	5. 건축시공감리 및 사업 관리	4. 원가 관리 5. 운전교육과 인수인계 6. 공사착공 관리 7. 감리행정업무 8. 건축설비감리 기술검토 9. 건축설비감리 공정 관리 10. 건축설비감리 품질 관리 11. 기성준공 관리 12. 건축설비감리 환경안전 관리 13. 건축설비 설계감리 14. 기계설비 재료 15. 방음 및 방진 16. TAB(Testing Adjusting and Balancing) 및 커미셔닝 17. CM(Construction Management) 18. 시운전, 준공 및 사후 관리 19. 시공방법 관리
	6. 건축설비 유지 관리 및 리모델링	1. 유지 관리 계획 수립 2. 설비리모델링 3. 설비진단 4. 시설물 성능 상태 분석 5. 유지 관리 개선사항 피드백 6. 설비운영종합계획 7. 건축설비 유지 관리 에너지 관리 8. BEMS(Building Energy Management System)
	7. 에너지절약, 친환경(에너지절약 및 건축기계설비와 환경)	1. 건축설비관련 법규와 인증제도 2. 친환경건축 3. ESCO(Energy Service COmpany)사업 4. IAQ(Indoor Air Quality) 5. 신재생에너지 6. 건축물에너지 평가 7. 에너지절약 계획서
	8. 건설공사 환경 관리	1. 공사환경 특성 파악 2. 환경관련규정 검토 3. 환경관련 인·허가 이행 4. 에너지 및 온실가스 저감
	9. Issue 및 Trend	1. 기후변화대책 2. 비구조물 내진설계 등 최신건설기술 동향에 관한 사항 3. 경제성 검토(VE)
품위 및 자질	10. 기술사로서 품위 및 자질	1. 기술사가 갖추어야 할 주된 자질, 사명감, 인성 2. 기술사 자기개발 과제

1장 기초역학

01 | SI 기본단위에 대하여 설명하시오. (89회, 94회, 108회, 110회, 116회) ········· 4
02 | 이상기체에 대하여 설명하시오. (89회, 103회, 116회) ········· 7
03 | 열이동의 3대 프로세스에 대하여 설명하시오. (93회) ········· 8
04 | 열역학 제1법칙과 제2법칙에 대하여 설명하시오. (94회, 97회) ········· 9
05 | 베르누이 정리를 설명하시오. (95회, 118회, 120회) ········· 11
06 | 게이지압과 절대압력에 대하여 설명하고 게이지압, 절대압력, 대기압 및
     진공도와의 관계를 그림으로 나타내시오. (96회, 116회) ········· 13
07 | 유체의 단면변화에 있어서 급확대관과 점진확대관의 손실을 구하는 식을 쓰고,
     설명하시오. (97회) ········· 14
08 | 점성계수 및 동점성계수의 단위를 유도하고 차원 및 단위에 대하여 설명하시오.
     (97회) ········· 16
09 | 토리첼리의 정리에 대한 공식을 유도하고, 설명하시오. (97회, 121회) ········· 18
10 | 열전달 및 유체역학 분야에서 사용되는 무차원 수에 대하여 설명하시오.
     (98회, 101회) ········· 20
11 | 열전도비저항, 열컨덕턴스, 온도구배를 정의하고 상호관계에 대하여 설명하시오.
     (104회) ········· 24
12 | 다음 용어의 개념에 대하여 기본공식을 나타내고 설명하시오. (105회) ········· 25
13 | 수력지름을 설명하고, 수로 단면이 사각형으로 폭 B, 높이 H, 수심 y로
     물이 흐를 경우 수력지름을 산정하시오. (110회, 117회) ········· 27
14 | 다음 물음에 대하여 풀이 과정을 포함하여 설명하시오. (113회) ········· 28
15 | 다음에 대하여 간략히 설명하시오. (114회) ········· 29
16 | 정지한 관 속에 유체가 있으며, 관 상부와 하부 간의 유체 중량당 에너지 차이가
     10m일 때 관 상하부의 압력 차이를 베르누이 방정식으로 구하시오. (114회) ····· 31
17 | 톰슨효과와 줄-톰슨효과를 설명하시오. (116회) ········· 32
18 | 대류열전달과 관련된 무차원 수인 그라쇼프수와 너셀 수에 대하여 설명하고,
     관련식을 설명하시오. (125회) ········· 35
19 | 레이놀즈수의 정의와 레이놀즈수 및 Darcy-Weisbach 식을 이용하여 배관의
     마찰손실수두 구하는 방법을 설명하시오. (126회) ········· 36
20 | 덕트 내의 기류에 대하여 정압과 동압을 베르누이의 정리로 설명하시오.
     (127회) ········· 37
21 | 유체에서 물의 표면장력과 모세관현상에 대하여 설명하시오. (127회) ········· 39

22 | 엔트로피의 개념을 설명하고, 엔트로피가 작은 에너지와 큰 에너지를
사례로 들어 설명하시오. (128회) ··· 40
23 | 열역학 0, 1, 2, 3법칙에 대하여 설명하시오. (130회) ··· 41
24 | 엑서지에 대하여 개념, 효율, 응용방법을 설명하시오. (131회) ··· 43
25 | 국제단위계에서 다음에 대하여 설명하시오. (132회) ··· 44
26 | 이상기체의 상태변화와 관련하여 다음을 각각 설명하시오. (134회) ··· 45
27 | 열전도저항과 열관류저항을 각각 설명하시오. (134회) ··· 47

2장 건축환경

01 | 저방사유리의 특성 및 장점에 대하여 설명하시오. (86회, 101회) ··· 50
02 | 중력환기의 원리에 대하여 설명하시오. (85회) ··· 51
03 | 창문의 단열성능 개선방법을 4개 이상 설명하시오. (85회) ··· 53
04 | 자연채광 시스템의 종류를 2개 이상 설명하시오. (85회) ··· 55
05 | 콜드 드래프트의 개념, 발생원인, 방지대책에 대하여 설명하시오.
(85회, 86회, 103회, 104회, 131회) ··· 57
06 | 상당외기온도에 대하여 설명하시오. (87회, 115회, 118회) ··· 59
07 | 건물 실내 측 벽체 표면결로 예측방법 및 원인, 결로 방지대책에 대하여
설명하시오. (87회, 116회, 122회) ··· 60
08 | 지구온난화의 주원인이 되는 온실가스의 종류와 발생원인 그리고
탄소배출권거래제도에 대하여 설명하시오. (87회, 105회) ··· 61
09 | 엘니뇨 현상과 라니냐 현상에 대하여 설명하시오. (88회) ··· 63
10 | 공조시스템에서 제어되는 실내공기 환경요소에 대하여 설명하시오. (88회) ··········· 64
11 | 진태양시, 평균태양시 및 균시차에 대하여 설명하시오. (89회, 107회) ··· 66
12 | 풍압계수를 정의하고 풍압계수의 이용방안에 대하여 설명하시오. (90회) ··· 67
13 | 열교의 발생원인과 주요 발생부위 및 방지대책을 설명하시오. (90회, 101회) ······ 68
14 | 음압레벨의 정의를 설명하시오. (90회) ··· 69
15 | 기초대사에 대하여 설명하시오. (91회) ··· 70
16 | 수정유효온도에 대하여 설명하시오. (91회) ··· 71
17 | 유효 드래프트 온도와 공기확산성능계수에 대하여 설명하시오. (91회) ··· 72

차례

18 | 차음된 덕트를 통과하는 90dB의 음 에너지가 0.1% 투과되었을 때 차음 덕트의 SRI를 구하시오. (92회) ········· 74
19 | Trombe Wall의 시스템 효율과 SSF에 대하여 설명하시오. (92회) ········· 75
20 | Vertical Sun-Path Diagram에 대하여 설명하시오. (92회) ········· 77
21 | Biomass의 개념 및 특징에 대하여 설명하시오. (93회) ········· 78
22 | 조명설계에서 장막반사 및 해결방안에 대하여 설명하시오. (93회) ········· 79
23 | 재료에 따른 단열재의 종류 및 특성을 설명하시오. (93회) ········· 80
24 | 친환경건축물 인증(녹색건축인증)에 활용되는 비오톱을 수생비오톱과 육생비오톱으로 구분하여 설명하시오. (94회) ········· 84
25 | 동절기 지상높이 h인 아파트 1층 부분에서 실내외에 발생되는 차압을 계산하는 공식을 설명하시오. (94회) ········· 86
26 | 현재 국제적으로 온실가스라고 규정한 물질 6가지를 제시하고, 지구온난화지수와 석유환산톤을 설명하시오. (94회) ········· 87
27 | 건물에서 나이트퍼지의 필요성과 효과에 대하여 설명하시오. (94회) ········· 88
28 | 이중외피 시스템에서 에너지절약이 가능한 개념을 설명하시오. (85회, 95회) ······ 89
29 | 인체의 열적 쾌적감에 영향을 미치는 주된 요소들에 대하여 구분하여 설명하시오. (97회) ········· 91
30 | 유효 드래프트 및 공기확산성능계수의 의미와 이들 관계에 대하여 설명하시오. (98회) ········· 92
31 | 실의 모든 구성 구조체의 온도구배가 제로일 때 환기에 의한 열손실계수에 대하여 설명하시오. (99회) ········· 94
32 | PMV와 PPD에 대하여 설명하시오. (99회, 123회) ········· 95
33 | 건축물에서 발생하는 투습현상에 대하여 설명하시오. (102회) ········· 97
34 | 열섬의 개요, 원인 및 방지대책에 대하여 설명하시오. (102회) ········· 98
35 | 대형 고층건물에 있어 에코샤프트의 기능과 효과에 대하여 설명하시오. (102회, 123회) ········· 100
36 | 온도차 환기에서 중성대의 정의 및 역할에 대하여 설명하시오. (104회, 110회) ········· 101
37 | 실의 온열환경 평가의 개인적인 변수인 착의량은 활동량과 밀접한 관계가 있는 바, 두 변수의 관계에 대하여 설명하시오. (104회) ········· 102
38 | 빛의 특성인 연색성에 대하여 설명하시오. (104회) ········· 103
39 | 패시브 하우스에 대하여 설명하시오. (104회) ········· 104

40 | 열교 부위 단열성능을 열관류율로 평가할 수 없는 이유를 설명하시오. (105회) ·· 105
41 | '건축기계설비공사 표준시방서'에서 정한 보온공사에서 특기가 없는 경우,
보온을 하지 않아도 되는 경우를 (1) 기기, (2) 덕트, (3) 배관시스템 분야로
나누어서 설명하시오. (105회) ·········· 106
42 | 건물의 외단열과 내단열이 난방 및 내부표면결로에 미치는 영향에 대하여
설명하시오. (106회) ·········· 108
43 | 유효 드래프트 온도를 정의하고 콜드 드래프트 현상의 발생원인에 대하여
설명하시오. (107회) ·········· 109
44 | 창호의 열관류율과 일사열취득계수의 특징에 대하여 설명하시오. (107회) ····· 110
45 | 실내공기오염 중의 하나인 라돈가스에 대하여 설명하시오. (108회) ·········· 111
46 | 창의 차폐계수와 일사획득계수의 정의와 각각의 특징을 설명하시오. (108회) ····· 113
47 | 유리의 단열성능 향상방안으로 적용되고 있는 진공창에 대하여 설명하시오.
(108회) ·········· 115
48 | 주광률의 정의와 주광 계획 시 고려사항을 설명하시오. (109회) ·········· 116
49 | 조도의 역자승법칙과 코사인 법칙을 설명하시오. (109회) ·········· 117
50 | 복사열전달에서 방사율, 형태계수를 설명하시오. (110회) ·········· 119
51 | 열관류율의 개념과 열관류율 산출방법에 대하여 설명하시오. (111회) ·········· 120
52 | 실내공기의 오염 발생원과 발생원별 특성에 대하여 설명하시오. (112회) ······ 122
53 | 유리창의 일사열취득계수와 가시광선 투과도를 에너지 소비에 미치는 영향을
포함하여 설명하시오. (113회) ·········· 125
54 | 자연채광방식 중 광덕트 방식과 광섬유 방식을 정의하고, 이들의 차이점을
주요 구성부를 중심으로 설명하시오. (113회) ·········· 127
55 | 글라스울 단열재에 대한 다음 의미를 설명하시오. (113회) ·········· 128
56 | 건물 구조체의 열용량과 타임래그의 관계에 대하여 설명하시오. (114회) ······ 129
57 | 다음 건축물 에너지절약계획서 관련 용어를 간단히 설명하시오. (115회) ······ 130
58 | 중공층 열전달 원리와 열저항이 가장 좋은 공기층 두께에 대하여 설명하시오.
(115회, 118회) ·········· 131
59 | 건축물에서 유리창을 통한 냉난방부하를 감소시키기 위해 개발된 다이내믹 윈도를
정의하고, 필요성 및 종류에 대하여 설명하시오. (118회) ·········· 132
60 | 「건축물의 에너지절약설계기준」에 따른 기밀 및 결로방지를 할 경우 방습층과
단열재가 이어지는 부분의 투습방지 방법에 대하여 설명하시오. (118회) ········· 133
61 | 절대습도와 상대습도를 정의하고, 상호연관성에 대하여 설명하시오. (101회) ····· 134

차례

62 | 건축환경계획 시 지구온난화 조절의 일환으로 녹화시스템을 계획하고 있다. 녹화시스템 중 수평 및 벽면녹화의 개념과 구성요소를 설명하시오. (124회) ····· 135

63 | 서울특별시(지역Ⅱ)에 위치한 공동주택 적용대상 부위의 실내표면온도가 12℃일 때 온도차이비율은 얼마이며, 우각부 결로방지 성능기준이 0.24일 때 결로 유무를 판정하고 결로가 발생할 경우 방지대책을 설명하시오. (126회) ····· 136

64 | 다음의 개구부에 의한 자연환기량 산출식을 쓰고 설명하시오. (126회) ············ 138

65 | 서울의 하지(6/21)와 동지(12/21) 그리고 춘분(3/21) 및 추분(9/21) 때 태양고도를 구하시오. (128회) ··· 139

66 | 다음 먼지와 관련된 용어를 각각 설명하시오. (128회) ································· 140

67 | 서울과 동경지역의 추분날 난방도일 값을 각각 구하고, 구한 난방도일 값으로 무엇을 판단할 수 있는지 설명하시오.(단, 균형점온도는 15℃이다.) (128회) ····· 141

68 | 부산지역의 하지(6월 21일) 때 태양고도와 냉방도일 값을 구하시오. (130회) ···· 142

69 | 패시브하우스의 중요 고려요소(5가지)에 대하여 설명하시오. (130회) ············ 143

70 | 다음의 용어에 대하여 각각 설명하시오. (130회) ··· 144

71 | 「실내공기질 관리법」에서 정하는 "신축공동주택의 실내공기질 권고기준"에 대하여 설명하시오. (130회) ·· 145

72 | 다음 용어에 대하여 설명하시오. (131회) ··· 146

73 | 메트와 클로 단위에 대하여 설명하시오. (131회) ·· 147

74 | 내단열과 외단열 특징을 다음 관점에서 비교·설명하시오. (131회) ················ 148

75 | 유리의 단열간봉에 대하여 기능과 단열간봉 표면에 구멍을 뚫은 이유를 각각 설명하시오. (132회) ·· 149

76 | 예상 불만족율과 예상 평균온열감의 정의와 PMV의 추천 쾌적범위를 설명하시오. (133회) ·· 150

77 | 건축물의 자연환기설비를 분류하고 각각에 대하여 설명하시오. (133회) ·········· 151

78 | 「실내공기질 관리법 시행규칙」[별표 2, 별표 3]과 관련하여 다중이용시설 오염물질 항목별 기준에 대하여 다음을 각각 설명하시오. (134회) ················ 152

79 | 신축 공동주택의 공기질 관련 주요 실내공기 오염물질의 종류와 배출원 및 인체에 미치는 영향, 대응 방안을 설명하시오. (136회) ································ 154

80 | 인체의 온열감을 평가하는 각 지표에 대하여 설명하시오. (136회) ················· 155

3장 기계설비일반

01 | 건축설계 시 천장 내부치수를 결정할 때, 설비적인 측면에서의 고려사항을 설명하시오. (89회, 133회) ······ 158
02 | 기계설비공사 시 시방서의 중요성에 대하여 설명하시오. (94회) ······ 159
03 | 건축물의 공기조화 설계에 있어 공조방식이 결정된 후 구체적 설계에 들어가게 되는데 그 첫 단계로 장치의 계획 설계를 할 때 건축설계자와의 가장 필요한 협의사항을 3가지만 설명하시오. (96회, 99회) ······ 160
04 | 건축기계설비 시스템 계획과 설계상 고려하고 검토되어야 할 근본적인 문제를 설명하시오. (96회, 102회) ······ 161
05 | 건축 및 설비의 통합적 공간계획에 있어서 설비공간의 최적화를 이루기 위하여 검토하여야 할 항목 중 건물계획 전체의 균형을 고려하여 검토하여야 할 사항을 설명하시오. (99회) ······ 163
06 | 건축물 기계설비 시공 시 Shop Drawing이 필요한 곳을 열거하고 설명하시오. (100회) ······ 164
07 | 스마트 그리드의 정의 및 장점에 대하여 설명하시오. (101회) ······ 165
08 | 건축기계설비 공사에서 실행 예산의 의의와 편성 시 유의사항에 대하여 설명하시오. (106회) ······ 166
09 | 중앙집중식 공조가 필요한 건축물의 설계 시 건축기계설비 입장에서 건축설계자로부터 반드시 확보하여야 할 공간 3곳을 설명하시오. (107회) ······ 167
10 | 빌딩 커미셔닝의 업무대상을 열거하고 각 구성원의 책임을 설명하시오. (111회) ·· 168
11 | 기계설비에 사용되는 화학물질에 대한 물질안전보건자료에 대하여 간단히 설명하고, 표준 16개 항목 중 7개 항목을 쓰시오. (113회) ······ 170
12 | 스마트 건설기술에 대하여 설명하시오. (117회) ······ 171
13 | 건축설비공간계획 시 최적화를 이루기 위해 검토되어야 할 사항에 대해 설명하시오. (126회) ······ 172
14 | 건축기계설비의 리모델링에 있어 설비기기의 내구연수와 경제수명에 대하여 설명하시오. (127회) ······ 174
15 | 기계설비 설계도서에 표기되는 도시기호이다. 이 중 ①~⑩ 기호명칭을 쓰시오. (128회) ······ 175
16 | 기계설비 공사 시공계획서 작성 시 다음에 대하여 설명하시오. (129회) ······ 176
17 | 마이크로그리드에 대하여 다음 사항을 설명하시오. (131회) ······ 177
18 | 건축물 기계설비분야의 AI를 활용한 발전 방향에 대하여 설명하시오. (136회) ·· 178

4장 공조부하

01 | 건물 냉방부하의 내용 중 태양의 일사가 실내의 냉방부하로 되는 두 가지 경로를 그림으로 나타내고 각각의 경우에 대한 냉방부하 관계식을 사용하여 설명하시오. (86회) ········· 180

02 | 외기설계온도 TAC의 정의 및 개념도를 설명하고, TAC 1%, TAC 2.5%, TAC 5% 의미를 기술하시오. (86회, 87회, 111회, 136회) ········· 182

03 | 아트리움 공간 내 열환경 문제점 및 해결방안에 대하여 설명하시오. (89회) ····· 184

04 | 공기조화의 과정에서 나타나는 바이패스 팩터를 설명하고, 이를 공기선도에 표시하시오. (91회, 115회) ········· 186

05 | 아래 습공기선도상의 1 → 2 ~ 1 → 9의 상태변화 과정에 대하여 설명하시오. (93회) ········· 188

06 | 연간 에너지 부하 계산을 위한 대한민국 표준기상데이터의 구성요소에 대하여 설명하시오. (94회, 108회) ········· 189

07 | 건물의 난방부하와 열손실을 설명하시오. (99회) ········· 190

08 | 습공기선도 사용법을 설명하시오. (100회) ········· 191

09 | 에너지 진단 프로그램인 ECO2에 대하여 설명하시오. (101회) ········· 192

10 | 공기선도 작성 시 이용하는 열수분비에 대하여 설명하시오. (102회) ········· 193

11 | 연간 열부하계수의 개념과 사무소용 및 상점용 PAL에 대하여 설명하시오. (112회) ········· 195

12 | 기간열부하계산법 및 최대열부하계산법의 특성과 그 부하계산의 목적에 대하여 설명하시오. (113회) ········· 196

13 | 최대 냉방부하 계산에 포함되는 실에서의 일반적인 열획득 요인을 외주부하와 내주부하로 구분하여 쓰시오. (87회, 114회) ········· 197

14 | 공기조화에서 통상 외기 도입량을 1인당 25m³/h로 하는 근거를 설명하시오. (114회) ········· 198

15 | 아래 제시된 습공기선도에서 BF, ADP에 대하여 설명하시오. (115회, 129회) ··· 199

16 | 습공기를 가열, 냉각할 때의 습공기의 성질을 습공기선도를 이용하여 각각 설명하시오. (116회) ········· 200

17 | 다음 냉방부하의 종류에 대하여 각 부하별 세부 내용을 현열 및 잠열로 구분하여 설명하시오. (124회) ········· 201

18 | 냉방부하의 종류 중 잠열에 의한 발생요인에 대하여 설명하시오. (127회) ········ 202

19 | 습공기선도를 도시하고 그 구성요소에 대하여 설명하시오. (130회) ········· 203

20 | 바이패스 팩터를 구하는 방법 3가지를 습공기선도에 나타내고, 계산식을 각각 적으시오. (132회) ·········· 204
21 | 열수분비가 공기조화 시스템 설계 및 운전에서 중요한 역할을 하는 이유 3가지를 설명하시오. (135회) ·········· 205

5장 공기조화

01 | 냉·온수를 열매로 하여 실내에 냉·난방을 하고 있을 때 공기조화기의 급기 풍량 및 온수 코일의 열량을 결정하는 주요 요소에 대해 설명하시오. (85회) ···· 208
02 | 저속치환 공기조화 환기설비의 사용 목적에 대하여 설명하시오. (86회) ············ 210
03 | 덕트설계에 있어서 정압재취득법에 대하여 설명하시오. (86회, 102회, 117회) · 212
04 | 덕트의 시공도 작성 시 유의사항에 대하여 설명하시오. (86회) ············ 214
05 | 가변풍량 방식에서 디퓨저를 선정하고자 한다. 디퓨저 선정 시 고려사항을 설명하시오. (87회) ············ 215
06 | 환기효율의 측정 방법에서 평균공기연령과 평균잔류체류시간에 대하여 설명하시오. (88회, 104회, 109회) ············ 216
07 | 일반 공조시스템 설계 시 조닝을 설정하는 방법에 대하여 설명하시오. (88회) ·· 217
08 | 벌류트펌프의 회전수를 2배로 증가시키면 유량, 양정, 축마력은 어떻게 변동하는지 기술하시오. (87회) ············ 218
09 | FMS와 SBS에 대하여 설명하시오. (88회) ············ 219
10 | 펌프설비에서 얻어지는 이용 가능한 유효흡입양정의 계산식을 쓰고 설명하시오. (88회, 103회, 123회) ············ 221
11 | 펌프의 캐비테이션 방지 방법을 5가지 설명하시오. (99회) ············ 222
12 | 공기냉각·가열 냉온수 코일의 대수평균온도차와 코일열수의 관계를 설명하시오. (88회, 131회) ············ 223
13 | 공조 및 급배수설비 소음의 원인과 방지방안에 대하여 설명하시오. (89회) ···· 224
14 | CFD의 개념 및 필요성에 대하여 설명하시오. (90회, 101회) ············ 226
15 | 밀폐형 냉각탑의 특성과 그 사용처에 대하여 설명하시오. (90회) ············ 227
16 | 에너지절약을 고려한 환기방법에 대한 원칙을 설명하시오. (91회) ············ 228
17 | 환기효율에 대하여 설명하시오. (92회) ············ 229
18 | 바닥취출 공조방식의 장점을 5가지 설명하시오. (92회) ············ 230

» 차례

19 | 공기취출구의 유인비에 대하여 설명하시오. (93회) ········· 231
20 | 펌프 시운전 시 점검사항에 대하여 설명하시오. (95회) ········· 232
21 | 압축공기시스템의 제습용 드라이어 선정 시 고려할 사항을 설명하시오. (95회) ··· 233
22 | 수배관에서 공기 혼입으로 인한 영향과 공기배출방법을 설명하시오. (95회) ····· 235
23 | 냉각탑을 2대 이상 병렬로 설치하는 경우 (1) 연통관 설치 목적을 설명하고, (2) 2대의 냉각탑 병렬 설치 배관도를 도시하시오. (96회) ········· 236
24 | 바닥취출 공조방식의 장점을 설명하시오. (96회) ········· 237
25 | 지하기계실 환기용량에 영향을 주는 인자를 열거 설명하고 수증기 제거를 위한 공급 공기량 산출 공식을 제시하시오. (96회) ········· 238
26 | 대형 고층사무실로서 중심코어로 형성되어 있는 건물의 공조방식을 각 층별 공조방식으로 계획하고자 한다. 이런 경우 층별 기계실의 선정조건과 문제점을 열거하고 건축설계자에게 요구할 필요사항을 설명하시오. (96회) ········· 239
27 | 아래 그림과 같이 건물옥상에 냉각탑이 설치되어 있다. 냉각수 순환펌프 양정 M의 계산식을 유도하시오. (96회, 103회) ········· 241
28 | 수영장은 불특정 다수의 사람들이 항상 안전하게 사용하며 위생적으로도 문제가 없어야 한다. 완벽한 수영장의 설비계획을 수행하려고 하는데, 수영장 설치계획을 추진하는 단계에서 최소한으로 조사하고 정리해야 할 항목들을 설명하시오. (97회) ········· 242
29 | 송풍기의 설치 후 시운전 시에 나타나는 소음과 관련된 dB, SPL, PWL에 대하여 각각 설명하시오. (97회) ········· 243
30 | 퍼스널 공조용 취출기류 설계 시 유의사항을 설명하시오. (98회) ········· 245
31 | 소음의 크기가 같은 팬 8대를 동시에 가동할 경우 합성소음의 크기에 대하여 설명하시오. (99회) ········· 247
32 | 바닥취출 공조방식의 설계 시 고려해야 할 사항을 설명하시오. (99회) ········· 248
33 | 중앙집중관리방식 공기조화설비의 실내공기환경 조건과 환기인자가 CO_2일 때 필요환기량에 대하여 설명하시오. (99회) ········· 249
34 | 탄산가스의 발생량이 0.3m^3/h인 실내 공간에, 환기량을 1,000m^3/h로 할 경우 실내의 탄산가스의 농도를 구하시오. (100회) ········· 250
35 | 덕트계의 소음감쇠의 종류를 열거하고 설명하시오. (100회, 124회) ········· 251
36 | 산업공조설비에 적용되는 HACCP에 대하여 설명하시오. (102회) ········· 252
37 | 펌프 가동 시 펌프흡입구에서 발생하는 편류 및 선회류 방지를 위한 방안에 대하여 설명하시오. (102회) ········· 254

38 | 기계식 환기와 자연식 환기방식을 설명하고 이러한 환기방식이 적용되는
　　실의 용도에 대하여 설명하시오. (102회) ·· 255
39 | 공조기의 취출구, 흡입구를 설계할 시 고려할 사항을 설명하시오. (103회) ······· 258
40 | 냉각탑 성능에 습구온도가 어떠한 영향을 주는지 쓰고, 그 이유를 설명하시오.
　　(105회) ·· 259
41 | 송풍기의 (1) 정압, (2) 동압, (3) 전압에 대하여 설명하시오. (105회) ········· 260
42 | 공조설비시스템에서 혼합손실의 정의와 발생시키는 요인들을 설명하시오.
　　(108회) ·· 261
43 | 에너지 절약적 공조시스템인 Chilled Beam System의 개요와 특징을
　　설명하시오. (108회) ··· 262
44 | 공조배관시스템에서 차압밸브의 기능, 필요성 및 설치 위치에 대하여
　　설명하시오. (108회) ··· 263
45 | 고층건물의 입상건식덕트의 상부 캡에 형성되는 풍압대의 개념과 옥탑층에
　　형성되는 풍압대를 그려 설명하시오. (109회, 120회) ································ 265
46 | 사무소 건물의 기준층 평면 계획 시 설비적 측면의 주요 고려사항에 대하여
　　설명하시오. (111회) ··· 266
47 | 다음의 용어에 대하여 설명하시오. (111회) ··· 267
48 | 덕트 내 공기가 흐를 때 압력을 측정하기 위하여 마노미터 사용 시 정압,
　　동압 및 전압 측정방법을 그림으로 그리고 설명하시오. (111회, 117회) ········· 269
49 | 풍량조절용 댐퍼와 방화용 댐퍼를 비교하여 설명하시오. (111회) ············· 270
50 | 공조기나 덕트용 팬의 선정 시에 온도와 고도 보정의 필요성에 대해
　　설명하시오. (111회) ··· 272
51 | 클린룸 보조설비인 패스박스의 구성과 구조에 대하여 설명하시오. (112회) ······· 274
52 | 전체환기와 비교하여 국소환기의 장점을 설명하시오. (113회) ·················· 276
53 | 펌프에 사용되는 메커니컬 실의 정의와 특징을 5가지 쓰시오. (113회) ········· 277
54 | 펌프의 회전수가 100%에서 50%, 25%로 감소할 때 각각의 유량, 양정 및
　　동력의 변화를 그래프로 나타내고 설명하시오. (113회) ··························· 278
55 | 펌프의 비속도를 설명하시오. (115회, 117회) ·· 279
56 | HEPA Filter와 ULPA Filter에 대하여 설명하시오. (115회) ···················· 280
57 | 천장취출구 공기의 확산반경과 이를 고려한 취출구의 배치기준에 대하여
　　설명하시오. (116회) ··· 281
58 | 펌프의 회전수 1,800rpm, 토출량 1.5m³/min, 소요동력 10kW일 때 회전수를
　　변화시켜 토출량을 1.2m³/min으로 감소시킬 때 동력(kW)을 구하시오. (116회) · 283

» 차례

59 | 클린룸 관리의 4대 원칙을 설명하고, Class 1의 의미를 설명하시오. (116회) … 284
60 | 다음 용어에 대하여 각각 설명하시오. (117회) … 286
61 | 습공기의 가습방법 3가지를 설명하시오. (117회) … 288
62 | 소음 레벨이 60dB인 펌프 4개가 동시에 가동될 때 합성소음 레벨을 계산하시오. (117회) … 290
63 | 실내공기질 개선을 위한 항균기술의 종류 및 특징에 대하여 설명하시오. (118회) … 291
64 | 송풍기의 상사법칙과 원심식 송풍기의 성능곡선에 대하여 설명하시오. (118회) … 293
65 | 냉각탑의 용량제어방법에 대하여 설명하시오. (118회) … 294
66 | 다음의 클린룸 관련 용어를 설명하시오. (118회) … 295
67 | 사무소 건축물에 설치되는 천장매입형 팬코일유닛과 바닥상치형 팬코일유닛 설치 시 성능저하가 발생하는 원인과 해결방안에 대하여 설명하시오. (122회) … 296
68 | 공조기로 실내에 냉난방 시 설치하는 사각형 취출구와 원형 취출구 선정기준에 대하여 설명하시오. (122회) … 297
69 | 사무소 건물의 조닝의 필요성과 공조특성에 대하여 설명하시오. (124회) … 298
70 | 냉각탑의 설치 시 (1) 냉각탑을 지붕층에 설치하는 이유, (2) 옥외 설치 시 유의사항에 대하여 설명하시오. (124회) … 300
71 | 펌프에서 발생할 수 있는 제 현상 중 맥동현상의 (1) 정의, (2) 발생원인, (3) 방지대책에 대하여 설명하시오. (124회) … 301
72 | 공기여과장치인 에어필터의 여과효율 측정방법 3가지를 설명하시오. (124회) … 302
73 | 공기세정기에 의한 가습 시 공기의 상태 변화과정을 다음 그림을 보고 설명하시오. (124회) … 303
74 | 「건축물의 설비기준 등에 관한 규칙」에 규정하고 있는 신축공동주택 등의 자연환기설비 설치기준에 대하여 설명하시오. (124회) … 305
75 | 실내공기질과 관련하여 다음의 환기인자에 대한 필요환기량 산출방법을 설명하시오. (124회) … 307
76 | 흡수식 냉동기의 대온도차 공조시스템에 대하여 설명하시오. (125회) … 309
77 | 송풍기의 토출 및 흡입 측의 덕트 설계와 시공 시 유의사항에 대하여 각각 3가지씩 설명하시오. (125회) … 311
78 | 주차장의 환기설비방식 중 2가지를 설명하시오. (125회) … 312
79 | 덕트클리닝방법 중 덕트리머공법에 대하여 설명하시오. (126회) … 313
80 | 조리흄에 대하여 설명하시오. (126회) … 314

81 | 펌프의 종류 및 일반펌프와 소화펌프의 차이점에 대하여 설명하시오. (127회) ·· 315
82 | DB설계단계별 고려사항을 계획, 중간, 실시단계로 구분하여 설명하시오.
(127회) ··· 316
83 | 다음 용어에 대하여 설명하시오. (127회) ································· 318
84 | 두 사람이 거주하는 체적 40m²의 공동주택 거실에서 실내 CO_2의 최대농도
2,500ppm, 외기 CO_2 농도가 500ppm일 때, 필요환기량(Q : m³/h)과
환기횟수(N : 회/h)를 구하시오. (128회) ··································· 320
85 | 다음의 용어에 대하여 각각 설명하시오. (128회) ····················· 321
86 | 「주택건설기준 등에 관한 규칙」에서 주택의 부엌, 욕실 및 화장실에 설치하는
배기 설비기준에 대하여 설명하시오. (129회) ······················· 322
87 | 펌프에서 발생하는 유동소음에 대하여 설명하고 방지대책에 대하여
설명하시오. (129회) ··· 323
88 | 공기조화설비 설계 시 설계상의 제약사항에 대하여 설명하시오. (129회) ·········· 324
89 | 팬에서 발생할 수 있는 맥동현상의 원인과 방지대책에 대하여 설명하시오.
(131회) ·· 325
90 | 대수평균온도차에 대하여 다음 사항을 설명하시오. (133회) ············· 326
91 | 지하주차장에 환기설비를 이용한 연기배출설비의 다음에 대하여
설명하시오. (132회) ·· 328
92 | 공조용 가습장치의 종류와 각각의 특성을 설명하시오. (134회) ········· 329
93 | 비교회전수(Specific Speed)를 이용하면 임펠러 형상의 척도를 알 수 있다.
그 이유에 대하여 설명하시오. (134회) ·································· 331
94 | 송풍기의 상사법칙에 대하여 설명하고, 동력을 절감하기 위하여 검토해야
할 내용에 대하여 설명하시오. (135회) ·································· 332
95 | 덕트 설계 시 사용하는 정압재취득법의 원리 및 장점에 대하여 설명하시오.
(135회) ··· 333
96 | 수배관에 설치되는 감압밸브 설치 시 검토되는 캐비테이션 지수에 대하여
설명하시오. (135회) ··· 334
97 | 전동기의 속도를 제어하는 장치인 인버터에 대하여 설명하시오. (135회) ········· 335
98 | 공조시스템에서 내주부와 외주부를 구분하는 이유에 대하여 설명하시오.
(136회) ··· 336

6장 난방설비

01 | 우리나라 공동주택의 바닥복사난방의 장점을 실내 온열환경의 쾌적성과 에너지 절약적 측면에서 설명하시오. (86회) ········· 338
02 | 온수바닥난방의 설계순서를 기술하시오. (91회) ········· 339
03 | 보일러의 출력을 구분하여 기술하시오. (91회, 125회) ········· 340
04 | 증기배관에서 증기트랩 설치기준과 Short Circuiting 현상에 대하여 설명하시오. (93회, 107회) ········· 341
05 | 증기트랩의 점검 항목 및 방법을 설명하시오. (95회) ········· 343
06 | 우리나라 전통 구들방식과 현대적 온돌방식의 차이와 전통 구들의 현대적 적용방안을 설명하시오. (96회) ········· 344
07 | 보일러 절탄기의 설치위치, 구조 및 기능, 장단점에 대하여 설명하시오. (86회, 97회, 100회) ········· 346
08 | 증기 및 온수 방열기의 표준방열량에 대하여 설명하시오. (99회) ········· 347
09 | 「건축물의 설비기준 등에 관한 규칙」 중 개별난방설비에 대하여 설명하시오. (100회) ········· 348
10 | 팽창탱크의 설치목적을 설명하고 개방식과 밀폐식 방식을 비교하시오. (104회) ········· 350
11 | 바닥복사 냉방시스템의 표면결로 방지 대책을 설명하시오. (105회) ········· 351
12 | 물에 대한 경도를 정의하고, 경도가 높은 물을 보일러에 사용했을 때 나타나는 현상을 설명하시오. (105회, 117회) ········· 352
13 | 392K의 중온수가 흐르고 있는 내경이 100mm, 외경이 104mm인 강관의 1m당 방열량을 계산하시오. (106회) ········· 353
14 | 저온수 난방설비의 설계순서와 유의사항에 대하여 설명하시오. (106회) ········· 354
15 | 지역난방방식의 공동주택 기계설비의 자동제어 관제점을 제어, 계측 그리고 경보로 구분하여 설명하시오. (110회) ········· 355
16 | 난방설비의 용량을 표시하는 방법 3가지를 설명하시오. (110회) ········· 356
17 | 온수난방 배관을 단관식에서 복관식으로 변경할 때의 효과와 직접환수방식을 역환수방식으로 변경할 때의 효과에 대하여 설명하시오. (110회, 112회) ········· 358
18 | 증기주관에서 증기지관 분기 시 연결 방법을 그림으로 그리고 설명하시오. (111회) ········· 360
19 | 증기보일러의 효율을 식으로 표현하고, 증기보일러의 종류에 따른 효율에 대하여 설명하시오. (112회) ········· 361

20 | 원통형 보일러에서의 원주방향응력과 축방향 응력의 크기를 안전관점에서
비교 설명하시오. (113회) ··· 362
21 | 증기보일러의 캐리오버에 대하여 설명하시오. (115회) ····························· 363
22 | 연소 시 배출되는 응축성 먼지에 대하여 설명하시오. (116회) ··················· 365
23 | 증기보일러 운전 중 프라이밍 현상과 포밍 현상을 설명하시오. (116회) ········· 366
24 | 캐스케이드 시스템에 대하여 설명하시오. (116회) ····································· 367
25 | 증기난방설비에서 사용하는 펌핑 트랩에 대하여 설명하시오. (117회) ········· 369
26 | 증기의 건도와 재증발 증기에 대하여 각각 설명하시오. (90회) ················· 370
27 | 보일러 정격출력 320kW, 효율 80%, 연료의 저위발열량 40,000kJ/kg일 때,
연료소비량(kg/h)을 구하시오. (123회) ··· 371
28 | 난방 배관계에서의 물의 팽창과 관의 신축에 대하여 설명하시오. (125회) ········· 372
29 | 보일러의 능력을 나타내는 다음의 출력표시방법에 대하여 설명하시오. (125회) 373
30 | 다음과 같은 저장용기의 내용적을 구하시오. (125회) ····························· 374
31 | 보일러 운전자가 보일러를 1시간 정도 가동 중 수면계를 보고 보일러 내에
물이 없는 것을 확인하여, 급하게 수동으로 급수펌프를 가동하여 보일러 내
급수를 공급하였다. 얼마 후 보일러가 폭발하였는데 그 이유를 관계식을 이용하여
설명하시오. (128회) ··· 375
32 | 보일러의 이상현상을 설명하는 다음 용어에 대한 정의와 발생원인에 대하여
설명하시오. (131회) ··· 376
33 | 급수로부터 소요증기를 발생시키는 보일러의 증발률과 효율에 대하여
설명하시오. (132회) ··· 377
34 | 보일러의 폭발사고를 예방하기 위하여 설치하는 안전장치에 대하여 설명하시오.
(132회) ·· 378
35 | 「에너지이용 합리화법」에 의한 캐스케이드 보일러의 정의를 설명하시오.
(133회) ·· 379

7장 위생 및 배관설비

01 | 위생기구가 구비하여야 할 조건을 설명하시오. (85회) ····························· 382
02 | 오수정화시설 중 장기폭기 방법의 장단점을 설명하시오. (85회) ············· 384
03 | 급수의 수질을 개선하기 위한 정수처리과정 5가지를 순서대로 열거하고
설명하시오. (86회) ··· 385

» 차례

04 | 위생/배관에서 대변기를 세정방식에 의하여 분류하고, 로탱크방식과
플러시밸브방식의 장단점에 대하여 설명하시오. (86회) ·········· 386
05 | 위생/배관에서 사용되는 BOD, COD, DO에 대하여 설명하시오.
(86회, 87회, 93회, 98회) ·········· 388
06 | 배수트랩의 봉수 파괴 원인에 대하여 5가지만 기술하시오. (87회) ·········· 389
07 | 배관 마찰손실수두에 대하여 설명하시오. (88회) ·········· 390
08 | 건축물 지붕 층에 루프드레인을 설치하고자 할 때 RD 크기와 수량을
결정하는 요소에 대하여 설명하시오. (88회) ·········· 392
09 | 배수관 관경 결정 시의 유의사항을 설명하시오. (89회) ·········· 393
10 | 매립배관과 슬리브 공사에서 중점적으로 점검하여야 하는 항목들을 설명하시오.
(88회) ·········· 394
11 | 통기방식의 종류를 나열하고 설명하시오. (90회) ·········· 395
12 | 배수 저류탱크와 배수펌프의 용량 결정방법에 대하여 설명하시오. (90회) ·········· 397
13 | 볼 조인트의 특성과 사용처에 대하여 설명하시오. (90회) ·········· 398
14 | 오수처리방법 중 활성오니법의 종류와 그 특징에 대하여 설명하시오. (91회) ·········· 399
15 | 건물 배수설비 중 배수수직관에서의 종국유속과 종국길이에 대하여 설명하시오.
(91회, 115회, 129회) ·········· 401
16 | 체크밸브의 작동방식에 따른 종류를 구분하여 구조도를 그리고, 그 기능을
설명하시오. (91회) ·········· 402
17 | 동수구배, 온도구배 및 습압구배에 대한 각각의 정의와 단위를 설명하시오.
(92회) ·········· 404
18 | 발포 존의 생성원인 및 방지대책에 대하여 설명하시오. (92회, 99회, 111회) ·········· 406
19 | 관경 균등표에 의한 급수관경의 결정 순서에 대하여 설명하시오. (92회) ·········· 408
20 | 급수배관에 설치하는 위생기구용 워터해머 흡수기의 설치기준에 대하여
설명하시오. (94회) ·········· 409
21 | 그림과 같은 압력탱크 급수방식에서 (1) 필요 최저급수압력, (2) 허용 최고
급수압력, (3) 유효수량을 식으로 나타내시오. (92회) ·········· 411
22 | 위생기구에서 급수부하단위에 대하여 설명하시오. (93회) ·········· 412
23 | 건축물에 설치되는 급수설비에서 오염의 원인과 오염방지대책에 대하여
설명하시오. (94회) ·········· 413
24 | 고가수조의 수질오염 원인 및 대책에 대하여 설명하시오. (95회) ·········· 415
25 | 안전밸브의 헌팅 현상에 대하여 설명하시오. (95회) ·········· 418

26 | 수세식 변기 세정방식에 대하여 설명하시오. (96회) ·· 419
27 | 펌프와 모터 간의 동력전달장치에 적용하는 축이음장치에 있어서 축이음
커플링의 종류와 특성에 대하여 설명하시오. (97회) ································· 421
28 | 사이펀의 원리를 다음 그림을 참고하여 설명하고, 사이펀 작용에 의한 하자
사례 2가지를 설명하시오. (97회, 103회) ·· 423
29 | 급수설비에 있어서 진공브레이커에 대하여 설명하시오. (98회) ············· 425
30 | 급수량 산정방식에서 시간최대급수량과 순간최대급수량에 대하여 설명하시오.
(98회) ·· 427
31 | 배수·통기설비에서 간접배수의 개념과 간접배수가 필요한 장소에 대하여
설명하시오. (98회, 112회) ··· 429
32 | 균등표에 의한 관경 결정에서 큰 관과 작은 관의 관계에 대하여 설명하시오.
(99회) ·· 430
33 | 우수배관에서 수평 오프셋관의 계통도를 도시하고 설치 목적을 설명하시오.
(100회) ·· 431
34 | 절수기기의 종류 및 기준에 대하여 설명하시오. (100회, 118회, 122회) ········· 432
35 | 고층아파트에 있어서 배수설비에 의해 발생되는 소음감쇠방안에 대하여
설명하시오. (100회) ·· 433
36 | 도피통기관과 결합통기관에 대하여 계통도를 그리고 설명하시오. (102회) ········ 434
37 | 통기관의 관지름 결정 시 고려해야 할 기본원칙에 대하여 설명하시오.
(102회) ·· 436
38 | 건축기계설비에서 발생할 수 있는 수격작용의 특징, 발생장소, 방지설비에
대하여 설명하시오. (103회, 111회) ··· 437
39 | 동수구배와 배관의 마찰손실수두를 정의하고 상호관계에 대하여 설명하시오.
(104회) ·· 438
40 | 정수설비시스템에서 역삼투압장치에 대하여 설명하시오. (104회) ········· 439
41 | 「건축물의 설비기준 등에 관한 규칙」에서 주거용 건축물 급수관의 지름 산정에
있어서 다음 사항에 대하여 설명하시오. (105회) ··································· 440
42 | 옥내 배수배관에서 냄새가 실내로 유입되는 것을 방지할 수 있는 배수기구의
종류와 특징을 설명하시오. (105회) ·· 441
43 | 배수설비 중 포집기의 기능, 종류별 용도에 대하여 설명하시오. (106회) ········· 442
44 | 고가수조, 지하저수조, 양수펌프의 용량 산정방법을 설명하시오. (106회) ······· 443
45 | 중수도 방식과 설치 시 고려사항을 설명하시오. (106회) ························· 444

» 차례

46 | 2014년 1월 4일부터 시행된 절수설비 기준과 절수방식에 대하여 설명하시오.
(107회, 118회, 122회) ·········· 445
47 | 피복아크 용접에서 (1) 용접봉 피복제의 기능, (2) 용접봉의 피복제 주성분에
따른 용접봉의 특징을 설명하시오. (107회, 109회) ·········· 446
48 | 생물막법에 대하여 설명하시오. (107회) ·········· 447
49 | 배수 입상배관에 있어 도피통기관이 필요한 부분을 그림으로 나타내고
설명하시오. (107회) ·········· 448
50 | 배수배관에서 발생하는 도수현상과 종국유속에 대하여 설명하시오.
(96회, 106회, 112회, 129회) ·········· 449
51 | 급탕시스템에서 급탕순환펌프의 사용 목적 및 용도에 대하여 설명하시오.
(108회) ·········· 451
52 | 건축설비공사에서 슬리브의 설치 목적과 설치 시의 주의사항을 설명하시오.
(108회) ·········· 452
53 | 루프통기관은 최상류의 기구배수관을 배수수평지관에 접속한 직후의
하류 측에서 분기하는데, 그 이유에 대하여 설명하시오. (108회) ·········· 454
54 | 건물 내 오배수 배관에서 청소구 설치의 필요성과 설치기준에 대하여
설명하시오. (109회) ·········· 456
55 | 새로운 통기방식인 통기밸브의 작동원리와 특징에 대하여 설명하시오. (109회) ··· 458
56 | 열팽창에 의한 배관의 이동을 저지 또는 제한하는 장치에 대하여 설명하시오.
(109회, 127회) ·········· 459
57 | 급수설비공사의 (1) 수평 및 수직배관, (2) 펌프 및 펌프유닛 주위 배관의
설계·시공 시 고려사항을 설명하시오. (109회) ·········· 460
58 | 동관용접의 방법 중 저온용접의 원리를 설명하시오. (110회, 123회) ·········· 462
59 | 이중보온관을 설명하고 사용용도에 대하여 설명하시오. (110회) ·········· 463
60 | 물탱크의 내진설계에서 슬로싱 현상과 방지대책에 대하여 설명하시오. (112회) ··· 464
61 | 수도 관련 법규에서 정한 저수조 설치기준에 대하여 설명하시오. (112회) ·········· 465
62 | 배관용 슬리브의 적용부위에 따른 시공방법에 대하여 설명하시오. (112회) ·········· 467
63 | 위생/배관에서 금지해야 할 트랩은 다음과 같다. 그 이유에 대하여 각각
설명하시오. (113회) ·········· 468
64 | 상온에서 가스절단의 원리를 설명하시오. (114회) ·········· 470
65 | 위생, 냉·난방배관에서 최대유속을 제한하는 이유를 설명하시오. (114회) ·········· 471
66 | 스테인리스강의 부동태 현상에 대하여 설명하시오. (115회) ·········· 472

67 | 건물 기계설비에 시공되는 동관의 브레이징 용접법에 대하여 설명하시오.
(115회, 123회) ·· 473
68 | 급탕설비에서 환탕배관 관경 결정방식에 대하여 설명하시오. (115회) ············· 474
69 | 먹는 물의 수질기준에 따른 탁도에 대하여 설명하시오. (115회) ······················ 475
70 | 무디 선도를 개략적으로 도시하고 설명하시오. (117회) ····································· 476
71 | 철근콘크리트 보에 배관용 슬리브를 설치할 경우 구조적 안전성 측면에서
보 주근을 고려한 주의사항과 설치위치에 대하여 설명하시오. (118회) ············· 477
72 | 「수도법 시행규칙」 제1조의2 관련 절수설비와 절수기기를 정의하고,
수도꼭지와 변기의 절수기기 기준에 대하여 설명하시오. (118회, 122회) ·········· 478
73 | 위생기구 중 위생도기의 장단점과 위생기구의 KS 기호를 설명하시오. (122회) ··· 479
74 | 동관용접에서 솔더링과 브레이징의 차이점에 대하여 설명하시오. (123회) ········ 480
75 | 300세대 공동주택의 중앙식 급탕설비에서 각 물음에 답하시오. (123회) ·········· 481
76 | 오수정화 및 물재이용설비의 설계, 시공기준 중 다음 장치의 설비시공에
대하여 설명하시오. (125회) ·· 482
77 | 보온설비의 설계 및 시공기준 중 노출형 급수배관 등 동파가 우려되는 배관에
설치하는 동파방지발열선의 구조기준에 대하여 설명하시오. (125회) ················ 483
78 | 배수배관에서 발생하는 도수현상과 종국유속의 정의를 설명하고 종국유속이
배관에 미치는 긍정적 효과에 대하여 설명하시오. (125회) ································· 484
79 | 공동주택에서 소화용 저수조와 급수용 저수조를 겸용으로 사용 시 사수의
1) 발생원인, 2) 문제점, 3) 설비적인 방지대책 및 원리를 설명하시오. (126회) ··· 486
80 | PFP공법을 정의하고, 공정관리상의 장점에 대하여 설명하시오. (126회) ·········· 488
81 | 겨울철 배관에서 동파가 일어나면 아래 그림과 같이 원주방향보다
축방향으로 찢어지는데 그 이유에 대하여 설명하시오. (128회) ·························· 489
82 | 건축물 기계설비의 배관, 기기, 장비들에서 발생하는 이온화 부식에 대하여
설명하시오. (129회) ··· 491
83 | 위생안전기준 인증대상 수도용 자재와 제품의 범위에 대하여 설명하시오.
(129회) ··· 492
84 | 도시가스 사용시설 및 주거용 가스보일러의 설치, 검사기준에서
다음의 이격거리가 얼마인지 쓰시오. (129회) ··· 493
85 | 배수설비에서 트랩의 봉수를 보호하고 악취 등 냄새의 역류를 방지하기 위해
설치하는 트랩 프라이머 밸브의 구조와 작동원리에 대하여 설명하시오. (129회) ·· 494
86 | 공동주택을 건설하는 주택단지의 비상급수시설에서 지하양수시설과 지하저수조가
확보해야 할 비상급수량과 펌프의 설치기준에 대하여 설명하시오. (132회) ······· 495

87 | 배수설비 설계 계획 시 다음에 대하여 각각 설명하시오. (132회) ········· 496
88 | 경도의 종류 중 일시경도와 영구경도에 대하여 설명하시오. (133회) ········· 497
89 | 배관설비공사의 무용접 접합방법에서 이종관의 접합방법을 설명하시오. (133회) ·· 498
90 | 「물의 재이용 촉진 및 지원에 관한 법률 시행규칙」에서 빗물이용시스템의
　　시설기준 및 관리기준에 대하여 설명하시오. (133회) ········· 499
91 | 건물의 우수배수에 대하여 각각 설명하시오. (134회) ········· 500
92 | 레스토랑 주방과 바닷가 샤워실에 설치되는 포집기의 구조 및 설치 시
　　유의사항에 대하여 각각 설명하시오. (135회) ········· 501
93 | 위생기구에 사용되는 재료가 갖추어야 할 조건과 종류에 대하여 설명하시오.
　　(135회) ········· 502
94 | 배관재료 중 합금강의 수소취성의 원인 및 감소대책에 대하여 설명하시오.
　　(135회) ········· 503
95 | 수직관 하부와 최하층 수평주관 등에서 발생하는 거품역류에 대하여
　　설명하시오. (135회) ········· 504
96 | 축열수조나 개방형 냉각수 배관계통이 개방순환 회로방식으로 되어 있을
　　경우 문제점 3가지와 설계 시 고려사항에 대하여 설명하시오. (136회) ········· 505
97 | 급탕설비의 저탕조에 레지오넬라균 서식 원인과 해결방안에 대하여 설명하시오.
　　(136회) ········· 506

8장 냉동설비

01 | 제빙 손실이 없는 것으로 가정할 경우, 5℃ 물 1,000kg을 −5℃의 얼음으로
　　변환하기 위해 필요한 열량을 계산하시오. (85회) ········· 508
02 | 흡수식 냉동기와 흡수식 냉온수기를 구성하고 있는 흡수기와 재생기의 기능과
　　원리에 대하여 간단히 설명하시오. (85회) ········· 509
03 | 냉동기 성적계수를 정의하고 COP 향상방안을 설명하시오. (90회) ········· 511
04 | 축열시스템에서 축열조의 목적에 대하여 설명하시오. (91회) ········· 512
05 | 습면보정계수에 대하여 설명하시오. (92회) ········· 513
06 | 공조냉동시스템에 사용하는 압력스위치의 종류에 대하여 설명하시오. (99회) ···· 514
07 | 냉매의 특징과 필수 구비조건에 대하여 설명하시오. (101회) ········· 515

08 | 아래 그림과 같이 실내기가 2대 설치되어 있고 이에 대한 실외기 1대가 옥상에 설치되어 있는 멀티에어컨 시스템에서 실내기와 실외기 간의 배관계통도를 완성하고, 배관 설치상 고려사항을 설명하시오. (103회) ········· 517

09 | 건축기계설비 설계기준 중 시스템 에어컨디셔너의 실내기 설계 시 고려할 사항을 설명하시오. (105회) ········· 519

10 | 냉매가 장치 내에서 발생하는 이상현상에 대하여 설명하시오. (106회) ········· 520

11 | 냉동기의 성능에서 체적효율이 100%가 되지 않는 이유에 대하여 설명하시오. (107회) ········· 521

12 | 냉동톤의 정의를 설명하고 1USRT를 kW로 환산하시오. (108회, 119회) ········· 523

13 | 열전냉동을 설명하시오. (109회) ········· 524

14 | 증기압축식 열펌프 사이클의 냉방 및 난방 시의 성적계수의 관계에 대하여 설명하시오. (112회) ········· 526

15 | 히트파이프에 대하여 설명하시오. (117회) ········· 527

16 | 제습기의 제습 원리에 대하여 설명하시오. (122회) ········· 529

17 | 공동주택 실외기가 아래 그림과 같이 설치되어 있다. 에어컨 냉방 능력 성능저하가 발생되는 원인과 해결방안을 설명하시오. (122회) ········· 530

18 | CFC계 냉매의 오존층 파괴현상의 메커니즘과 영향에 대하여 설명하시오. (127회) ········· 531

19 | 증기압축식 냉동장치의 표준냉동Cycle에 대하여 설명하시오. (127회) ········· 532

20 | 에어컨 공사 완료 후 질소로 기밀시험을 하던 중 질소가 모두 소진되어 산소를 이용하여 기밀시험을 하다가 폭발이 발생하였다. 폭발이 발생한 이유에 대하여 설명하시오. (128회) ········· 533

21 | 냉동 사이클에서의 액봉현상을 정의하고 방지대책에 대하여 설명하시오. (131회) ········· 534

9장 TAB 및 제어설비

01 | 감압밸브 선정, 설치 시 유의사항에 대하여 설명하시오. (106회) ········· 536

02 | 인텔리전트 빌딩의 BAP에 대하여 설명하시오. (89회) ········· 537

03 | 시험·조정·평가를 수행함으로써 얻을 수 있는 기대 효과에 대하여 나열하시오. (90회, 107회, 121회) ········· 538

04 | 백화점 건축물의 외기냉방 가능성에 대하여 설명하시오. (94회) ········· 540

차례

05 | 덕트 설치 시 누기율 테스트에 대하여 설명하시오. (95회) ·············· 541
06 | 냉·온수 배관의 차압밸브와 밸런싱밸브 선정 시 고려사항을 설명하시오.
(95회) ·············· 544
07 | 공실제어 관련 다음의 용어에 대하여 설명하시오. (100회) ·············· 546
08 | 피드포워드 제어에 대하여 설명하시오. (111회) ·············· 547
09 | 지하수를 냉동기의 응축기용 냉각수로 사용할 때, 아래 그림과 같이 외기를
예냉 시킬 경우의 공기선도를 작성하시오. (112회) ·············· 548
10 | IoT 기반 빌딩통합제어 관리시스템을 정의하고, 시스템의 구성 및 제어 특징에
대하여 설명하시오. (118회) ·············· 549
11 | 건물의 에너지 사용량 파악과 설비운전 추이를 종합분석하는
건물에너지관리시스템의 기능을 설명하시오. (122회) ·············· 551
12 | 냉동기 제어방법 중 하나인 퍼지제어에 대하여 기술하시오. (123회) ·············· 552
13 | 안전밸브와 릴리프밸브의 차이점에 대하여 설명하시오. (123회) ·············· 553
14 | 건물에너지관리시스템의 설계기준에 대하여 설명하시오. (126회) ·············· 554
15 | EMS의 종류 및 특징에 대해 설명하시오. (126회) ·············· 555
16 | 공공기관 에너지이용 합리화 추진에 관한 규정에 의거한 다음의 각각에
대하여 설명하시오. (127회) ·············· 556
17 | 유량 제어밸브에서 어소리티의 중요성이 증대되고 있다. 어소리티의 정의와
중요성에 대하여 설명하시오. (133회) ·············· 558
18 | 안전밸브와 릴리프밸브의 특징을 설명하시오. (133회) ·············· 559

10장 신재생설비

01 | 태양열 이용 냉난방·급탕시스템 적용 시 주의사항을 기술하시오. (91회) ·········· 562
02 | 태양열 집열판에 이슬이 생기는 이유에 대하여 설명하시오. (92회) ·············· 563
03 | BIPV시스템의 정의 및 설계, 시공 시 고려사항에 대하여 설명하시오. (93회) ···· 564
04 | 냉·난방 부하를 경감시킬 수 있는 쿨 튜브 시스템에 대하여 설명하시오.
(95회) ·············· 565
05 | 신재생에너지 개발보급의 필요성에 대하여 설명하시오. (97회) ·············· 568
06 | 태양열 집열기의 종류 3가지를 들고, 각각에 대하여 설명하시오. (98회) ·············· 569
07 | 지열설비의 시공 순서 및 중점 관리사항에 대하여 설명하시오. (100회) ·············· 574

08 | 태양전지 모듈의 (1) 프론트 커버, (2) 프레임에 대하여 설명하시오. (103회) ···· 575
09 | 「신에너지 및 재생에너지 개발·이용·보급 촉진법」에서 정한 신재생에너지
　　 설비를 설명하시오. (103회, 123회) ································· 577
10 | Plate Heat Exchanger Type에 대하여 다음을 설명하시오. (106회) ········· 579
11 | 건물에 이용할 수 있는 자연에너지에 대하여 설명하시오. (106회) ············ 580
12 | 지열에너지의 특징을 설명하고 지열시스템을 위한 천공 시 그라우팅의
　　 목적을 설명하시오. (110회) ·· 581
13 | 지열시스템을 위한 천공 시 그라우팅 작업에 대하여 다음 사항을 설명하시오.
　　 (131회) ·· 582

11장 친환경 및 설비 관련 법규

01 | 온실가스와 탄소포인트제도에 대하여 간단히 설명하시오. (89회) ············ 584
02 | LEED에 대하여 설명하시오. (89회) ···································· 585
03 | $LCCO_2$의 정의 및 필요성을 설명하시오. (90회) ························· 587
04 | 에너지절약계획서 제출 대상 건축물을 기술하시오. (93회) ·················· 588
05 | 에너지 절약 차원에서 시행하는 건물의 냉난방 온도제한 건물에 대하여
　　 설명하시오. (93회, 94회) ·· 589
06 | 제로에너지 건물의 개념에 대하여 설명하시오. (95회, 101회) ··············· 590
07 | 에너지 자립형 건물에 적용되는 신기술의 종류와 특징에 대하여 설명하시오.
　　 (96회) ·· 591
08 | 다음에 대하여 설명하시오. (98회) ···································· 592
09 | Zero Energy House와 Zero Carbon House를 각각 설명하시오. (98회) ········· 593
10 | 「친환경건축물의 인증에 관한 규칙」 중 친환경건축물의 인증 심사 분야와
　　 세부 심사 분야에 대하여 각각 설명하시오. (100회, 134회) ················ 594
11 | 「건축물의 설비기준 등에 관한 규칙」에서 수도계량기보호함의 설치기준에
　　 대하여 설명하시오. (101회, 120회) ·································· 595
12 | 건축물에 설치하는 방화구획의 설치기준에 대하여 설명하시오. (101회) ······· 596
13 | 「건축법」에 규정된 실내 허용환경조건과 쾌적성에 영향을 미치는 6가지 요소에
　　 대하여 설명하시오. (102회, 109회, 129회) ···························· 598

» 차례

14 | 「건축물의 피난·방화구조 등의 기준에 관한 규칙」 중 방화구획의 설치기준의 환기·난방 또는 냉방시설의 풍도가 방화구획을 관통하는 경우에 설치하도록 되어 있는 댐퍼의 기준에 대하여 설명하시오. (103회) ········· 600

15 | 에너지원단위에 대하여 설명하시오. (108회, 111회) ········· 601

16 | 건축물에 중앙집중냉방설비를 설치하는 축냉식 또는 가스를 이용한 중앙집중냉방방식의 의무대상 및 기준에 대하여 설명하시오. (109회) ········· 602

17 | 에너지성능지표의 개요와 검토서 중 검토항목을 설명하시오. (110회) ········· 604

18 | 「녹색건축인증에 관한 규칙」에 따른 녹색건축인증을 획득한 경우
(1) 건축기준 완화비율과 (2) 세금(취득세, 재산세) 경감률 기준에 대하여 설명하시오. (113회) ········· 605

19 | 건축물 에너지효율등급 인증에서 연간 단위면적당 에너지소요량 평가 대상이 되는 에너지 사용 용도 5개를 쓰시오. (114회) ········· 607

20 | 「공동주택 결로 방지를 위한 설계기준」에서 정하고 있는 결로 방지 성능기준 만족이 필요한 부위 3개를 쓰시오. (114회) ········· 609

21 | 다음 설명의 빈칸에 들어갈 단어를 쓰고, 중공층의 열저항을 더 크게 인정해 주는 이유를 설명하시오. (114회) ········· 610

22 | 다음 용어에 대하여 설명하시오. (116회) ········· 611

23 | 2018년 3월 30일 국회 본 회의를 통과한 「기계설비법」 개정안의 주요 내용을 설명하시오. (117회) ········· 612

24 | 「에너지절약형 친환경주택의 건설기준」에 의한 친환경주택 구성기술 요소 5가지에 대하여 각각 설명하시오. (117회) ········· 613

25 | 「건축물의 에너지절약설계기준」 제15조 또는 제21조의 적용 제외 요건에 대하여 5가지 설명하시오. (118회) ········· 614

26 | 기계설비 유지관리 준수 대상 건축물 등에 대하여 설명하시오. (122회) ········· 615

27 | TCO_2, TOE, 온실가스의 정의와 종류, 오존층의 역할에 대하여 설명하시오. (122회) ········· 616

28 | 「장애인·노인·임산부 등의 편의증진 보장에 관한 법률」 중 편의시설의 구조· 재질 등에 관한 세부기준 중 소변기와 세면대에 대하여 설명하시오. (122회) ········· 617

29 | 제로에너지 건축물에서 다음 내용에 대하여 설명하시오. (122회) ········· 619

30 | 에너지 절약 분야의 ESCO 사업의 개요, 특징, 사업수행범위에 대하여 기술하시오. (123회) ········· 620

31 | 환경정책기본법령상 대기, 소음, 수질 외부 환경 기준에 대하여 기술하시오. (123회) ········· 622

Professional Engineer Building Mechanical Facilities

32 | 환경보호 노력의 일환인 탄소중립에 대하여 기술하시오. (123회) ·················· 625
33 | 국가건설기준에서 규정하는 신기술 적용기준에 대하여 기술하시오. (123회) ······ 626
34 | 「기계설비법」 시행에 따른 기계설비법 범위 및 유지관리자 선임목적과 기계설비
유지관리자 선임대상 건축물에 대하여 설명하시오. (124회) ························ 628
35 | 「기계설비 기술기준」의 환기설비 설계기준 중 공동구 환기설비기준에 대하여
설명하시오. (125회) ··· 630
36 | 제로에너지건축물 인증제도에 대하여 설명하시오. (125회) ····························· 631
37 | 건설공사 환경관리에는 건설소음 및 진동, 대기환경, 폐기물 관리 문제가 있다.
건설 폐기물 관리에서 건설폐기물의 정의와 LCA의 정의에 대하여 설명하시오.
(126회) ··· 634
38 | 제로에너지 적용 방안에는 패시브적인 방법과 액티브적인 방법이 있다.
이 중 액티브적인 관점에서 설명하시오. (126회) ·· 635
39 | 「기계설비법」에 따른 기계설비 안전확인서에 대하여 설명하시오. (127회) ········ 636
40 | 「건강친화형 주택 건설기준」에 의한 건강친화형 주택의 정의를 설명하고,
이 주택에 대한 의무기준과 권장기준에 대하여 설명하시오. (128회) ················ 637
41 | 「건축물의 에너지절약설계기준」에 의한 건축물 에너지소요량 평가방법에
대하여 설명하시오. (128회) ··· 640
42 | 「기후위기 대응을 위한 탄소중립·녹색성장기본법」의 목적과 취지에 대하여
설명하시오. (130회) ··· 642
43 | 베이크 아웃에 대하여 설명하시오. (130회) ··· 643
44 | 「공동주택 결로 방지를 위한 설계기준」에서 정하는 다음 사항에 대하여
설명하시오. (130회) ··· 644
45 | 「에너지이용 합리화법」에서 정하는 다음 사항에 대하여 설명하시오. (130회) ··· 645
46 | 환경부하 평가법 중에서 LCA에 대하여 설명하시오. (131회) ·························· 646
47 | 2023년 07월 어느 교육청에서 연면적 3,000m^2 중학교를 신축 설계하였다.
이때 건물 전체 냉·난방설비를 EHP로 설계하였을 경우 법규준수 여부에
대하여 설명하시오. (132회) ··· 648
48 | 「건축물의 에너지절약설계기준」에서 규정하고 있는 다음 용어에 대하여
설명하시오. (133회) ··· 649
49 | 「기계설비법 시행령」 [별표 7]에서 기계설비성능점검업의 등록 요건 중 해당
장비를 모두 나열하시오. (134회) ··· 650
50 | 「건축물의 에너지절약설계기준」 [별표 10]에서 연간 1차 에너지소요량
평가기준과 관련하여 다음을 각각 설명하시오. (134회) ··································· 651

51 | 「공동주택 결로 방지를 위한 설계기준」에서 다음 용어를 각각 설명하시오.
(134회) ·············· 652

52 | 「건축물의 설비기준 등에 관한 규칙」과 「건축법 시행령」에 따라 다음을 각각
설명하시오. (134회) ·············· 653

53 | 제로에너지건축물 인증기준에 따른 건축물 에너지관리 시스템의 설치기준에
대하여 설명하시오. (135회) ·············· 654

54 | 「건축물의 에너지절약설계기준」 기계부문의 권장사항에 대한 에너지절약 방법
5가지를 설명하시오. (136회) ·············· 655

55 | 「에너지이용 합리화법」에서 규정하고 있는 에너지발열량에 대한 다음 용어를
설명하시오. (136회) ·············· 657

56 | 「기계설비법」에서 기계설비의 착공 전 확인과 사용 전 검사의 대상 건축물
또는 시설물에 대하여 설명하시오. (136회) ·············· 658

12장 건축일반

01 | 공사원가계산서를 구성하는 여러 비목을 구분하여 간략히 설명하시오. (85회) ·· 660

02 | 물가변동으로 인한 계약금액 조정의 성립 요건과 설계도서에 대하여 각각
간략히 설명하시오. (85회) ·············· 661

03 | 엔지니어링 사업대가 산정기준에서 실비정액가산방식에 대하여 기술하시오.
(87회) ·············· 662

04 | LCC 분석방법 중 현가법에 대하여 설명하시오. (87회) ·············· 663

05 | 공정관리기법 중 PERT/CPM에 대하여 기술하시오. (88회) ·············· 664

06 | 「국가를 당사자로 하는 계약에 관한 법률 시행령」 중 설계변경으로 인한
계약금액 조정방법에 대하여 기술하시오. (88회) ·············· 665

07 | BIM에 대하여 설명하시오. (90회, 115회) ·············· 667

08 | 건설사업비용 관리의 VE에 대하여 설명하시오. (91회) ·············· 668

09 | 건설 분야에서 각 공종별로 다양하게 적용하여 이용할 수 있는 LCC기법의
주요 활용 분야를 설명하시오. (94회, 97회) ·············· 672

10 | CM 필요성에 대하여 설명하시오. (96회, 122회) ·············· 674

11 | 네트워크식 공정표에서 EST, EFT, LST 및 LFT에 대하여 설명하시오. (101회) ·· 675

12 | 경제성 평가법 중 회수기간법의 정의 및 문제점에 대하여 설명하시오. (113회) ·· 676

13 | PM의 역할에 대하여 설명하시오. (124회) ·············· 677

14 | 네트워크공정표와 관련된 다음 각 사항에 대해 설명하시오. (126회) ·················· 678
15 | 감리업무수행지침기준에 의거한 부분중지와 전면중지에 대하여 설명하시오.
     (127회) ·· 679
16 | 다음의 공동주택 하자 관련 용어를 각각 설명하시오. (128회) ·························· 680
17 | 주택건설공사 감리업무 중 환경관리 업무에 대하여 설명하시오. (129회) ·········· 681
18 | 그린리모델링에 대하여 설명하시오. (130회) ·· 682
19 | 신축건물 준공 시 시공사가 건축주에게 인수인계할 때 건축기계설비분야에서
     확인해야 할 서류에 대하여 설명하시오. (130회) ··· 683
20 | 「중대재해 처벌 등에 관한 법률」과 관련하여 다음에 대하여 설명하시오.
     (130회) ·· 684
21 | 건설기술용역사업 평가방식 중 다음 사항에 대하여 설명하시오. (131회) ·········· 685
22 | Network 공정표의 장, 단점에 대하여 설명하시오. (132회) ································ 686
23 | 건설사업관리방식에서 용역형 사업관리와 위험성 사업관리에 대하여
     설명하시오. (132회) ·· 687
24 | 밀폐공간 작업으로 인한 건강장해의 예방에서 다음 용어에 대하여 설명하시오.
     (132회) ·· 688
25 | 「건축물의 설계도서 작성기준」에서 설계도서·법령해석·감리자의 지시 등이
     서로 상이할 경우에 적용 우선순위를 설명하시오. (133회) ······························ 689
26 | 「건설산업기본법 시행령 및 시행규칙」 하도급계약 등의 통보서와 관련하여
     다음을 각각 설명하시오. (134회) ·· 690
27 | 생애주기비용에서 내용연수 종류와 할인율의 종류를 설명하시오. (135회) ········ 691
28 | 표준품셈 제도와 표준시장단가 제도를 비교하고 표준시장단가를 적용하는
     기계설비 공종을 설명하시오. (135회) ·· 692
29 | 건설기술 진흥법령상 건설사업관리의 정의, 건설엔지니어링 사업자로 하여금
     건설사업 관리를 하게 하여야 하는 건설공사와 건축법령상 공사감리자의 정의,
     상주감리 대상 건축물에 대하여 설명하시오. (135회) ······································ 693
30 | 도심지 싱크홀의 원인과 대책에 대하여 설명하시오. (136회) ····························· 694
31 | 원가계산서의 정의 및 구성요소에 대하여 설명하시오. (136회) ························· 695

건축기계설비 기술사

15개년 용어설명 기출 풀이

CHAPTER 01

기초역학

QUESTION 01

> **SI 기본단위에 대하여 설명하시오. (89회, 94회, 108회, 110회, 116회)**
> - 밀도, 비열, 열전도율, 비중, 응력, 열관류율, 가속도, 힘, 엔탈피, 압력, 유량, 비체적의 단위를 SI 단위로 각각 기재하시오. (89회)
> - 다음 용어에 적합한 단위를 SI Unit으로 표기하시오. (94회)
>   밀도, 비열, 열전도율, 중량, 응력, 열통과율, 가속도, 힘, 엔탈피, 압력
> - 압력의 단위 1kg/cm²를 SI 단위인 Pa로 환산하는 과정이다. 아래의 ( )에 적합한 내용을 기입하시오. (108회) 1kg/cm² = ( )kg/m² = ( )N/m² = ( ) Pa
> - 다음 물리량에 대한 국제표준단위(SI)를 영문 대소문자를 정확하게 구분하여 표시하시오. (110회)
>   기체상수, 열관류율, 열, 에너지, 일, 동력, 압력, 중량, 열전도율, 질량
> - SI 기본단위의 종류에 대하여 설명하시오. (116회)

1 SI 단위 적용 필요성

① 종래 CGS(Centimeter Gram Second)와 MKS(Meter Kilogram Second) 혼용에서 국제 단위계(SI 단위계)로 통일
② 국제적 물리량 등의 산출 및 호환의 적절성을 위해 적용

2 SI 기본단위

양	단위의 명칭	단위기호
길이	미터	m
질량	킬로그램	kg
시간	초	s
전류	암페어	A
온도	켈빈	K
광도	칸델라	cd
물질의 양	몰	mol

3 주요 물리량의 SI 단위

구분	SI 단위
밀도	kg/m³
비열	kJ/kg · K
열전도율	W/m · K
비중	kg/m³
응력	Pa(N/m²)
열관류율(열통과율)	W/m² · K
가속도	m/s²
힘(중량)	N
엔탈피 (열, 에너지, 일)	J(N · m)
압력	Pa(N/m²)
유량	m³/s
비체적	m³/kg
기체상수	J/mol · K
동력	W(J/s)
질량	kg

4 주요 SI 단위의 환산방법

구분	SI 단위	공학단위	단위환산방법
힘	N(뉴턴)	kgf	• $1N = 1kg \cdot m/s^2$ $= \dfrac{1}{9.8} kg \times 9.8 m/s^2$ $= \dfrac{1}{9.8} kgf = 0.102 kgf$ • $1kgf = 1kg \times 9.8 m/s^2 = 9.8N$
압력	Pa(파스칼)	kgf/cm²	• $1Pa = 1N/m^2 = 0.102 kgf/m^2$ $= 0.1 \times 10^{-4} kgf/cm^2$ • $1kgf/cm^2 = 1 \times 10^4 kgf/m^2 = 9.8 \times 10^4 N/m^2$ $= 9.8 \times 10^4 Pa = 0.098 MPa ≒ 0.1 MPa$

구분	SI 단위	공학단위	단위환산방법
열량	J(줄)	cal	• $1J = \dfrac{1}{4.186}cal = 0.239cal$ • $1cal = 4.186J$ • $1kcal = 4.186kJ$
	kJ	kcal	• $1kJ = 1,000J = 239cal = 0.239kcal$
일률동력	W(와트)	kcal/h	• $1W = 0.86kcal/h = 1J/s$ • $1kcal/h = 1.163W$

5 최근 SI 기본단위 개정사항(2019년 4월)

질량, 전류, 온도, 물리량의 단위 정의 개정

이상기체(Ideal Gas)에 대하여 설명하시오. (89회, 103회, 116회)

1 정의

① 분자 간의 상호 작용이 전혀 없고, 그 상태를 나타내는 온도, 압력, 부피의 양 사이에 보일-샤를의 법칙이 완전하게 적용될 수 있다고 가정된 가상의 기체를 말한다.
② 완전기체라고도 하며, 기체분자의 부피는 기체 전체의 부피에 비하여 작고, 분자 간의 인력은 운동에너지에 비해 작은데, 기체분자의 부피와 분자 간의 인력을 무시할 수 있는 경우이다.

2 이상기체의 관련 법칙

① 보일의 법칙(Boyle's Law)
② 샤를의 법칙(Charles's Law)
③ 보일-샤를의 법칙
④ 아보가드로의 법칙(Avogadro's Law)

3 이상기체의 상태방정식

① 표준상태(온도 0℃, 압력 760mmHg=1atm)에서 1mol의 부피는 기체의 종류와 관계없이 22.4L이므로 기체 1mol에 대하여 보일-샤를의 법칙을 나타낸 관계식에 대입하여 기체상수 (R) 값을 구할 수 있다.
② 기체상수(R)는 이상기체의 상태방정식을 만족시키는 기본적인 물리상수를 말한다.

$$기체상수\ R = \frac{PV}{T} = \frac{101,325 \times \frac{22.4}{1,000}}{273.15} = 8.314(\text{J/mol} \cdot \text{K})$$

여기서, P : 760mmHg = 1atm = 101,325 Pa
  V : 22.4L
  T : 0℃ = 273.15K

③ 비교하는 기체의 질량이 1mol(몰)이거나 1g 분자량을 갖는다면 기체의 종류에 관계없이 기체상수는 일정한 값을 갖는다. 즉, 1mol인 경우에 PV/T는 항상 기체상수와 같은 값으로 $PV/T = R$이 된다.

QUESTION 03

열이동의 3대 프로세스에 대하여 설명하시오. (93회)

1 열이동의 개념

건물의 외피(지붕, 외벽, 최하층 바닥, 외부창)는 실내외의 공기와 접하고 있으며 양측 공기의 온도가 달라지면 고온 측에서 저온 측으로 외피를 통과하여 열이 흐르게 되는데, 이러한 열의 흐름을 열의 이동이라 한다.

2 열이동의 3대 프로세스

1) 전도(Conduction)

   고체, 정지한 유체를 매개(媒介)로 열이 고온에서 저온으로 흐르는 현상

2) 대류(Convection)

   움직이는 유체 내의 열이동 현상

3) 복사(Radiation)

   열을 전달하는 매체 없이 전자파에 의한 이동 현상

3 건물외피에서의 열이동

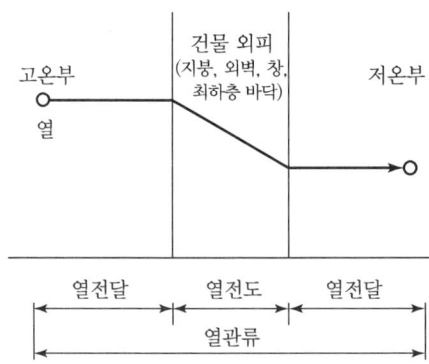

QUESTION 04

열역학 제1법칙과 제2법칙에 대하여 설명하시오. (94회, 97회)
- 열역학 제2법칙(에너지 흐름의 방향성)에 대해 설명하시오. (94회)
- 열역학 제1법칙에 대하여 설명하고, 열의 일당량과 일의 열당량을 설명하시오. (97회)

1 열역학 제1법칙

1) 정의
① 열은 일(에너지)의 일종이며, 열과 일은 서로 전환이 가능하다.
② 즉, 에너지는 보존되며 열량은 일량으로, 일량은 열량으로 환산 가능하다는 법칙을 의미한다.
③ 밀폐계가 임의의 사이클을 이룰 때 열전달의 총합은 이루어진 일의 총합과 같다.

2) 공식
① $Q = A \cdot W$
② $W = J \cdot Q$

열(Q)	1kJ
일(W)	1kgf · m
일의 열당량(A)	$\frac{1}{102}$ kJ/kgf · m
열의 일당량(J)	102kgf · m/kJ

2 열역학 제2법칙

1) 정의
① 열역학 제2법칙이란 열과 일은 서로 전환이 가능하나 열에너지를 모두 일에너지로 변화시킬 수 없다는 것을 나타낸다.
② 사이클 과정에서 열이 모두 일로 변화할 수는 없다.
③ 열 이동의 방향을 정하는 법칙이다.
④ 비가역과정을 한다.

2) 클라우지우스(Clausius)의 서술
① 열을 소비하지 않고 열을 저온체에서 고온체로 이동시키는 것은 불가능하다.
② 자연계에 어떠한 변화를 남기지 않고서 저온의 물체로부터 고온의 물체로 이동하는 기계(열펌프)를 만드는 것은 불가능하다.

3) 캘빈플랭크(Kelvin – Plank)의 서술

① 자연계에 어떠한 변화를 남기지 않고 일정 온도의 어느 열원의 열을 계속하여 일로 변환시키는 기계(열기관)를 만드는 것은 불가능하다.
② 열기관이 동작유체에 의해 일을 발생시키려면 공급 열원보다 더 낮은 열원이 필요하다.

4) 현상

① 냉동기나 열펌프의 원리 냉열은 자연적으로는 저온체에서 고온체로 이동하지 않는다. 저온체에서 고온체로 이동시키려면 에너지를 공급하여야 한다.
② 열기관(자동차, 비행기 등)의 원리 열을 일로 바꾸려면 반드시 그보다 낮은 저온의 물체로 열의 일부를 버려야만 한다.

QUESTION 05

베르누이(Bernoulli) 정리를 설명하시오. (95회, 118회, 120회)

1 베르누이 정리의 개념

① 정상류, 비점성, 비압축성의 유체가 유선운동을 할 때 같은 유선상의 각 지점에서의 압력수두, 속도수두, 위치수두의 합은 일정하다.
② 이상유체에 대한 에너지 보존법칙이다.

2 베르누이 방정식

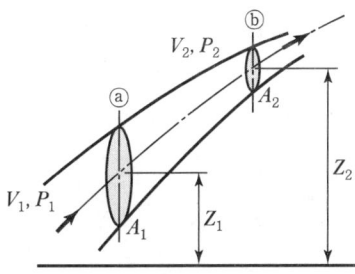

‖ 베르누이 정리 ‖

$$H = \frac{P_1}{\gamma_1} + \frac{V_1^2}{2g} + h_1 = \frac{P_2}{\gamma_2} + \frac{V_2^2}{2g} + h_2 \quad \cdots\cdots \text{일정}$$

여기서, H : 전수두(m)

$\dfrac{P}{\gamma}$: 압력수두(m)

P : 압력(kg/m², Pa)

γ : 비중량(kgf/m³)

$\dfrac{V^2}{2g}$: 속도수두(m)

V : 유속(m/s)

g : 중력가속도(9.8m/sec²)

h : 위치수두(m)

① 전수두(=압력수두+속도수두+위치수두)는 일정하다.
② 전수두가 일정하므로 유체의 속력이 빠른 곳에서 압력이 낮고, 느린 곳에서 압력이 높다.

③ 연속방정식($Q = A \cdot V =$ 일정)과 베르누이 정리를 같이 적용하였을 경우, 흐르는 유체의 단면적이 좁아지면 유체의 속력은 빨라지고 압력은 낮아짐을 의미한다.

3 베르누이 방정식 적용조건

① 베르누이 정리가 적용되는 임의의 두 점은 같은 유선상에 있다.
② 정상류이다.
③ 비점성 유체이다.
④ 비압축성 유체이다.

4 기체의 적용 시 차이점

① 기체의 경우, 수두의 개념보다 압력의 개념으로 베르누이 정리를 적용한다.
② 기체의 경우, 위치에너지를 무시할 수 있으며 비중량(γ)도 물에 비해 매우 작으므로 위치압을 무시한다(공기의 비중량 : 1.2kg/m³, 물의 비중량 : 1,000kg/m³).
③ 따라서 전압은 정압과 동압의 합으로 산정된다.

$$P_T = P_S + P_V = P + \frac{\rho \cdot V^2}{2}$$

QUESTION 06

게이지압과 절대압력에 대하여 설명하고 게이지압, 절대압력, 대기압 및 진공도와의 관계를 그림으로 나타내시오. (96회, 116회)

1 절대압력(Absolute Pressure)

① 가스가 용기의 벽면에 가하는 힘의 크기
② 완전진공 상태의 압력을 '0'으로 하여 측정한 압력
③ 밀폐계에서는 절대압력 사용

2 게이지압력(Gauge Pressure)

① 가스가 용기 내벽에 가하는 힘과 대기가 외부에서 용기 외벽에 가하는 힘의 차
② 대기압하에서 0을 지시하는 압력계로 측정한 압력
③ 게이지압력 = 절대압력(Pa) − 대기압(Pa)
④ 개방계에서는 게이지 압력 사용

3 게이지압, 절대압력, 대기압 및 진공도와의 관계

① 평지에 있어서의 대기압 : 101kPa
② 절대압력(Pa) = 게이지압력(Pa) + 대기압(Pa)

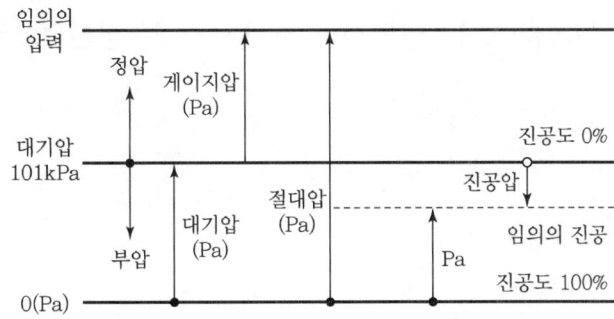

‖ 게이지압, 절대압, 대기압 및 진공도의 관계 ‖

QUESTION 07

유체의 단면변화에 있어서 급확대관과 점진확대관의 손실을 구하는 식을 쓰고, 설명하시오. (97회)

1 급확대관 단면손실(h_{se}) : 단면적이 A_1에서 A_2로 갑자기 확대되는 경우

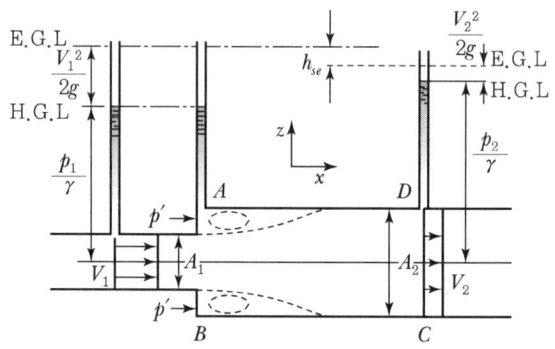

$$h_{se} = \frac{(V_1 - V_2)^2}{2g}$$

여기서, h_{se} : 급확대관 단면손실
  V_1 : 단면적 A_1일 때의 유속
  V_2 : 단면적 A_2일 때의 유속
  g : 중력가속도

2 점진확대관 단면손실(h_{ge}) : 단면적이 A_1에서 A_2로 점진적으로 확대되는 경우

$$h_{ge} = K_{ge} \frac{(V_1 - V_2)^2}{2g}$$

여기서, h_{ge} : 점진확대관 단면손실
  K_{ge} : 점진확대손실계수

3 확대각과 점진확대손실계수의 관계

① 점진확대손실계수 K_{ge}는 Gibson의 실험에 의하면 점확대 전·후의 관경비 d_2/d_1과 확대각 θ에 따라 변함

② θ가 7~8° 범위에서 K_{ge} 최소, θ가 60~70° 범위에서 K_{ge} 최대, θ가 180°이면 $K_{ge}=1$

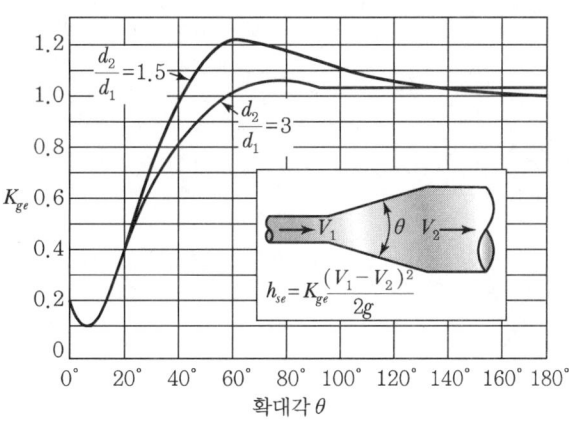

QUESTION 08

점성계수 및 동점성계수의 단위를 유도하고 차원(Dimension) 및 단위(Unit)에 대하여 설명하시오. (97회)

1 점성계수

1) 점성계수의 산출식

$$\mu = \frac{\tau}{du/dy}$$

여기서, μ : 점성계수(N · s/m²)
τ : 전단응력(N/m²)
du : 미소유속(m/s)
dy : 미소길이(m)

2) 단위(Unit) 및 차원(Dimension)

① 단위

$$\mu = \frac{\tau}{du/dy} = \frac{N/m^2}{(m/s)/m} = N \cdot s/m^2 = Pa \cdot s$$

② 차원 : 질량(M), 길이(L), 시간(T)을 적용

$$N \cdot s/m^2 = kg \cdot m \cdot s/m^2 \cdot s^2 = kg/m \cdot s \rightarrow ML^{-1}T^{-1}$$

여기서, $N = kg \cdot m/s^2$

2 동점성계수

1) 동점성계수의 산출식

$$\nu = \frac{\mu}{\rho}$$

여기서, ν : 동점성계수(m²/s)
μ : 점성계수(N · s/m², kg/m · s)
ρ : 밀도(kg/m³, N · s²/m⁴)

2) 단위(Unit) 및 차원(Dimension)

① 단위

$$\nu = \frac{\mu}{\rho} = \frac{\text{N} \cdot \text{s}/\text{m}^2}{\text{N} \cdot \text{s}^2/\text{m}^4} = \frac{\text{kg}/\text{m} \cdot \text{s}}{\text{kg}/\text{m}^3} = \text{m}^2/\text{s}$$

② 차원 : 질량(M), 길이(L), 시간(T)을 적용

$$\text{m}^2/\text{s} \to L^2 T^{-1}$$

QUESTION 09

토리첼리의 정리(Torricelli's Theorem)에 대한 공식을 유도하고, 설명하시오.
(97회, 121회)

1 토리첼리의 정리(Torricelli's Theorem)의 일반사항

① 수조의 측면에 작은 구멍이 뚫려 액체가 흘러갈 때의 속도는 수면에서부터 구멍까지의 높이와 중력가속도에 의해 결정된다는 것이다.
② 용기의 단면이 구멍에 비해 충분히 크고 액체의 유출에 따른 수면의 강하가 극히 작을 때를 가정한다.

2 토리첼리의 정리(Torricelli's Theorem) 공식

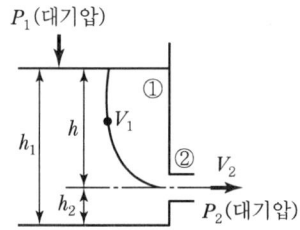

∥ 토리첼리의 정리 ∥

토리첼리의 정리는 베르누이 정리에 의해 유도된다.

$$\frac{P_1}{\gamma_1} + \frac{V_1^2}{2g} + h_1 = \frac{P_2}{\gamma_2} + \frac{V_2^2}{2g} + h_2$$

- $P_1 = P_2 =$ 대기압
- $V_1 = 0$
- $h = h_1 - h_2$

$$\frac{V_2^2}{2g} = h_1 - h_2 = h$$

$$V_2 = \sqrt{2gh}$$

베르누이 정리는 에너지보존법칙이므로 다음과 같은 방법으로도 유도된다.

①의 위치에너지＝②의 운동에너지

$m \cdot g \cdot h = \dfrac{1}{2} \cdot m \cdot V_2^2$

$2 \cdot g \cdot h = V_2^2$

$V_2 = \sqrt{2gh}$

QUESTION 10

열전달 및 유체역학 분야에서 사용되는 무차원 수에 대하여 설명하시오.
(98회, 101회)

- Nu(Nusselt Number)에 대하여 설명하시오. (98회)
- 열전달 및 유체역학 분야에서 사용되는 무차원 수에 대하여 설명하시오. (101회)

1 무차원 수의 정의

① 어떤 자연현상을 수학적·이론적 해석이 곤란한 경우 그 현상에 관련된 물리량 간의 차원 해석을 통해 얻어진 수를 의미하며, 이들을 통해 현상의 함수관계를 파악할 수 있다.
② 무차원의 값이 실험에서 확인된 범위 내의 값을 취할 경우에는 물리량 자체의 값이 다르다 하더라도 적용시킬 수 있다.

2 종류

1) Re(Reynolds Number)

① 정의
- 경계층에서 전이가 어느 정도의 위치에서 시작하는지를 나타내는 척도로서, 유체유동에 있어 관성력과 점성력의 상대적 크기에 따라 결정되는 유동의 층류유동 및 난류유동 특성을 판단하는 무차원 수이다.
- Darcy-Weisbach 공식에 의한 원형관의 마찰손실수두 중 마찰계수 선정에 활용한다.

② 적용 공식

$$Re = \frac{관성력}{점성력} = \frac{\rho v D}{u} = \frac{VD}{\nu}$$

여기서, ρ : 유체의 밀도(kg/m^3)
$\quad\quad\quad v$: 동점성계수(m^2/s)
$\quad\quad\quad D$: 직경(m)
$\quad\quad\quad u$: 점성계수(kg/m·s)
$\quad\quad\quad V$: 평균유속(m/s)

③ 임계 Re(Reynolds Number)
- 임계 Reynolds Number는 유체의 유동이 층류인지, 난류인지를 판단하는 기준으로서 임계 Reynolds Number 이하는 층류, 임계 Reynolds Number 이상은 난류로 판단된다.
- 주요 관의 형상에 따른 임계 Reynolds 수
    - 원형관

$$N_{Re} = \frac{\rho VD}{\mu} = \frac{VD}{\nu} = 2,100$$

여기서, μ : 점성계수(kg/m·s)
ν : 동점성계수(m²/s)
ρ : 밀도(kg/m³)
V : 평균속도(m/s)
D : 원관의 안지름 쪽은 구의 지름(m)
D_H : 수력직경

- 정사각형관

$$N_{Re} = \frac{VD_H}{\nu} = 2,200 \sim 4,300$$

여기서, D_H : 수력직경

- 직사각형관

$$N_{Re} = \frac{VD_H}{\nu} = 2,500 \sim 7,000$$

2) Nu(Nusselt Number)

① 정의
- 고체벽과 유체 간의 표면에서 일어나는 대류 열전달의 척도로서, 강제대류의 연구에 이용되는 무차원 수이다.
- 온도 구배를 나타내며, Nu가 크면 열전달량이 큰 것으로 해석할 수 있다.

② 적용 공식

$$N = \frac{열전달률}{열전도율} = \frac{\alpha L}{\lambda}$$

여기서, α : 열전달률(W/m²·K)
L : 대표길이(m)
λ : 열전도율(W/m·K)

3) Pr(Prandtl Number)

① 정의
속도경계층과 열경계층 각각에서의 확산에 의한 운동량 전달과 에너지 전달 유효성의 상이적인 척도로 나타낸다.

② 적용 공식

$$Pr = \frac{운동량확산계수}{열확산계수} = 대류열전달 = \frac{\eta C_p}{\lambda} = \frac{v}{\alpha}$$

여기서, η : 점도
 C_p : 정압비열
 λ : 열전도율(유체)
 v : 동점성계수
 α : 열확산율

4) Bi(Biot Number)

① 정의
Biot 수는 표면과 유체 사이의 온도차이에 관계성을 나타내며, 고체 내부에서의 온도강하 정도를 추정하는 데 사용한다.

② 적용 공식

$$Bi = \frac{열전달}{고체의 열전도} = 비정상열전달 = \frac{Hl}{\lambda_B}$$

5) Gr(Grashof Number)

① 정의
- 속도경계층 내에서 점성력에 대한 부력의 비를 나타내는 무차원 수이다.
- 온도차에 의한 부력이 속도 및 온도분포에 미치는 영향을 나타내는 무차원 수로서 자연대류에 의한 열전달 현상을 기술하는 데 활용한다.

※ 자연대류에 의한 열전달 : 유체의 밀도변화에 의한(유체의 흐름에 의한) 열전달

② 적용 공식

$$Gr = \frac{부력}{점성력} = 자연대류 = \frac{L^3 g \beta \Delta T}{\nu^2}$$

여기서, L : 대표길이
　　　　g : 중력가속도
　　　　β : 체적팽창계수
　　　　ΔT : 온도차
　　　　ν : 동점성계수

QUESTION 11

열전도비저항(Thermal Resistivity), 열컨덕턴스(Thermal Conductance), 온도구배를 정의하고 상호관계에 대하여 설명하시오. (104회)

1 정의

1) **열전도비저항(Thermal Resistivity)**

   열전도율 λ의 역수, $1/\lambda$, 단위는 m · K/W

2) **열컨덕턴스(열전도계수, Thermal Conductance)**

   열전도저항의 역수, $1/R$ (W/m² · K)

3) **온도구배**

   건물외피에서 내외부 온도차로 구조체의 점진적인 온도변화를 일으키고 각 구조체 내의 각 점의 온도가 일정하게 유지되는데, 이 온도의 선을 이으면 동일 재료층에서는 일정한 기울기의 곡선을 얻을 수 있으며, 이를 온도구배라 한다.

$$\Delta T_i = \frac{R_i}{R_T} \Delta T$$

   여기서, ΔT_i : 어느 특정 재료 층을 통한 온도변화(특정 층 통과 시 온도강하)
   R_i : 특정 층의 열저항
   R_T : 구조체의 전체 열관류저항
   ΔT : 구조체 전체의 온도차

2 상호관계

1) **열컨덕턴스와 열전도비저항 간의 관계**

   $$\text{열컨덕턴스}(W/m^2 \cdot K) = \frac{1}{\text{열전도비저항}(m \cdot K/W) \times \text{두께}(m)}$$

2) **열전도비저항, 열컨덕턴스와 온도구배 간의 관계**

   ① 특정층의 열전도비저항이 높으면 온도구배는 커진다.
   ② 특정층의 열컨덕턴스가 높으면 온도구배는 작아진다.

QUESTION 12

> 다음 용어의 개념에 대하여 기본공식을 나타내고 설명하시오. (105회)
> (1) 열전도율(Thermal Conductivity)
> (2) 열전도저항(Resistance of Thermal Conduction)
> (3) 열관류율(Heat Transmission Coefficient)
> (4) 열 부하(Heat Load)

1 열전도율(λ, Thermal Conductivity)

① 어떤 고체벽에서 단위시간당 전달되는 열에너지를 열전도율이라 한다.
② 열전도율은 물질에 의해 정해지는 물질의 고유성질이다.
③ 단위는 W/m · K, kcal/m · h · ℃이다.

2 열전도저항(Resistance of Thermal Conduction)

① 특정 두께를 가진 재료의 전도저항을 의미한다.
② 열전도 비저항에서 재료의 두께가 고려된 값이다.
③ 단위는 m^2 · K/W이다.
④ 열전도저항 = 열전도비저항 $\left(\dfrac{1}{\lambda}\right)$ × 재료의 두께(d)

3 열관류율(총괄열전달계수, Overall Heat Transfer Coefficient)

① 열관류율이란 구조체를 통한 열전달을 계산할 때 여러 가지 복잡한 형태로 일어나는 전도, 대류, 복사에 의한 열전달의 모든 요인들을 혼합하여 나타낸 하나의 값(K)을 말한다.
② 벽, 지붕, 바닥 등의 구조체를 사이에 두고 아래 그림과 같이 실내와 실외의 공기 온도차($\triangle t$)에 의한 열의 흐름현상(복합적 열전달현상)을 열관류라고 하며, 이러한 열의 이동률을 열관류율이라 한다.
③ 단위는 W/m^2 · K이다.

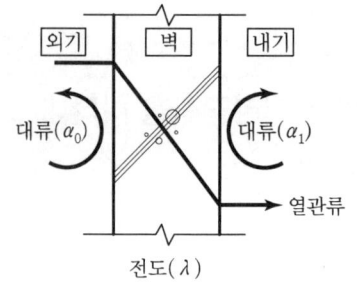

‖ 열관류(대류(α_0) + 전도(λ) + 대류(α_1)) ‖

4 열 부하(Heat Load)

열취득, 열손실, 냉방 및 난방부하, 제거 필요열량 등을 총칭하는 것으로서 건물 내로 침입 또는 건물 내에서 발생하는 불필요한 열을 의미한다.

QUESTION 13

수력지름(Hydroric Diameter)을 설명하고, 수로 단면이 사각형으로 폭 B, 높이 H, 수심 y로 물이 흐를 경우 수력지름을 산정하시오. (110회, 117회)

1 수력지름(Hydraulic Diameter)

① 유체의 흐름이 층류(Laminar Flow)인지 난류(Turbulent Flow)인지 판단하는 레이놀즈수(Reynolds Number)를 구하거나 압력손실을 계산할 때 사용하는 직경
② 원형이 아닌 각형 등의 수로 또는 덕트의 유동 계산 시에 적용하는 직경을 의미함

2 수력지름의 산정

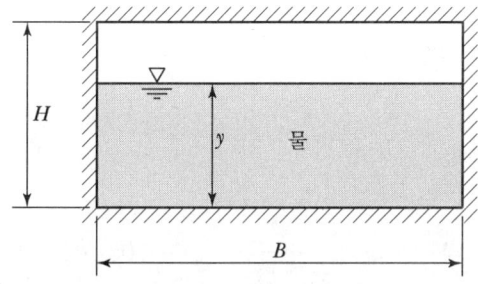

① 기본공식

$$d_h = \frac{4A}{p}$$

여기서, d_h : 수력지름(hydraulic diameter) (mm)
　　　　A : 수(水)의 단면적(mm²)
　　　　p : 접수길이(mm)
※ 접수길이 : 점성마찰을 유발시키는 주면길이

② 변수의 적용

$$A = By, \; p = B + 2y$$
$$\therefore \; d_h = \frac{4A}{p} = \frac{4By}{B+2y}$$

QUESTION 14

다음 물음에 대하여 풀이 과정을 포함하여 설명하시오. (113회)
(1) 0℃ 물 1kg이 표준대기압에서 0℃ 얼음이 되면 체적이 몇 % 증가하는가?
(2) 4℃ 물 1kg을 표준대기압에서 100℃까지 가열하면 체적이 몇 % 증가하는가?

1 0℃ 물 → 0℃ 얼음 체적변화

0℃ 물의 밀도 : 0.9998kg/L
0℃ 얼음의 밀도 : 0.9170kg/L

$$\Delta V = 1\text{kg} \times \left(\frac{1}{0.9170} - \frac{1}{0.9998}\right) \times 100(\%) = 9.03\%$$

2 4℃ 물 → 100℃ 물 체적변화

4℃ 물의 밀도 : 1.000kg/L
100℃ 물의 밀도 : 0.9584kg/L

$$\Delta V = 1\text{kg} \times \left(\frac{1}{0.9584} - \frac{1}{1}\right) \times 100(\%) = 4.34\%$$

QUESTION 15

다음에 대하여 간략히 설명하시오. (114회)
(1) TCO$_2$
(2) 열전도저항
(3) 레이놀즈수(Reynolds Number)
(4) 동력의 차원과 단위(SI계)
(5) EDR(Equivalent Direct Radiation)

1 TCO$_2$

① 이산화탄소배출량의 단위로 온실가스 배출량을 나타내는 단위

② 이산화탄소배출량(TCO$_2$) = 탄소배출량(TC) $\times \dfrac{44}{12}$

2 열전도저항

① 특정 두께를 가진 재료의 전도저항을 의미한다.
② 열전도 비저항에서 재료의 두께가 고려된 값이다.
③ 단위는 m^2 · K/W이다.
④ 열전도저항 = 열전도비 저항$\left(\dfrac{1}{\lambda}\right) \times$ 재료의 두께(d)

3 레이놀즈수(Reynolds Number)

1) 정의

① 경계층에서 전이가 어느 정도의 위치에서 시작하는지를 나타내는 척도로서, 유체유동에 있어 관성력과 점성력의 상대적 크기에 따라 결정되는 유동의 층류유동 및 난류유동 특성을 판단하는 무차원 수이다.
② Darcy – Weisbach 공식에 의한 원형관의 마찰손실수두 중 마찰계수 선정에 활용한다.

2) 적용 공식

$$Re = \dfrac{관성력}{점성력} = \dfrac{\rho v D}{u} = \dfrac{VD}{\nu}$$

여기서, ρ : 유체의 밀도(kg/m^3)
  ν : 동점성계수(m^2/s)
  D : 직경(m)
  u : 점성계수($kg/m \cdot s$)
  V : 평균유속(m/s)

4 동력의 차원과 단위(SI계)

$$W = J/s = N \cdot m/s = kg \cdot m^2/s^3 = ML^2T^{-3}$$

여기서, M : 질량의 차원(kg)
  L : 길이의 차원(m)
  T : 시간의 차원(sec)

5 상당방열면적 : EDR(Equivalent Direct Radiation)

① 보일러의 능력을 방열기의 방열면적으로 표시한 값
② 상당방열면적 산정공식

$$EDR(m^2) = \frac{총손실열량(전체발열량 또는 난방부하)(kW)}{표준방열량(kW/m^2)}$$

여기서, 증기난방 : 0.756(kW/m^2)
  온수난방 : 0.523(kW/m^2)

QUESTION 16

정지한 관 속에 유체가 있으며, 관 상부와 하부 간의 유체 중량당 에너지 차이가 10m일 때 관 상하부의 압력 차이를 베르누이 방정식으로 구하시오.(단, 유체의 비중량은 9,000N/m³이다.) (114회)

$$P_1 + \frac{\rho V_1^2}{2} + \rho g Z_1 = P_2 + \frac{\rho V_2^2}{2} + \rho g Z_2$$

$$P_1 - P_2 = \frac{\rho V_2^2}{2} + \rho g Z_2 - (\frac{\rho V_1^2}{2} + \rho g Z_1)$$

$$P_1 - P_2 = 0 + \rho g Z_2 - (0 + \rho g Z_1) = \rho g Z_2 - \rho g Z_1$$

$$= \rho g (Z_2 - Z_1) = 9,000\text{N/m}^3 \times 10\text{m} = 90,000\text{N/m}^2$$

여기서, 유체는 정지상태이므로 V_1과 V_2는 "0"의 값을 갖는다.

$\rho g = r$(비중)

QUESTION 17

> 톰슨효과(Thomson Effect)와 줄 – 톰슨효과(Joule – Thomson Effect)를 설명하시오. (116회)

1 톰슨효과(Thomson Effect)

1) 정의

① 1개의 금속도선의 각부에 온도차가 있을 때, 이것에 전류가 흐르면 부분적으로 전자(電子)의 운동에너지가 다르기 때문에 온도가 변화하는 곳에서 줄열 이외의 열이 발생하거나 흡수가 일어나는 현상이다(발열현상 혹은 흡열현상 발생).

② 하나의 전도체 금속을 통해 전류가 흐를 때 그것은 Thermal Gradient를 갖고, 열은 열이 흐르는 방향으로 전류가 흐르는 어떤 한 점으로 방출된다.

2) 특징

① 대체로 이 효과에 의해 발생하는 열은 전류의 세기와 온도차에 비례한다.

② 단위 시간을 취할 경우, 양자(兩者)의 비(比)는 도선의 재질에 따라 정해진 값을 취한다. 이 값을 톰슨계수 또는 전기의 비열이라 한다.

③ 관계식

$$\text{톰슨계수 } a = \frac{Q}{I \cdot \Delta T}$$

여기서, Q : 단위시간당 발열량
I : 전류
ΔT : 도체 양쪽의 온도차

3) 실례

① 예를 들면, 구리나 은은 전류를 고온부에서 저온부로 흘리면 열이 발생하고(陽), 철이나 백금에서는 열의 흡수가 일어난다(陰).

② 또 전류를 반대로 흘리면, 열의 발생흡수는 반대가 된다.

③ 단, 납에서는 이 효과가 거의 나타나지 않는다($a \fallingdotseq 0$). 따라서 열기전력 측정 시 기준 물질로 사용된다.

2 줄-톰슨효과(Joule-Thomson Effect)

1) 정의

① 유체는 교축 과정에서 온도가 내려갈 수도, 올라갈 수도 혹은 변하지 않을 수도 있다.
② 교축 과정 동안의 유체의 온도 변화를 측정하는 데 사용되는 Joule-Thomson 계수는 아래의 식으로 표현된다.

$$\mu = \frac{\Delta T}{\Delta P}$$

여기서, $\mu > 0$: 교축 과정(압력 하강) 중 온도가 내려감
  $\mu = 0$: 역전 온도 혹은 이상기체
  $\mu < 0$: 교축 과정(압력 하강) 중 온도가 올라감

③ 이 현상을 'Throttling 현상'이라고도 한다.

2) 특징

① Joule-Thomson 계수는 왼쪽 그림과 같이 $T-P$ 선도에서 등엔탈피선의 기울기로 나타난다.
② 교축 과정은 압력 강하를 나타내므로 왼쪽 그림의 $T-P$ 선도에서 오른쪽으로부터 왼쪽으로 진행된다.
③ 이때 왼쪽 그림의 역전온도선에서는 기울기가 0이 됨을 알 수 있다(역전온도 : 공기 → 487℃, 수소 → -72℃).
④ 만약 교축 과정이 역전온도선의 왼쪽에서 시작된다면 교축은 주로 기체온도의 감소를 가져온다(이 점은 가스를 액화시키는 냉동장치의 해석에 유용하게 사용된다).

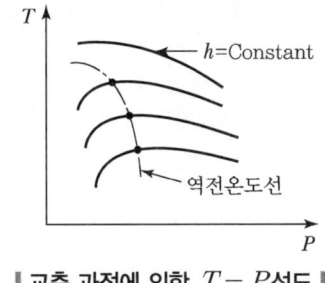

| 교축 과정에 의한 $T-P$ 선도 |

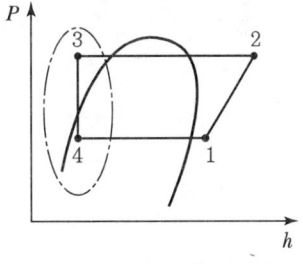

| 냉동 장치의 교축 과정 |

3) 냉각 과정

① 이상기체에서는 단열팽창(체적이 커지고, 압력이 떨어짐)이 온도가 일정한 상태에서 이루어진다.
② 수증기 등 일반기체는 단열 팽창 시 온도의 감소를 동반한다(오른쪽 그림에서 3 → 4 과정으로 변화 시 온도 및 압력이 동시에 떨어진다 - '비체적'은 증가).

4) Joule-Thomson 계수 사용 시 주의점

왼쪽 그림에서 줄-톰슨계수를 구하기 위해서는 온도(T) 및 압력(P)을 나타내는 포인트 두 개가 주어져야 하며, 그 기울기(혹은 미분값)가 줄-톰슨계수를 의미한다(만약 포인트가 한 개만 주어졌다면 줄-톰슨계수를 구할 수 없다).

QUESTION 18

대류열전달과 관련된 무차원 수인 그라쇼프수(Grashof Number)와 너셀 수 (Nusselt Number)에 대하여 설명하고, 관련식을 설명하시오. (125회)

1 Gr(Grashof Number)

1) 정의

① 속도경계층 내에서 점성력에 대한 부력의 비를 나타내는 무차원 수이다.
② 온도차에 의한 부력이 속도 및 온도분포에 미치는 영향을 나타내는 무차원 수로서 자연대류에 의한 열전달현상을 기술하는 데 활용한다.
※ 자연대류에 의한 열전달 : 유체의 밀도변화에 의한(유체의 흐름에 의한) 열전달

2) 적용 공식

$$Gr = \frac{부력}{점성력} = 자연대류 = \frac{L^3 g \beta \Delta T}{\nu^2}$$

여기서, L : 대표길이 g : 중력가속도
        β : 체적팽창계수 ΔT : 온도차
        ν : 동점성계수

2 Nu(Nusselt Number)

1) 정의

① 고체 벽과 유체의 표면에서 일어나는 대류열전달의 척도로서, 강제대류의 연구에 이용되는 무차원 수이다.
② 온도구배를 나타내며, Nu가 크면 열전달량이 큰 것으로 해석할 수 있다.

2) 적용 공식

$$N = \frac{열전달률}{열전도율} = \frac{\alpha L}{\lambda}$$

여기서, α : 열전달률(W/m² · K)
        L : 대표길이(m)
        λ : 열전도율(W/m · K)

QUESTION 19

레이놀즈수(Re ; Reynolds Number)의 정의와 레이놀즈수 및 Darcy-Weisbach 식을 이용하여 배관의 마찰손실수두 구하는 방법을 설명하시오.
(126회)

1 레이놀즈수(Re ; Reynolds Number)의 정의

경계층에서 전이가 어느 정도의 위치에서 시작하는지를 나타내는 척도로서, 유체유동에 있어 관성력과 점성력의 상대적 크기에 따라 결정되는 유동의 층류유동 및 난류유동 특성을 판단하는 무차원 수이다.

$$Re = \frac{관성력}{점성력} = \frac{\rho VD}{u} = \frac{VD}{\nu}$$

여기서, ρ : 유체의 밀도(kg/m³) ν : 동점성계수(m²/s)
  D : 직경(m) u : 점성계수(kg/m · s)
  V : 평균유속(m/s)

2 배관의 마찰손실수두 산출

1) Darcy-Weisbach 마찰손실수두 산출공식

$$h = f \cdot \frac{l}{d} \cdot \frac{v^2}{2g}$$

여기서, h : 마찰손실수도(m) f : 마찰손실계수
  l : 직관 및 상당장의 길이(m) d : 관의 내경(m)
  g : 중력가속도(9.8m/s²) v : 관 내 평균유속(m/s)

2) Re를 활용한 마찰저항계수(f)의 산출

① 층류 : $f = \dfrac{64}{Re}$

② 난류 : $f = 0.0055 \left\{ 1 + \left(20,000 \dfrac{\varepsilon}{d} + \dfrac{10^6}{Re} \right)^{1/3} \right\}$

  여기서, Re : 레이놀즈수
    ε : 관 내 벽의 절대거칠기

QUESTION 20

덕트 내의 기류에 대하여 정압과 동압을 베르누이(Bernoulli)의 정리로 설명하시오. (127회)

1 베르누이(Bernoulli) 정리

(1) 개념

① 정상류, 비점성, 비압축성의 유체가 유선운동을 할 때 같은 유선상의 각 지점에서의 압력수두, 속도수두, 위치수두의 합은 일정하다.
② 이상유체에 대한 에너지 보존법칙이다.

(2) 베르누이 방정식

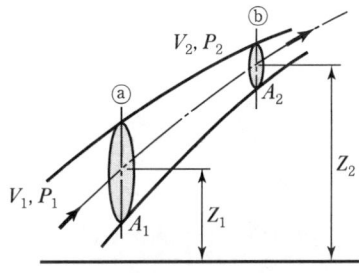

∥ 베르누이 정리 ∥

$$P_1 + \frac{\rho V_1^2}{2} + \rho g z_1 = P_2 + \frac{\rho V_2^2}{2} + \rho g z_2 = \cdots\cdots \text{일정}$$

여기서, P_1, P_2 : 1, 2 지점에서의 압력(Pa)
　　　ρ : 유체의 밀도(kg/m³)
　　　V_1, V_2 : 1, 2 지점에서의 유속(m/s)
　　　g : 중력가속도(9.8m/s²)
　　　z_1, z_2 : 1, 2 지점에서의 위치수두(m)

② 덕트 내의 기류에 대한 동압과 정압

① 덕트 내를 흐르는 유체는 기체이다. 기체의 경우, 위치에너지를 무시할 수 있으며 밀도도 물에 비해 매우 작으므로 위치압을 무시한다(공기의 밀도 : $1.2kg/m^3$, 물의 밀도 : $1,000kg/m^3$).

② 전압은 정압과 동압의 합으로 산정된다.

$$P_T = P_S + P_V = P + \frac{\rho \cdot V^2}{2}$$

여기서, P_T : 전압
       P_S : 정압
       P_V : 동압
       P_H : 위치압

QUESTION 21

유체에서 물의 표면장력과 모세관현상에 대하여 설명하시오. (127회)

1 물의 표면장력(Surface Tension)

액체의 계면(표면)을 최소화하는 방향으로 작용하는 힘을 말한다.

2 모세관현상

모세관(가는관)을 액체 속에 넣었을 때, 관 속의 액면(液面)이 관 밖의 액면보다 높아지거나 낮아지는 현상 혹은 분자 사이의 인력과 분자와 가느다란 관의 벽 사이에 작용하는 서로 간의 인력에 의해 가느다란 관을 채운 액체가 올라가거나 내려가는 현상을 말한다.

3 표면장력과 모세관현상의 관계성

용기와의 표면장력과 물끼리의 표면장력 차이만큼 물은 위로 솟아올라 힘의 평형을 맞추게 되는데, 이것이 바로 모세관현상이다.

QUESTION 22

> 엔트로피의 개념을 설명하고, 엔트로피가 작은 에너지와 큰 에너지를 사례로 들어 설명하시오. (128회)

1 엔트로피(Entropy, S)의 개념

① 엔트로피란 계의 사용 불가능한 에너지의 흐름을 설명하는 데 이용되는 상태함수이다.
② 자연계에서 물질의 변화는 사용 불가능한 에너지(외부에 일을 할 수 없는 에너지)가 증가하는 방향으로 진행되는데, 이를 엔트로피가 증가한다고 하거나 분자들의 무질서도가 증가한다고 정의한다.
③ 엔트로피의 크기는 절댓값보다 변화량(ΔS)으로 표현되며, 열평형을 이뤄 온도가 T인 물체에 dQ만큼의 열을 가했을 때, 열을 가하기 전과 후의 엔트로피 변화량은 다음과 같다.

$$\Delta S = \int \frac{dQ}{T}$$

2 엔트로피가 작은 에너지와 큰 에너지 사례

1) 엔트로피가 작은 에너지(사용 불가능한 에너지의 증가가 상대적으로 작은 에너지)

① 폐열회수장치의 적용
② 고효율 설비
③ 콘덴싱 보일러 등

2) 엔트로피가 큰 에너지(사용 불가능한 에너지의 증가가 상대적으로 큰 에너지)

① Passive적으로 좋지 못한 공간에서의 냉난방
② 재생에너지의 미활용 등

QUESTION 23

열역학 0, 1, 2, 3법칙에 대하여 설명하시오. (130회)

1 열역학 0법칙

① 온도가 서로 다른 두 물체를 접촉시키면 고온의 물체는 열을 방출하고 낮은 온도의 물체는 열을 흡수해서 두 물체의 온도차가 없어진다.
② 이때 두 물체는 열평형이 되었다고 하며 이렇게 열평형이 된 상태를 열역학 제0법칙이라 한다.

2 열역학 1법칙

① 열은 일(에너지)의 일종이며, 열과 일은 서로 전환이 가능하다.
② 즉, 에너지는 보존되며 열량은 일량으로, 일량은 열량으로 환산 가능하다는 법칙을 의미한다.
③ 밀폐계가 임의의 사이클을 이룰 때 열전달의 총합은 이루어진 일의 총합과 같다.

$$Q = A \cdot W$$
$$A(일의\ 열당량) = \frac{1}{427} \text{kcal/kg} \cdot \text{m},\ \frac{1}{102} \text{kJ/kg} \cdot \text{m}$$
$$W = J \cdot Q$$
$$J(열의\ 일당량) = 427 \text{kg} \cdot \text{m/kcal},\ 102 \text{kg} \cdot \text{m/kJ}$$

3 열역학 2법칙

① 열역학 제2법칙이란 열과 일은 서로 전환이 가능하나 열에너지를 모두 일에너지로 변화시킬 수 없다는 것을 나타낸다.
② 사이클 과정에서 열이 모두 일로 변화할 수는 없다(영구기관 제작 불가능).
③ 열 이동의 방향을 정하는 법칙이다(저온의 유체에서 고온의 유체로의 자연적 이동은 불가능).
④ 비가역 과정을 하며, 비가역 과정에서는 엔트로피의 변화량이 항상 증가된다.

$$엔트로피(\Delta S) = \int \frac{dQ}{T} = \frac{열량변화량}{절대온도}$$

4 열역학 3법칙

① 온도가 절대영도 부근에 이르면 열역학 제1법칙과 제2법칙 이외에 또 하나의 법칙이 필요하다.
② 열역학 제3법칙이란 절대온도가 '0'K이 되면 엔트로피가 '0'(모든 순수한 고체 또는 액체의 엔트

로피와 정압비열이 '0')이 된다는 것으로, 어떠한 방법으로도 물체의 온도를 절대영도('0'K)에 이르게 할 수 없다(Nemst)는 법칙이다.

③ Plank는 균질한 결정체의 엔트로피는 절대온도 '0'K 부근에서 절대온도(T)의 3승에 비례한다고 서술하였다.

QUESTION 24

엑서지(Exergy)에 대하여 개념, 효율, 응용방법을 설명하시오. (131회)

1 개념

에너지원으로부터 얻을 수 있는 최대유효일(Useful Work)로서, 가용성(Availability), 가용에너지(Available Energy)라고도 부른다.

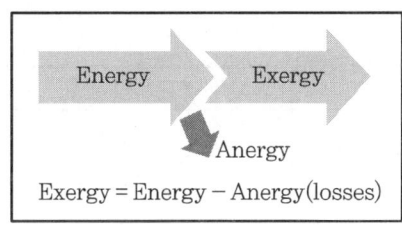

2 효율(Exergy Ratio, ε)

엑서지 효율(Exergy Ratio) ε은 주어진 상태에서의 에너지에 대한 유용한 일의 비이다.

$$\varepsilon = \frac{e_x}{h - h_0} = 1 - \frac{T_0(s - s_0)}{h - h_0}$$

여기서, e_x : 작동유체(Working Fluid)의 단위 질량당 엑서지(Exergy),
h : 엔탈피(Enthalpy), s : 엔트로피(Entropy), T : 온도(Temperature),
0 : 주위 환경조건

3 응용방법 : 엑서지를 통한 설비 공정 손실 저감방안 도출 및 효율개선 가능

① 엑서지(Exergy) 개념을 적용할 경우 각 흐름에 대한 엑서지 계산을 통해 에너지의 양과 질을 동시에 평가할 수 있다.
② 전체 공정에서 투입되는 Input 및 Output상의 열·물질 수지를 통하여 설계상의 엑서지 오류를 파악 및 분석하여 에너지 손실 지점 및 손실량을 명확히 정의할 수 있다.
③ 이를 통한 손실 저감방안 도출 및 효율 개선이 가능하다.

QUESTION 25

국제단위계(System International Unit)에서 다음에 대하여 설명하시오. (132회)
(1) 기본단위 및 보조단위
(2) 유도단위
   ① 힘(Force)   ② 압력(Pressure)   ③ 일(Work)   ④ 동력(Power)

1 기본단위와 보조단위

1) 기본단위

양	단위의 명칭	단위기호
길이	미터	m
질량	킬로그램	kg
시간	초	s
전류	암페어	A
온도	켈빈	K
광도	칸델라	cd
물질의 양	몰	mol

2) 보조단위

양	단위의 명칭	단위기호
평면각	라디안	rad
입체각	스테라디안	sr

2 유도단위

① 힘(Force) : N(뉴턴)
② 압력(Pressure) : Pa(파스칼)
③ 일(Work) : J(줄)
④ 동력(Power) : W(와트)

QUESTION 26

이상기체의 상태변화와 관련하여 다음을 각각 설명하시오. (134회)
(1) 보일의 법칙
(2) 샤를의 법칙
(3) 보일 – 샤를의 법칙

1 보일의 법칙

① 일정한 온도에서 기체의 수축과 팽창에 대한 관계를 말한다.
② 일정한 온도에서 일정량의 기체의 압력(P)과 그것의 부피(V)는 반비례한다.

$$PV = k$$

여기서, k : 상수

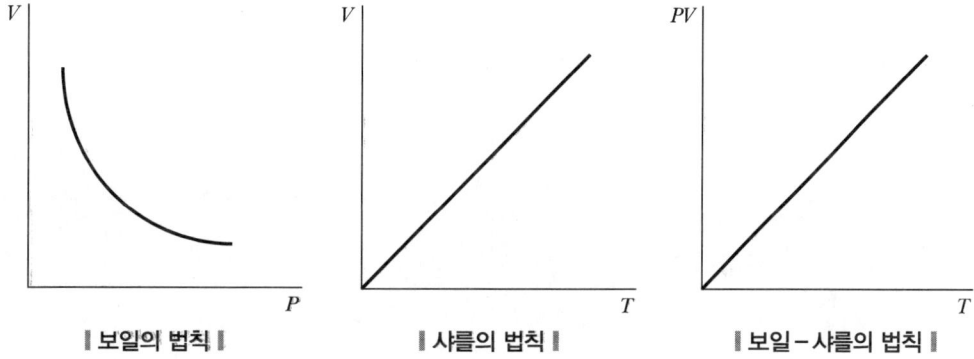

| 보일의 법칙 |　| 샤를의 법칙 |　| 보일 – 샤를의 법칙 |

2 샤를의 법칙

① 압력이 일정할 때 일정한 양의 기체가 차지하는 부피는 절대온도에 비례한다는 법칙을 말한다.
② 압력이 일정할 때 실제 기체의 열팽창을 측정해보면, 충분히 낮은 압력과 높은 온도에서는 실제 기체가 샤를의 법칙을 따른다는 것을 알 수 있다.

$$V = kT$$

여기서, k : 상수

3 보일 – 샤를의 법칙

① 보일의 법칙과 샤를의 법칙을 합하여 나타낸다.
② 주어진 양의 기체에 대하여 부피 V와 압력 P의 곱은 절대온도 T에 비례한다.

$$PV = kT$$

여기서, k : 상수

QUESTION 27

> 열전도저항(Resistance of Thermal Conduction)과 열관류저항(Resistance of Heat Transmission)을 각각 설명하시오. (134회)

1 열전도저항(Resistance of Thermal Conduction)

① 특정 두께를 가진 재료의 전도저항을 의미한다.
② 열전도 비저항에서 재료의 두께가 고려된 값이다.
③ 단위는 $m^2 \cdot K/W$이다.
④ 열전도저항 = 열전도 비저항($\frac{1}{\lambda}$) × 재료의 두께(d)

2 열관류저항(Resistance of Heat Transmission)

① 열이 전달하기 어려운 정도를 나타내는 것으로, 열전도 저항과 열전달 저항의 합으로 나타낸다.
② 단위는 $m^2 \cdot K/W$이다.

CHAPTER 02

건축환경

QUESTION 01

저방사유리(Low Emissivity Glass 또는 Low-E Glass)의 특성 및 장점에 대하여 설명하시오. (86회, 101회)

1 로이(저방사유리, Low-E)유리의 개념

로이유리는 유리 표면에 은 등의 투명 금속피막을 증착시킨 저방사율 유리로 적외선(열선)을 흡수하거나 또는 반사하는 능력이 우수한 유리이다.

2 로이유리의 코팅면에 따른 영향

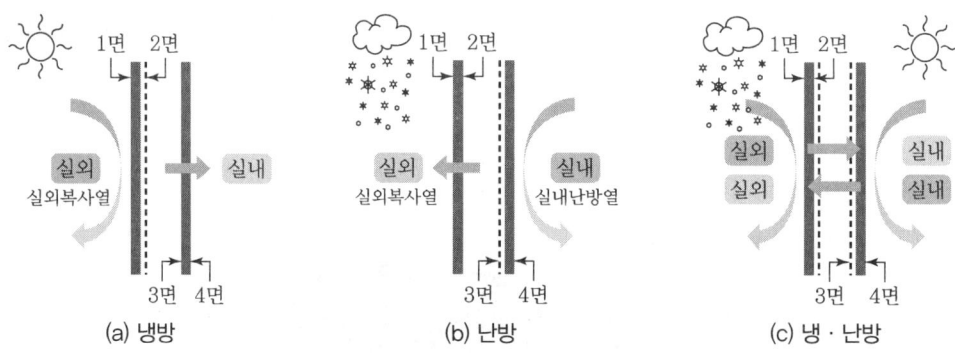

▮ 로이유리의 코팅 위치에 따른 영향 ▮

3 로이유리의 특성

① 로이유리는 방사율이 낮아 적외선의 반사가 높고, 단열성이 높아진다.
② 유리 표면의 이슬 맺힘(결로현상), 자외선 차단(99%), 태양열 및 눈부심 차단, 사생활 보호 기능 등의 장점이 있어 개인 주택 및 일반 사무실에서도 많이 사용하고 있다.
③ 여름철 일사부하가 큰 방위에는 2면 로이유리를, 겨울철 열손실이 큰 방위에는 3면 로이유리를 사용하며 양면 로이유리(2, 3면)는 방위에 관계 없이 사용이 가능하다.

4 로이유리의 장점

① 냉방 및 난방부하 저감
② 결로 예방
③ 콜드 드래프트 최소화

QUESTION 02

중력환기의 원리에 대하여 설명하시오. (85회)

1 중력환기의 원리

① 연돌효과(Stack Effect)에 의한 환기현상으로 공기의 온도차(밀도 차)에 의한 환기를 말한다.
② 실내외 온도차가 커지면, 실내외 압력 차도 커지므로 환기량은 커지게 된다(고온 측이 저기압, 저온 측이 고기압의 특성을 갖는다).

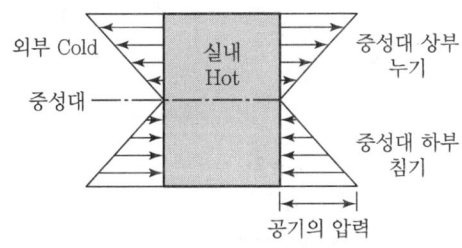

2 중력환기량의 산출

$$Q = KA\sqrt{h \cdot \Delta t}$$

여기서, Q : 개구부 단위면적당 환기량(m³/min · m²)
 K : 개구부에 따른 저항 상수
 A : 개구부 면적(m²)
 h : 두 개구부 간의 수직거리의 차
 Δt : 실내외의 온도차

3 중력환기현상의 활용

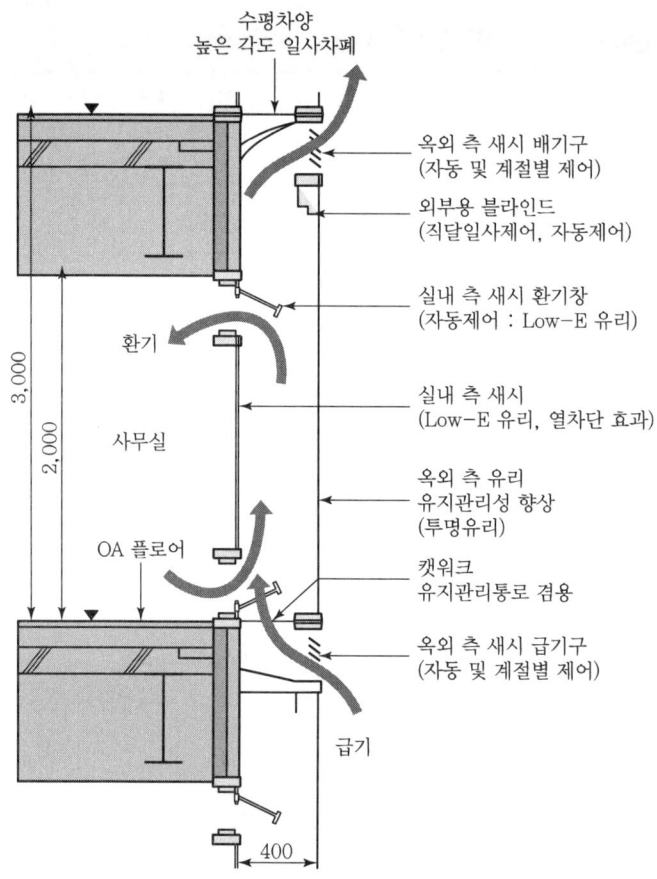

∥ 이중외피구조 ∥

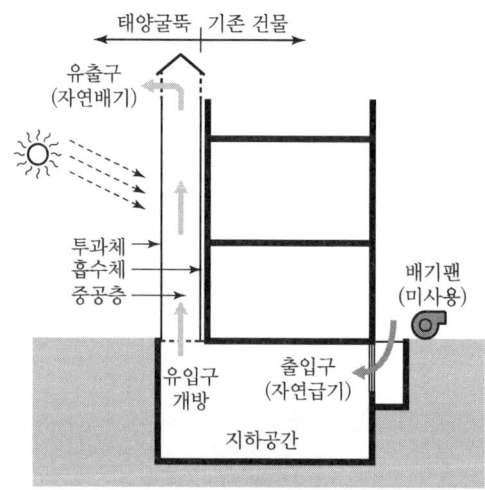

∥ 태양굴뚝 ∥

QUESTION 03

창문의 단열성능 개선방법을 4개 이상 설명하시오. (85회)

1 창문의 단열성능 개선방법

1) 로이유리 적용

① 로이유리는 유리 표면에 은 등의 금속피막을 증착시킨 저방사율 유리로 적외선(열선)을 흡수하거나 반사하는 능력이 우수한 유리이다.

② 로이유리는 방사율이 낮아 적외선의 반사가 높고, 단열성이 높아진다.

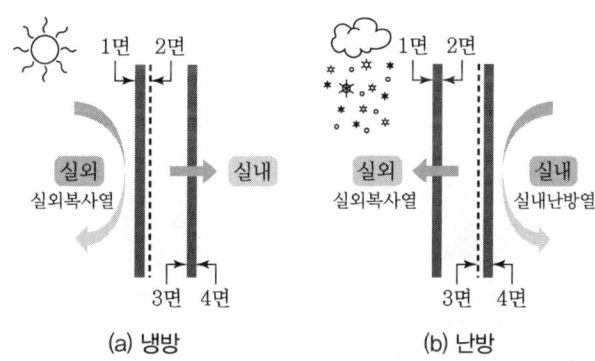

∥ 로이유리의 코팅 위치에 따른 영향 ∥

2) 복층 및 삼중유리 적용

복층 및 삼중유리의 중공층을 활용하여 높은 열저항을 통해 창문의 단열성능을 개선할 수 있다.

3) 진공복층유리 적용

4) 복층 및 삼중유리에 비활성 기체(아르곤, 크립톤, 제논) 충진

① 비활성 기체는 일반 공기에 비하여 높은 열저항 특성을 가지고 있어 단열성능 개선에 탁월하다.

② 단, 비활성 기체는 복층 및 삼중유리 중공층에서 누기가 발생할 우려가 있으므로 이에 대한 고려가 필요하다.

5) Al 프레임에 단열바 적용

Al 프레임의 단부에는 열교가 발생할 수 있는데, 이 부분의 저감을 위해 단열바를 적용하면 창문의 단열성능 개선에 효과적이다.

6) 단열간봉 적용

간봉은 유리와 유리를 접합하는 재료로서 기존 Al 재질이 많이 적용되었으나, 지속적인 결로현상 및 단열성능 미흡으로 현재 단열성이 강화된 플라스틱 재질 등의 단열간봉이 보급되고 있는 추세이다.

7) 창호의 기밀성 향상

① 건축물의 에너지절약설계기준에 따라 국내의 경우 창호의 통기량을 $5m^3/m^2 \cdot h$ 이내로 제한하고 있다.

② 이러한 기밀성 향상을 통해 실내의 열이 외부로 빠져나가는 것을 최소화할 수 있다.

QUESTION 04

자연채광 시스템의 종류를 2개 이상 설명하시오. (85회)

1 자연채광 시스템의 종류별 특징

1) 덕트형 자연채광 시스템

선파이프	고정형 덕트방식의 자연채광 시스템
모노벤트	자연채광과 자연환기를 동시에 할 수 있는 고효율 시스템
솔라벤트	태양광발전으로 전력을 충전하여 팬을 돌려 환기의 역할도 동시에 할 수 있는 시스템
산광부	각 시스템의 집광부로부터 들어온 태양광을 실내에 산광시키는 부분

2) 블라인드형 자연채광 시스템

단순히 빛을 차단하는 일반적인 전동 루버 시스템과는 달리 직사광선을 반사하여 실내 냉방부하를 막고, 부분적인 직사광선을 실내로 유입한 자연채광 시스템으로 조명에너지 절약은 물론 실내 환경을 개선하는 시스템이다.

① 자연 채광용 루버의 적용으로 최대 70% 정도의 조명에너지를 절약할 수 있다.
② 자연채광 블라인드 적용에 따라 서쪽 20%, 남쪽의 경우 60%의 에너지를 절약할 수 있다.
③ 90% 정도의 높은 반사율로 실내에 산란된 광을 유입시킨다.
④ 열선의 유입을 막아 적정한 실내온도를 유지하여 냉방부하 값을 낮추는 데 매우 효과적이다.
⑤ 직사광선에 의한 눈부심 현상을 방지할 수 있다.
⑥ 블라인드의 종류

구분	내용
Venetian Blind	블라인드 시스템의 기본유형으로 내·외부 설치가 가능하며 Control System을 적용하여 자동화가 가능하다.
Double Motor Blind	상부와 하부구조로 분리되어 각각 작동된다.
Prism Plate	프리즘 원리로 밀도의 차이를 이용해서 직사광선을 반사하는 구조
Movable Prism	태양추적시스템을 장착한 프리즘 패널이 항상 태양과 수직을 유지하고 직사광선(열선, 자외선)은 반사하며 천공광을 유입시키는 시스템이다.

3) 광섬유형 자연채광 시스템(Fiber Optic Solar Lighting)

광섬유를 이용하여 건물 외부에 설치된 집광패널에서 집광된 자연광을 빌딩 내부로 유도하여 산광부를 통해 실내에 분산시키는 자연채광 시스템으로 케이블 방식은 자유로운 광전송 경로를 구성하고 다양한 실내조명 연출이 가능하다. 하이브리드 시스템(자연광+인공조명)을 도입하여 흐린 날이나 야간에도 사용할 수 있게 한다. 구성요소는 다음과 같다.

① 집광패널

건축물의 외관을 그대로 유지하면서 지붕 또는 외부에 설치되며 태양빛을 모으는 프레넬 렌즈, 태양을 추적하기 위한 회전기구, 광섬유를 고정하는 지지판으로 구성된다.

② 전송부(광케이블)

수십 개의 가느다란 광섬유로 이루어져 있으며 굴곡이 가능하여 유연하고 높은 광 이송률로 빌딩의 여러 장소로 태양광을 전송한다.

③ 산광부

채광 대상에 설치되는 산광부를 통해 태양빛이 방사되어 특정 공간의 외관, 건강, 미적 측면에 맞춰 실내에 산광된다.

QUESTION 05

콜드 드래프트(Cold Draft)의 개념, 발생원인, 방지대책에 대하여 설명하시오.
(85회, 86회, 103회, 104회, 131회)

- 실내 기류 및 열에 의한 재실자의 부분 불쾌감을 야기할 수 있는 원인과 이를 제어하기 위한 설계기준에 대하여 설명하시오. (85회)
- 공기조화를 행하고 있는 실내에서 동절기에 영향을 미치는 콜드 드래프트(Cold Draft)의 개념, 발생원인, 방지대책을 설명하시오. (86회, 103회, 104회)

1 콜드 드래프트(Cold Draft)의 개념

① 인체에 불쾌감을 주는 냉기류를 말하며, 인체의 열생산보다 열손실이 클 때 발생한다.
② 겨울철 실내에 저온의 기류가 흘러들거나 유리 등의 냉벽면에서 냉각된 냉풍이 하강하는 현상이다.

2 콜드 드래프트 발생영역

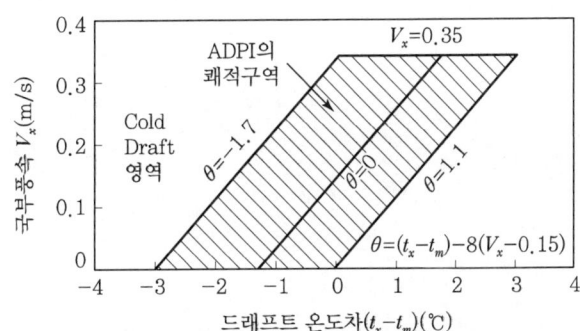

$$\theta = (t_x - t_m) - 8(V_x - 0.15)$$

여기서, t_x : 국소기온(℃)
t_m : 평균기온(℃)
V_x : 국소풍속(m/s)

3 콜드 드래프트의 원인 및 대책

원인	대책
• 인체 주변의 온도와 습도가 낮으며 기류 속도가 클 때 • 주위 벽면 온도가 너무 낮거나 창문 등의 극간풍이 많을 때 • 흡입구 부근의 풍속이 빠를 때	• 외벽 창가 바닥면에 취출구 및 방열기 설치 • 2중 또는 3중 유리 사용 • 현관문은 회전문 또는 이중문의 사용으로 극간풍 침입 방지 • 바닥 복사난방 실시 • 실내의 온도분포를 균일하게 함 • 기류속도를 허용범위 이내로 유지할 것

QUESTION 06

상당외기온도(Sol Air Temperature)에 대하여 설명하시오. (87회, 115회, 118회)

1 정의

① 상당외기온도(ET : Equivalent Temperature, SAT : Solar Air Temperature)는 외기온도에 일사의 영향을 고려한 온도차로서, 냉방부하 산출 시에 활용된다.

② 벽체 또는 지붕은 일사가 표면에 닿아 표면온도가 상승하는데, 이를 상당외기온도라 하며 실내온도와의 차를 상당외기온도차(ETD : Equivalent Temperature Difference)라고 한다.

2 상당외기온도의 산출공식

$$상당외기온도(t_e) = t_o + \frac{a}{\alpha_o} I \text{(K)}$$

$$상당외기온도차(\Delta t_e) = t_e - t_i \text{(K)}$$

여기서, t_o : 일사를 고려하지 않은 실외 표면온도(K)
t_e : 상당외기온도(K)
t_i : 실내온도(K)
I : 일사강도(W/m²)
α_o : 열전달률(W/m² · K)
a : 표면의 흡수율

3 상당외기온도 감소를 통한 냉방부하 저감방안

① 일사강도(I, W/m²)의 최소화를 위한 차양 설치
② 표면 흡수율(α)이 작은 외피자재(저방사자재) 사용

QUESTION 07

건물 실내 측 벽체 표면결로 예측방법 및 원인, 결로 방지대책에 대하여 설명하시오. (87회, 116회, 122회)

1 벽체 표면결로의 개념 및 예측방법

표면결로는 건물의 표면온도가 접촉하고 있는 공기의 포화온도(노점온도)보다 낮을 때 발생한다. 이 같은 표면결로는 표면이 불투습성이라면 간단히 처리할 수 있다.

2 결로의 발생 원인

① 실내외 온도차
② 실내 습기의 과다 발생
③ 환기 부족
④ 건물계획 불량
⑤ 방습층 미시공
⑥ 내장재 성능 부족
⑦ 시공의 불량
⑧ 시공 직후 미건조 상태
⑨ 구조재의 열적 특성
⑩ 기상불량

3 결로 방지법

① 단열 보강
② 적은 온도차
③ 환기 철저
④ 천장단열 시 통기구 설치
⑤ Cold Bridge(냉교, 冷橋) 방지
⑥ 단열재 관통부 주변 단열 보강
⑦ 방습층 설치
⑧ 이중천장 설치
⑨ 난방장치 주의
⑩ 벽 내부 코너 보강
⑪ 내부결로 방지
⑫ 생활습관 개선
⑬ 실내벽 표면온도

QUESTION 08

지구온난화의 주원인이 되는 온실가스의 종류와 발생원인 그리고 탄소배출권 거래제도(ET : Emission Trading)에 대하여 설명하시오. (87회, 105회)

1 온실가스의 종류

이산화탄소(CO_2), 메탄(CH_4), 아산화질소(N_2O), 수소불화탄소(HFCs), 과불화탄소(PFCs), 육불화황(SF_6)

2 온실가스 발생원인

가스 종류	주요 배출원	GWP	발생량 비율(%)	지구영향(%)	특성
CO_2 (이산화탄소)	화석연료 연소 산업공정	1	77	56	• 지구영향 최다 • 주요 절감 대상
CH_4 (메탄)	폐기물 농업/축산	21	14	11	• 발생원 광범위 • 포집 어려움
N_2O (아산화질소)	산업공정 비료 사용	310	8	6	• 발생원 광범위 • 포집 어려움
HFCs (수소불화탄소)	반도체 세정용 냉매, 발포제	140~11,700	<1	24	• 발생원 명확 • 빠른 증가세
PFCs (과불화탄소)	반도체 제도	6,500~9,200			• 화학적으로 안정 • 분해가 어려움
SF_6 (육불화황)	LCD, 반도체 공정 자동차생산공정	23,900			

3 탄소배출권거래제도(ET : Emission Trading)

1) 개념 및 목적

온실가스 방출량을 줄이기 위한 방안 중 하나로서 의무감축국 간에 감축실적을 거래할 수 있는 제도이며, 교토의정서에 규정되어 있는 온실가스 감축체제이다.

2) 탄소배출권 거래제도에 대한 국내 계획안

구분	주요 목표
제1기(2015~2017년)	경험 축적 및 거래제 안착
제2기(2018~2020년)	상당수준의 온실가스 감축
제3기(2021~2025년)	적극적인 온실가스 감축

QUESTION 09
엘니뇨 현상과 라니냐 현상에 대하여 설명하시오. (88회)

1 엘니뇨 현상

① 엘니뇨 현상이란 태평양 적도지역의 중앙 부근(날짜 변경선 부근)부터 남미의 페루 연안에 걸친 넓은 해역에서 해수면 온도가 평년에 비해 높아지는 현상
② 보통 한 번 나타나면 그 상태가 반년에서 1년 반 정도 계속되며 수년에 한 번 꼴로 발생

2 라니냐 현상

엘니뇨 현상과 반대로 같은 해역에서 해수면 온도가 평년보다 낮은 상태가 계속되는 현상

QUESTION 10
공조시스템에서 제어되는 실내공기 환경요소에 대하여 설명하시오. (88회)

1 공조시스템에서 제어되는 실내공기 환경요소

① 건구온도
② 상대습도
③ 청정도
④ 기류속도

2 실내환경기준

구분	보건용 공기조화	산업용 공기조화
대상	사람	제품, 공정, 정밀도
온도	17~28℃	대상에 맞는 기준 적용
상대습도	40~70%	
청정도	먼지 : 0.15mg/m³ 이하 CO : 10ppm 이하 CO_2 : 1,000ppm 이하	
기류속도	0.5m/s 이하	

3 각 요소별 제어방안

1) 건구온도 및 상대습도(열환경)

① 여름 : 감습 / 겨울 : 가습 적용
② 적절한 Zoning 실시
③ EDT 분석 및 ADPI 극대화

2) 청정도(실내공기질)

① 전체 / 국소로 나누어(Zoning) 조절(Control)
② HEPA Filter 적용
③ 지하 CO 검지기 적용
④ 적정 환기횟수 설정

3) 기류속도

① 적절한 취출구 위치 선정
② 최소 / 최대 확산반경 검토
③ 실의 용도에 따른 취출구 Type 선정
④ 취출기류 4역 분석
⑤ 콜드 드래프트 영역 최소화

QUESTION 11

진태양시, 평균태양시 및 균시차에 대하여 설명하시오. (89회, 107회)

1 진태양시

태양이 남중하는 때로부터 다음 남중시까지를 하루(24시간)로 하여 균등하게 등분한 시간을 진태양시(AST : Apparent Solar Time)라 한다.

2 평균태양시

① 진태양시를 1년간 평균한 값을 1일 24시간으로 하는 시간을 말한다.
② 이는 지구의 공전속도가 일정하지 않으므로 하루의 시간이 일정하지 않고 조금씩 변화가 발생하기 때문에 사용되고 있다.

3 균시차(ET : Equation of Time)

$$균시차(ET) = 진태양시 - 평균태양시$$

QUESTION 12
풍압계수를 정의하고 풍압계수의 이용방안에 대하여 설명하시오. (90회)

1 풍압계수의 정의
① 풍압계수(바람을 유인하는 압력, C_p)는 구조물 표면의 임의의 점에 작용하는 풍압력의 크기를 동압(속도압)을 기준으로 하여 나타낼 때 동압(속도압)에 곱해주는 계수이다.
② 풍압계수는 건물의 형태, 바람의 방향 등에 따라 변화하며 실험, 실측 및 시뮬레이션을 통해 구할 수 있다.

2 풍압계수 산정식

$$C_p = \frac{P_{static} - P_{ref}}{\frac{\rho}{2} V^2}$$

여기서, C_p : 풍압계수
　　　　P_{static} : 외기압력(Local Static Pressure)
　　　　P_{ref} : 실내압력(Reference Air Pressure)
　　　　ρ : 공기밀도(Air Density)
　　　　V : 풍속(Reference Wind Velocity)

3 풍압계수의 이용방안
① 풍압계수는 환기를 개략적으로 평가하는 데 사용
② 개구부 형상 및 크기 산정 시 활용
③ 환기량을 산출하는 데 활용

$$Q(\mathrm{m^3/sec}) = \alpha \cdot A \cdot \sqrt{C_1 - C_2} \cdot v$$

여기서, Q : 환기량(m³/s)
　　　　α : 개구부에 따른 유량계수
　　　　A : 개구부 면적(m²)
　　　　v : 바람속도(m/s)
　　　　C_1 : 유입구의 풍압계수
　　　　C_2 : 유출구의 풍압계수

QUESTION 13

열교의 발생원인과 주요 발생부위 및 방지대책을 설명하시오. (90회, 101회)

1 열교의 정의

① 열교(Heat Bridge)는 구조체 두께가 얇거나 단열재 누락으로 열저항이 낮아진 부위를 말하며, 많은 열이 들어오거나 나가는 경로이다.
② 열교 부위는 단열성 저하로 벽체표면이 노점온도 이하로 내려가 결로의 원인이 된다.

2 열교의 발생원인

① 내외부 온도차 발생
② 단열의 훼손 또는 누락
③ 동일 부위의 이질 재료 구성
④ 벽의 모서리 및 벽의 두께가 달라지는 부분

3 열교의 발생부위

① 슬래브 부위
② 모서리 / 우각부
③ 창호의 벽체 브래킷 접합부
④ AL창호의 창틀
⑤ 열관류율이 큰 부위
⑥ 유리간봉

4 열교의 방지대책

① 벽체 단열 보강
② 외단열
③ 우각부 / 슬래브 단열 보강
④ 단열바 적용 창호 설치
⑤ 단열간봉 설치

QUESTION 14

음압레벨(SPL : Sound Pressure Level)의 정의를 설명하시오. (90회)

1 음압레벨의 정의

음압레벨(Sound Pressure Level) SPL은 소리의 크기(강도)에 대해 객관적 측정 및 비교가 용이하도록 음압(P_{rms})과 기준 음압(P_{ref})과의 비율을 로그 규모로 표현한 것을 말한다. 음압레벨의 단위는 dB(데시벨)을 사용한다.

2 음압레벨(SPL) 산출식

$$SPL = 10\log_{10}\left(\frac{P_{rms}}{P_{ref}}\right)^2$$

여기서, P_{rms} : 음압-실효값(Root Mean Square) (μPa)

P_{ref} : 기준 음압(공기 중의 음파일 경우 20μPa, 수중의 음파일 경우 1μPa)

QUESTION 15

기초대사(BMR)에 대하여 설명하시오. (91회)

1 기초대사(BMR)의 정의

① 기초대사(BMR : Basal Metabolism Rate)는 안정상태에서의 생체가 필요로 하는 최소한의 에너지를 말한다.
② 즉, 생명체(Organism)가 생명(Life)을 유지하는 데 있어서 기본적으로 소비(Consumption)되어야 하는 에너지소비를 말한다.

2 기초대사에 영향을 미치는 요소

1) 물리적 요소

   ① 기온
   ② 습도
   ③ 기류
   ④ 복사열

2) 주관적 요소

   ① 의복
   ② 활동량
   ③ 나이
   ④ 성별

QUESTION 16

수정유효온도(CET)에 대하여 설명하시오. (91회)

1 수정유효온도(CET : Corrected Effective Temperature)

① 유효온도를 보완하고 복사열을 고려하여 조합시킨 체감온도
② 건구온도 대신 흑구온도(글로브 온도)를 사용하여 복사열을 고려한 쾌적지표
※ 흑구온도(GT : Globe Temperature) : 표면이 흑색이고 지름이 15cm인 속이 비어 있는 둥근 구에 온도계를 삽입하여 측정한 온도를 흑구온도 또는 글로브온도라고 한다.

2 각종 온열환경지표

① 유효온도(ET : Effective Temperature)
② 신유효온도(ET : New Effective Temperature)
③ 표준유효온도(SET : Standard Effective Temperature)
④ 불쾌지수(DI : Discomfortable Index)
⑤ 작용 온도(OT : Operative Temperature)
⑥ 예상온열감(PMV : Predicted Mean Vote)
⑦ PPD(Predicted Percent of Dissatisfied)

QUESTION 17

유효 드래프트 온도(EDT)와 공기확산성능계수(ADPI)에 대하여 설명하시오. (91회)

1 유효 드래프트(EDT : Effective Draft Temperature)

1) 개념

EDT는 유효 드래프트 온도로 정의되며 실내 거주자에게 주어진 온도와 기류가 어느 정도의 드래프트 효과를 내는가를 식으로 제시한 것이다.

2) EDT 산출공식

$$EDT = (t_x - t_m) - 8(V_x - 0.15)$$

여기서, t_x : 국소기온(℃)
t_m : 평균기온(℃)
V_x : 국소풍속(m/s)

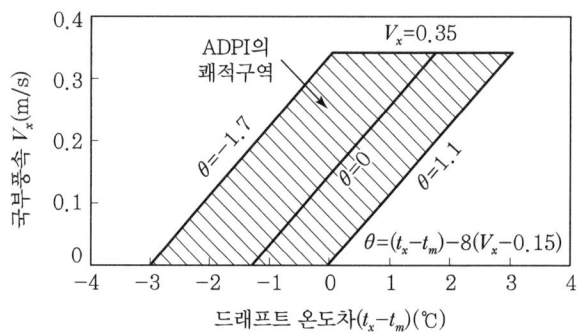

3) 특징

① EDT가 $-1.7 \sim +1.1$℃ 범위에 있고 풍속 0.35m/s 이하에서 쾌적감을 느낀다.
② EDT 수치가 위 범위에서 벗어날수록 불쾌감을 느끼며 (−) 쪽으로 치우칠수록 콜드 드래프트 현상이 심해진다.

2 ADPI(Air Diffusion Performance Index)

1) 개념

ADPI(공기확산 성능계수)란 실내공기가 얼마나 균일한 분포를 갖는가를 수치화한 것으로 실내 각 점의 EDT를 구하고 전체 점에 대한 쾌적한 점(EDT 범위 내)의 비율을 말한다. 균일 정도에 따라 재실자가 느끼는 실내온도에 대한 만족감을 표현한 것이다.

2) 고려사항

① ADPI는 취출구 종류, 실부하, 취출구 위치(도달거리, 실길이) 등에 따라 다르며 데이터에 의해 취출구의 위치를 결정해야 한다.

② 일반취출구의 최대 ADPI는 85~95 정도이며 가변익 그릴형, 슬롯형, 트로퍼형, 다공판형 등의 ADPI가 큰 편이다.

3) 산출공식

$$ADPI = \frac{쾌적역에 속하는 측정점 수}{거주역 내의 다수 측정점 수} \times 100(\%)$$

QUESTION 18

차음된 덕트를 통과하는 90dB의 음 에너지(Sound Energy)가 0.1% 투과되었을 때 차음 덕트의 SRI(Sound Reduction Index)를 구하시오. (92회)

$$SRI(\text{음향감쇠계수}) = 10\log_{10}\frac{1}{T_0} = 10\log_{10}\frac{1}{0.001} = 30$$

여기서, T_0 : 투과율

QUESTION 19

Trombe Wall의 시스템 효율과 SSF(Solar Saving Fraction)에 대하여 설명하시오. (92회)

1 Trombe Wall의 정의 및 개념도

① 트롬월은 자연대류를 위한 벤트가 설치된 경우이다.
② 유입된 태양열 대부분을 축열벽에 저장하여 축열벽으로부터 복사열을 난방에너지로 이용한다.
③ 축열벽 상하부에 벤트(통기구)를 설치하여 자연대류를 통한 난방도 가능하다.
④ 냉난방 시 작동원리

난방	집열창과 상호연결된 축열벽을 통한 열전달 효과 및 자연대류현상 이용
냉방	• 축열벽 전면에 개폐용 창문 설치 • 적정 길이의 차양 설치

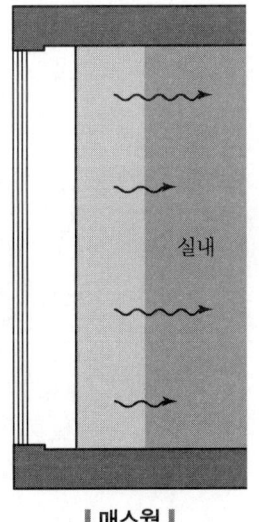
| 매스월 |

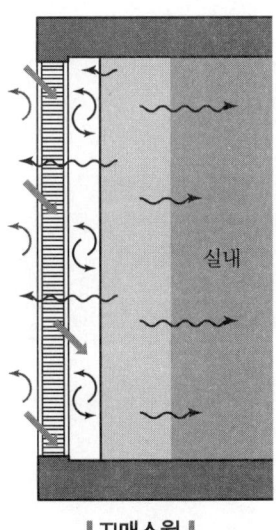
| TI매스월 |

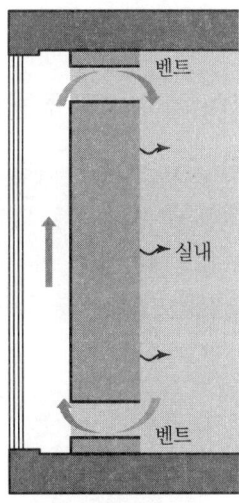
| 트롬월 |

2 시스템 효율

1) 개념

축열벽에 닿는 수직면일사량 대비 순획득열량의 비로서 높을수록 효과적인 자연형 태양열시스템이라 할 수 있다.

2) 산출식

$$\eta = \frac{\dot{Q}_{in}}{I_{vt}} \times 100(\%) = \frac{순획득열량(\text{W/m}^2)}{수직면일사량(\text{W/m}^2)} \times 100(\%)$$

3 SSF(Solar Saving Fraction)

1) 개념

시스템의 태양열 의존율을 의미한다. 즉, Trombe Wall을 활용한 건물의 에너지 수급효과를 의미한다.

2) 산출식

$$SSF = 1 - \frac{Q_{aux}}{Q_t} = 1 - \frac{설비용량(\text{kW})}{건축물의 부하량(\text{kW})}$$

4 Tromb Wall의 적용을 위한 조건

① 열용량이 높은 축열벽 설치
② 투명외피를 통한 일사량 유입
③ 상하벤트 설치
④ 대류효과를 위한 공간 높이 확보

QUESTION 20

Vertical Sun – Path Diagram에 대하여 설명하시오. (92회)

1 Vertical Sun – Path Diagram(수직 사영 태양 궤적도)의 개념

① 연중 태양의 궤적을 방위각(Azimuth)과 고도각(Altitude)을 이용하여 차트로 표현한 것으로서, 수직면상에 투영된 태양궤적을 나타낸 그림이다.
② 이것을 통해 특정 지역, 특정 시각에서의 태양위치와 일출, 일몰시간 등을 파악할 수 있다.

2 개념도

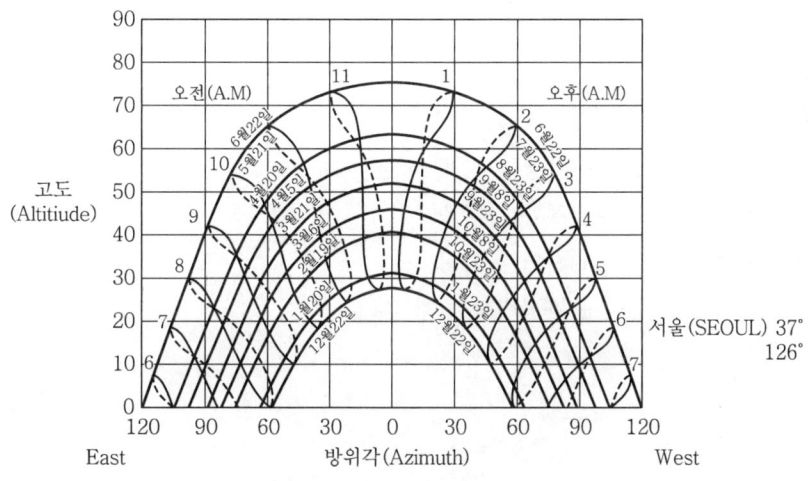

∥ 서울의 수직 사영 태양 궤적도 ∥

3 태양궤적의 종류

① 수평사영 태양 궤적도 : 수평면상에 투영된 태양궤적을 나타낸 그림
② 수직사영 태양 궤적도 : 수직면상에 투영된 태양궤적을 나타낸 그림

4 태양궤적도의 구성

① 방위각선 : 수평사영 태양궤적도에서는 방사선, 수직사영 태양궤적도에서는 수직선
② 고도각선 : 수평사영 태양궤적도에서는 동심원, 수직사영 태양궤적도에서는 수평선
③ 태양궤적선 : 날짜별로 그려진 곡선
④ 시간선 : 날짜별 태양궤적선상에 연결되어 표시된 곡선

QUESTION 21

Biomass의 개념 및 특징에 대하여 설명하시오. (93회)

1 Biomass의 개념

바이오매스(Biomass)란 단위 면적당 생물체의 중량 또는 단위 시간당 생물체의 무게를 의미한다.

2 Biomass 에너지의 적용

① 에너지원 또는 화학·공업 원료로 생물체 또는 생물체를 이용하는 것을 말한다.
② 식물이나 미생물 등을 이용하여 메탄올, 에탄올 등을 생산하는 것 등을 의미한다.

3 Biomass 에너지의 특징

① 대체에너지원으로서의 친환경성
② 고갈의 염려가 적고, 무한정에 가까움
③ 산림의 파괴 등 자연의 훼손이 우려됨
④ 생물체 훼손에 따른 지구 환경변화 초래 우려

QUESTION 22

조명설계에서 장막반사 및 해결방안에 대하여 설명하시오. (93회)

1 장막반사(Veiling Reflection, 광막반사)의 정의

① 광택 있는 물체의 표면에 반사된 광원에 의해 눈부심을 일으켜 물체의 형태를 잘 식별할 수 없는 현상
② 광원의 휘도가 비교적 낮고 물체의 표면에 광택이 있어 눈부심뿐 아니라 물체도 보기 어려운 경우의 반사
③ 예를 들어, 광택이 있는 종이의 표면 등에서 반사글레어가 생기면 큰 면적의 광막이 생기기 때문에 문자가 잘 보이지 않게 되는 현상 등이 있다.

2 조명설계에서의 장막반사의 해결방안

① 책상면의 반사율이 35~50% 정도인 무광택 면을 사용
② 정반사광이 눈에 들어오지 않도록 작업공간 배치
③ 광원특성의 조절
  - 디밍제어
  - 광원의 밝기조절
④ 조명원을 반사 현휘 존에 있지 않도록 하여 반사의 가능성을 차단
⑤ 작업공간 밝기와 눈의 순응레벨의 조절
⑥ 작업대에 가깝게 작업등을 설치

QUESTION 23

재료에 따른 단열재의 종류 및 특성을 설명하시오. (93회)

1 보온재의 종류별 특징

1) **비드법보온판(EPS : Expanded Polystyrene Foam)**

   폴리스티렌수지에 발포제를 넣은 다공질의 기포플라스틱(Foam Plastic)이다.

   ① 특징

장점	단점
• 단열성능이 우수하다. • 경량이므로 운반과 시공성이 우수하다. • 최고 70℃까지 사용할 수 있다.	• 물 흡수율이 높아 물과 직접 닿거나 습기가 많은 곳에는 시공할 수 없다. • 화재 시 불이 옮겨 붙어 유독가스가 발생할 위험이 있다.

   ② 비드법 1종과 2종 비교사항

구분		특징
비드법 보온판 (EPS)	1종	• 구슬 모양의 비드를 가열한 후 1차 발포시키고, 적당한 시간 숙성한 후 판 모양의 금형에 채워 다시 가열해 2차 발포에 의해 융착 성형한 제품으로 흰색을 띠고 있다. • 단열등급은 "나"와 "다" 등급에 속한다. • 열전도율은 1호 0.036W/m·K, 2호 0.037W/m·K, 3호 0.040W/m·K, 4호 0.043W/m·K로 비드법 보온판 2종보다 열전도율이 크다.
	2종	• 폴리스티렌수지에 탄소를 함유한 합성물질인 흑연(Graphite)을 첨가해 제조한 제품으로 회색빛을 띠고 있다(탄소 보강 EPS). • 단열등급 "가" 등급에 속한다. • 열전도율은 1호 0.031W/m·K, 2호 0.032W/m·K, 3호 0.033W/m·K, 4호 0.034W/m·K로 압출법보온판보다 열전도율이 크다.

2) **압출법보온판(XPS : Extruded Polystyrene Foam)**

   고분자 폴리스티렌을 가열·용융해 연속적으로 압출·발포시켜 성형한 제품으로 대표적인 제품은 아이소핑크이다.

① 특징

장점	단점
• 동일한 밀도의 비드법보온판보다 단열성능이 높다. • 어느 정도의 투습저항을 갖추고 있어 물에 직접 닿는 부위에 적용하여도 단열성능을 보장받을 수 있다.	시간이 경과하면 단열성능이 떨어진다.

② 용도 및 사용특성
- 내열온도가 낮아 난연재를 첨가해 건축용 단열재나 완충포장재로 주로 사용한다.
- 단열등급 "가" 등급에 속한다.
- 열전도율은 비드법보온판보다 낮다(단열성능이 좋다).

3) 경질 폴리우레탄폼(PU : Rigid Poly Urethane Foam)

열경화성 수지인 폴리우레탄폼을 발포·성형한 유기 발포체(독립기포구조)로 구성되며, 건축현장에서는 주로 직접 발포해(뿜칠) 시공한다.

① 특징

장점	단점
• 90% 이상이 독립기포로 이루어져 강한 내수성 및 내습성이 있다. • 접착력이 뛰어나 표면 이물질을 제거하면 재질과 관계없이 반영구적으로 사용할 수 있다.	화재 시 치명적인 맹독성의 가스가 발생한다.

② 용도 및 사용특성
- 플라스틱류와 같이 명확한 연화점이나 응고점이 없다.
- 일반적으로 고온은 100℃, 저온은 −70℃까지 사용할 수 있고, 특수공정을 거치면 −170℃까지도 시공이 가능하다.

③ 폴리우레탄폼 작업 불가 환경
- 밀폐된 공간
- 용접 등 인화의 원인이 될 수 있는 작업 공간
- 온도 4℃ 이하, 55℃ 이상
- 상대습도 85% 이상

④ 제품의 분류

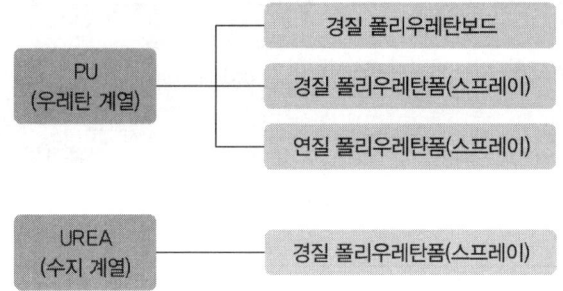

4) 페놀폼(PF : Phenolic Foam)

페놀폼은 페놀수지를 각종 변성·발포하여 경화시킨 소재이다.

① 특징

장점	단점
• 열전도율이 0.019W/mK로 유기질 단열재 중 단열성능이 가장 뛰어나다. • 준공 후 시간이 지나도 단열성능이 저하되지 않는다. • 열경화성 수지로 난연2급의 준불연 성능이 있다.	• 페놀폼 자체가 산성이며 흡수량이 뛰어나기 때문에 흡수된 물이 산성성분으로 방출되어 철근, 콘크리트를 부식시킨다(유럽, 미국 등 선진국에서 사용하지 않는다). • 단가가 타 단열재보다 높아 원가상승 요인이 된다.

② 용도 및 사용특성
- 90% 이상 독립미세기포로 이루어진 Closed Cell 구조이다.
- 뛰어난 단열성능으로 에너지 절약에 기여하고, 화재안전과 경제성이 좋다.
- 화재 시 연기배출 및 유해가스 발생이 매우 낮은 수준이며, 화염 확산이 적은 매우 우수한 난연 소재이다.

5) 글라스울(Glass Wool)

유리원료(규사-모래)를 고온에서 용융하여 섬유화한 뒤 성형한 무기질 인조광물 섬유 단열재이다.

① 특징
- 유연하고 부드러우며, 단열 및 흡음성능이 뛰어남
- 무기질 원료로서 불연성이 있으며, 시간경과에 따른 변형이 적음
- 도구를 통해 재단이 가능해 시공성이 높음
- HCHO(포름알데히드) 배출이 없으며 TVOC 등 유해물질 방출이 매우 적음

② 용도
벽체, 천장, 커튼월 심재, 방음벽 단열, 흡음 마감재 등

6) 미네랄울(암면, Mineral Wool)

화산암, 현무암 등 규산칼슘계 광석을 고온에서 용융한 뒤 섬유화한 무기질 인조광물섬유 단열재이다.

① 특징
- 보온단열성, 내구 · 내후성, 불연 및 내열성, 흡음성, 시공성, 친환경성
- 슬래그와 록울도 미네랄울로 포함됨
- CFC와 HCFC 무방출 HCHO(포름알데히드), TVOC 등 오염물질 방출이 적음

② 용도

지붕, 벽체, 주택 천장, 슬래브 바닥, 지붕 데크, 각종 파이프 배관 설비 보온 단열 등

7) 진공단열재(Vacuum Insulation)

① 정의 및 단열원리
- 다공심재의 외부를 여러 겹의 얇은 막으로 감싼 것으로, 그 내부의 압력을 감소시키고 밀봉처리한 단열재를 말한다.
- 단열재 내부를 진공상태로 유지하여 공기분자의 흐름 억제를 통하여 열손실을 억제한다.
- 기체의 열전도계수가 거의 0으로 우수한 단열성능을 가진다.
- 주로 고급 냉장고 등의 단열 패널로 사용되던 것을 고효율 건축용 단열재로 확대 사용하고 있다.

② 구성

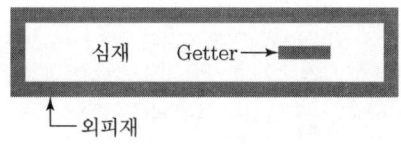

- 외피재(Barrier) : 내부 진공 유지를 위한 다중 Film
- 심재(Core Material) : 내부 진공 공간을 만들어 주는 다공성 소재(Glass Wool or Fumed Silica)
- Getter : 가스 및 수분을 흡착하는 소재

③ 특징
- 환경친화적이고 지속가능한 신소재
- 단열성능 우수(기존 스티로폼 $0.036W/m \cdot K \rightarrow 0.0045W/m \cdot K$, 8배 우수)
- 기존 단열재의 1/4 두께로 동일 효과
- 최소의 단열 두께로 인한 공간구조 활용
- 우수한 단열성능으로 에너지 절감
- 에너지 효율적인 건축물 구현
- 초기 설치비용은 높은 편이나 장기적으로 유리

QUESTION 24

> 친환경건축물 인증(녹색건축인증)에 활용되는 비오톱(Biotop)을 수생비오톱과 육생비오톱으로 구분하여 설명하시오. (94회)

1 육생비오톱

1) 개념

   곤충류, 조류 등을 비롯한 동물과 기타 식물이 생육할 수 있는 환경을 제공하는 조경영역

2) 적용사항

구분	세부사항
식재 기반	• 생육 최소심도 이상의 토심 확보 • 인공지반녹지 하부 배수층 확보
식재 계획	• 교목 / 아교목 / 관목 / 초본층 등으로 다층구조 조성 • 전체 면적 중 단일군락지 비율 60% 미만 조성 • 해당 지방자치단체 조례 식재밀도의 1.5배 조성
조경 면적	조성면적이 대지면적 대비 30% 이상 조성

2 수생비오톱

1) 개념

   어류, 잠자리, 수초, 조류 등 수생 동식물이 생태적으로 순환체계를 이룰 수 있도록 조성한 물이 있는 공간

2) 적용사항

구분	세부사항
물의 공급	• 유입수의 우수 또는 중수 사용 • 비오톱 주변 식생여과대 또는 쇄석여과층 조성 • 수위 조절을 위한 배수경로 설치
바닥처리	• 중앙수심 0.6m 이상 유지 • 생태기능 유지를 위한 차수재 사용 • 웅덩이 / 돌무더기 등 다양한 굴곡 조성

구분	세부사항
호안 환경	• 호안 경계부의 부정형 굴곡처리 • 호안 경사각 10° 이하 및 1/2 초지대 형성
식재 계획	• 수면적 60% 이상 개방수면 확보방안 도입 • 침수 및 정수 식물 도입

QUESTION 25

동절기 지상높이 h인 아파트 1층 부분에서 실내외에 발생되는 차압을 계산하는 공식을 설명하시오.(단, 중성대는 건물의 중간 높이에 형성되어 있으며 바람의 영향을 무시한다.) (94회)

1 중성대의 정의

① 실내외의 압력차가 0(Zero)이 되어 공기의 이동이 없는 곳(Zone)이다.
② 대개는 실의 중앙부에 위치하나 개구부나 틈새가 많은 면으로 수직이동한다.
③ 실의 하부에 개구부나 틈이 많으면 중성대는 아래로 이동한다.
④ 아래의 그림과 같이 중성대에서는 공기의 압력차가 0(Zero)이 된다.

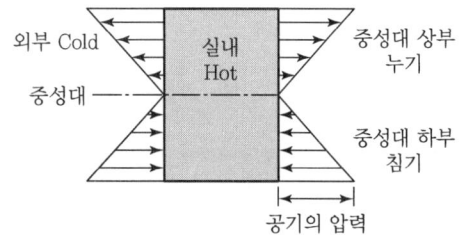

| 정방향 연돌효과 | | 역방향 연돌효과 |

⑤ 건물 내외부의 온도차가 클수록, 건물의 높이가 높을수록 압력차는 커진다.

2 1층 부분 실내외 압력차 계산식

$$실내외의 압력차\ \Delta P = (\gamma_i - \gamma_o)(h_n - h)$$

여기서, γ_o : 외기비중량
  γ_i : 실내공기의 비중량
  h : 압력차를 계산하고자 하는 곳의 높이(1층)
  h_n : 중성대의 높이

QUESTION 26

현재 국제적으로 온실가스라고 규정한 물질 6가지를 제시하고, 지구온난화지수(Global Warming Potentials)와 석유환산톤(Ton of Oil Equivalent)을 설명하시오. (94회)

1 온실가스 물질 6가지

이산화탄소(CO_2), 메탄(CH_4), 아산화질소(N_2O), 수소불화탄소(HFCs), 과불화탄소(PFCs), 육불화황(SF_6)

2 지구온난화지수(Global Warming Potentials)

1) 개념
   ① 온난화에 기여하는 상대적 효과를 나타내는 지수
   ② 일정무게 CO_2가 대기 중에 방출되어 지구온실화 기여 정도를 1로 정했을 때 같은 무게의 어떤 물질이 기여하는 정도

2) 산출식

$$GWP = \frac{물질\ 1kg의\ 기여\ 온실화\ 정도}{CO_2\ 1kg의\ 기여\ 온실화\ 정도}$$

3 석유환산톤(Ton of Oil Equivalent)

① kL, t, m³, kWh 등 여러 가지 단위로 표시되는 각종 에너지원들을 원유 1톤이 발열하는 칼로리(cal)를 기준으로 표준화한 단위
② 석유환산톤 1TOE는 원유 1톤이 갖는 열량으로 10^7kcal를 말한다.

QUESTION 27

건물에서 나이트퍼지(Night Purge)의 필요성과 효과에 대하여 설명하시오. (94회)

1 나이트퍼지(Night Purge)의 필요성

① 건물의 냉방부하 감소를 목적으로 야간에 저온의 외기를 이용하여 구조체 축열을 제거하고 기계적인 냉방이 시작되기 전에 건물을 예냉하는 운전방법을 말한다.

② 저온의 외기를 다량 도입할 수 있는 전공기 공조시스템일 때, 구조체의 열용량이 커 냉열 축적량이 클 때 효과적이다.

2 나이트퍼지(Night Purge)의 효과

① 냉방부하 절감
② 냉방기기 용량감소
③ 유지 / 관리비용 절감

3 공실제어의 종류

① 나이트퍼지(Night Purge)
② 나이트세트백(Night Setback)
③ 야간기동(Night Cycle)

QUESTION 28

이중외피(Double Skin) 시스템에서 에너지절약이 가능한 개념을 설명하시오.
(85회, 95회)

1 이중외피의 구성

① 실내외피(Internal Skin)
② 실외외피(External Skin) ⎬ 열적완충지대(Thermal Buffer Zone) 형성
③ 중공층(Cavity)

2 이중외피 시스템의 에너지 절약

① 여름철 주간에는 일사량을 차양장치로 조절하여 냉방 부하 저감효과가 있다.
② 일사에 의한 중공층 내의 연돌효과를 이용하여 중공층 내의 공기를 배기·환기시킴으로써 건물의 외피 단열성능 향상
③ 겨울철에는 중공층이 실내부의 열손실을 막아주는 완충공간의 역할을 하여 난방 부하 저감효과가 있다.

3 이중외피 시스템의 개념도 및 운전모드

1) 개념도

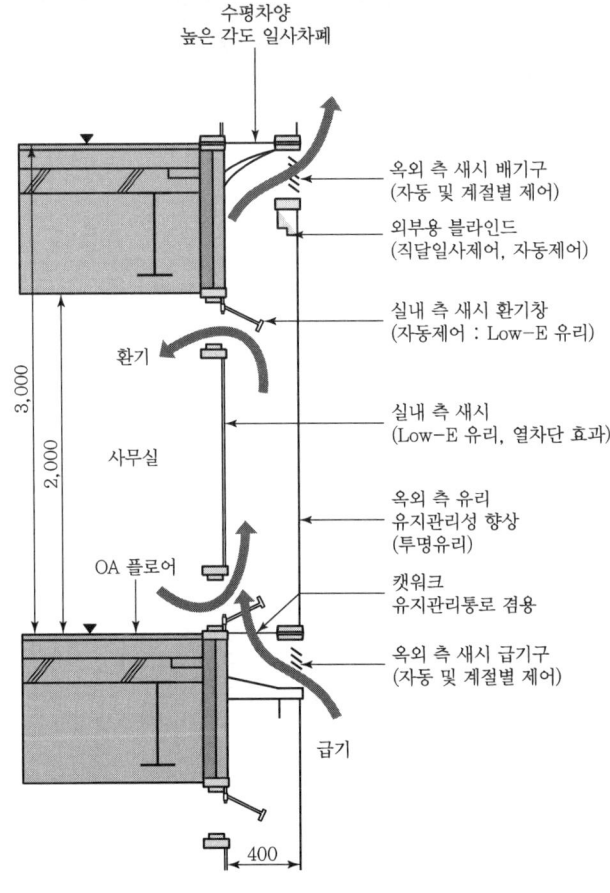

∥ 이중외피 ∥

2) 계절별 운전모드

분류	급기구	배기구	환기구
겨울(난방 시)	Close	Close	Close
여름(냉방 시)	Open	Open	Close
환기 시	Open	Open	Open

QUESTION 29

인체의 열적 쾌적감에 영향을 미치는 주된 요소들에 대하여 구분하여 설명하시오.
(97회)

1 쾌적감에 영향을 주는 물리적 요소

① 기온
② 습도
③ 기류
④ 복사열

2 쾌적감에 영향을 주는 개인적(주관적) 요소

① 착의량
② 활동량
③ 나이
④ 성별

QUESTION 30

유효 드래프트(EDT) 및 공기확산성능계수(ADPI)의 의미와 이들 관계에 대하여 설명하시오. (98회)

1 유효 드래프트(EDT : Effective Draft Temperature)

1) 개념

EDT는 유효 드래프트 온도로 정의되며 실내 거주자에게 주어진 온도와 기류가 어느 정도의 드래프트 효과를 내는가를 식으로 제시한 것이다.

2) EDT 산출공식

$$\text{EDT} = (t_x - t_m) - 8(V_x - 0.15)$$

여기서, t_x : 국소기온(℃)
t_m : 평균기온(℃)
V_x : 국소풍속(m/s)

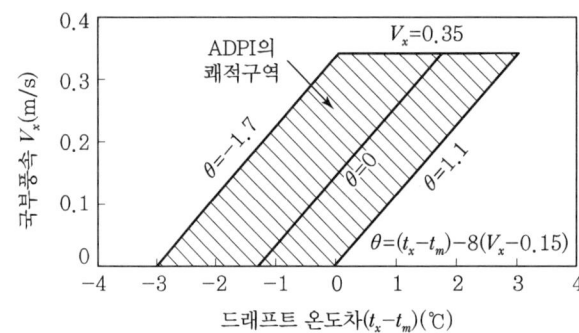

3) 특징

① EDT가 −1.7~+1.1℃ 범위에 있고 풍속 0.35m/s 이하에서 쾌적감을 느낀다.
② EDT 수치가 위 범위에서 벗어날수록 불쾌감을 느끼며 (−) 쪽으로 치우질수록 콜드 드래프트 현상이 심해진다.

2 ADPI(Air Diffusion Performance Index)

1) 개념

ADPI(공기확산 성능계수)란 실내공기가 얼마나 균일한 분포를 갖는가를 수치화한 것으로 실내 각 점의 EDT를 구하고 전체 점에 대한 쾌적한 점(EDT 범위 내)의 비율을 말한다. 균일 정도에 따라 재실자가 느끼는 실내온도에 대한 만족감을 표현한 것이다.

2) 고려사항

① ADPI는 취출구 종류, 실부하, 취출구 위치(도달거리, 실길이) 등에 따라 다르며 데이터에 의해 취출구의 위치를 결정해야 한다.
② 일반취출구의 최대 ADPI는 85~95 정도이며 가변익 그릴형, 슬롯형, 트로퍼형, 다공판형 등의 ADPI가 큰 편이다.

3 EDT와 ADPI의 관계

$$ADPI = \frac{쾌적역(EDT)에\ 속하는\ 측정점\ 수}{거주역\ 내의\ 다수\ 측정점\ 수} \times 100(\%)$$

쾌적역(EDT) 영역이 증가하면 ADPI(공기확산성능계수)는 상승한다.

QUESTION 31

> 실의 모든 구성 구조체의 온도구배가 제로(Zero)일 때 환기에 의한 열손실계수 (Heat Loss Coefficient)에 대하여 설명하시오. (99회)

1 구조체 온도구배 Zero의 환경 특성

① 구조체 내외부의 온도차가 Zero인 상태
② 구조체의 열저항 $R = 0 \, m^2 \cdot K/W$의 상태

2 환기에 의한 열손실계수

1) 열손실계수(Heat Loss Coefficient)

$$\text{열손실계수}(W/m^2 \cdot K) = \frac{\text{구조체(외피)손실}(W/K) + \text{환기손실}(W/K)}{\text{냉난방면적}(m^2)}$$

$$= \frac{\text{구조체(외피)손실}(W/K)}{\text{냉난방면적}(m^2)} + \frac{\text{환기손실}(W/K)}{\text{냉난방면적}(m^2)}$$

$$= \text{구조체(외피)손실률}(W/m^2 \cdot K) + \text{환기손실률}(W/m^2 \cdot K)$$

2) 온도구배가 Zero일 때 환기에 의한 열손실계수

① 구조체의 열저항이 "0"이므로, 구조체(외피)손실률은 매우 큰 값을 갖는다(무한대로 정의될 수는 없지만 매우 큰 값임).
② 이러한 과정에서 열손실계수 전체는 구조체(외피)손실률에 의해 결정된다.
③ 그러므로 상대적으로 환기손실률은 "0"이 된다.

QUESTION 32

PMV(Predicted Mean Vote)와 PPD(Predicted Percentage of Dissatisfied)에 대하여 설명하시오. (99회, 123회)

1 예상온열감(PMV : Predicted Mean Vote)

① 인체가 느끼는 온열감을 예측하는 것이다.
② 7단계 척도를 기준으로 −3은 춥다, +3은 덥다 그리고 0은 열적으로 중립적인 상태로 나타내어 투표를 통해 예측한다.
③ PMV 7단계

−3	−2	−1	0	+1	+2	+3
Cold	Cool	Slightly Cool	Nertral	Slightly Warm	Warm	Hot
춥다.	시원하다.	약간 시원	쾌적	약간 따뜻	따뜻하다.	덥다.

2 예상불만족률(PPD : Predicted Percentage of Dissatisfied)

① 예상온열감(PMV) 값에 대해 사람들이 느끼는 불만족 정도를 %로 나타내는 것이다.
② 실제 PMV 지표는 개별적인 의사 표시 값으로 평균치를 중심으로 흩어져 있게 되며, 좀 더 실용적이기 위해서는 덥거나 혹은 춥게 느끼는 사람들의 숫자를 예측하는 것이 필요하다.
③ 따라서 PPD 지표는 열적으로 불만족한 사람들의 숫자를 정량적으로 예측할 수 있게 해주고, 많은 사람들 중 열적으로 불쾌적하게 느끼는 사람들의 비율을 예측하는 것이다.

3 PMV와 PPD의 관계

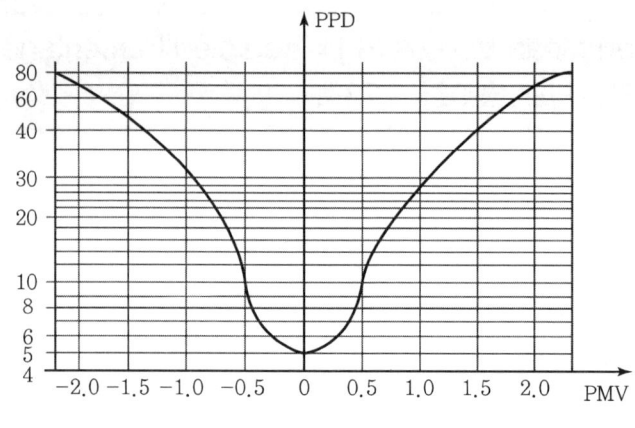

┃PMV와 PPD의 관계┃

※ PMV와 PPD의 관계도는 PMV가 −0.5~+0.5 사이에서는 불쾌감을 느끼는 사람의 비율(PPD)이 10% 미만이라는 것을 나타내고 있다.

QUESTION 33

건축물에서 발생하는 투습현상에 대하여 설명하시오. (102회)

1 투습현상의 개념

① 물체를 통과하는 수증기의 흐름현상을 투습이라고 하고, 투습의 정도를 투습성이라 하며, 이는 물체의 종류에 따라 다르다. 또한 같은 질의 재료일 때는 두꺼운 쪽이 투습하기 까다롭다. 이처럼 투습을 어렵게 하는 성질을 투습저항이라 한다.
② 투습저항을 크게 하여 구조체 내부에 수증기 이동량을 줄여 구조체에 내부결로가 발생하지 않도록 해야 한다.

2 투습저항의 개념

① 특정 두께를 가진 재료의 투습저항을 의미한다.
② 투습계수의 역수개념이다.
③ 투습저항=투습비 저항×재료의 두께(m)

3 방습층의 정의 및 목적

1) 정의

① 방습은 투습에 반대되는 말이다. 방습층은 투습에 대한 저항층이다.
② 습한 공기가 구조체에 침투하여 결로 발생의 위험이 높아지는 것을 방지하기 위해 설치하는 층이다.

2) 설치기준

① 투습도가 24시간당 $30g/m^2$ 이하 또는 투습계수 $0.28g/m^2 \cdot h \cdot mmHg$ 이하의 투습저항을 가져야 한다.
② 고온 측(일반건축물의 경우 실내 측)에 설치한다.

3) 목적

① 습기(수증기) 방지 · 결로 방지
② 단열성능 확보 · 재료부식 방지

QUESTION 34

열섬(Heat Island)의 개요, 원인 및 방지대책에 대하여 설명하시오. (102회)

1 일반사항

1) 개념 및 발생 Mechanism

① 도시화가 진행됨에 따라 많은 도시가 건설되고 도시 표면이 아스팔트나 콘크리트에 의해 포장됨으로써, 도시의 열용량이 커지게 되면서 도시의 기온을 낮추는 역할을 하던 풍속과 수증기 증발의 감소에 의해 주간에 많은 열이 도심의 표면에 축열된다.

② 또한 야간에는 건설된 건축물에 의해 야간복사냉각이 감소하게 되어 축열된 열이 방출되지 못함으로써, 도시의 기온이 상승하는 현상(Heat Island)을 의미한다.

③ 열섬현상과의 연계 요소로는 미기후 개선, 수평녹화, 수직녹화가 있다.

2) 열섬현상의 발생

① 도시 기후의 특성인 열섬현상은 건물의 냉난방 부하를 증가시키고, 도시 내 대기의 정체현상을 유발시킨다.

② 서울시 도심과 외곽 간에 약 3.5℃의 지역 간 온도차를 나타낸다.

2 열섬현상의 원인

① 건축물, 포장도로 등의 증대에 따른 지표면 온도 변화에 영향
② 연료소비에 따른 인공열, 오염물질의 방출량 증가의 영향
③ 도심부의 고층건물로 인한 요철 심화로 환기가 적절히 이루어지지 않음
④ 도시를 덮는 대기 오염 물질로 인한 온실효과

3 열섬현상의 방지대책

1) 자연환경 이용

① 하천 효과
하천 주위는 주변 시가지보다 3.5~4.0℃ 저온이므로 도심 주변에 하천을 조성한다.

② 사면 냉기류
산으로부터 야간에 생성되어 사면을 타고 내려오는 냉기류를 활용한다.

③ 녹지효과

식물의 증산작용을 통해 아스팔트 등으로 인공 지표면으로부터 구성된 시가지에 비해 기온을 낮게 하는 효과를 활용한다.

2) 건축계획적 대책

① 건물 외피의 과열방지계획(지붕의 마감재, 보도블록)

건물의 외피는 밝은색, 반사율이 높은 재료로 계획한다.

② 대지 내 포장면적을 열적 충격이 적은 재료로 계획

※ 열적 충격 완화(Thermal Impact Reduction)란 대지 내 열적인 부하(Thermal Load)를 증가시키는 요인을 완화하는 계획으로, 녹화계획이나 차양계획, 반사율이 높은 재료 사용 등의 방법을 사용할 수 있다.

③ 여름철 주차공간의 과열방지계획

차양계획 및 주변 식재 조성을 통해 주차공간 과열방지

QUESTION 35

대형 고층건물에 있어 에코샤프트(Eco-shaft)의 기능과 효과에 대하여 설명하시오. (102회, 123회)

1 에코샤프트(Eco-shaft)의 개념

① 에코샤프트는 에너지를 사용하지 않는 자연형 조절기법이다.
② 건물의 내부에 수직 또는 경사진 형태로 형성된 투명한 샤프트를 통해 샤프트 상단부로부터 태양광을 건물 내부로 유입하고 실내의 순환하는 공기를 샤프트로 유도시켜 배기함으로써 실내환경을 조절하는 패시브 건축 아이템이다.

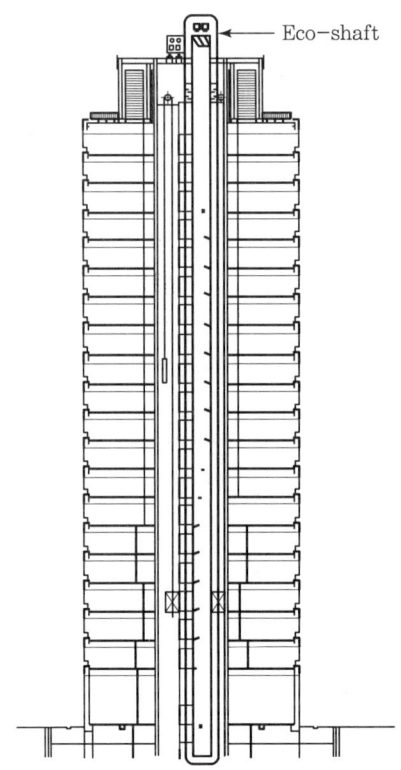

2 에코샤프트의 기능과 효과

① 자연채광 - 조명에너지 절약
② 자연환기
③ 실내공기질 개선
④ 냉방에너지 절약

QUESTION 36

온도차 환기에서 중성대의 정의 및 역할에 대하여 설명하시오. (104회, 110회)

1 중성대의 정의

① 실내외의 압력차가 0(Zero)이 되어 공기의 이동이 없는 곳(Zone)이다.
② 대개는 실의 중앙부에 위치하나 개구부나 틈새가 많은 면으로 수직이동한다.
③ 실의 하부에 개구부나 틈이 많으면 중성대는 아래로 이동한다.
④ 아래 그림과 같이 중성대에서는 공기의 압력차가 0(Zero)이 된다.

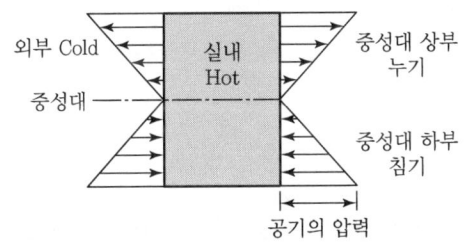

| 정방향 연돌효과 | | 역방향 연돌효과 |

⑤ 건물 내외부의 온도차가 클수록, 건물의 높이가 높을수록 압력차는 커진다.

2 중성대의 역할

① 소방제연 위치 Point 설정(중성대 상부)
② 자연환기 Point 설정(여름 – 중성대 하부 배기, 겨울 – 중성대 상부 배기)

3 온도차(중력) 환기량의 산출

$$Q = KA\sqrt{h \cdot \Delta t}$$

여기서, Q : 개구부 단위면적당 환기량(m³/min · m²)
K : 개구부에 따른 저항 상수
A : 개구부 면적(m²)
h : 두 개구부 간의 수직거리의 차
Δt : 실내외의 온도차

QUESTION 37

실의 온열환경 평가의 개인적인 변수인 착의량(Clo)은 활동량(Met)과 밀접한 관계가 있는 바, 두 변수의 관계에 대하여 설명하시오. (104회)

1 착의량(Clo)

① 인체가 입고 있는 의복의 양을 나타내는 단위이다.
② 저온지역에서는 인체의 열평형을 착의에 의존하는 비율이 크다.
③ 1Clo란 의복의 보온성과 단열성을 나타내는 단위를 나타낸다.
④ 1Clo는 온도 21℃, 상대습도 50%, 기류 0.5m/sec 이하에서 인체표면의 발열량이 1Met($58W/m^2$)의 활동량일 때, 피부표면으로부터 착의표면까지의 열저항값이다.

$$1Clo = 0.155m^2 \cdot K/W$$

2 활동량(Met)

열적으로 쾌적한 상태에서 안정 시 대사를 기준으로 한 활동량으로 의자에 안정된 상태로 앉아 있을 때 1Met($58W/m^2$) 정도이다.

3 착의량과 활동량의 관계

① 주변온도가 약 -30℃이고, 가만히 쉬고 있다면(Resting) 8Clo 정도의 옷을 입어야 온열환경이 유지된다.
② 주변온도가 약 -30℃이고, 매우 격렬히 운동하고 있다면(Very Heavy Work) 0~1Clo 정도의 옷을 입어도 온열환경이 유지된다.

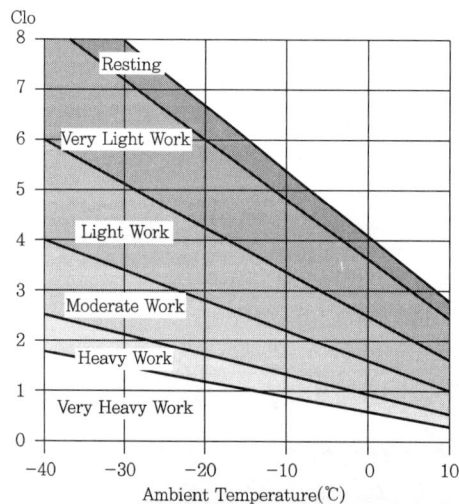

∥ 착의량과 활동량의 관계성 ∥

QUESTION 38

> 빛의 특성인 연색성에 대하여 설명하시오. (104회)

1 연색성(Color Rendering)의 개념

① 조명된 피사체의 색재현 충실도를 나타내는 광원의 성질
② 연색성(빛이 색에 미치는 효과)을 평가하는 단위는 연색지수(Ra)로 나타냄
③ 연색지수(Ra)는 물건의 색이 자연광 아래서 본 경우와 어느 정도 유사한가를 수치로 나타낸 것

2 연색지수(CRI : Color Rendering Index, 표시기호 : Ra)

① 정해진 8종류의 시험색을, 측정하려고 하는 광원하에서 본 경우와 기준광원하에서 본 경우의 차이로 측정한다.
② 측정한 광원이 기준광원과 같으면 Ra 100으로 나타내고 색 차이가 크게 나면 Ra 값이 작아진다.
③ 일반적으로 이 평균연색지수가 80을 넘는 광원은 연색성이 좋다고 말할 수 있다.

3 광원별 연색지수(Ra)

구분	연색지수(Ra)
형광등	65
3파장 램프	85
메탈 램프	65~90
고압나트륨 램프	28
LED	90

QUESTION 39

패시브 하우스(Passive House)에 대하여 설명하시오. (104회)

1 패시브 하우스(Passive House)의 개념

① 기계장치를 이용하지 않고 건축적 수법으로 자연이 가진 이점을 최대한 이용하는 방법
② 건축물의 에너지 요구량을 최소화하는 건축계획적 요소

2 패시브 하우스의 인증기준

구분	독일 PHI (Passive House Institute)	한국패시브건축협회
연간 1차 에너지 소비량	$120kW/m^2$	$120kW/m^2$
벽체 열관류율	$U \leq 0.15W/m^2 \cdot K$	$U \leq 0.15W/m^2 \cdot K$
창의 열관류율	• $U_g \leq 0.8W/m^2 \cdot K$ • $U_w \leq 0.8W/m^2 \cdot K$	• $U_g \leq 0.7W/m^2 \cdot K$ • $U_w \leq 0.7W/m^2 \cdot K$
창의 SHGC	SHGC≥0.5	• 주거 : SHGC≥0.4 • 비주거 : SHGC≤0.35

3 패시브 하우스의 건축계획 및 기술요소

① 배치계획
② 평면계획
③ 단열계획 : 고단열 / 고성능 창호
④ 기밀계획 : 고기밀
⑤ 자연채광계획
⑥ 환기계획
⑦ 외부차양

QUESTION 40

> 열교(Therrnal Bridge) 부위 단열성능을 열관류율(W/m² · K)로 평가할 수 없는 이유를 설명하시오. (105회)

1 선형 열관류율과 점형 열관류율

1) 선형 열관류율(Linear Heat Transmittance Value)

선형 열관류율은 정상상태에서 구조체의 선형 열교부위만을 통한 단위길이당, 단위 실내외 온도차당 전열량(W/m · K)을 의미한다.

2) 점형 열관류율(Point Heat Transmittance Value)

점형 열관류율은 정상상태에서 구조체의 한 점(0차원)을 통한 실내외 온도차당 전열량(W/K)을 의미한다.

2 열교부위 단열성능을 열관류율(W/m² · K)로 평가할 수 없는 이유

① 열교부위는 단열재가 연속되지 못해 선형이나 점형으로 나타나므로 열교부위의 단열성능은 단위길이당, 단위시간당 열손실량인 선형 열관류율(W/m · K)이나 점형 열교부위를 통한 단위시간당 열손실량인 점형 열관류율(W/K)로 나타낸다.
② 그러므로 단위면적당 단위 온도차에 의한 열관류량을 나타내는 열관류율(W/m² · K)로 평가할 수 없다.

3 외피 열교부위 단열성능 평가방법

① 외피의 열교발생 가능 부위들의 선형 열관류율을 길이가중 평균하여 산출한 값

$$\text{계산식} = \frac{\Sigma(\text{외피의 열교발생 가능부위별 선형 열관류율} \times \text{외피의 열교발생 가능부위별 길이})}{\Sigma \text{외피의 열교발생 가능부위별 길이}}$$

② 외단열과 내단열이 복합적으로 적용된 건축물의 경우는 전체 단열두께의 50%를 초과한 부위의 선형 열관류율을 적용하며, 외단열 두께와 내단열 두께가 동일한 경우에는 내단열 부위의 선형 열관류율을 적용한다.

QUESTION 41

'건축기계설비공사 표준시방서'에서 정한 보온공사에서 특기가 없는 경우, 보온을 하지 않아도 되는 경우를 (1) 기기, (2) 덕트, (3) 배관시스템(배관과 밸브 및 플랜지) 분야로 나누어서 설명하시오. (105회)

※ KCS 31 20 05 보온공사(2016) 참조

1 기기

① 패키지형 및 유닛형의 공기조화기로 내부에 보온처리된 것
② 보냉이 된 냉동기
③ 환기용, 외기흡입용, 배기용으로 내부에 보온효과가 있는 흡음재를 내장한 체임버 내의 송풍기
④ 오일탱크 및 가열하지 않는 오일서비스 탱크
⑤ 냉수, 냉온수용 및 고온수용 펌프 이외의 펌프

2 덕트

① 공조되고 있는 실 및 그 천장 속의 회기(Return Air)덕트
② 보온 효과가 있는 흡음재를 내장한 덕트 및 체임버
③ 보온 효과가 있는 소음기 및 소음엘보
④ 환기(Ventilation)용 덕트
⑤ 배기(Exhaust Air)용 덕트
⑥ 제연설비의 급기덕트

3 배관, 밸브 및 플랜지

① 방열기 주위배관
② 콘크리트 내에 매립되는 이중관, 배수관 및 가스배관
③ 위생기구의 부속품에 해당되는 배관
④ 급수관 및 배수관으로 동결심도 이하의 지중매설관
⑤ 최하층의 바닥 하부, 지하 피트 내, 옥내 노출배수관
⑥ 옥내 및 지하 피트 내에 급탕관의 신축이음, 플랜지
⑦ 주방기기 및 순간온수기 주위급수, 배수 및 급탕관
⑧ 통기관. 다만, 배수관과의 분기점에서 위쪽으로 100mm까지의 부분은 제외

⑨ 오수처리 설비의 배관
⑩ 가열하지 않은 기름 배관
⑪ 냉동기 및 패키지형 공조기의 냉각수 배관
⑫ 각종 탱크류의 넘침관 및 밸브 이하의 배수관
⑬ 공기 빼기 및 물빼기 밸브 이후 배관
⑭ 급수·급탕 이중관 배관
⑮ 그 외 보온, 보냉, 결로, 동파 및 에너지 손실과 관련이 없는 배관

QUESTION 42

건물의 외단열과 내단열이 난방 및 내부표면결로에 미치는 영향에 대하여 설명하시오. (106회)

1 외단열과 내단열의 개념

1) 외단열

구조체를 기준으로 실외 측에 단열재를 설치하는 단열공법

2) 내단열

구조체를 기준으로 실내 측에 단열재를 설치하는 단열공법

2 난방 및 내부표면결로에 미치는 영향

구분	외단열	내단열
난방	• 난방기기를 중단하였을 때 급격한 온도변화가 적어 재실자의 열적인 쾌적감 증대 효과를 가져온다. • 연속난방에 유리하다.	• 난방 정지 시 온도 하강이 현저하며 여름에는 콘크리트의 축열에 의해서 실내가 덥게 느껴진다. • 간헐난방에 유리하다.
내부 표면결로	• 난방 정지 시 표면온도가 높게 유지되며 최저실온이 높아 결로 발생도 적다. • 창문이 따뜻한 부위의 벽측에 부착되므로 창가가 냉각될 우려가 줄어든다.	• 난방 정지 시 실온 및 벽표면 온도가 낮아지므로 결로의 위험성이 크고 환기가 불충분하면 결로가 발생한다. • 창틀이 차가운 벽 부위에 면하므로 실제적으로 가장자리가 냉각된다.

QUESTION 43

유효 드래프트 온도(EDT : Effective Draft Temperature)를 정의하고 콜드 드래프트(Cold Draft) 현상의 발생원인(환경상태)에 대하여 설명하시오. (107회)

1 유효 드래프트 온도(EDT : Effective Draft Temperature)의 정의

① EDT는 유효 드래프트 온도로 정의되며 실내 거주자에게 주어진 온도와 기류가 어느 정도의 드래프트 효과를 내는가를 식으로 제시한 것이다.

② EDT 산출공식

$$EDT = (t_x - t_m) - 8(V_x - 0.15)$$

여기서, t_x : 국소기온(℃)
t_m : 평균기온(℃)
V_x : 국소풍속(m/s)

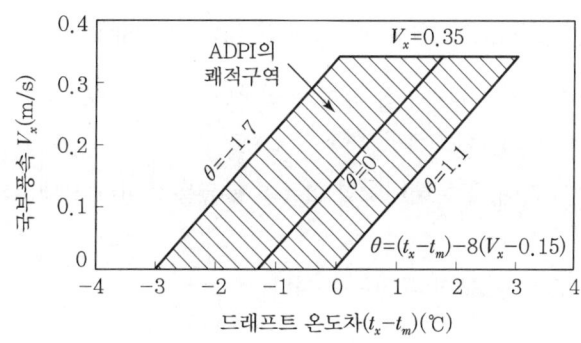

③ EDT가 $-1.7 \sim +1.1$℃ 범위에 있고 풍속 0.35m/s 이하에서 쾌적감을 느낀다.
④ EDT 수치가 위 범위에서 벗어날수록 불쾌감을 느끼며 (−) 쪽으로 치우칠수록 콜드 드래프트 현상이 심해진다.

2 콜드 드래프트(Cold Draft) 현상의 발생원인(환경상태)

① 인체 주변의 온도와 습도가 낮으며 기류 속도가 클 때
② 주위 벽면 온도가 너무 낮거나 창문 등의 극간풍이 많을 때
③ 흡입구 부근의 풍속이 빠를 때

QUESTION 44

창호의 열관류율(U-value)과 일사열취득계수(SHGC ; Solar Heat Gain Coefficient)의 특징에 대하여 설명하시오. (107회)

1 열관류율(U-Factor, U-Value)

① 단위표면적을 통해 단위시간에 고체벽의 양쪽 유체가 단위 온도차일 때 한쪽 유체에서 다른쪽 유체로 전해지는 열량이다.
② 열관류율이 커지면 난방부하가 커지게 된다.
③ 창호의 열관류율은 낮을수록 창을 통한 열이동을 줄이는 데 도움이 되나, 연중 내부발열이 매우 많은 건물의 경우, 열관류율이 낮은 창의 적용 시 냉방에너지 사용량은 늘어날 수 있다.
④ 일반적으로 창호의 열관류율이 단열외벽에 비해 6~7배의 열관류율을 가지므로 건물에너지 절약을 위해서는 창면적비를 줄이는 것이 효과적이다.

2 태양열취득계수(SHGC : Solar Heat Gain Coefficient, G-Value 일사취득계수)

① 태양열취득계수는 태양일사광을 유리가 얼마만큼 잘 차단하는지를 나타내는 계수이다.
② SHGC는 0~1 범위를 갖는다.
③ 태양열 취득계수값이 클수록 태양열 획득이 많음을 의미한다(냉방부하 증가효과, 난방부하 절감효과).
④ 보통 SHGC=SC×0.86의 관계를 가진다.

3 건축물 용도별 적용방안

구분	주거용	비주거용
주요 부하	난방부하	냉방부하
열관류율	최소화	적정 수준
SHGC	일정 수준 이상 (SHGC≥0.4)	최소화 (SHGC≤0.35)

QUESTION 45

실내공기오염 중의 하나인 라돈가스에 대하여 설명하시오. (108회)

1 라돈(Radon)의 개념

① 방사성 기체로서 반감기 3.6일의 방사능 물질
② 라돈의 기준은 미국환경청(EPA)에서는 4pCi/L, ASHRAE에서는 2pCi/L로 규정
③ 라돈의 단위는 Bq/m^3 또는 pCi/L로 표기
④ $1Bq/m^3$는 $1m^3$에서 1초 동안 1개의 방사성이 붕괴되는 것을 말하며, $1pCi/L=37Bq/m^3$
⑤ Bq(Becquerel, 베크렐)은 방사능의 국제단위이며, pCi(Picocurie, 피코퀴리)는 1조분의 1을 의미

2 라돈의 법적 규제사항

① 실내공기질 권고기준 $148Bq/m^3$ 이하
② 신축공동주택의 실내공기질 권고기준 $148Bq/m^3$ 이하

3 라돈의 유입경로

1) 건축자재 및 자재 간 접합부

① 토양의 각종 물질을 재료로 하는 건축자재에서 주로 발생
② 벽돌과 벽돌 사이
③ 모르타르 이음매 등

2) 토양으로부터의 유입

건물 하부의 갈라진 틈, 건물에 직접 노출된 토양, 바닥과 벽의 이음매 등

3) 지하수의 이용

4) 각종 배관자재의 노후 및 불량시공

접합이 느슨한 관 사이, 관의 갈라진 틈 등

4 라돈의 발생 대응방안

① 환기 및 건축물의 틈새 보수
② 토양라돈 배출장치 도입
③ 실내 양압 유지
④ 라돈의 배출량이 적은 건축자재의 채용
⑤ 라돈 방출량에 대한 기준 준수

QUESTION 46

> 창의 차폐계수(SC)와 일사획득계수(SHGC)의 정의와 각각의 특징을 설명하시오.
> (108회)

1 차폐계수(SC : Shading Coefficient)

1) 정의

차폐계수는 3mm 투명 유리를 통과하는 직달일사의 정도를 1로 보고 해당값과 비교한 각 유리의 상대값을 의미한다.

2) 특징

① 차폐계수는 유리의 색이나 반사도에 따라 차이가 있으며 과열되는 공간에서는 낮은 SC 값을 사용하여 열투과를 줄여야 한다.
② 차폐계수값이 클수록 태양에너지 취득량이 많음을 의미한다(냉방부하 증가효과, 난방부하 절감효과).

2 태양열취득계수(SHGC : Solar Heat Gain Coefficient, G-Value 일사취득계수)

1) 정의

태양열취득계수는 태양광을 유리가 얼마만큼 잘 통과하는지를 나타내는 계수이다.

2) 특징

① SHGC는 0~1의 범위를 갖는다.
② 태양열 취득계수값이 클수록 태양열 획득이 많음을 의미한다(냉방부하 증가효과, 난방부하 절감효과).

3 차폐계수와 태양열취득계수 간의 관계

$$\text{SHGC} = \text{SC} \times 0.86$$

4 LSG(Light to Solar Gain)를 통한 적정 유리 선택

LSG 혹은 CI(Coolness Index, 유리냉각 지표)는 얼마나 맑으면서(가시성이 뛰어남) 일사열을 많이 차단하는지(SHGC가 낮음) 나타내는 지표이다.

$$LSG = \frac{가시광선\ 투과율(T_{vis})}{태양열취득계수(SHGC)}$$

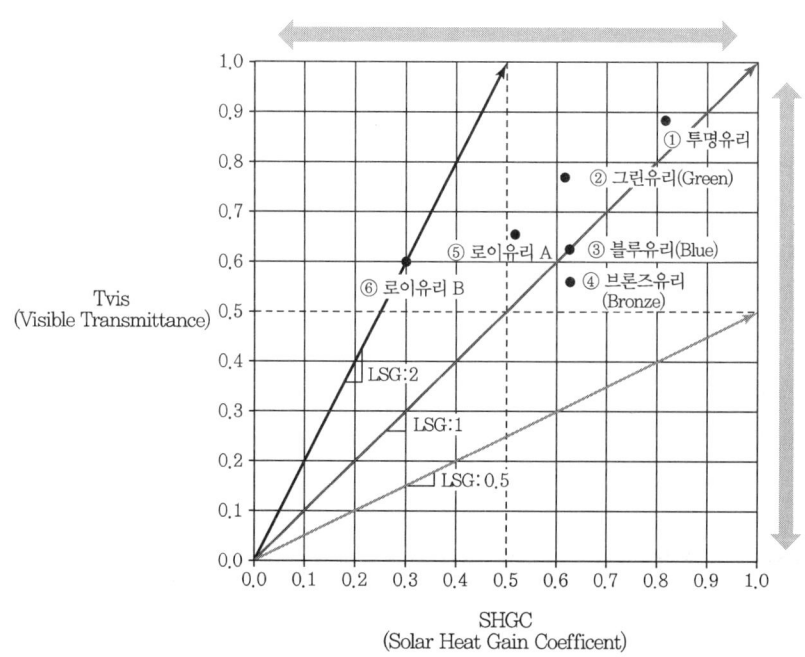

┃ 가시광선 투과율과 태양열취득계수의 관계 ┃

QUESTION 47
유리의 단열성능 향상방안으로 적용되고 있는 진공창에 대하여 설명하시오. (108회)

1 진공창의 개념

일정한 간격을 둔 최소 2장의 유리 기판들 사이를 낮은 압력으로 배기하여 밀봉한 구조의 창

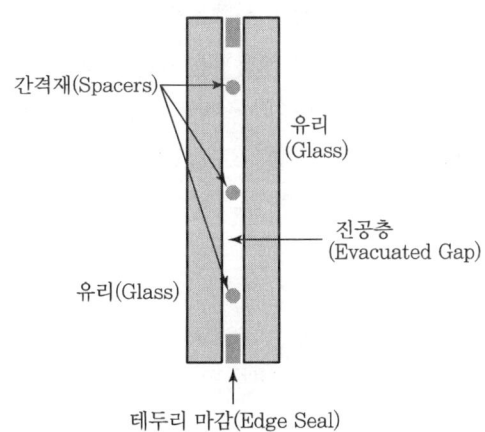

2 진공창의 특징

① 열저항 특성 우수
② 두께 감소
③ 사이즈 제한 및 진공상태 유지 난해
④ 고가의 제품
⑤ 소음 감소

3 적용 유리별 열관류율 비교

구분	열관류율(W/m²·K)
진공로이복층유리	0.36
로이복층유리	1.76
일반복층유리	3.00

4 진공창의 활성화 방안

① 기술력 확대
② 가격 경쟁력 강화
③ 단열 기준의 상향
④ 인센티브 / 보조금 제도 시행

QUESTION 48

주광률의 정의와 주광 계획 시 고려사항을 설명하시오. (109회)

1 주광률(Daylight Factor)의 정의

① 천공의 밝기는 계절이나 날씨, 시각에 따라 달라지므로 이와 함께 실내의 밝기도 변화한다. 이렇게 주광에 의해 생기는 실내의 밝기는 천공상태의 변화에 따라 변하므로 조도(단위 : lux) 등 밝기의 절대량을 나타내는 단위를 채광의 설계목표나 평가지표로 사용할 수는 없다. 따라서 실내에서의 채광량은 천공광의 이용률에 해당하는 주광률(晝光率)로 나타낸다.
② 주광률(DF)은 작업면의 수평면 조도(E)와 천장 · 벽 등 모든 차단요소를 제거한 것으로 가상한 경우에 전(全) 천공에 의해 생기는 수평면 조도(E_S)와의 비(比)를 백분율(%)로 나타낸 것이다.
③ 일반적으로 채광설계에서는 먼저 필요한 주광률을 정하고 그것을 실현하기 위한 창문 크기 등의 건축적 요소를 결정한다.

2 주광률 산출공식

$$주광률(DF) = \frac{실내(작업면)의 수평면 조도(E)}{실외(전천공)의 수평면 조도(E_S)} \times 100(\%)$$

3 주광 계획 시 고려사항

① 같은 면적하에서 하나의 큰 개구부보다 개구부를 분할하여 설치한다.
② 같은 면적하에서 수직창이 수평창보다 주광률이 높다.
③ 돌출되지 않은 창보다 돌출창이 주광률이 높다.
④ 외부 장애물을 제거한다.

QUESTION 49

조도의 역자승법칙과 코사인 법칙을 설명하시오. (109회)

1 조도의 개념

① 피조면에 대한 단위면적당의 입사광속으로서 피조면의 밝기를 나타낸다.
② 기호는 E, 단위는 lx(럭스)를 사용한다.

2 조도의 역자승법칙

① 광원으로부터의 거리가 증가되면 같은 양의 빛이 보다 넓은 면으로 배분되기 때문에 조도는 거리의 제곱에 반비례하게 된다.
② 조도는 광도(I)에 비례하고, 거리의 제곱(d)에 반비례한다.

$$E(\text{lx}) = \frac{I}{d^2}$$

③ 광원으로부터의 거리가 2배가 되면 표면적은 4배가 되므로 빛의 양은 거리의 제곱에 반비례하게 된다.

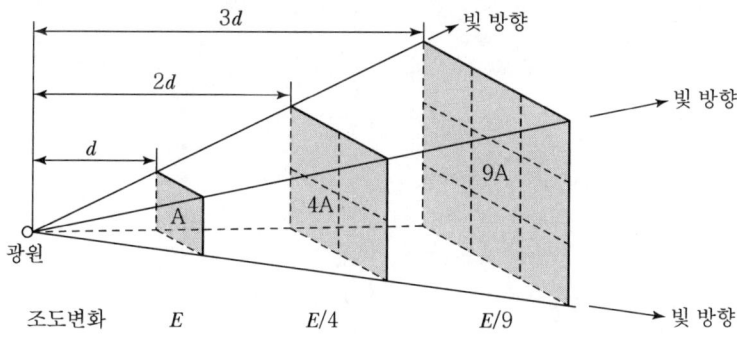

3 코사인 법칙

① 빛이 광선과 수직을 이루지 않는 표면에 도달할 경우, 조도는 직각면의 조도와 다르게 된다.
② 조도는 직각면과 기울어진 각도(θ)의 코사인에 비례하게 되므로 코사인 법칙이라 한다.

$$E(\text{lx}) = \frac{I}{d^2} \cdot \cos\theta$$

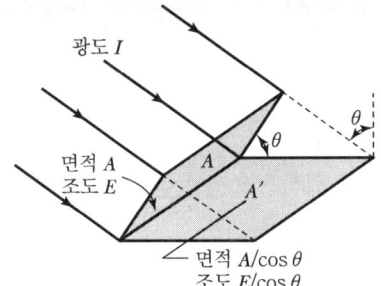

QUESTION 50

복사(Radiation)열전달에서 방사율(Emissivity, ε), 형태계수(Configuration Factor)를 설명하시오. (110회)

1 복사(Radiation)열전달

① 열을 전달하는 매체 없이 전자파에 의한 이동 현상
② 방사율과 형태계수는 복사열전달의 양상을 판단하는 지표

2 방사율(Emissivity, ε)

1) 개념

　같은 온도에서 실제 표면에서 방사된 복사와 흑체에 의해 방사된 복사의 비율

2) 특징

　① 0~1의 값을 가지며, 적외선 전체를 흡수하는 흑체를 1로 본다.
　② 값이 낮을수록 흡수가 적고 반사의 형태가 많은 것으로, 방사율이 낮으면 단열성능이 우수하다고 본다.

3 형태계수(Configuration Factor)

두 표면 사이의 복사열전달에서 방향의 영향을 고려한 계수

4 슈테판-볼츠만 법칙

$$Q = \sigma F_E F_A A (T_1^4 - T_2^4)$$

여기서, Q : 복사량(W)
　　　　σ : 슈테판-볼츠만 상수($5.667 \times 10^{-8} \text{W/m}^2 \cdot \text{K}^4$)
　　　　F_E : 유효방사율(Emissivity)
　　　　F_A : 형태계수(형상계수, Configuration Factor)
　　　　A : 열전달면적(m^2)
　　　　T_1, T_2 : 각 면의 온도(K)

QUESTION 51

열관류율의 개념과 열관류율 산출방법에 대하여 설명하시오. (111회)

1 열관류율의 개념

① 열관류율이란 구조체를 통한 열전달을 계산할 때 여러 가지 복잡한 형태로 일어나는 전도, 대류, 복사에 의한 열전달의 모든 요인들을 혼합하여 나타낸 하나의 값(K)을 말한다.

② 벽, 지붕, 바닥 등의 구조체를 사이에 두고 아래 그림과 같이 실내와 실외의 공기 온도차($\triangle t$)에 의한 열의 흐름현상(복합적 열전달현상)을 열관류라고 하며, 이러한 열의 이동률을 열관류율이라 한다.

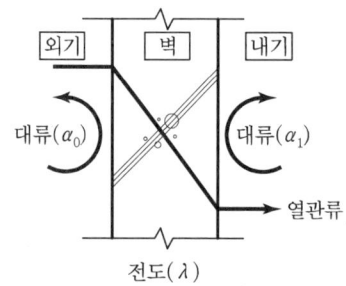

∥ 열관류(대류(α_0) + 전도(λ) + 대류(α_1)) ∥

2 열관류율의 산출방법

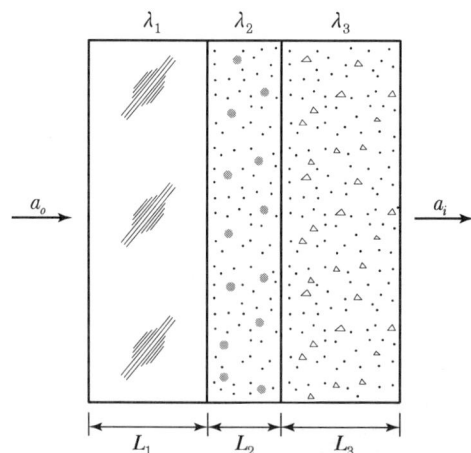

$$\frac{1}{k} = \frac{1}{a_0} + \frac{d_1}{\lambda_1} + \frac{d_2}{\lambda_2} + \frac{d_3}{\lambda_3} + \frac{1}{a_i} + r$$

여기서, K : 열관류율(W/m² · K)

$\lambda_1, \lambda_2, \lambda_3$: 벽체 재료의 열전도율(W/m · K)

d_1, d_2, d_3 : 벽체 재료의 두께(m)

α_o, α_i : 실내, 실외 측 표면 열전달률(W/m² · K)

r : 공기층의 열전달저항(m² · K/W)

QUESTION 52
실내공기의 오염 발생원과 발생원별 특성에 대하여 설명하시오. (112회)

1 실내공기의 오염 발생원

1) 흡연에 의한 오염 물질

2) 연소에 의한 오염 물질
   ① 취사용 기구, 급탕용 기구를 사용할 때 각종 오염물질 배출
   ② 불완전 연소에 의한 CO, NO, 분진(TSP) 등의 오염물질 배출

3) 재실자의 활동
   개인적 활동, 유지관리 활동, 설비의 유지관리 등

4) 공기조화설비
   ① 덕트나 부속품에서 발생되는 먼지
   ② 냉각코일, 가습장치, 이슬받이판에 서식하는 미생물이나 세균류
   ③ 연소장치나 기구의 부적절한 배기장치
   ④ 냉매의 누출

5) 기타 설비
   ① 사무기기에서 발생되는 유기용매(VOCs)와 오존(O_3), 각종 소모품(솔벤트, 암모니아)
   ② 점포, 실험실, 청소작업에서 방출되는 물질

2 실내공기의 오염 발생원별 특성

① 부유분진(TSP : Total Suspended Particle)
   - 부유분진은 대기 중에 부유하거나 하강하는 직경 0.05~500㎛ 크기의 모든 입자상 물질로 총 먼지를 의미한다.
   - 실내의 먼지에 부착하여 서식하는 세균이 분진과 함께 부유하면서 인체 내부로 유입되면 각종 질병을 유발한다.
   - PM10(Particle Matter 10)은 입자크기가 직경 10㎛ 이하인 먼지 · 미세먼지로 호흡을 통해 폐까지 전달되어 호흡성 먼지라고 하며 별도 관리기준을 둔다.

② 이산화탄소(CO_2)
- 미국공조냉동공학회(ASHRAE) 및 우리나라의 실내 CO_2 허용농도는 0.1%(1,000ppm)이다.
- CO_2의 농도는 각종 오염요소들의 농도와 비례하고 산소의 농도와 반비례하므로 실내공기오염의 지표로 활용된다.

③ 일산화탄소(CO)
- 일산화탄소는 무색, 무취의 기체로 각종 유류나 석탄과 같이 탄소를 포함한 물질의 불완전 연소과정에서 발생한다.
- 실내에서는 취사, 난방 연소과정에서 발생하며, 흡연에 의해서도 상당량 발생한다.
- 지하주차장에서는 자동차로 인한 일산화탄소 발생으로 CO 농도 제어가 필요하다.

④ 이산화질소(NO_2)
- 이산화질소는 적갈색으로 무색의 NO보다 독성이 5~7배 강하며, NO_2, NO와 같이 CO_2대기 중 고농도로 존재할 경우 단독으로 독성을 가진다.
- 자동차의 가속과 고온연소 시 발생하며 폭약, 비료, 필름제조, 금속의 부식 등에서 발생한다.
- 질소화합물은 식물보다도 사람이 피해를 받기 쉽다.
- NO_2는 탄화수소(HC) 및 자외선의 영향으로 각종 산화물을 생성하고 코, 눈, 점막 등을 자극하며 광화학스모그를 발생시킨다.

⑤ 휘발성 유기화합물(VOCs : Volatile Organic Compounds)
- 건물 신축 후 6개월 이내에 마감자재에서 배출되어, 인체에 현기증, 구토, 두통 등의 악영향을 미친다.
- 인체에 악영향을 미치는 유기화합물로 대기 중에 가스로 존재하며, 그 종류는 수백 종에 이른다.
- 대표적인 VOCs로는 폼알데하이드, 벤젠, 에틸벤젠, 톨루엔, 스티렌, 자일렌 등이 있다.

⑥ 폼알데하이드(HCHO, Formaldehyde)
- 무색의 수용성 기체이다.
- 건축자재, 단열재, 가구, 가정용품 등에서 발생한다.
- 눈, 코, 목에 가려움을 느끼고 장기간 노출 시 구토, 기침, 어지러움, 두통, 불면증, 피부질환 등을 유발한다.

⑦ 라돈(Radon)
- 방사성 기체로서 반감기 3.6일의 방사능 물질이다.
- 라돈의 기준은 미국환경청(EPA)에서는 4pCi/L, ASHRAE에서는 2pCi/L로 규정하고 있다.
- 라돈의 단위는 Bq/m^3 또는 pCi/L로 표기한다.
- $1Bq/m^3$는 $1m^3$에서 1초 동안 1개의 방사성이 붕괴되는 것을 말한다. $1pCi/L = 37Bq/m^3$
- Bq(Becquerel, 베크렐)은 방사능의 국제단위이며, pCi(Picocurie, 피코퀴리)는 1조분의 1을 의미한다.

⑧ 석면(아스베스토스, Asbestos)
- 단열재나 흡음재 또는 내부 마감재료로 많이 사용한다.
- 석면섬유는 인체 내의 침착장소에서 병을 발생시켜 세포를 잠식한다.
- 폐에 침착된 석면은 석면폐, 폐암, 악성중피종을 유발한다.
- 미국노동안전위생연구소(NIOSH)에서는 공기 $1m^3$당 $5\mu m$ 크기의 섬유 0.1개(fibers/cm^3)로 제한하고 있다.

⑨ 총부유세균(TAB)
- 부유세균, 부유곰팡이와 같은 미생물성 실내공기 오염물질은 전염성 질환, 알레르기 질환, 피부질환, 호흡기질환, 폐질환, 기관지 질환, 폐암을 비롯한 각종 질병을 유발한다.
- 먼지나 수증기 등에 미생물들이 부착되어 있는 것이 부유세균이며, 주로 호흡기관에 영향을 주고 병원성 감염 등을 초래한다.
- 특정 곰팡이는 가려움증, 습진, 피부반점, 무좀 등의 증상을 일으킬 수 있다.

⑩ 오존(O_3)
- 상온에서는 약간 푸른색을 띠는 기체이나, 액체가 될 때는 흑청색, 고체가 될 때는 암자색을 띤다.
- 공기 속에 0.0002%만 존재해도 냄새를 감지할 수 있으며 특이한 냄새가 난다.
- 산소의 가열, 황산의 전기분해, 자외선이나 X선·음극선 등이 공기 속을 통과할 때 발생한다. 오존은 자외선이 풍부한 높은 산, 해안, 산림 등의 공기 중에도 존재하여 상쾌함을 주지만, 다량으로 존재할 때는 오히려 불쾌감을 유발한다.

QUESTION 53

유리창의 일사열취득계수(SHGC : Solar Heat Gain Coefficient)와 가시광선 투과도(VT : Visible light Transmittance)를 에너지 소비에 미치는 영향을 포함하여 설명하시오. (113회)

1 태양열취득계수(SHGC : Solar Heat Gain Coefficient, G-Value 일사취득계수)

① 태양열취득계수는 태양광을 유리가 얼마만큼 잘 차단하는지를 나타내는 계수이다.
② SHGC는 0~1 범위를 갖는다.
③ 태양열취득계수값이 클수록 태양열 획득이 많음을 의미한다(냉방부하 증가효과, 난방부하 절감효과).
④ 보통 SHGC SC×0.86의 관계를 가진다.

2 가시광선 투과율(Tvis : Visible Transmittance, VLT, VT : Visible Light Transmittance)

① 태양으로부터의 복사에너지 중 파장영역 380~760mm인 가시광선이 유리를 투과할 때 투과되는 비율을 표현한 값이다.
② 0부터 1까지의 무차원 수치로 표현한다.
③ 가시광선 투과율이 클수록 실내에 더 많은 양의 빛을 제공하며, 에너지성능은 적외선 영역과 관계가 깊다.
④ 유리의 색상 진하기에 따라 가시광선 투과율이 달라진다.
⑤ 가시광선투과율의 크기 : 투명유리＞그린유리＞블루유리＞브론즈유리

3 에너지 소비에 미치는 영향

구분		냉방부하	조명부하
SHGC	상향	증가	-
	하향	감소	-
가시광선 투과율	상향	-	감소
	하향	-	증가

4 가시광선 투과비(LSG : Light to Solar Gain)

1) 개념

① LSG 혹은 CI(Coolness Index, 유리냉각 지표)는 얼마나 맑으면서(가시성이 뛰어남) 일사열을 많이 차단(SHGC가 낮음)하는지를 나타내는 지표이다.

② 국내에서는 다소 생소한 개념이지만 미국 등 선진국에서는 널리 활용되는 지표이며, 이 값이 높을수록 맑고 시원한 유리라 일컫는다.

③ 조명부하와 냉방부하를 절감하는 데 탁월한 능력을 발휘함을 의미한다.

2) 산출식

$$LSG = \frac{\text{가시광선 투과율}(T_{vis})}{\text{태양열 취득계수}(SHGC)}$$

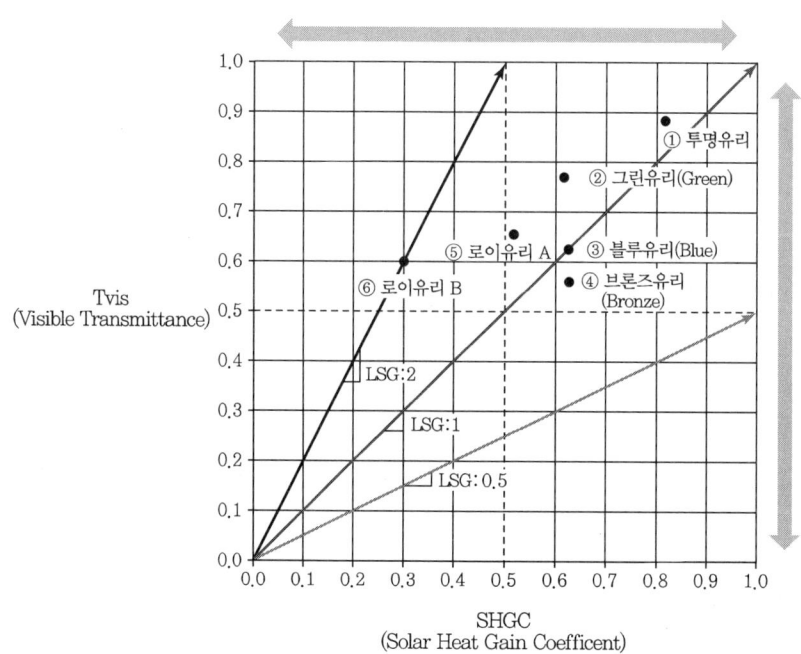

| 가시광선 투과율과 태양열취득계수의 관계 |

QUESTION 54

자연채광방식 중 광덕트 방식과 광섬유 방식을 정의하고, 이들의 차이점을 주요 구성부를 중심으로 설명하시오. (113회)

1 광덕트 방식의 정의

① 햇빛이 들지 않는 중정이나 아트리움 등에 자연채광을 도입하는 방법이다.
② 곡면경이나 평면경으로 모은 태양광을 반사율이 높은 거울면 모양으로 된 금속제 덕트를 통해 계속 반사시켜 실내에 채광을 도입하는 방법이다.

2 광섬유 방식의 정의

광섬유를 이용하여 건물 외부에 설치된 집광패널에서 집광된 자연광을 빌딩 내부로 유도하여 산광부를 통해 실내에 분산시키는 자연채광시스템이다.

3 광덕트 방식과 광섬유 방식의 차이점

종류	구성	광전송방식	특징
광덕트 방식	• 태양광 집광장치 • 내부가 반사율이 높은 거울면으로 구성된 스테인리스 튜브나 금속제 덕트	광덕트를 이용하여 밀폐된 공간으로 빛을 전달	• 값이 저렴하다. • 채광장소가 실내 근거리와 지하에 국한된다. • 굴곡부에 의한 전송손실이 크다.
광섬유 방식	• 태양광 집광장치 • 광추적 컨트롤러 • 광섬유 • 조사단말	광섬유 케이블을 이용하여 빛을 전달	• 효율이 높다. • 양질의 빛을 전송한다. • 광범위 채광이 가능하다. • 광축척 방식 적용이 용이하다. • 설치경로 제한이 없다. • 전송거리 제약이 덜하다. • 굴곡부에 의한 전송손실이 적다.

QUESTION 55

글라스울 단열재에 대한 다음 의미를 설명하시오. (113회)
(1) 48K, 64K, 80K, 96K, 120K 중 "K"가 나타내는 의미
(2) R11, R19, R30 중 "R"이 나타내는 의미

1 "K" 및 "R"의 의미

1) K

① 단열재의 밀도(kg/m^3)이다.
② 예를 들어, 120K 단열재는 120kg/m^3의 밀도를 가진다.

2) R

① 단열재의 열저항을 의미($ft^2 \cdot °F \cdot h/BTU$)한다.
② 예를 들어, R19는 19$ft^2 \cdot °F \cdot h/BTU$를 의미하며, SI단위로 환산 시 3.346$m^2 \cdot K/W$가 된다($m^2 \cdot K/W = ft^2 \cdot °F \cdot h/BTU \div 5.678$).

QUESTION 56

건물 구조체의 열용량과 타임래그(Timelag)의 관계에 대하여 설명하시오. (114회)

1 열용량의 일반사항

① 벽의 열용량(kJ/K)은 단위체적당 질량(kg)과 재료의 비열(kJ/kg · K)의 곱으로 표시한다.
② 주로 중량 구조체의 큰 열용량을 이용하는 단열방식으로 열전달을 지연시키는 성질이 있다.

2 열용량과 타임래그(Timelag)의 관계

① 타임래그(Timelag, 시간지연)는 열용량이 0인 외표면 벽체에서 발생하는 열 흐름의 피크에 대하여 주어진 구조체에서 일어나는 피크의 지연시간을 말한다.
② 타임래그(Timelag, 시간지연)는 구조체 표면으로부터의 거리(또는 깊이)가 길어지면 증가하고 진폭과 열 확산율이 증가하면 감소한다.

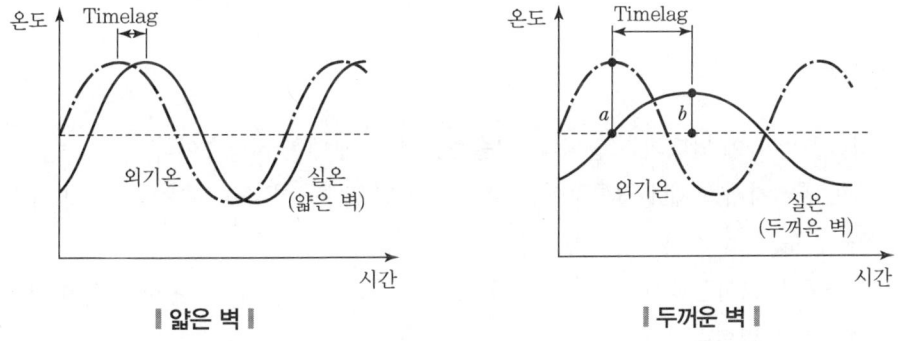

| 얇은 벽 | | 두꺼운 벽 |

③ 얇은 벽 구조의 경우는 열용량이 적기 때문에 실온은 외기온의 변화에 근사하게 변화한다.
④ 두꺼운 벽 구조의 경우는 열용량이 크기 때문에 실온은 외기온도보다 완만하게 변화한다.

QUESTION 57

다음 건축물 에너지절약계획서 관련 용어를 간단히 설명하시오. (115회)
(1) 야간단열장치
(2) 투광부
(3) 방습층

1 야간단열장치

야간단열장치라 함은 창의 야간 열손실을 방지할 목적으로 설치하는 단열셔터, 단열덧문으로서 총 열관류저항이 $0.4 m^2 \cdot K/W$ 이상인 것을 말한다.

2 투광부

창, 문 면적의 50% 이상이 투과체로 구성된 문, 유리블록, 플라스틱패널 등과 같은 투과재료로 구성되며, 외기에 접하여 채광이 가능한 부위를 말한다.

3 방습층

① 방습은 투습에 반대되는 말이다. 방습층은 투습에 대한 저항층이다.
② 습한 공기가 구조체에 침투하여 결로 발생의 위험이 높아지는 것을 방지하기 위해 설치하는 층이다.
③ 투습도가 24시간당 $30g/m^2$ 이하 또는 투습계수 $0.28g/m^2 \cdot h \cdot mmHg$ 이하의 투습저항을 가진 층을 말한다.

QUESTION 58

중공층 열전달 원리와 열저항이 가장 좋은 공기층 두께에 대하여 설명하시오.
(115회, 118회)

1 중공층의 열전달 원리

① 대류열전달과 복사열전달이 혼합된 형태의 전열이다.
② 중공층 형성 시 공기의 높은 열저항을 활용한다.
③ 하지만, 너무 커질 경우 대류열전달이 활발해져 열저항이 감소한다.

2 열저항이 가장 좋은 공기층 두께

대류열전달은 공기층의 두께, 열흐름의 방향, 공기의 밀폐도에 따라 변화하며 공기층의 두께가 20mm 정도일 때를 열저항의 극대로 본다.

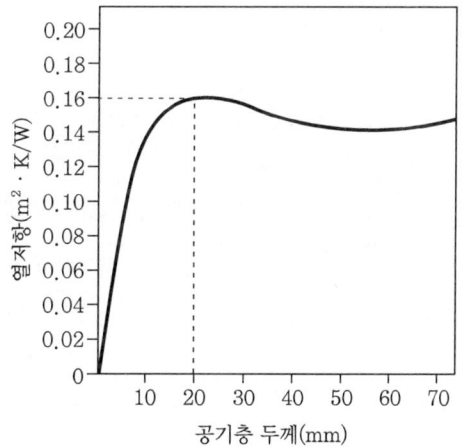

∥ 공기층 두께별 열저항 ∥

QUESTION 59

건축물에서 유리창을 통한 냉난방부하를 감소시키기 위해 개발된 다이내믹 윈도(Dynamic Window or Smart Window)를 정의하고, 필요성 및 종류에 대하여 설명하시오. (118회)

1 정의

태양일사 투과를 실내 온열환경에 맞추어 자동적으로 조정하여 냉방 및 난방부하를 절감하는 가변유리를 채용한 윈도(창)를 말한다.

2 필요성

① 냉방 및 난방부하 저감
② 적절한 실내 온열환경 유지
③ 창면적비를 크게 할 수 있어 조망권 확보
④ 실내 자연채광 유입의 극대화 가능

3 종류

구분	내용
일렉트로크로믹유리(Electrochromic Glass)	전류의 흐름에 따라 색상이 변화되는 유리
포토크로믹유리(Photochromic Glass)	빛의 조사 정도에 따라 투명도가 달라지는 유리
가스크로믹유리(Gaschromic Glass)	수소가스와 산소가스 등의 조성을 바꿔가며 투명도를 조절하는 유리
서모크로믹유리(Thermochromic Glass)	태양 직사광에 의해 유리 표면이 가열되면 자동으로 짙어지는 유리

QUESTION 60

「건축물의 에너지절약설계기준」에 따른 기밀 및 결로방지를 할 경우 방습층과 단열재가 이어지는 부분의 투습방지 방법에 대하여 설명하시오. (118회)

1 방습층과 단열재가 이어지는 부분의 투습방지 방법

1) 단열재의 이음부

최대한 밀착하여 시공하거나, 2장을 엇갈리게 시공하여 이음부를 통한 단열성능 저하가 최소화될 수 있도록 조치할 것

2) 방습층의 일반이음

방습층으로 알루미늄박 또는 플라스틱계 필름 등을 사용할 경우의 이음부는 100mm 이상 중첩하고 내습성 테이프, 접착제 등으로 기밀하게 마감할 것

3) 단열부위가 만나는 모서리 부위의 이음

방습층 및 단열재가 이어짐이 없이 시공하거나 이어질 경우 이음부를 통한 단열성능 저하가 최소화되도록 하며, 알루미늄박 또는 플라스틱계 필름 등을 사용할 경우의 모서리 이음부는 150mm 이상 중첩되게 시공하고 내습성 테이프, 접착제 등으로 기밀하게 마감할 것

4) 방습층의 단부

단부를 통한 투습이 발생하지 않도록 내습성 테이프, 접착제 등으로 기밀하게 마감할 것

2 방습층으로 인정될 수 있는 재료 및 구조

① 두께 0.1mm 이상의 폴리에틸렌 필름[KS M 3509(포장용 폴리에틸렌 필름)]에서 정하는 것
② 투습방수 시트
③ 현장발포 플라스틱계(경질 우레탄 등) 단열재
④ 플라스틱계 단열재(발포폴리스틸렌 보온재)로서 이음새가 투습방지 성능이 있도록 처리될 경우
⑤ 내수합판 등 투습방지 처리가 된 합판으로서 이음새가 투습방지가 될 수 있도록 시공될 경우
⑥ 금속재(알루미늄 박 등), 콘크리트 벽, 타일마감, 모르타르 마감이 된 조적벽

QUESTION 61

절대습도와 상대습도를 정의하고, 상호연관성에 대하여 설명하시오. (101회)

1 절대습도(Absolute Humidity)

건조공기 1kg 중에 포함되어 있는 수증기의 양(kg)으로 단위는 kg/kg'이다.

$$절대습도(\chi) = \frac{습공기 중 수증기량(\gamma_w)}{습공기 중 건공기량(\gamma_a)} = 0.622\frac{P_w}{P - P_w}$$

여기서 P : 습공기분압[(P_w(수증기분압) + P_a(건공기분압)]

2 상대습도(Relative Humidity)

현재 공기 수증기량(수증기압)과 동일 온도에서의 포화공기 수증기량(수증기압)의 비이다.

$$상대습도(\phi) = \frac{현재 공기 수증기량}{동일 온도에서의 포화공기 수증기량} \times 100(\%)$$
$$= \frac{습공기 수증기 분압(P_w)}{동일 온도의 포화습공기의 수증기분압(P_s)}$$

3 절대습도와 상대습도의 상호연관성

$$상대습도(\phi) = \frac{P_w}{P_s} \rightarrow P_w = \phi P_s$$

$$\therefore 절대습도(\chi) = 0.622\frac{P_w}{P - P_w} = 0.622\frac{\phi P_s}{P - \phi P_s}$$

$$\therefore 상대습도(\phi) = \frac{\chi P}{(0.622 + \chi)P_s}$$

QUESTION 62

건축환경계획 시 지구온난화 조절의 일환으로 녹화시스템을 계획하고 있다. 녹화시스템 중 수평 및 벽면녹화의 개념(의의)과 구성요소를 설명하시오. (124회)

1 수평 및 벽면녹화의 개념(의의)

1) 수평녹화의 개념

　인공적인 구조물 위에 인위적인 지형, 지질의 토양층을 새로이 형성하고 식물을 주로 이용한 식재를 하거나 수공간을 만들어, 녹지공간을 조성하는 것을 말한다.

2) 벽면녹화의 개념

　벽면녹화시스템(Wall Greenery System)은 건축물 벽면이나 도심 시설물 벽면 및 입면 등에 식물이 생육할 수 있도록 녹화자재를 설치하여 벽면을 피복하는 녹화시스템이다.

2 수평 및 벽면녹화의 구성요소

1) 수평녹화의 구성요소

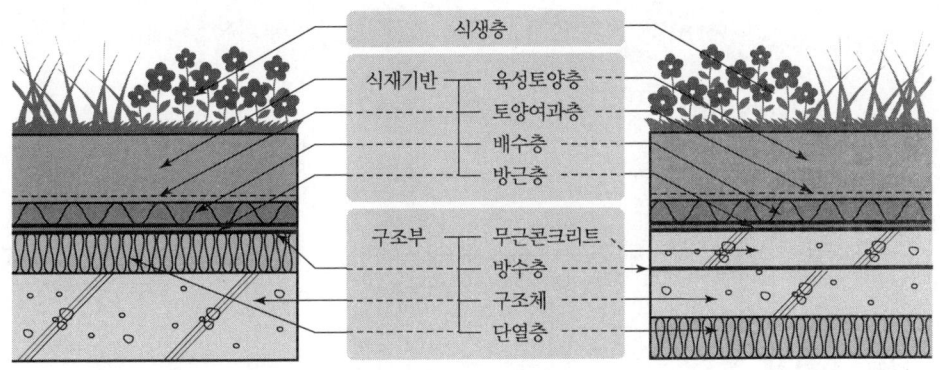

2) 벽면녹화의 구성요소

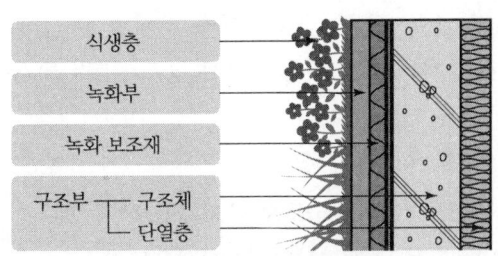

QUESTION 63

> 서울특별시(지역Ⅱ)에 위치한 공동주택 적용대상 부위의 실내표면온도(우각부)가 12℃일 때 온도차이비율(TDR)은 얼마이며, 우각부 결로방지 성능기준이 0.24일 때 결로 유무를 판정하고 결로가 발생할 경우 방지대책을 설명하시오. (단, 실내외 온습도 기준은 「공동주택 결로방지를 위한 설계기준」상 표준적인 실내외 환경조건에 따르며, 소수점 셋째짜리 이하는 버린다.) (126회)

1 결로판정

1) TDR 산정

$$TDR = \frac{\text{실내온도} - \text{적용대상 부위의 실내표면온도}}{\text{실내온도} - \text{외기온도}} = \frac{t_i - t_s}{t_i - t_o}$$

여기서, t_i : 실내온도
t_o : 실외온도
t_s : 적용대상 부위의 실내표면온도

$$TDR = \frac{25 - 12}{25 - (-15)} = 0.325 = 0.32$$

여기서 실내온도 조건 : 25℃, 지역Ⅱ 외기온도 : -15℃

2) 결로 판정

TDR값이 0.32로 우각부 결로방지 성능기준인 0.24보다 크므로 결로가 발생한다고 판단된다.

2 결로 방지법

1) 단열 보강

① 단열재, 3중 창호(4중 창호), 건물기밀화 등에 의해 실내를 보온한다.
② 실내온도 변화를 작게 하기 위하여 단열 보강을 철저히 한다.

2) 작은 온도차

① 실내외 온도차가 클 때 발생하므로 온도차를 작게 한다.
② 겨울에는 실내온도를 낮게, 여름에는 실내온도를 높게 한다.

3) 환기 철저

① 수분 발생의 억제와 과잉수분의 배출을 고려한다.
② 자연환기 및 강제환기를 고려한다.
③ 북측 거실은 환기를 자주 한다.

4) 천장 단열 시 통기구 설치

단열재와 천장 사이에 통기구를 설치한다.

5) Heat Bridge(열교) 방지

① 건축물을 구성하는 부위 중에서 단면의 열관류저항이 국부적으로 작은 부분에 발생하는 현상을 말한다.
② 열교 발생 부위에 외단열보강을 하여 단열 성능을 높인다.

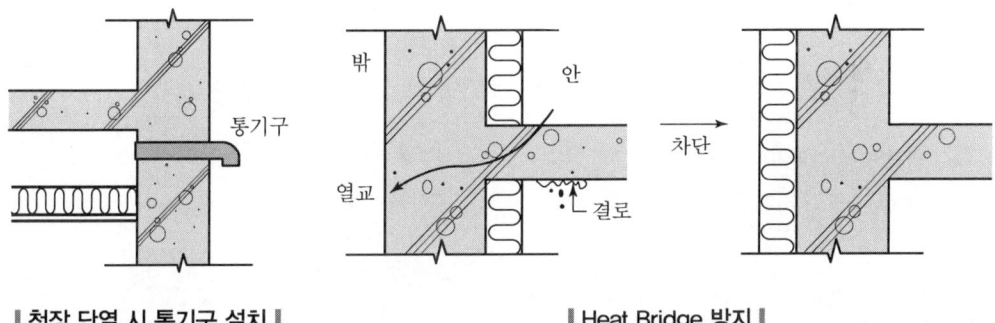

‖ 천장 단열 시 통기구 설치 ‖   ‖ Heat Bridge 방지 ‖

6) 단열재 관통부의 주변 단열 보강

냉교가 생기는 관통부 부분에 결로 방지를 위한 목적으로 단열성능을 높여 준다.

7) 이중천장 설치

8) 난방장치 주의

① 수증기 발생 및 난방장치에 주의한다.
② 북측 거실 난방에 주의한다.
③ 낮은 온도의 난방을 길게 한다.

9) 벽 내부의 코너 보강

벽 내부의 코너에는 단열재의 끊어짐이 없게 하고 추가로 단열재를 보강한다.

QUESTION 64

다음의 개구부에 의한 자연환기량 산출식을 쓰고 설명하시오. (126회)
(1) 바람(풍압계수차)에 의한 환기량
(2) 온도차에 의해 발생하는 환기량

1 바람(풍력계수차)에 의한 환기량

1) 개념

풍력환기는 바람에 의한 환기로서, 풍력환기에 의한 환기량은 유량계수와 통기율, 유출부와 유입부 간의 압력차 등에 비례한다.

2) 산출식

$$Q(\mathrm{m^3/sec}) = \alpha \cdot A \cdot \sqrt{C_1 - C_2} \cdot v$$

여기서, Q : 환기량(m^3/s)　　　α : 개구부에 따른 유량계수
　　　　A : 개구부 면적(m^2)　　v : 바람속도(m/s)
　　　　C_1 : 유입구의 풍압계수　　C_2 : 유출구의 풍압계수

2 온도차(중력)에 의해 발생하는 환기

1) 개념

① 연돌효과(Stack Effect)에 의한 환기현상으로 공기의 온도차(밀도차)에 의한 환기를 말한다.
② 실내외 온도차가 커지면, 실내외 압력차도 커지므로 환기량이 커지게 된다(고온 측이 저기압, 저온 측이 고기압의 특성을 갖는다).

2) 산출식

$$Q = KA\sqrt{h \cdot \Delta t}$$

여기서, Q : 개구부의 단위면적당 환기량($m^3/min \cdot m^2$)
　　　　K : 개구부에 따른 저항상수
　　　　A : 개구부 면적(m^2)
　　　　h : 두 개구부 간의 수직거리 차
　　　　Δt : 실내외 온도차

QUESTION 65

서울의 하지(6/21)와 동지(12/21) 그리고 춘분(3/21) 및 추분(9/21) 때 태양고도를 구하시오.(단, 서울의 위도는 북위 37.5°이다.) (128회)
※ 태양고도는 특별한 조건이 없을 경우 최고고도를 의미한다.

1 태양고도의 산출

1) 최고고도 = 90° − |위도 − 적위|

 ※ 여기서 적위는 하지일 때 23.5°, 동지일 때 −23.5°, 춘분 및 추분일 때 0°

2) 최저고도 = −90° + |위도 + 적위|

2 절기별 태양고도

구분	최고고도(12시)	최저고도(0시)
하지	$90° - |37.5° - 23.5°| = 76°$	$-90° + |37.5° + 23.5°| = -29°$
동지	$90° - |37.5° - (-23.5°)| = 29°$	$-90° + |37.5° + (-23.5°)| = -76°$
춘분 및 추분	$90° - |37.5° - 0°| = 52.5°$	$-90° + |37.5° + 0°| = -52.5°$

QUESTION 66

다음 먼지와 관련된 용어를 각각 설명하시오. (128회)
(1) 먼지
(2) 비산먼지
(3) TSP(Total Suspended Particles)
(4) PM-10
(5) PM-2.5

1 먼지

먼지는 대기 중에 떠다니거나 흩날려 내려오는 입자상 물질을 말한다.

2 비산먼지

비산먼지는 일정한 배출구 없이 대기 중에 직접 배출되는 먼지를 말한다.

3 TSP(Total Suspended Particles)

① TSP(Total Suspended Particles)는 부유분진으로서 대기 중에 부유하거나 하강하는 직경 0.05~50μm 크기의 모든 입자상 물질로 총 먼지를 의미한다.
② 실내의 먼지에 부착하여 서식하는 세균이 분진과 함께 부유하면서 인체 내부로 유입되면 각종 질병을 유발한다.

4 PM-10

입자의 크기가 10마이크로미터(μm) 이하인 먼지를 의미한다(집적특성).

5 PM-2.5

입자의 크기가 2.5마이크로미터(μm) 이하인 먼지를 의미한다(비산특성).

QUESTION 67

서울과 동경지역의 추분날 난방도일 값을 각각 구하고, 구한 난방도일 값으로 무엇을 판단할 수 있는지 설명하시오.(단, 균형점온도는 15℃이다.) (128회)
[조건] 서울 – 최고기온 10℃, 최저기온 0℃
　　　동경 – 최고기온 20℃, 최저기온 10℃

1 난방도일(HDD) 산출[추분 당일 산출 사항]

1) 서울

난방도일 = Σ{균형점(기준)온도 − 옥외 일 평균기온} = 15 − 5 = 10도일
여기서, 옥외 일 평균온도 = (10+10)÷2 = 5℃

2) 동경

난방도일 = Σ{균형점(기준)온도 − 옥외 일 평균기온} = 15 − 15 = 0도일
여기서, 옥외 일 평균온도 = (20+10)÷2 = 15℃

2 판단할 수 있는 사항

동일 외피 조건이라면 서울의 건축물이 동경의 건축물에 비해 더 큰 난방부하가 발생하게 된다.

$$Q = KA \times HDD$$

여기서, Q : 난방부하 중 전도부하
　　　　KA : 건물 외피 열손실
　　　　HDD : 난방도일

QUESTION 68

부산지역의 하지(6월 21일) 때 태양고도와 냉방도일 값을 구하시오.(단, 부산지역의 위도는 북위 35도, 균형점온도는 25℃ 하지 때 최고기온은 34℃ 최저 기온은 26℃로 한다.) (130회)

※ 태양고도는 특별한 조건이 없을 경우 최고고도를 의미한다.

1 태양고도의 산출

1) 최고고도(남중고도) = 90° − |위도 − 적위| = 90° − |35° − 23.5°| = 78.5°

    여기서, 적위는 하지일 때 23.5°, 동지일 때 −23.5°, 춘분 및 추분일 때 0°

2) 최저고도(북중고도) = −90° + |위도 + 적위| = −90° + |35° + 23.5°| = −31.5°

2 냉방도일

냉방도일 = Σ{옥외 일 평균기온 − 균형점(기준)온도} = $\dfrac{34° + 26°}{2} - 25° = 5$도일

QUESTION 69

패시브하우스(Passive House)의 중요 고려요소(5가지)에 대하여 설명하시오.
(130회)

1 중요 고려요소(5가지)

1) 고단열
열저항이 높은 단열재 적용 등을 통한 고단열 벽체 등의 구성

2) 고기밀
외부 공기의 유입이나 실내 공기의 유출을 최소화하기 위한 구성

3) 고성능 창호
낮은 열관류율과 겨울철 적절한 일사 유입이 가능한 수준의 태양열 취득계수를 갖는 창호

4) 열교환기
실내에서 외부로 나가는 공기와 외부에서 유입되는 공기 간의 열교환을 통해 환기부하 최소화 실현

5) 열교 없는 디테일
열저항이 상대적으로 낮아져 결로를 일으킬 수 있는 열교부위를 최소화하기 위한 구성

QUESTION 70

다음의 용어에 대하여 각각 설명하시오. (130회)
(1) Building Commissioning
(2) PMV(Predicted Mean Vote)
(3) PPD(Predicted Percentage of Dissatisfied, −0.5<PMV<+0.5)

1 Building Commissioning

건축물에 적용되는 각종 설비에 대하여 시스템, 장비 및 구성품의 성능이 건축주가 요구하는 조건과 일치하는지를 검증하는 것으로서, 설계 전 단계, 설계단계, 시공(설치)단계, 준공단계 및 준공 후 유지관리 단계로 구분할 수 있다.

2 PMV(Predicted Mean Vote)

① 인체가 느끼는 온열감을 예측하는 것
② 7단계 척도를 기준으로 −3은 춥다, +3은 덥다 그리고 0은 열적으로 중립적인 상태로 나타내어 투표를 통해 예측
③ PMV 7단계

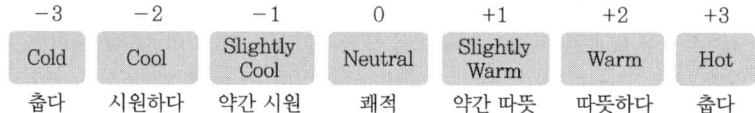

3 PPD(Predicted Percentage of Dissatisfied, −0.5<PMV<+0.5)

① PPD : 예상온열감(PMV) 값에 대해 사람들이 느끼는 불만족 정도를 %로 나타내는 것
② −0.5<PMV<+0.5(PMV와 PPD의 관계) : PMV가 −0.5~+0.5 사이에서는 불쾌감을 느끼는 사람의 비율이 10% 미만이 되어야 한다는 것을 말한다.

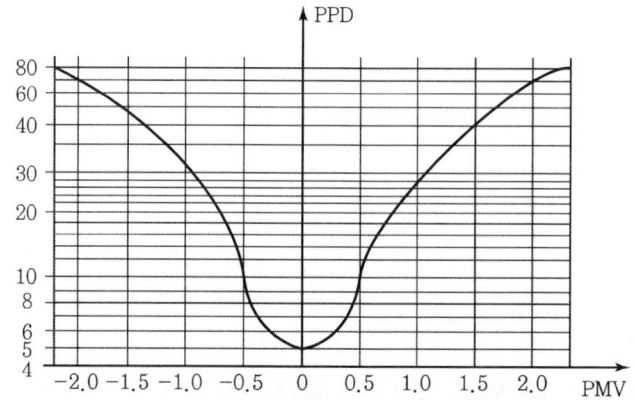

QUESTION 71

「실내공기질 관리법」에서 정하는 "신축공동주택의 실내공기질 권고기준"에 대하여 설명하시오. (130회)

1 신축공동주택의 실내공기질 권고기준

오염물질	기준
폼알데하이드	$210\mu g/m^3$ 이하
벤젠	$30\mu g/m^3$ 이하
톨루엔	$1,000\mu g/m^3$ 이하
에틸벤젠	$360\mu g/m^3$ 이하
자일렌	$700\mu g/m^3$ 이하
스티렌	$300\mu g/m^3$ 이하
라돈	$148Bq/m^3$ 이하

QUESTION 72

다음 용어에 대하여 설명하시오. (131회)
(1) 선형 열관류율(Linear Thermal Transmittance)
(2) 열교(Thermal Bridge)

1 선형 열관류율(Linear Thermal Transmittance)

선형 열관류율은 정상상태에서 구조체의 선형 열교 부위만을 통한 단위길이당, 단위 실내외 온도 차당 전열량(W/m · K)을 의미한다.

2 열교(Thermal Bridge)

① 열교(Heat Bridge)는 구조체의 두께가 얇거나 단열재 누락으로 열저항이 낮아진 부위에서 발생하며, 많은 열이 들어오거나 나가는 경로를 의미한다.
② 열교 부위는 단열성 저하로 벽체표면이 노점온도 이하로 내려가 결로의 원인이 된다.

QUESTION 73

메트(Met)와 클로(Clo) 단위에 대하여 설명하시오. (131회)

1 메트(Met) 단위

열적으로 쾌적한 상태에서 안정 시 대사를 기준으로 한 활동량으로 의자에 안정된 상태로 앉아 있을 때 1Met(58W/m²) 정도이다.

2 클로(Clo) 단위

① 인체가 입고 있는 의복의 양을 나타내는 단위이다.
② 저온지역에서는 인체의 열평형을 착의에 의존하는 비율이 크다.
③ 1Clo란 의복의 보온성과 단열성을 나타내는 단위를 나타낸다.
④ 1Clo는 온도 21℃, 상대습도 50%, 기류 0.5m/sec 이하에서 인체표면의 발열량이 1Met(58W/m²)의 활동량일 때, 피부표면으로부터 착의표면까지의 열저항값이다.

$$1Clo = 0.155 m^2 \cdot K/W$$

QUESTION 74

내단열과 외단열 특징을 다음 관점에서 비교·설명하시오. (131회)
(1) 결로 위험성
(2) 축열량(예열시간)을 고려한 난방방식
(3) 온열쾌적성

1 특징 비교

구분	내단열	외단열
결로 위험성	• 난방 정지 시 실온 및 벽표면 온도가 낮아지므로 결로의 위험성이 크고 환기가 불충분하면 결로가 발생한다. • 창틀이 차가운 벽 부위에 면하므로 실제적으로 가장자리가 냉각된다.	• 난방 정지 시 표면온도가 높게 유지되며 최저실온이 높아 결로 발생이 적다. • 창문이 따뜻한 부위의 벽측에 부착되므로 창가가 냉각될 우려가 줄어든다.
축열량(예열시간)을 고려한 난방방식	• 난방 정지 시 온도 하강이 현저하며 여름에는 콘크리트의 축열에 의해서 실내가 덥게 느껴진다. • 간헐난방에 유리하다.	• 난방기기를 중단하였을 때 급격한 온도 변화가 적어 재실자의 열적인 쾌적감 증대 효과를 가져온다. • 연속난방에 유리하다.
온열쾌적성	벽체 표면과 실내의 온도차이가 크고, 난방 가동과 정지 시의 온도변동성이 크며, 열교 발생에 따른 국소적 온도하강부위가 발생하여 온열쾌적성이 상대적으로 좋지 않다.	벽체 표면과 실내의 온도차이가 적고, 난방 가동과 정지 시의 온도변동성이 작으며, 벽체 등의 온도 분포가 비교적 균일하여 온열쾌적성이 상대적으로 양호하다.

QUESTION 75

유리의 단열간봉(단열 Spacer)에 대하여 기능과 단열간봉 표면에 구멍을 뚫은 이유를 각각 설명하시오. (132회)

1 단열간봉(단열 Spacer)의 기능

① 열교방지를 통한 결로예방 효과
② 열관류율 감소를 통한 단열성능 향상
③ 유리 간 간격유지를 통한 공기층 형성과 공기층 내 습기의 흡습 기능

2 단열간봉 표면에 구멍을 뚫은 이유 : 공기층 내 흡습을 하기 위함

① 단열간봉 내부에는 흡습제가 있고, 이 흡습제를 통해 공기층 내 습기의 흡습이 필요하다.
② 단열간봉 표면에 구멍을 뚫는 이유는 공기층 내 습기가 간봉 내 흡습제로 흡수되도록 하기 위함이다.

QUESTION 76

예상 불만족율(Predicted Percentage Dissatisfied, PPD)과 예상 평균온열감(Predicted Mean Vote, PMV)의 정의와 PMV의 추천 쾌적범위를 설명하시오. (133회)

1 정의

1) 예상 불만족율(Predicted Percentage Dissatisfied, PPD)

   예상온열감(PMV) 값에 대해 사람들이 느끼는 불만족 정도를 %로 나타내는 것

2) 예상 평균온열감(Predicted Mean Vote, PMV)

   ① 인체가 느끼는 온열감을 예측하는 것
   ② 7단계 척도를 기준으로 −3은 춥다, +3은 덥다 그리고 0은 열적으로 중립적인 상태로 나타내어 투표를 통해 예측
   ③ PMV 7단계

   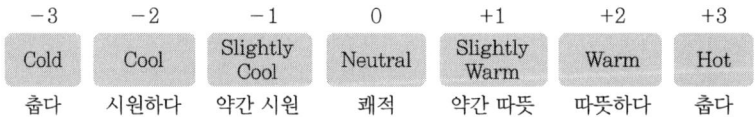

2 PMV 추천 쾌적범위(ISO7730) : −0.5<PMV<+0.5

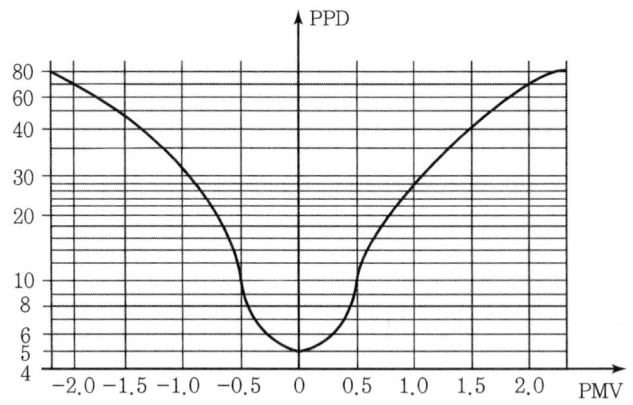

건축물의 자연환기설비를 분류하고 각각에 대하여 설명하시오. (133회)

1 온도차(중력) 환기

1) 개념 및 특징

① 연돌효과(Stack Effect)에 의한 환기현상으로 공기의 온도차(밀도차)에 의한 환기를 말한다.
② 실내·외 온도차가 커지면, 실내·외 압력차도 커지므로 환기량이 커지게 된다(고온 측이 저기압, 저온 측이 고기압의 특성을 갖는다).

2) 환기량 산출

$$Q = KA\sqrt{h \cdot \Delta t}$$

여기서, Q : 개구부 단위면적당 환기량(m³/min·m²)
　　　　K : 개구부에 따른 저항 상수
　　　　A : 개구부 면적(m²)
　　　　h : 두 개구부 간의 수직거리의 차
　　　　Δt : 실내외의 온도차

2 바람(풍력) 환기

1) 개념 및 특징

풍력환기는 바람에 의한 환기로서, 풍력환기에 의한 환기량은 유량계수와 통기율, 유출부와 유입부 간의 압력차 등에 비례한다.

2) 환기량 산출

$$Q(\text{m}^3/\text{sec}) = \alpha \cdot A \cdot \sqrt{C_1 - C_2} \cdot v$$

여기서, Q : 환기량(m³/s)　　　　　α : 개구부에 따른 유량계수
　　　　A : 개구부 면적(m²)　　　v : 바람속도(m/s)
　　　　C_1 : 유입구의 풍압계수　　C_2 : 유출구의 풍압계수

QUESTION 78

「실내공기질 관리법 시행규칙」 [별표 2], [별표 3]과 관련하여 다중이용시설 오염물질 항목별 기준에 대하여 다음을 각각 설명하시오. (134회)
(1) 실내공기질 유지기준
(2) 실내공기질 권고기준

1 실내공기질 유지기준

오염물질 항목 다중이용시설	미세먼지 (PM-10) (μg/m³)	미세먼지 (PM-2.5) (μg/m³)	이산화탄소 (ppm)	폼알데하이드 (μg/m³)	총부유세균 (CFU/m³)	일산화탄소 (ppm)
가. 지하역사, 지하도상가, 철도역사의 대합실, 여객자동차터미널의 대합실, 항만시설 중 대합실, 공항시설 중 여객터미널, 도서관·박물관 및 미술관, 대규모 점포, 장례식장, 영화상영관, 학원, 전시시설, 인터넷컴퓨터게임시설제공업의 영업시설, 목욕장업의 영업시설	100 이하	50 이하	1,000 이하	100 이하	—	10 이하
나. 의료기관, 산후조리원, 노인요양시설, 어린이집	75 이하	35 이하	1,000 이하	80 이하	800 이하	10 이하
다. 실내주차장	200 이하	—	1,000 이하	100 이하	—	25 이하
라. 실내 체육시설, 실내 공연장, 업무시설, 둘 이상의 용도에 사용되는 건축물	200 이하	—	—	—	—	—

2 실내공기질 권고기준

오염물질 항목 다중이용시설	이산화질소 (ppm)	라돈 (Bq/m³)	총휘발성 유기화합물 (μg/m³)	곰팡이 (CFU/m³)
가. 지하역사, 지하도상가, 철도역사의 대합실, 여객자동차터미널의 대합실, 항만시설 중 대합실, 공항시설 중 여객터미널, 도서관·박물관 및 미술관, 대규모점포, 장례식장, 영화상영관, 학원, 전시시설, 인터넷컴퓨터게임시설제공업의 영업시설, 목욕장업의 영업시설	0.1 이하	148 이하	500 이하	—
나. 의료기관, 어린이집, 노인요양시설, 산후조리원			400 이하	500 이하
다. 실내주차장	0.30 이하		1,000 이하	—

QUESTION 79

신축 공동주택의 공기질 관련 주요 실내공기 오염물질의 종류와 배출원 및 인체에 미치는 영향, 대응 방안을 설명하시오. (136회)

1 신축공동주택 주요 실내공기 오염물질

오염물질	기준
폼알데하이드	$210\mu g/m^3$ 이하
벤젠	$30\mu g/m^3$ 이하
톨루엔	$1,000\mu g/m^3$ 이하
에틸벤젠	$360\mu g/m^3$ 이하
자일렌	$700\mu g/m^3$ 이하
스티렌	$300\mu g/m^3$ 이하
라돈	$148Bq/m^3$ 이하

2 배출원 및 인체에 미치는 영향

마감재, 건축자재 → HCHO, 휘발성 유기화합물 → 붉은 반점, 비염, 아토피염, 천식 등 유발

3 대응방안

① 베이크 아웃(Bake Out) 실시
② 주기적인 환기 실시
③ 비교적 안전한 천연 소재 건축자재 적용
④ 주방에 창이나 문 설치
⑤ 플러시 아웃(Flush Out) 실시

QUESTION 80

인체의 온열감을 평가하는 각 지표에 대하여 설명하시오. (136회)
(1) 유효(감각)온도(Effective Temperature, ET)
(2) 효과(작용)온도(Operative Temperature, OT)
(3) 불쾌지수(Uncomfort Index, UI)

1 유효(감각)온도(Effective Temperature, ET)

① 실감온도로서 온도, 습도, 풍속(기류)의 조합에 의해 체감온도로 표시하며 감각온도(실감온도, 실효온도, 효과온도)라고도 한다.
② 어떤 온도, 습도, 풍속(기류)일 때 느끼는 체감상태로 습도 100%, 풍속 0m/sec일 때의 기온으로 표시한다(예 기류가 없고, 습도 100%일 때 건구온도가 20℃이면 이때의 유효온도는 20℃가 된다).
③ 평균온도상에서 쾌감대는 17~22℃이다.
④ 습도가 높으면 유효온도가 높아지고 풍속이 빨라지면 유효온도가 낮아진다.
⑤ 습도의 영향이 저온역에서는 과대, 고온역에서는 과소 평가되는 단점이 있다.
⑥ 복사열이 고려되지 않는다.

2 효과(작용)온도(Operative Temperature, OT)

기온과 복사열 및 기류의 영향을 조합한 쾌적지표(습도의 영향이 고려되지 않음)

$$OT = \frac{h_r \cdot MRT + h_c \cdot t_a}{h_r + h_c}$$

여기서, h_r : 복사전달률, h_c : 대류열전달률, MRT : 평균복사온도(℃), t_a : 기온(℃)

3 불쾌지수(Uncomfort Index, UI)

① 냉방온도 설정을 위해 만든 것으로 오늘날에는 여름철 무더위를 나타내는 지표로 사용
② 산출식

$$불쾌지수(DI) = (건구온도 + 습구온도) \times 0.72 + 40.6$$

CHAPTER 03

기계설비일반

QUESTION 01

건축설계 시 천장 내부치수를 결정할 때, 설비적인 측면에서의 고려사항을 설명하시오. (89회, 133회)

1 천장 내부치수 결정 시 설비적 고려사항

① Duct의 크기
② Duct의 종횡비(장단변비)
③ 각종 배관의 크기
④ Cleaning 및 보수 가능 공간 확보
⑤ 배관의 수직적 처짐을 반영
⑥ 진동을 최소화할 수 있는 Duct의 굴곡 반경을 고려한 크기 설정
⑦ 인입 반송 계통에 대한 전반적 검토
⑧ 전기설비 배선과의 간섭 검토
⑨ 공조 방식(변풍량 Unit 등)

QUESTION 02
기계설비공사 시 시방서의 중요성에 대하여 설명하시오. (94회)

1 시방서의 개념

① 공사 발주 시 계약서나 설계도면만으로는 표기나 표현할 수 없는 사항을 문장 또는 수치로 표현한 것을 시방서라 한다.
② 시방서는 공사 전반에 대한 지침을 주고 각 공사의 부분이 설계 의도대로 표현되어야 한다.

2 시방서의 중요성

① 도면에 표기할 수 없는 사전 준비사항 등 설비공사의 계획성을 확립하는 데 중요한 역할을 한다.
② 사용재료(종류, 품질, 시험검사방법, 견본품의 제출)에 대한 사항을 기재하고 준수할 수 있는 기준서가 된다.
③ 시공방법(사용기계공구, 공사정밀도, 공정, 공법, 보양책, 시공검사)에 대한 사항을 기재하고 준수할 수 있는 기준서가 된다.
④ 후속 공정과의 처리, 안전관리, 특기사항 등을 수록하여 공정 간 마찰의 최소화 및 안전한 설비공사를 유도할 수 있다.
⑤ 발주처, 설계사, 설치자 간 분쟁 발생 시 판단기준으로 활용된다.

3 시방서의 종류

종류	내용
표준시방서	시설물의 안전 및 공사 시행의 적정성과 품질확보 등을 위하여 시설별로 정한 표준적인 시공기준으로서 발주자 또는 설계 등 용역업자가 공사시방서를 작성하는 경우에 활용하거나 시공 현장에 적용하는 시공기준을 말한다.
전문시방서	「건설기술 진흥법」 규정에 의하여 시설물별 표준시방서를 기본으로 모든 공종을 대상으로 하여 특정한 공사의 시공 또는 공사시방서의 작성에 활용하기 위한 종합적인 시공기준을 말한다.
공사시방서	공사별로 건설공사 수행을 위한 기준으로서 계약문서의 일부가 되며, 설계 도면에 표시하기 곤란하거나 불편한 내용과 당해 공사의 수행을 위한 재료, 공법, 품질시험 및 검사 등 품질관리, 안전관리계획 등에 관한 사항을 기술하고, 당해 공사의 특수성, 지역여건, 공사방법 등을 고려하여 공사별, 공종별로 정하여 시행하는 시공기준을 말한다.

QUESTION 03

건축물의 공기조화 설계에 있어 공조방식이 결정된 후 구체적 설계에 들어가게 되는데 그 첫 단계로 장치의 계획 설계를 할 때 건축설계자와의 가장 필요한 협의 사항을 3가지만 설명하시오. (96회, 99회)

1 건축설계자와 협의 필요사항

① 건축물의 에너지 절약화(단열, 창, 방위 등)
② 기계실의 적절한 배치
③ 덕트, 파이프 샤프트의 크기 및 위치
④ 덕트, 배관의 관통과 천정 내 스페이스(층고, 천장고)
⑤ 슬래브, 철골, 구조벽의 오프닝
⑥ 고층 빌딩의 경우 로비의 외기 침입 기밀 유지

QUESTION 04

건축기계설비 시스템 계획과 설계상 고려하고 검토되어야 할 근본적인 문제(사항)를 설명하시오. (96회, 102회)

1 건축기계설비 시스템 계획과 설계상 고려하고 검토되어야 할 사항

1) 열원 시스템
① 기기의 효율성, 가격 검토
② 에너지 가격이 합당한지
③ 환경오염을 유발하지 않는지
④ 저부하 특성이 나쁘지 않는지
⑤ 초기투자비와 운전비와의 경제성 대비
⑥ 기기의 내용연수는 충분히 보장되는가

2) 반송 시스템
① 열매의 이용 종류(증기, 온수, 냉수, 온도조건)
② 변유량 시스템의 경우 팬, 펌프의 유량제어
③ 반송계의 발생소음, 진동 제거
④ 배관경로와 건축과의 관련성
⑤ 수배관의 방식, 공기배제계획
  - 일반적으로 반송동력은 배관 사이즈를 바꾸지 않고 온도차를 2배로 하면(유량을 1/2로 취한다) 1/8로 줄어든다.
  - 온도차를 2배로 하면 유량은 1/2로 되고 배관경은 적어진다.
  - 공기 배제로 원활히 순환되도록 한다.

3) 공조 시스템
① 유리창, 외벽 등(외주부 구간)의 열부하 변동의 범위
② 부하변동, 용도, 운전시간대 등에 의한 Zone 분석
③ 요구되는 온습도, 공기청정 조건의 정도에 의한 Zone 분석
④ 특수한 부하(전산실, 기타 발열) 발생 여부
⑤ 분진, 냄새, 유해가스의 발생 Zone 여부
⑥ 개별 제어의 필요성
⑦ 공조의 목적(보건공조, 산업공조)
⑧ 실내기류분포, 온도분포에 대한 제약은 없는지

4) 에너지 절약 측면

① 열원 시스템 측면의 에너지 절약 : 축열장치, 외기냉방
② 반송 시스템에서의 에너지 절약 : 팬 및 펌프에 대한 대수 제어, 회전수 제어
③ 공조 시스템에서의 에너지 절약 : 공조방식, VAV, CAV 등
④ 외기부하 경감
　• 외기도입량 최소화 : 배기열 회수
　• 예열, 예냉 시의 외기도입 및 배기 제한
⑤ 적절한 조닝에 의한 운전시간 제한

5) 위생설비

① 급수의 적절한 조닝 및 압력 검토
② 규모 및 용도별 급탕설비 시스템의 선정
③ 배수 및 통기관 설비의 적절성
④ 오수정화 설비의 처리능력 및 여과효율

QUESTION 05

건축 및 설비의 통합적 공간계획에 있어서 설비공간의 최적화를 이루기 위하여 검토하여야 할 항목 중 건물계획 전체의 균형을 고려하여 검토하여야 할 사항을 설명하시오. (99회)

1 건물계획의 균형을 고려하기 위한 검토사항

① 건축물의 에너지 절약화(단열, 창, 방위 등)
② 기계실의 적절한 배치
③ 덕트, 파이프 샤프트의 크기 및 위치
④ 덕트, 배관의 관통과 천정 내 스페이스(층고, 천장고)
⑤ 슬래브, 철골, 구조벽의 오프닝
⑥ 고층 빌딩의 경우 로비의 외기 침입 기밀 유지

2 각종 기계실과 샤프트의 위치 및 크기

① 공조방식에 의해 개략 환기량을 구하고 공조기 용량 산출
② 산출된 풍량에 맞는 공조기와 공조실 면적 산출
③ 공조기의 적정 위치 및 외기 인입, 배기구 등의 설치가 용이한지 확인
④ 반입, 반출 확인(주기계실, 공조실, 팬룸)
⑤ 덕트의 Layout, AD, PS의 적정 크기 산정

QUESTION 06

> 건축물 기계설비 시공 시 Shop Drawing이 필요한 곳을 열거하고 설명하시오.
> (100회)

1 Shop Drawing의 개념

① 기본 설계도면이 공사발주, 계약 및 허가를 위한 도면인 반면 시공도면(Shop Drawing)은 현장에서 기본 설계도면의 미비된 Detail을 상세히 도면화하여 시공이 가능하게 하는 도면이다.
② 정밀시공과 설계자 및 시공자 간의 정확한 의사전달을 위해 필요하다.

2 Shop Drawing이 필요한 곳

1) 기계실, 공조실 시공도

   ① 기계기초 및 장비배치도
   ② 각종 배관 평면도 및 입면도
   ③ 지지 가대류 평면도 및 상세도

2) 평면도 및 입면도

   ① 각층 위생, 공기조화, 덕트 및 소방 관련 상세도
   ② 덕트기구, SP 헤드, 전등기구 및 스피커 배열을 위한 천장평면도(등기구 보강 및 점검구 점검로 표기)
   ③ 화장실 확대평면도, 단면도 및 슬리브 설치도
   ④ 배관 및 덕트를 위한 PIT상세도(배관 및 덕트의 배치 확인)

3) 공동구 배관단면도

4) 정화조 설치상세도

QUESTION 07

스마트 그리드(Smart Grid)의 정의 및 장점에 대하여 설명하시오. (101회)

1 정의

기존 전력망에 정보통신기술을 접목하여 공급자와 수요자 간에 실시간으로 양방향 전력 정보를 교환함으로써 에너지절약, 신재생에너지 보급, 전기자동차 운행을 가능하게 하는 전력인프라를 구축하는 4차 산업혁명에 부합하는 시스템이다.

2 개념도

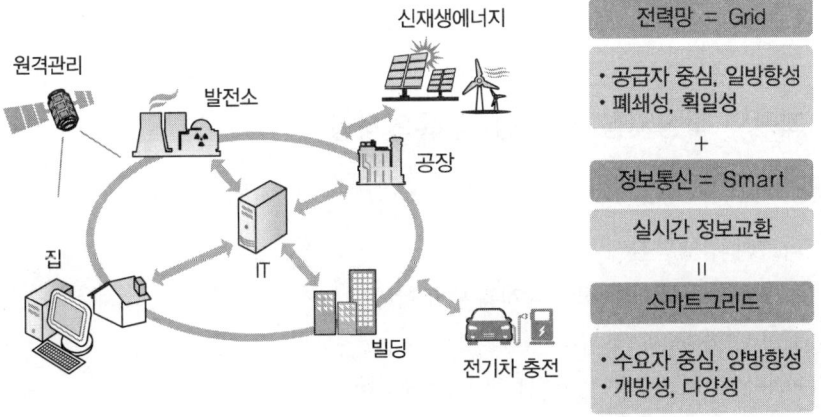

3 필요성

① 실시간 요금정보 제공을 통한 자발적 에너지 소비 절감
② 피크전력 부하 저감에 의한 추가 발전소 건설비용 절감
③ 신재생에너지 및 전기차 보급확대를 위한 필수 기반 요소

QUESTION 08

건축기계설비 공사에서 실행 예산의 의의와 편성 시 유의사항에 대하여 설명하시오. (106회)

1 실행 예산의 의의와 편성 시 유의사항

① 실행 예산이란 공사현장의 제반조건(자연조건, 공사장 내외 제조건, 측량 결과 등)과 공사시공의 제반조건(계약 내역서, 설계도, 시방서, 계약조건 등) 등에 대한 조사 결과를 검토, 분석한 후 계약 내역과 별도로 시공사의 경영 방침에 입각하여 당해 공사의 완공까지 필요한 실제 소요 공사비를 말한다.

② 품질 저하, 공기지연 없이 생산 원가를 줄이는 노력을 기울여 공사를 완성하기 위한 현장의 집행 예산서를 지칭한다.

2 실행 예산의 작성지침 및 작성 시 유의사항

1) 실행 예산의 작성지침

① 회사의 경영방침에 입각
② 경영계획에 의한 목표이익계획에 부합
③ 제반 경영관리규정 준수
④ 공사업무 관리규정 및 예산 관리규정에 의거
⑤ 공사도급내역서의 공종에 준함
⑥ 실행 내역은 공종별, 원가요소별(재료비, 노무비, 외주비, 경비, 현장관리비)로 구분

2) 작성 시 유의사항

① 수입 지출을 대비할 수 있고, Feedback 가능한 System으로 한다.
② 하도급 계약 및 지불의 기초가 되므로 내역 분류에 따라 정리되어야 한다.
③ 실시 투입원가의 대비 분석이 용이하도록 작성한다.
④ 차기 수주 시의 견적 Data로 활용할 수 있게 한다.

QUESTION 09

중앙집중식 공조가 필요한 건축물의 설계 시 건축기계설비 입장에서 건축설계자로부터 반드시 확보하여야 할 공간 3곳을 설명하시오. (107회)

1 중앙집중식 공조에서 확보해야 하는 공간

① 공조 및 기계실
② 덕트, 파이프 샤프트
③ 덕트, 배관의 관통과 천정 내 스페이스

QUESTION 10

빌딩 커미셔닝(Commissioning)의 업무대상을 열거하고 각 구성원의 책임을 설명하시오. (111회)

1 빌딩 커미셔닝의 개념

건축물에 적용되는 각종 설비에 대하여 시스템, 장비 및 구성품의 성능이 건축주가 요구하는 조건과 일치하는지를 검증하는 것으로서, 설계 전 단계, 설계단계, 시공(설치)단계, 준공단계 및 준공 후 유지관리단계로 구분할 수 있다.

2 커미셔닝 업무 대상

① 열원 및 반송설비
② 공기조화 및 환기설비
③ 위생 및 소방설비
④ 자동제어설비
⑤ 전기·정보통신 및 기타 관련 설비

3 커미셔닝 구성원 및 책임

1) 건축주

　① 건축주 요구조건 수립 및 커미셔닝 수행자 선정
　② 건축주 요구조건 충족 및 현장 준공에 관한 최종 결정
　③ 커미셔닝 보고서의 최종 승인

2) 설계자

　① 커미셔닝 적용 및 특기시방서 작성 시 관리자와 협조
　② 설계기초자료 및 설계도서 작성
　③ 설계자와 관련된 설비 운영 협조

3) 시공자

① 설치 및 시공 공정표 제공
② 시스템 및 구성품의 설치 및 기동시험을 위한 예비 및 본 시험 실시
③ 설비 관련 소프트웨어 또는 프로그램, 사용설명서 제공

4) 커미셔닝 수행자

① 설계도서 및 시방서와 승인서 검토
② 성능확인시험 절차 수립 및 이해에 협조
③ 장비와 시스템 시험결과 승인 여부 결정
④ 최종 커미셔닝 보고서 작성

QUESTION 11

기계설비에 사용되는 화학물질에 대한 물질안전보건자료(Material Safety Data Sheet)에 대하여 간단히 설명하고, 표준 16개 항목 중 7개 항목을 쓰시오. (113회)

1 MSDS의 개념

① 화학물질을 안전하게 사용하고 관리하기 위하여 필요한 정보를 기재한 Sheet이다.
② 제조자명, 제품명, 성분과 성질, 취급상의 주의, 적용법규, 사고 시의 응급처치방법 등이 기입되어 있으며 화학물질 등을 포함하는 안전 Data Sheet라고도 한다.

2 표준 항목(16개)

① 화학제품과 회사에 관한 정보
② 구성성분의 명칭 및 함유량
③ 유해 위험성
④ 응급조치 요령
⑤ 폭발화재 시 대처방법
⑥ 누출 사고 시 대처방법
⑦ 취급 및 저장방법
⑧ 노출방지 및 개인보호구
⑨ 물리화학적 특성
⑩ 안정성 및 반응성
⑪ 독성에 관한 정보
⑫ 환경에 미치는 영향
⑬ 폐기 시 주의사항
⑭ 운송에 필요한 정보
⑮ 법적 규제현황
⑯ 기타 참고사항

QUESTION 12

스마트(Smart) 건설기술에 대하여 설명하시오. (117회)

1 개념

기존 건설산업에 BIM, 드론, 로봇, IoT, Big Data, AI 등의 첨단기술을 융합한 건설기술을 의미한다.

2 특징

① 기존 경험의존적 산업에서 지식 첨단산업으로 패러다임 전환
② 다양한 기술의 융합, 정보의 공유, BIM 등 단계 통합적 기술 적용으로 업역 간·단계 간 단절을 해소하고 새로운 가치 창출
③ 인력의 한계를 극복하여 생산성·안전성이 획기적으로 개선
④ 건설 전 단계에 스마트 건설기술 적용 가능
  - 설계 : 3D 가상공간에서 최적 설계, 설계단계에서 건설 운영 통합관리
  - 시공 : 날씨 민원 등에 영향을 받지 않고 부재를 공장에서 제작·생산, 비숙련 인력이 고도의 작업이 가능하도록 장비의 지능화·자동화
  - 유지관리 : 시설물 정보를 실시간 수집 및 객관적·과학적 분석

3 건설 단계별 적용사항

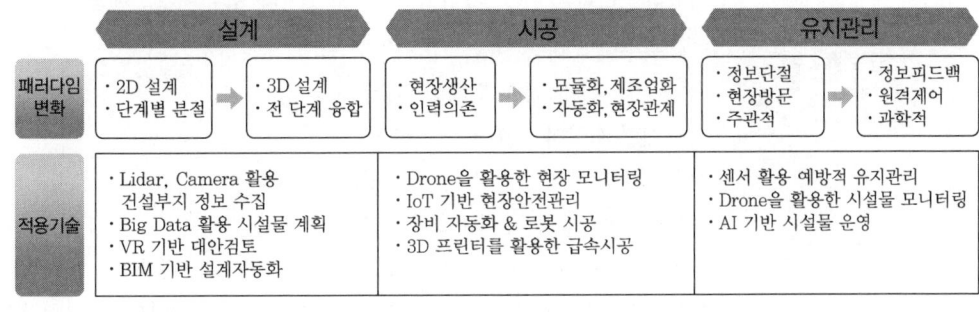

QUESTION 13

건축설비공간계획 시 최적화를 이루기 위해 검토되어야 할 사항에 대해 설명하시오. (126회)

1 건축설비시스템계획 시 고려사항

구분	고려사항
열원시스템	① 기기의 효율성, 가격 검토 ② 에너지 가격이 합당한지 ③ 환경오염을 유발하지 않는지 ④ 저부하 특성이 나쁘지 않은지 ⑤ 초기투자비와 운전비의 경제성 대비 ⑥ 기기의 내용연수는 충분히 보장되는지

반송시스템	① 열매의 이용 종류(증기, 온수, 냉수, 온도조건)
	② 변유량시스템의 경우 팬, 펌프의 유량 제어
	③ 반송계의 발생소음, 진동 제거
	④ 배관경로와 건축과의 관련
	⑤ 수배관의 방식, 공기배제계획
	  • 온도차를 2배로 하면 유량은 1/2로 되고 배관경은 작아진다.
	  • 공기배제로 원활히 순환되도록 한다.

공조시스템	① 유리창, 외벽 등(외주부 구간)의 열부하변동 범위 ② 부하변동, 용도, 운전시간대 등에 의한 Zone 분석 ③ 요구되는 온습도, 공기청정조건의 정도에 의한 Zone 분석 ④ 특수한 부하(전산실, 기타 발열) 발생 여부 ⑤ 분진, 냄새, 유해가스의 발생 Zone 여부 ⑥ 개별 제어의 필요성 ⑦ 공조의 목적(보건공조, 산업공조) ⑧ 실내기류분포, 온도분포에 대한 제약 여부

에너지 절약 측면	① 열원시스템 측면의 에너지 절약 : 축열장치, 외기냉방
	② 반송시스템에서의 에너지 절약 : 팬 및 펌프에 대한 대수 제어, 회전수 제어
	③ 공조시스템에서의 에너지 절약 : 공조방식, VAV, CAV 등
	④ 외기부하 경감
	  • 외기 도입량 최소화 : 배기열 회수
	  • 예열, 예랭 시 : 외기 도입 및 배기 제한
	⑤ 적절한 조닝에 의한 운전시간 제한

구분	고려사항
각종 기계실과 샤프트의 위치 및 크기	① 공조방식에 의해 개략 환기량을 구하고 공조기 용량 산출 ② 산출된 풍량에 맞는 공조기와 공조실 면적 산출 ③ 공조기의 적정 위치 및 외기 인입, 배기구 등의 설치가 용이한지 확인 ④ 반입, 반출 확인(주기계실, 공조실, 팬룸) ⑤ 덕트의 Layout, AD, PS의 적정 크기 산정

2 타 공종(건축, 토목, 전기, 소방, 통신)과의 협의(검토)사항

공종	검토사항
건축	• 기계실 등 수평적 유틸리티 위치의 검토 • 샤프트 등 수직적 반송경로 위치 확보 • 플레넘 공간의 적절한 높이 확보 • 구조적 관통 부위에 대한 적절성 검토
토목	• 매립 배수관로에 대한 검토 • 정화조 매립부분 검토 • 각종 오수, 우수관로의 매입 시 경로 확보 • 상수도 인입관 위치 및 구조적 안정성 확보
전기	• 플레넘 공간의 간섭검토 • 각종 기계설비계통의 제어부분에 대한 검토 • 교번운전 등에 대한 사전 검토
소방	• 저수조 등의 혼용 적용 검토 • 샤프트 면적 검토 시 고려 • 통합제연덕트 등의 검토 • 방화구획 관통 시 댐퍼 등의 성능 검토
통신	• 월패드를 활용한 각종 설비기기의 조작 등에 대한 검토 • 각종 검침 관련 적절성 검토

QUESTION 14

건축기계설비의 리모델링에 있어 설비기기의 내구연수와 경제수명에 대하여 설명하시오. (127회)

1 건축기계설비의 내구연수

1) 개념

① 건축기계설비를 목표된 성능과 효율을 유지하면서 사용할 수 있는 기간이다.
② 건축기계설비의 내구연한은 용도와 설비의 종류에 따라 차이가 있지만, 일반적으로 15~20년 정도이다.

2) 건축기계설비의 내구성 평가를 위한 진단절차

① 예비작업 및 자료수집
② 진단계획 작성 및 설계 적정성 검토
③ 현장실사 및 시스템 성능 확인시험
④ 현장 문제점 파악 및 개선방안 수립
⑤ 진단보고서 작성 및 개선 제안

2 경제수명(Economic Life)

1) 개념

① 건축기계설비의 기능과 목적 수행을 위한 소요비용의 관점에서 가장 효과적인 수명기간을 의미한다.
② 투자비 및 투자자금에 대한 상환과 수익과의 관계로 산정되는 투자회수기간과 감가상각적인 입장에서 산정된 기간을 고려하여 설정하게 된다.

2) 이외 리모델링 관련 Life 개념

구분	내용
물리적 수명 (Physical Life)	대상 건축물이 물리적 측면에서 존속할 것으로 예상되는 기간
기능적 수명 (Functional Life)	대상 건축물의 기능 저하 때문에 계속 사용이 부적합해지기 시작하는 기간
기술적 수명 (Technological Life)	대상 건축물이 타 건축물의 발전된 기술 적용으로 인해 성능이나 효율면에서 더 이상 기술적으로 유효하지 못하게 되는 기간
사회적 수명 (Social And Legal Life)	사람의 취향, 법적 요구조건 등의 변천으로 대상 건축물을 교체하게 되는 기간

QUESTION 15

기계설비 설계도서에 표기되는 도시기호이다. 이 중 ①~⑩ 기호명칭을 쓰시오.(단, 설비공학편람기준에 따라 쓰시오.) (128회)

〈도시기호〉

도시기호	기호명칭	도시기호	기호명칭
──── HPS ────	①	──── CHWS ────	⑥
──── MPS ────	②	──── CHWR ────	⑦
──── LPS ────	③	──── H/CS ────	⑧
──── CWS ────	④	──── H/CR ────	⑨
──── CWR ────	⑤	──✕✕── (NAME) ──✕✕──	⑩

1 도시기호

① HPS(High Pressure Steam) : 고압증기

② MPS(Medium Pressure Steam) : 중압증기

③ LPS(Low Pressure Steam) : 저압증기

④ CWS(Cooling Water Supply) : 냉각수공급관

⑤ CWR(Cooling Water Return) : 냉각수환수관

⑥ CHWS(Chilled Water Supply) : 냉수공급관

⑦ CHWR(Chilled Water Return) : 냉수환수관

⑧ H/CS(Hot & Chilled Water Supply) : 냉온수공급관

⑨ H/CR(Hot & Chilled Water Return) : 냉온수환수관

⑩ (NAME) (Chemical Supply) : 케미컬배관(화학식명)

QUESTION 16

기계설비 공사 시공계획서 작성 시 다음에 대하여 설명하시오. (129회)
(1) 목적
(2) 작성내용

1 목적

① 시공의 효율성 제고
② 시공 기준의 정립
③ 시공 범위의 명확성과 목적의 구체화
④ 안전 및 환경 등 제반사항에 대한 확인
⑤ 적정 공사기간 확립 및 준수

2 작성내용

① 공사개요
② 공사공정예정표
③ 현장조직표
④ 주요 장비 동원계획
⑤ 주요 자재 반입계획
⑥ 인력동원계획
⑦ 긴급 시의 체제
⑧ 품질관리계획 또는 품질시험계획
⑨ 안전관리계획
⑩ 환경관리계획
⑪ 교통관리계획
⑫ 가설계획(가설구조물, 가설설비, 현장사무소, 재료적치장 등 가설시설물)
⑬ 수목 가이식장 계획
⑭ 공사 관련 관계기관과의 협의계획서 및 민원처리계획서
⑮ 기타 발주자가 지정한 사항

QUESTION 17

마이크로그리드(Micro Grid)에 대하여 다음 사항을 설명하시오. (131회)
(1) 정의 및 스마트그리드와의 차별성   (2) 기존 신·재생에너지 보급사업과의 차별성

1 정의 및 스마트그리드와의 차별성

1) 정의

마이크로그리드(MG, Microgrid)는 기존의 중앙집중식 전력망(Grid)에 의존해 전력을 공급받는 것이 아니라, 독립된 분산전원을 중심으로 한 국소적인 전력공급시스템, 즉 소규모의 '자급자족' 전력 체계를 말한다.

2) 스마트그리드(Smart Grid)와의 차별성

① 스마트그리드는 차세대 지능형 전력망을 뜻하고, '발전(發電)-송전·배전-판매(소비)'의 단계로 일방향으로 진행하던 기존 전력망에 정보통신기술을 접목하여 공급자와 수요자 간에 실시간으로 양방향 전력정보를 교환함으로써, 에너지절약, 신재생에너지 보급 및 전기 자동차 운행이 가능한 전력인프라를 구축하는 4차 산업혁명에 부합하는 시스템이다.
② 스마트그리드는 중앙전력공급, 분산전력공급 등을 대상으로 하는 포괄적인 개념이며, 마이크로그리드를 포함한다.
③ 마이크로그리드는 독립된 분산전원을 대상으로 하고, 전력생산과 소비의 공간이 근거리에서 이루어지는 전력체계를 의미한다.
④ 마이크로그리드는 전력의 자급자족에 목적을 두고 중앙전력공급에 의지하지 않는 것을 특징으로 한다.

2 기존 신·재생에너지 보급사업과의 차별성

① 기존 신·재생에너지 보급사업의 경우 신·재생에너지의 발전효율과 유휴부지의 활용에 초점이 맞춰져 있다.
② 산간과 해안가 등 발전효율과 유휴부지 활용이 용이한 곳에 집중적으로 신·재생에너지설비가 보급되면서 전력의 생산지와 소비지 간의 거리가 멀어지는 특성을 갖게 되고, 동시에 중앙전력공급기관이 신·재생에너지 발전량을 관리하고 소비자에게 송·배전을 해야 하는 상황이다.
③ 마이크로그리드에서의 신·재생에너지는 전력생산과 소비 간의 거리가 가깝고, 중앙전력공급기관의 별도 유통 없이 전력을 송·배전할 수 있다.
④ ESS(에너지저장 시스템, Energy Storage System)을 활용하여 생산전력의 피크 대응성을 높일 수 있는 특징을 갖고 있다.

QUESTION 18

건축물 기계설비분야의 AI(인공지능)를 활용한 발전 방향에 대하여 설명하시오.
(136회)

1 건축물 기계설비분야의 AI(인공지능)를 활용한 발전 방향

1) BIM과 증강현실(AR)의 접목
2) IoT기술을 접목한 설비제어
   ① 모바일 등의 통신기기를 통해 원거리에 있는 공간의 냉난방 설비 System에 대한 제어 가능
   ② 건물의 에너지 사용량을 실시간으로 모니터링 가능
3) 가상의 공정 구현
   ① 기계설비 부분 각 공정을 가상 공간 안에 선시공하여 문제점 파악 및 신속한 보완 가능
   ② 실제 공사에 따르는 위험요소 및 불필요한 공정 파악
4) 신기술 TEST
   ① 신기술을 미리 구현하여 적합성 및 효율성 판단
   ② 신기술의 불안전요소 사전 파악 및 보완 가능
5) 안전교육
   ① 현장 및 작업자 등에 대한 안전교육 가능
   ② 사고의 가상체험을 통해 사고 발생 예방 가능
6) 설비 유지보수 기능 강화
7) BEMS 범위 확대 가능
8) 생산 제조 공정 설비 가상화 장비나 설비를 제작하기에 앞서 가상 모델을 구현하여 시뮬레이션을 통해 사전 점검
9) VR 장비 트레이닝 가능
   ① VR을 통하여 현장에 반입되는 장비의 모의 운전
   ② 신규 장비나 스펙 변동이 있는 장비에 대해 안전하게 교육 진행 가능
10) 건설 및 산업현장에서의 공사기간 절감 가능
11) 위험도가 높은 작업에 대한 사전 검토 가능
12) 준공 전 유지보수 관련 문제점 사전 파악 가능
13) 실시간 모니터링 및 자동제어 연동 가능

CHAPTER 04

공조부하

QUESTION 01

건물 냉방부하의 내용 중 태양의 일사가 실내의 냉방부하로 되는 두 가지 경로를 그림으로 나타내고 각각의 경우에 대한 냉방부하 관계식을 사용하여 설명하시오.
(86회)

※ KDS 31 25 06 공기조화부하계산 설계기준 참조

1 구조체의 일사 축열에 의한 냉방부하 → 상당외기온도 또는 CLTD(Cooling Load Temperature Difference)의 반영

1) 냉방부하 발생 개념도

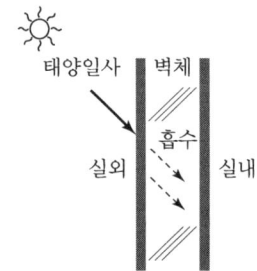

2) 냉방부하 관계식

$$q = K \cdot A \cdot \Delta t_e \text{ 또는 } q = K \cdot A \cdot (\text{CLTD})$$

여기서, q : 냉방부하(W)
　　　　K : 열관류율(W/m² · K)
　　　　Δt_e : 상당외기온도차
　　　　CLTD : 냉난방부하온도차

2 유리창을 통한 태양 복사에너지의 투과

1) 냉방부하 발생 개념도

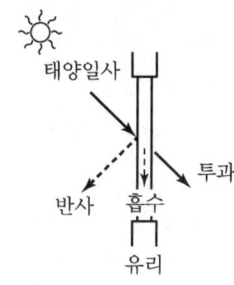

2) 냉방부하 관계식

$$q = A \cdot SC \cdot SCL$$

여기서, A : 투과면적(m^2)
       q : 냉방부하(W)
       SC : 차폐계수
       SCL : 일사냉방부하(W/m^2)

QUESTION 02

외기설계온도 TAC의 정의 및 개념도를 설명하고, TAC 1%, TAC 2.5%, TAC 5% 의미를 기술하시오. (86회, 87회, 111회, 136회)

1 TAC 온도의 정의

TAC(Technical Advisory Committee)온도란 미국공조협회(ASHRAE)의 기술자문위원회(TAC)에서 권장하는 외기온도 설정법으로 경제적인 부하 계산을 위한 외기온도 설정에 적용한다.

2 TAC 온도의 개념도

① 예를 들어, TAC 2.5% 온도(일반적인 공조부하 계산 시 적용 수준)란 공조 대상시간 중 2.5%에 해당하는 시간 동안은 실제 외기온도가 설계외기온도보다 악화될 위험률을 갖는 것이다.

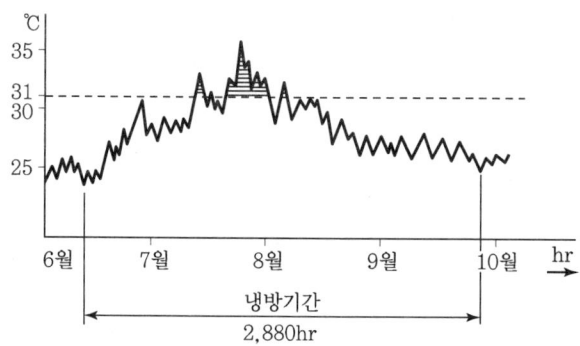

② 위 그림에서 냉방시간이 2,880hr라면 TAC 2.5% 온도는 2,880×2.5%=72hr시간(빗금)이 설계온도 이상이 되도록 설계외기온도를 정하는 것으로 그림에서 최고 외기온도는 35℃이지만 TAC 2.5% 온도는 31℃가 된다.

③ 즉, 설계외기온도를 TAC 2.5%인 31℃로 설정하면 실제 외기온도가 31℃를 초과할 확률(위험률)이 2.5%인 72시간인 것이다.

3 TAC 1%, TAC 2.5%, TAC 5%의 의미

1) TAC 1%

TAC 1% 온도(일반적인 공조부하 계산 시 적용 수준)란 공조 대상시간 중 1%에 해당하는 시간 동안은 실제 외기온도가 설계외기온도보다 악화될 위험률을 갖는 것이다.

2) TAC 2.5%

TAC 2.5% 온도(일반적인 공조부하 계산 시 적용 수준)란 공조 대상시간 중 2.5%에 해당하는 시간 동안은 실제 외기온도가 설계외기온도보다 악화될 위험률을 갖는 것이다.

3) TAC 5%

TAC 5% 온도(일반적인 공조부하 계산 시 적용 수준)란 공조 대상시간 중 5%에 해당하는 시간 동안은 실제 외기온도가 설계외기온도보다 악화될 위험률을 갖는 것이다.

QUESTION 03

아트리움 공간 내 열환경 문제점 및 해결방안에 대하여 설명하시오. (89회)

1 아트리움 일반사항

① 아트리움(Atrium)은 다층 건물의 유리로 덮인 공공 이용공간으로, 햇빛이 드는 건물의 중심적 공간으로 볼 수 있다.
② 아트리움이 에너지를 절약하고 쾌적환경을 조성하는 기본기능을 수행할 수 있게 하려면, 아트리움 주위공간 및 외부공간과의 상호 유기적 관계가 고려되어야 한다.

2 아트리움의 문제점

① 아트리움은 유리의 높은 열관류율로 인해 외기온의 영향을 크게 받게 되어 주야간 및 계절에 따른 온도변화가 심하다.
② 유리 표면의 온도는 다른 벽면의 온도와 큰 차이를 나타내어, 하계에는 온열면이 되고 동계에는 냉열면이 되어 불균형 복사 및 대류냉각(Cold Draft)의 원인이 된다.
③ 일사가 많은 주간에 아트리움의 온도가 상승하게 되어 겨울철에는 난방효과를 가지나, 여름철에는 과열현상이 나타난다.

3 아트리움 쾌적 열환경을 위한 고려사항

1) 난방(Heating)

① 아트리움은 대개 규모가 크기 때문에 전체를 난방하는 것보다는 재실자들의 쾌적을 고려한 국부적 난방이 유리하다.
② 축열성이 높은 재료로부터 저장된 열이나 인접한 건물에서 배출되는 온도가 높은 공기와 같은 Free Heat Gain을 최대한 이용한다.
③ 야간에 단열의 역할까지 할 수 있는 가변차양장치를 선택한다.
④ 아트리움 내 낮은 온도에도 견딜 수 있는 식재를 계획한다.
⑤ 수목이 성장할 수 있는 최소한의 환경을 제공(야간에 최소온도 유지가 중요)
⑥ 성층화(Stratification)를 줄이는 방법
  • 성층화란 밀도가 큰 공기가 하부에, 밀도가 작은 공기가 상부에 자리 잡아서 대류가 적어 수직층과 같은 구조를 이루게 되는 현상

- 1층에서 열획득을 해야 하는 겨울철의 경우 성층화는 바람직하지 못한 현상
- 겨울철 성층화 방지를 위해서는 혼합 환기에 유리
- 유리와 같은 반사재를 이용하여 빛을 조절
- 대류난방보다는 복사난방을 이용

2) 냉방(Cooling)

① 차양장치의 이용

② 자연환기에 의한 과열 방지

③ **축열체의 활용** : 아트리움에서 대부분의 마감재는 벽돌, 돌, 콘크리트와 같이 축열성이 큰 재료를 이용하는데, 이때 음향적인 측면에서 불리하므로 소음을 흡수할 수 있는 배너나 패널 또는 식재를 이용하여 문제를 해결한다.

④ 고차폐 로이유리 적용

QUESTION 04

공기조화의 과정에서 나타나는 바이패스 팩터를 설명하고, 이를 공기선도에 표시하시오. (91회, 115회)

1 바이패스 팩터(BF : By-pass Factor)

1) 개념

바이패스 팩터란 가열·냉각코일을 통과하는 공기 중 코일 표면에 접촉하지 않고 그대로 통과하는 공기의 비율을 말한다.

2) 바이패스 팩터를 줄이는 방법

① 코일 열 수를 증가시킨다.
② 코일 통과풍속을 느리게 한다.
③ 코일의 접촉면적을 늘린다.

2 습공기선도상에서의 바이패스 팩터

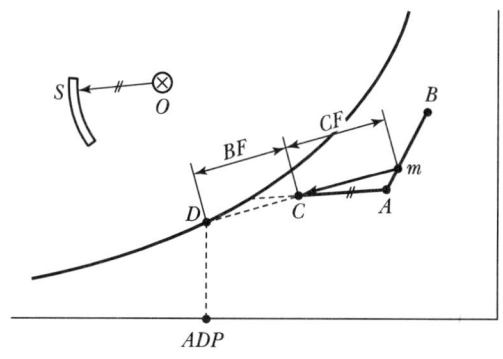

‖ 습공기선도에서의 BF, CF, ADP ‖

습공기선도에서의 냉각·감습과정 그림에서 (선분 CD)/(선분 mD)의 길이의 비율을 말한다.

$$BF = \frac{\overline{CD}}{\overline{mD}} = \frac{t_C - t_D}{t_m - t_D} = \frac{x_C - x_D}{x_m - x_D}$$

3 콘택트 팩터(CF : Contact Factor)와 장치노점온도

1) 콘택트 팩터

① 바이패스 팩터의 반대 개념으로 가열·냉각코일을 통과하는 공기 중 코일 표면에 완전히 접촉하면서 통과한 공기의 비율을 말한다.

$$CF = \frac{\overline{mC}}{\overline{mD}} = \frac{t_m - t_C}{t_m - t_D} = \frac{x_m - x_C}{x_m - x_D}$$

② 가열·냉각코일의 효율을 나타낸다.
③ 바이패스 팩터와 콘택트 팩터를 더하면 1이 된다($BF + CF = 1$).

2) 장치노점온도(ADP : Apparatus Dew Point)

① 장치노점온도란 최소한의 공기량으로 냉각코일을 통과하는 공기가 100% 열교환하도록 하기 위한 온도를 말한다.
② 냉각코일을 통과하는 공기가 장치노점온도까지 내려가는 것은 불가능하며, 바이패스 팩터가 고려된 코일의 입구상태와 ADP의 중간상태로 토출된다.

QUESTION 05

아래 습공기선도상의 1 → 2 ~ 1 → 9의 상태변화 과정에 대하여 설명하시오.
(93회)

1 습공기선도와 공기조화과정

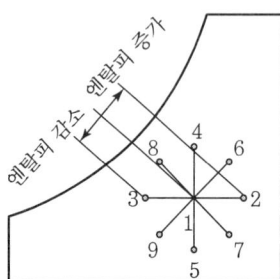

1→2 : 현열 가열(Sensible Heating)
1→3 : 현열 냉각(Sensible Cooling)
1→4 : 가습(Humidification)
1→5 : 감습(Dehumidification)
1→6 : 가열 가습(Heating and Humidifying)
1→7 : 가열 감습(Heating and Dehumidifying)
1→8 : 냉각 가습(Cooling and Humidifying)
1→9 : 냉각 감습(Cooling and Dehumidifying)

| 습공기선도와 공기조화과정 |

QUESTION 06

연간 에너지 부하 계산을 위한 대한민국 표준기상데이터의 구성요소에 대하여 설명하시오. (94회, 108회)

1 연간 에너지 부하 계산

1) 개념
① 전체 연도에서 냉방 및 난방 기간을 설정하여 에너지 부하를 산출하는 방식
② 일반적으로 난방의 경우는 12~3월, 냉방의 경우는 6~9월의 기간을 설정하여 계산

2) 목적
① 연료비 산출
② 각종 시뮬레이션의 기본자료로 활용

2 표준기상데이터의 구성요소

① 건구온도
② 일사량
③ 상대습도
④ 풍속

QUESTION 07

건물의 난방부하(Heating Load)와 열손실(Heat Loss)을 설명하시오. (99회)

1 난방부하

1) 개념

겨울철에 실내의 온습도를 일정하게 유지하기 위하여, 실내의 손실열량을 보충하는 데 필요한 열량을 말한다.

2) 적용방법

현열은 가열을 통해, 잠열은 가습을 통해 보충한다.

2 열손실

1) 개념

실내를 일정한 온습도로 유지하기 위해 난방할 때, 실외로 유출되는 열을 말한다.

2) 주요 열손실 경로

① 구조체 관류
② 틈새바람(극간풍)
③ 환기 손실

QUESTION 08

습공기선도($i-x$ 선도) 사용법을 설명하시오. (100회)

¹ 습공기선도($i-x$ 선도)의 구성

① 건구온도(DB : Dry Bulb Temperature, t, ℃)
② 습구온도(WB : Wet Bulb Temperature, t', ℃)
③ 노점온도(노점온도(DP : Dew Point Temperature, t'', ℃)
④ 절대습도(SH : Specific Humidity, AH : Absolute Humidity, x)
⑤ 상대습도(RH : Relative Humidity, ϕ)
⑥ 수증기분압(VP : Vapour Pressure, P)
⑦ 엔탈피(Entalpy, h, i, kJ/kg)
⑧ 비체적(SV : Specific Volume, v)
⑨ 현열비(SHF : Sensible Heat Factor)
⑩ 열수분비(Moisture Ratio, u)

² 사용법 예시(외기예냉 → 혼합 → 냉각 감습)

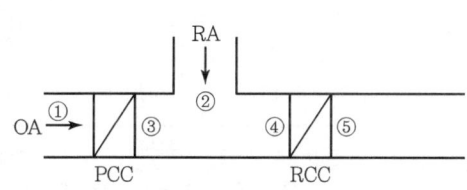

| 습공기의 공조 경로 |

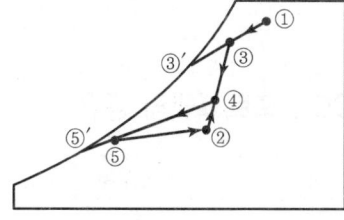

| 습공기선도 |

※ PCC ; Pre-Cooling Coil, RCC ; Re-Cooling Coil

QUESTION 09

> 에너지 진단 프로그램인 ECO2에 대하여 설명하시오. (101회)

1 ECO2 프로그램의 개념

건축물 에너지효율등급 인증 공식 프로그램인 ECO2는 ISO 13790을 바탕으로 한 정적 해석 프로그램이다.

2 ECO2 프로그램의 활용

① 목적 건축물에 대한 난방, 냉방, 급탕, 조명, 환기에 대한 1차 에너지 소요량을 산출하여 건축물 에너지효율등급 등의 등급을 판정하는 데 활용한다.
② 건축물 에너지소요량 평가서 작성 시 활용된다.
③ 건축물 에너지소비총량제 평가 시뮬레이션에 활용된다.

3 ECO2 프로그램의 처리 Flow

건축모델링 → 설비모델링 → 건축물과 설비 매칭 → 에너지 요구량 및 (1차) 에너지 소요량 산출

4 ECO2 프로그램의 종류

구분	용도
ECO2	모든 용도 건축물 시뮬레이션
ECO2-HOME	주거용 건축물 시뮬레이션
ECO2-OD	업무용 건축물 시뮬레이션

QUESTION 10

공기선도 작성 시 이용하는 열수분비에 대하여 설명하시오. (102회)

1 열수분비(Moisture Ratio, u)의 개념 및 산출공식

1) 개념

① 열수분비란 공기의 상태 변화 시 엔탈피 변화량과 절대습도 변화량의 비를 말한다.
② 공기조화 시 가습기로 인해 절대습도가 증가하는 경우 등 공기 중의 수증기량이 변화할 때 사용된다.

2) 산출공식

$$u = \frac{dh}{dx} = \frac{h_B - h_A}{x_B - x_A}$$

여기서, dh : 공기의 엔탈피 변화량(kJ/kg)
　　　　dx : 공기의 절대습도 변화량(kg/kg′)

2 습공기선도상에서의 열수분비

① 열수분비선이란 가습용으로 사용되는 물 또는 증기의 온도에 따라 열수분비를 계산하여 u점을 구하고 기준점 O와 연결한 선분을 말한다.
② 공조 전 실내의 상태점을 A라고 한다면, 공조 후 충분한 시간이 지난 실내의 상태점 B는 A점에서 열수분비선과 평행하게 그은 선 위에 존재한다.

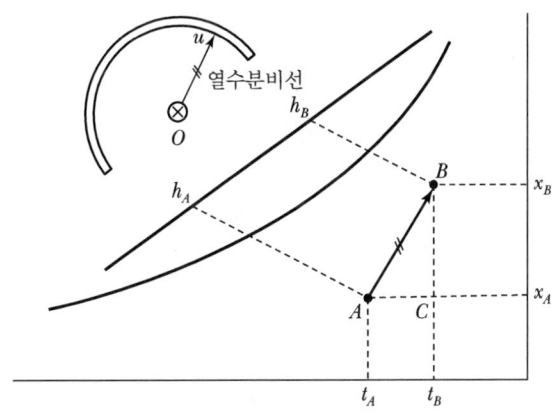

‖ 습공기선도에서의 열수분비 ‖

3 가습의 종류 및 습공기선도상의 표기

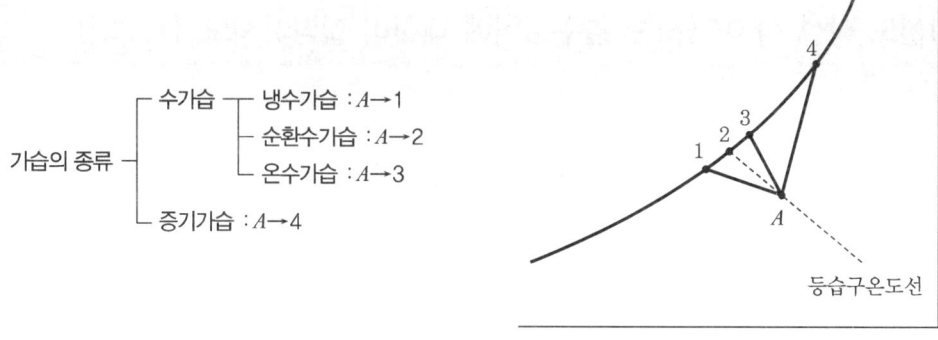

| 습공기선도에서의 가습 |

QUESTION 11

연간 열부하계수(PAL : Perimeter Annual Load)의 개념과 사무소용 및 상점용 PAL에 대하여 설명하시오. (112회)

1 연간 열부하계수(Perimeter Annual Load)의 개념

① PAL이란 연간 외피 열부하계수(Perimeter Annual Load)를 말한다.
② 지붕이나 외벽, 창과 같은 건물의 외피(페리미터)에서 실내로 침입하거나 빼앗기는 열을 연간에 걸쳐서 적산한 것이다.
③ PAL이 건축의 에너지 절감성을 표시하는 데 비해서 CEC는 설비의 에너지 절감성을 표시하는 지표라고 할 수 있다.

2 산출공식

$$PAL(MW/m^2 \cdot year) = \frac{외주\ Zone의\ 연간열부하(MW/year)}{외주\ Zone의\ 바닥면적(m^2)}$$

3 용도별 기준치

① 사무소 건물 : $80MW/m^2 \cdot year$ 이하(규모에 따라 일부 보정 가능)
② 점포 건물 : $90MW/m^2 \cdot year$ 이하(규모에 따라 일부 보정 가능)

QUESTION 12

기간열부하계산법 및 최대열부하계산법의 특성과 그 부하계산의 목적에 대하여 설명하시오. (113회)

※ KDS 31 25 06 공기조화부하계산 설계기준 참조

1 기간열부하계산법

1) 특성

① 정적 및 동적 열부하 계산을 한다.
② 전체 연도에서 냉방 및 난방 기간을 설정하여 산출하는 방식으로서 일반적으로 난방의 경우는 12~3월, 냉방의 경우는 6~9월의 기간을 설정하여 계산한다.
③ 최대부하 산출에 비해 정밀도가 높다.

2) 목적

① 1년간 365일 매 시간당의 열부하를 구하여 열원기기의 운전비 산출에 사용한다.
② 각종 시뮬레이션의 기초자료로 사용한다.

2 최대열부하계산법

1) 특성

① 설계용 부하계산으로서 정적 열부하 계산을 한다.
② 계산이 간단하나 축열이 고려가 안 되어 과다 설계될 수 있다.

2) 목적

① 열부하의 설계 최댓값을 구하여 공기조화기, 냉동기, 보일러 등의 기기용량 결정하는 데 사용한다.
② 열매운반을 위한 덕트, 배관의 크기 결정에 사용한다.

QUESTION 13

최대 냉방부하 계산에 포함되는 실에서의 일반적인 열획득 요인을 외주부하와 내주부하로 구분하여 쓰시오. (87회, 114회)

※ KDS 31 25 06 공기조화부하계산 설계기준 참조

1 실내 열획득 요인

부하			내용	매체	열의 종류		냉방부하	난방부하
					현열	잠열		
실내 부하	외부요인 (외주 부하)	일사	유리면을 투과하는 일사	창유리	○		○	
			외기에 면하는 벽체, 유리의 표면온도를 상승시키는 일사	지붕, 외벽, 유리	○		○	○
		주위와의 온도차	외기와의 온도차에 의한 전도열	지붕, 외벽, 유리	○		○	○
			인접실, 코어부와의 온도차에 의한 전도열	내벽, 칸막이, 바닥, 천정	○		○	○
		침입 공기	새시, 문으로 침입하는 틈새바람	창문, 문, 개구부 및 틈새	○	○	○	○
		온도 습도	비공조 영역으로부터 침입하는 틈새바람	문, 개구부, 틈새	○	○	○	○
	내부요인 (내주 부하)	내부 발열	조명발열	조명기구	○		○	
			인체발열	인체	○	○	○	
			기기발열	실내기기	○	○	○	

QUESTION 14

공기조화에서 통상 외기 도입량을 1인당 25m³/h로 하는 근거를 설명하시오.
(114회)

1 외기 도입량을 1인당 25m³/h로 하는 근거

1) 조건

① 실내 CO_2 허용농도(C_i) : 1,000ppm
② 외기 CO_2 허용농도(C_o) : 350ppm
③ 1인당 CO_2 발생량(M) : 17L/h

2) 필요외기 도입량(Q)

$$Q = \frac{M}{C_i - C_o} = \frac{0.017 \text{m}^3/\text{h}}{0.001 - 0.00035} = 26.15 \text{m}^3/\text{h} \fallingdotseq 25\text{CMH}$$

QUESTION 15

아래 제시된 습공기선도에서 BF(By-pass Factor), ADP(Apparatus Dew Point)에 대하여 설명하시오. (115회, 129회)

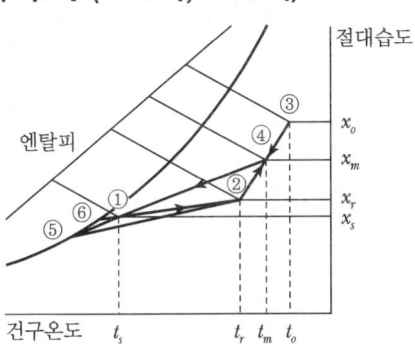

1 바이패스 팩터(BF : By-pass Factor)

① 바이패스 팩터란 가열·냉각코일을 통과하는 공기 중 코일 표면에 접촉하지 않고 그대로 통과하는 공기의 비율을 말한다.

② 습공기선도에서의 냉각·감습과정 그림에서 (선분 ①⑤/선분 ④⑤)의 길이의 비율을 말한다.

$$BF = \frac{\overline{①⑤}}{\overline{④⑤}}$$

③ 바이패스 팩터를 줄이는 방법
- 코일 열 수를 증가시킨다.
- 코일 통과풍속을 느리게 한다.
- 코일 접촉면적을 늘린다.

2 장치노점온도(ADP : Apparatus Dew Point)

① 장치노점온도란 최소한의 공기량으로 냉각코일을 통과하는 공기가 100% 열교환하도록 하기 위한 온도로서 습공기선도상에서 ⑤ 상태점의 건구온도이다.

② 냉각코일을 통과하는 공기가 장치노점온도까지 내려가는 것은 불가능하며, 바이패스 팩터가 고려된 코일의 입구상태와 ADP와의 중간상태로 토출된다.

QUESTION 16

습공기를 가열, 냉각할 때의 습공기의 성질을 습공기선도를 이용하여 각각 설명하시오. (116회)

1 습공기선도와 공기조화과정

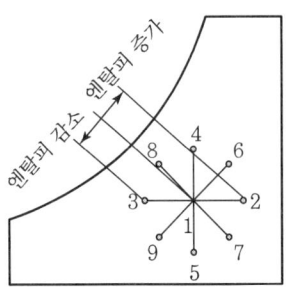

1→2 : 현열 가열(Sensible Heating)
1→3 : 현열 냉각(Sensible Cooling)
1→4 : 가습(Humidification)
1→5 : 감습(Dehumidification)
1→6 : 가열 가습(Heating and Humidifying)
1→7 : 가열 감습(Heating and Dehumidifying)
1→8 : 냉각 가습(Cooling and Humidifying)
1→9 : 냉각 감습(Cooling and Dehumidifying)

| 습공기선도와 공기조화과정 |

2 습공기 가열 및 냉각할 때 습공기의 성질

구분	습공기의 가열	습공기의 냉각
엔탈피	증가	감소
상대습도	감소	증가
절대습도	변화 없음	변화 없음
건구온도	증가	감소
습구온도	증가	감소
노점온도	변화 없음	변화 없음

QUESTION 17

다음 냉방부하의 종류에 대하여 각 부하별 세부 내용을 현열 및 잠열로 구분하여 설명하시오. (124회)
(1) 실부하(외피부하, 내부부하)
(2) 장치부하
(3) 열원부하

1 실부하(외피부하, 내부부하)

구분		냉방부하 발생 요인(실내가 더워지는 요인)		열 종류
실부하 (실내 취득 열량)	외부부하	구조체 관류에 의한 획득열량		현열
		유리를 통한 열획득	일사의 복사에 의한 획득열량	현열
			전도 및 전달에 의한 획득열량	현열
		틈새바람에 의한 획득열량		현열 · 잠열
	내부부하	인체의 발생열량		현열 · 잠열
		조명의 발생열량		현열
		실내기기의 발생열량		현열 · 잠열

2 장치부하

① 송풍기, 덕트 등에서 발생하는 열량
② 덕트로부터의 열취득(실내취득 현열량의 3~7%)
③ 송풍기로부터의 열취득(실내취득 현열량의 5~13%)

3 열원부하

장치부하에 펌프 및 배관부하를 합한 것으로서 냉동기나 보일러 등의 열원 기기의 부하를 의미하며, 현열손실에 해당한다.

QUESTION 18

냉방부하의 종류 중 잠열에 의한 발생요인에 대하여 설명하시오. (127회)

1 냉방부하의 종류에 따른 발생원인

구분		냉방부하 발생요인(실내가 더워지는 요인)		열 종류
실내 취득 열량	외부부하	구조체 관류에 의한 획득열량		현열
		유리를 통한 열획득	일사의 복사에 의한 획득열량	현열
			전도 및 전달에 의한 획득열량	현열
		틈새바람에 의한 획득열량		현열·잠열
	내부부하	인체의 발생열량		현열·잠열
		조명의 발생열량		현열
		실내기기의 발생열량		현열·잠열
장치부하		송풍기, 덕트 등에서 발생하는 열량		현열
환기부하(외기부하)		환기로 인한 획득열량		현열·잠열

QUESTION 19

습공기선도를 도시하고 그 구성요소에 대하여 설명하시오. (130회)

1 습공기선도($h-x$, $i-x$ 기준)

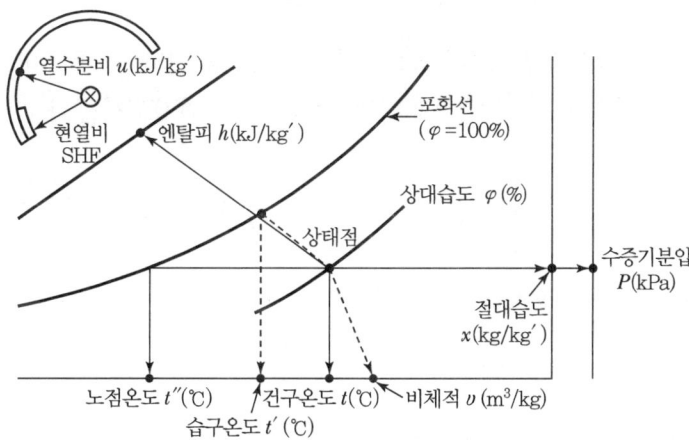

2 습공기 선도의 구성

① 건구온도(DB : Dry Bulb Temperature, t, ℃)
② 습구온도(WB : Wet Bulb Temperature, t', ℃)
③ 노점온도(DP : Dew Point Temperature, t'', ℃)
④ 절대습도(SH : Specific Humidity, AH : Absolute Humidity, x)
⑤ 상대습도(RH : Relative Humidity, ϕ)
⑥ 수증기압(VP : Vapour Pressure, P)
⑦ 엔탈피(Entalpy, h, i, kJ/kg)
⑧ 비체적(SV : Specific Volume, v)
⑨ 현열비(SHF : Sensible Heat Factor)
⑩ 열수분비(Moisture Ratio, u)

QUESTION 20

바이패스 팩터(BF : By-pass Factor)를 구하는 방법 3가지를 습공기선도에 나타내고, 계산식을 각각 적으시오. (132회)

1 바이패스 팩터(BF : By-pass Factor) 일반사항

① 바이패스 팩터는 전체 열교환 대상 매체 중 열교환되지 않은 매체의 비율을 나타내게 된다.
② 냉각코일을 통과하는 공기를 열교환 대상 매체라고 한다면 대표식을 다음과 같이 산정할 수 있다.

$$B.F = \frac{Q_{bypass}}{Q_{totol}}$$

여기서, Q_{bypass} : 냉각코일과 열교환되지 않고 통과한 공기량
Q_{total} : 냉각코일을 통과하는 전체 공기량

2 바이패스 팩터(BF : By-pass Factor) 산정식

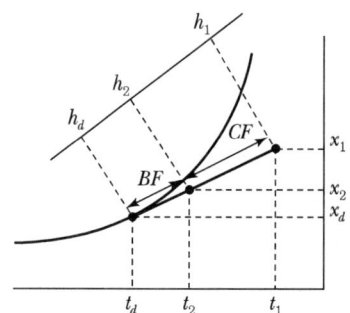

건구온도(현열), 절대습도(잠열), 엔탈피(전열)에 대한 열량에 대해 모두 동일한 값 $\left(B.F = \dfrac{Q_{bypass}}{Q_{totol}} \right)$ 이 적용되게 된다.

1) 건구온도(t, 현열)

$$B.F = \frac{Q_{bypass}}{Q_{totol}} = \frac{\Delta t_{bypass}}{\Delta t_{totol}} = \frac{t_2 - t_d}{t_1 - t_d}$$

2) 절대습도(x, 잠열)

$$B.F = \frac{Q_{bypass}}{Q_{totol}} = \frac{\Delta x_{bypass}}{\Delta x_{totol}} = \frac{x_2 - x_d}{x_1 - x_d}$$

3) 엔탈피(h, 전열)

$$B.F = \frac{Q_{bypass}}{Q_{totol}} = \frac{\Delta h_{bypass}}{\Delta h_{totol}} = \frac{h_2 - h_d}{h_1 - h_d}$$

QUESTION 21

열수분비(Heat and Moisture Ratio)가 공기조화 시스템 설계 및 운전에서 중요한 역할을 하는 이유 3가지를 설명하시오. (135회)

1 열수분비의 역할 3가지

1) 열수분비 대소에 따른 난방코일 용량 설정

열수분비가 클 경우 절대습도 변화에 따른 엔탈피 변화량이 크므로, 가열기 용량을 작게 설정할 수 있다.

2) 실내 취출점의 설정

난방코일 출구점에서 열수분비 기울기로 그은 선과 실내 상태점에서 현열비의 기울기로 그은 선 간의 교점이 실내 취출점이 된다.

3) 실내 송풍량 산정

① 실내 송풍량은 실내 취출점과 실내 상태점 간의 온도차 혹은 엔탈피차에 의해 산출된다.
② 여기서 실내 취출점은 열수분비의 영향을 받아 설정되게 된다.

CHAPTER 05

공기조화

QUESTION 01

> 냉·온수를 열매로 하여 실내에 냉·난방을 하고 있을 때 공기조화기의 급기 풍량 및 온수 코일의 열량을 결정하는 주요 요소에 대해 설명하시오.(단, 급기송 풍기는 냉난방 겸용, 냉온수 별도코일, 전외기공조방식 및 송풍기모터 발열은 무시) (85회)

1 급기 풍량 산정식 및 결정요소

1) 급기 풍량 산정식

$$Q = \frac{q}{\rho C_P \Delta T}$$

여기서, Q : 급기 풍량(m³/h)
 q : 실내 현열부하(kJ/kg)
 ρ : 밀도(kg/m³)
 ΔT : 취출구와 실내와의 온도차

2) 실내 현열부하

전도 및 환기에 의해 손실된 열량 중 현열량의 처리

3) 취출구의 공기 온도

① 외기와 난방코일 간의 전열 효율에 따라 전열 효율이 높을 경우 풍량 감소
② 전열 효율이 낮을 경우 풍량 증대 필요(BF가 높으므로)

4) 실내 온도설정점

2 온수코일의 열량 산정식 및 결정요소

1) 온수코일의 열량 산정식

$$q = Q\rho\Delta h$$

여기서, q : 온수코일의 열량(kJ/h)
 Q : 외기도입 풍량(m³/h)
 ρ : 밀도(kg/m³)
 Δh : 외기의 엔탈피와 가열 후 엔탈피의 차(kJ/kg)

2) 결정요소
① 외기도입 풍량의 정도
② 외기의 엔탈피 상태
③ **가열 후 엔탈피** : 보일러의 용량 및 외기와 가열코일 간의 전열 효율에 따라 결정된다.

QUESTION 02

저속치환 공기조화 환기설비의 사용 목적에 대하여 설명하시오. (86회)

1 저속치환 공조시스템(DACS : Displacement Air Conditioning System)의 개념

① 신선한 공기를 낮은 영역에서 저속으로 실내로 급기하여 내부에서 발생하는 열과 오염물질을 대류효과에 의해 상부의 배기구를 통하여 배출시키는 전공기방식이다.

② 주로 로비 등의 대형 공간에 적용된다.

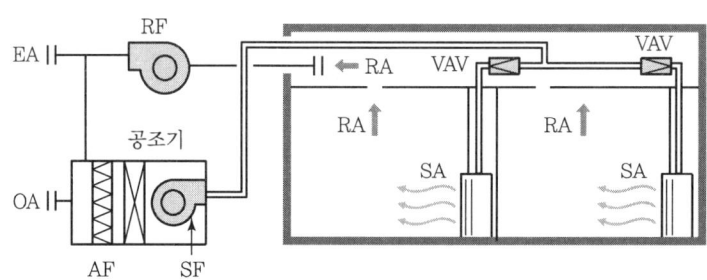

┃ 저속치환 공조시스템 개념도 ┃

2 사용 목적

1) 거주역 공간 공조

거주역 공간을 효과적으로 공조함으로써 비거주역에 대한 불필요한 냉난방 에너지 소비를 방지하여 일반공조방식(혼합공조방식)에 비해 에너지 절약이 가능하다.

2) Draft 최소화

저속의 급기는 재실자의 불쾌감을 감소시키며 실내오염 방지 효과가 있다(급기온도 약 18℃, 기류속도 약 0.2m/s).

3) 내부발생열과 오염물질 제거

4) 연돌효과 이용을 통한 저속급기 가능(반송동력 저감)

3 저속치환 공조방식과 일반공조방식의 비교

구분	저속치환 공조방식	일반공조방식(혼합 공조방식)
개념	실의 하부에서 급기하여 실내의 공기는 지속적으로 공급되는 신선한 공기에 의해 교체되고 기존의 오염된 공기는 상부로 밀려 올라가 외부로 배출	실의 상부에서 비교적 고속으로 급기하여 실내공기에 포함된 오염 물질을 희석시키고 온도를 조절하는 일반적인 공조방식
특징	저속으로 급기가 가능하여 Draft가 없으며 실내의 공기가 저속의 급기로 서서히 교체되어 실내오염 방지 및 업무효율 향상	오염된 공기의 재순환 및 재실자의 호흡에 의한 탄산가스 농도 상승에 의한 업무능력 저하
에너지 절약	일반적인 혼합공조방식에 비해 에너지 절감 가능	서로 다른 온도의 공기를 섞어 일정 온도를 유지하여 불필요한 에너지 소비

QUESTION 03
덕트설계에 있어서 정압재취득법에 대하여 설명하시오. (86회, 102회, 117회)

1 정압재취득법(Static Pressure Regain Method)
① 일반적으로 주 덕트에서 말단 덕트로 갈수록 풍속이 줄어든다.
② 베르누이 정리에 의하여 풍속이 감소하면 그 동압의 차만큼 정압이 상승하기 때문에 정압의 상승분을 다음 구간의 덕트 압력손실값으로 재이용하는 방법이다.
③ 정압 상승분이 다음의 분기 덕트 또는 취출구 덕트까지의 국부저항의 합계와 동일하도록 하는 원리이다.
④ 이와 같이 하면 각 분기 덕트와 각 취출구에서 정압이 일정하게 된다.

2 정압재취득법의 특징
① 취출 정압 분포가 양호하다.
② 정압이 재이용되므로 송풍동력이 절감된다.
③ 덕트 치수 결정 과정이 복잡하다.

3 정압상승분의 계산

$$\triangle P = k\left(\frac{\rho v_1^2}{2} - \frac{\rho v_2^2}{2}\right)$$

여기서, k : 정압재취득계수(이론적으로 1, 일반적으로 0.5~0.8)

4 덕트의 치수 결정방법

방식	특징
정압법 (Equal Friction Method)	• 등마찰손실법이라고도 하며 선도나 덕트 설계용 계산치(Duct Measure)를 이용하여 덕트의 크기를 결정한다. • 저속덕트의 마찰손실은 0.8~2Pa/m를 주로 사용한다. • 고속덕트의 마찰손실은 10Pa/m를 주로 사용한다. • 정압계산은 가장 먼 거리를 기준으로 하며 공조 덕트 설계의 대부분이 정압법에 의해 설계된다.
정압재취득법 (Static Pressure Regain Method)	• 일반적으로 주 덕트에서 말단 덕트로 갈수록 풍속이 줄어든다. • 베르누이 정리에 의하여 풍속이 감소하면 그 동압의 차만큼 정압이 상승하기 때문에 정압의 상승분을 다음 구간의 덕트 압력손실에 재이용하는 방법이다.
등속법 (Equal Velocity Method)	• 덕트의 주관이나 분기관의 풍속을 권장 풍속치 내로 정하여 덕트 치수를 결정하며 주로 분체, 분진의 이송 등에 사용되고 공조용으로 잘 사용되지 않는다. • 덕트 말단으로 가면서 풍속이 낮아지게 하는 것을 감속법이라 한다.
전압법 (Total Pressure Method)	• 덕트 각 부분의 국부저항은 전압기준에 의해 손실계수를 이용하여 구한다. • 각 취출구까지의 전압력손실이 같아지도록 덕트의 단면을 결정한다. • 기준경로의 전압력손실을 먼저 구하고 다른 취출구에 이르는 덕트경로는 이 기준경로의 전압력손실과 거의 같아지도록 설계한다. • 기준경로와의 전압력손실 차이는 댐퍼, 오리피스 등에 의해 조정된다. • 덕트 각 부분의 풍속이 허용 최대풍속을 넘지 않도록 한다.

QUESTION 04

덕트의 시공도 작성 시 유의사항에 대하여 설명하시오. (86회)

1 덕트의 시공도 작성 시 유의사항

① 덕트의 경로는 될 수 있는 한 최단거리로 한다.
② 설치 시에 작업공간을 고려한다.
③ 필요한 치수를 기입한다.
- 덕트의 종 · 횡 치수
- 취출구의 위치, 종류 및 풍량
- 주위 장애물과의 거리
- 적절한 분기 및 변형과 치수
- 주위 기기의 설치 위치

④ 댐퍼는 조작 및 점검이 가능한 위치에 있도록 한다.
⑤ 소음과 진동을 고려한다.
⑥ 기타 설비(조명기구, 스피커, 스프링클러 등)와의 공간을 고려한다.
⑦ 덕트와 각종 배관과의 간섭을 검토한다.
⑧ 단열 및 도장공사의 필요성을 검토한다.
⑨ 취출구와 분기부의 위치에 대한 적절성 여부를 검토한다.
⑩ 실내의 공기분포와 취출구 및 흡입구의 위치와의 관계를 검토한다.
⑪ 진동이나 소음에 대해 검토하고, 필요시 캔버스(Canvas) 이음 또는 플렉시블(Flexible) 이음 및 방진, 소음장치를 고려한다.

QUESTION 05

가변풍량(VAV) 방식에서 디퓨저를 선정하고자 한다. 디퓨저 선정 시 고려사항을 설명하시오. (87회)

1 VAV 방식 디퓨저 선정 시 고려사항

① 풍량의 변동 폭이 어느 정도인지 체크한다.
② 가능한 한 취출구의 개수를 늘려 취출구 1개당 풍량을 감소시킨다.
③ 유인 성능이 높은 취출구를 사용한다(SLOT형, ANEMO형).
④ 최대 풍량 80% 정도에서 취출구를 선정한다.
⑤ 냉·온풍 겸용의 경우는 공기의 비중량이 달라져 취출 공기 패턴이 변화하기 때문에 주의를 요한다.
⑥ 취출 풍량이 변화해도 취출 풍속을 일정하게 유지하는 기구를 가진 취출구가 바람직하다.
⑦ Coanda효과 때문에 VAV 설비에는 Air-Bar 급기 기구가 가장 적합하다.
⑧ VAV 터미널과 공기 취출구를 통해 발생하는 소음치는 최대 급기량 조건에서도 실내 요구 소음치보다 적어도 3dB 정도 낮게 유지할 수 있는 것을 채택하여야 한다.
⑨ 최소 급기량 확보가 용이해야 한다.

QUESTION 06

환기효율의 측정 방법에서 평균공기연령(Age of Air)과 평균잔류체류시간에 대하여 설명하시오. (88회, 104회, 109회)

1 평균공기연령

① 공기가 취출구에서 실내의 어떤 점 P까지 오는 시간을 공기연령(Age of Air)이라 부르며, 공기연령은 실내의 모든 점에 공기 입자가 도달하는 데 걸리는 시간을 의미한다.
② 환기효율 중 급기효율을 산출하는 근거가 된다.
③ 평균공기연령은 실내의 모든 점에 공기 입자가 도달하는 데 걸리는 시간의 평균값을 의미한다.

2 평균잔류(잔여)체류시간

① 잔류(잔여)체류시간은 취출구에서 배기구에 도달하는 실내체류시간에서 공기연령을 뺀 값으로서, 평균잔류(잔여)체류시간은 이러한 잔류(잔여)체류시간의 평균값을 의미한다.
② 환기효율 중 배기효율을 산출하는 근거가 된다.

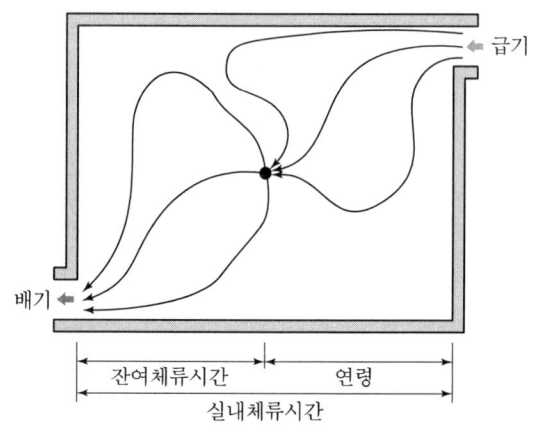

3 공기교환율(Air Change Effectiveness) 산출식

$$ACE = \frac{T_n}{A_{avg}}$$

여기서, T_n : 명목환기시간
A_{avg} : 평균공기연령

QUESTION 07

> 일반 공조시스템 설계 시 조닝(Zoning)을 설정하는 방법에 대하여 설명하시오.
> (88회)

1 조닝의 필요성

① 목표하는 환경수준을 유지하면서 불필요한 에너지 소비를 막을 수 있다.
② 조닝은 과열, 과냉방지 및 과가습, 과제습 방지, 유지 및 관리를 용이하게 하고 효율적인 운전을 도모하여 에너지절약에 기여한다.

2 조닝 설정 방법

1) 실내 환경별 조닝

① 온·습도별 조닝
② 공기청정도별 조닝
③ 개실제어 조닝

2) 열부하 특성별 조닝

① 페리미터 조닝·인테리어 조닝
② 방위별 조닝
③ 내부인원밀도, 내부부하밀도별 조닝

3) 용도별 조닝

4) 사용시간별 조닝

QUESTION 08

벌류트펌프의 회전수를 2배로 증가시키면 유량, 양정, 축마력은 어떻게 변동하는지 기술하시오. (87회)

1 유량, 양정, 축마력 변동사항

1) 유량(Q)

$$Q_2 = Q_1 \frac{N_2}{N_1} = Q_1 \frac{2}{1} = 2\,Q_1$$

2) 양정(P)

$$P_2 = P_1 \left(\frac{N_2}{N_1}\right)^2 = P_1 \left(\frac{2}{1}\right)^2 = 4\,P_1$$

3) 축동력(L)

$$L_2 = L_1 \left(\frac{N_2}{N_1}\right)^3 = L_1 \left(\frac{2}{1}\right)^3 = 8\,L_1$$

QUESTION 09

FMS(Flow Measuring Station)와 SBS(Sick Building Syndrome)에 대하여 설명하시오. (88회)

1 FMS(Flow Measuring Station)

1) 개념

풍량측정장치란 HVAC 시스템에서 덕트를 통해 단위시간당 흐르는 공기의 양을 측정하는 장치이다.

2) VAV System에서 FMS의 적용

① 가변풍량조절시스템(VAV : Variable Air Volume System)에서는 부하가 변함에 따라 Air Flow가 변하고 따라서 Supply 및 Return Duct System 둘 모두에서의 정압도 변하게 된다.
② VAV 시스템에서 가장 중요한 제어 대상은 정압과 풍량이 된다.
③ Duct System 내의 정압과 풍량을 측정하여 풍량 제어에 이용하기 위해서는 정압 센서와 FMS라 일컬어지는 풍량 측정 장치가 필수적이다.
④ VAV System의 부하 변화로 인한 정압의 변화를 정압 센서로 감지하여 Supply Fan을 제어하고, 동시에 Supply Fan과 Return Fan의 풍량을 측정 장치(FMS)로 측정하여 Supply Fan의 풍량을 감시하고 시스템의 공간 부하 소요에 알맞게 Return Fan을 제어하는 데 적용한다.
⑤ Supply Fan 풍량의 변화에 관계없이 일정한 최소량의 풍량을 유지시켜 주기 위해 외기 덕트에 풍량 측정 장치를 설치하여 Outside Air Quantities(외기량)를 측정하는 데 적용하게 된다(최소한의 외기 도입).

2 SBS(Sick Building Syndrome)

1) 개념

건물 증후군(SBS)은 신축 또는 기존 건축물의 건축자재 및 내장가구 등에서 발생하는 오염물질(포름알데히드, 휘발성 유기화합물 등)로 인하여 실내공기가 오염되어 일시적 또는 만성적인 두통, 현기증, 눈, 코, 목 등의 이상, 구토 등 재실자의 건강에 이상을 주는 증세를 말한다.

2) 종류

① 급성(Sick House Syndrome)

주로 건물의 신축, 증축, 개축 직후에 나타나는 현상으로 건축물 시공 시 사용되는 재료에서 발생한다. 이는 시간이 지남에 따라 자연스럽게 해결된다.

② 만성(빌딩증후군, Sick Building Syndrome)
- 건물 자체에서 발생되는 문제로 시간이 지나도 해결되지 않는다.
- 실내의 공기를 재순환하여 사용하는 공조시스템 이용 건물에서 많이 발생된다.
- 기밀성이 높은 건물에서 발생된다.
- 실내마감 시 자극성 먼지 등이 많이 발생하는 재료를 사용한 건물에서 주로 발생된다.

QUESTION 10

펌프설비에서 얻어지는 이용 가능한 유효흡입양정(NPSH)의 계산식을 쓰고 설명하시오. (88회, 103회, 123회)

1 유효흡입양정(NPSH)의 개념

공동현상이 일어나지 않는 흡입양정을 수주로 표시한 것으로서, 실제 흡입 가능한 물의 높이를 의미한다.

2 유효흡입양정의 계산식

$$NPSH_{av} = P_a - (P_{vp} \pm \rho g H_a + \rho g H_{fs})$$

여기서, $NPSH_{av}$: 이용 가능한 유효흡입양정(Available NPSH, m)
  P_a : 흡수면의 절대압력(Pa, 표준대기압 101kPa)
  P_{vp} : 유체의 온도에 상당하는 포화증기압력(Pa)
  $\rho g H_a$: 흡입양정[흡상(+), 압입(-)]
  $\rho g H_{fs}$: 흡입손실수두(m)
  ρ : 유체의 밀도(kg/m³)

3 유효흡입양정의 설계

$$NPSH_{av} \geq 1.3 NPSH_{re}$$

유량이 증가하면 배관의 손실수두의 증가로 유효흡입양정은 감소하고, 펌프 내를 흐르는 유체의 속도수두의 증가로 필요 유효흡입양정은 증가하게 된다. 공동현상이 일어나지 않으려면 유효흡입양정을 필요흡입양정보다 통상 30% 정도 크게 설계한다.

QUESTION 11

펌프의 캐비테이션(Cavitation) 방지 방법을 5가지 설명하시오. (99회)

1 펌프의 캐비테이션(Cavitation) 방지 방법

① 흡입양정을 작게 한다(설비에서 얻는 유효흡입양정이 펌프의 필요흡입양정보다 커야 한다).
② 부속류를 적게 하여 마찰손실수두를 줄인다.
③ 펌프의 임펠러 속도, 즉 회전수를 낮게 한다.
④ 펌프의 흡입관경을 양수량에 맞추어 크게 설계한다.
⑤ 펌프의 흡입수온을 낮게 한다.

QUESTION 12

공기냉각·가열 냉온수 코일의 대수평균온도차(LMTD)와 코일열수의 관계를 설명하시오. (88회, 131회)

1 대수평균온도차의 개념 및 특징

① 코일 내에서 물의 온도와 공기의 온도차는 위치마다 각각 다르므로 코일 전체를 대표할 수 있는 온도차를 대수평균온도차라고 한다.
② 동일한 공기와 수온의 조건에서는 대향류 방식이 평행류 방식에 비해 대수평균온도차가 크다.
③ 그러므로 열전달효과를 높이기 위해서는 대향류 방식이 유리하다.

2 대수평균온도차의 산출

$$LMTD = \frac{\Delta_1 - \Delta_2}{\ln\left(\dfrac{\Delta_1}{\Delta_2}\right)}$$

평행류일 때 $\Delta_1 = t_1 - t_{w1}$, $\Delta_2 = t_2 - t_{w2}$
대향류일 때 $\Delta_1 = t_1 - t_{w2}$, $\Delta_2 = t_2 - t_{w1}$

여기서, Δ_1 : 공기 입구 측에서 공기와 물의 온도차(℃)
Δ_2 : 공기 출구 측에서 공기와 물의 온도차(℃)
t_1, t_2 : 공기 입출구의 온도(℃)
t_{w1}, t_{w2} : 물 입출구의 온도(℃)

3 대수평균온도차와 코일열수와의 관계

① 코일열수 산출공식

$$N = \frac{q}{K \cdot C_{ws} \cdot FA \cdot LMTD}$$

여기서, N : 필요열수, q : 냉각 또는 가열열량(W), K : 열관류율(열통과율, W/m² · K), C_{ws} : 습면 보정계수, FA : 정면면적(m²), $LMTD$: 공기와 냉온수와의 대수평균온도차(℃)

② $LMTD$가 커지면 코일의 필요열수가 적어지고, $LMTD$가 작아지면 필요열수가 많아진다.
③ $LMTD$가 상대적으로 큰 대향류방식이 코일열수가 적게 설계될 수 있다.

QUESTION 13

공조 및 급배수설비 소음의 원인과 방지방안에 대하여 설명하시오. (89회)

1 공조설비 소음 원인 및 방지대책

1) 피트 내부 배관소음

① 배수입상관은 저소음배관 구조 및 통기관 계획 철저
② 평면 계획 시 피트위치에 대한 고려 및 피트의 밀실처리
③ 난방 및 급탕 배관은 신축을 고려하여 신축관 및 배관지지 철저
④ 급수배관은 적정 수압 및 수격방지기 설치

2) 온수분배기 주위 배관소음

소음의 원인은 주로 유량계, 열량계, 온도조절밸브, 유량조절밸브에서 발생한다.

① 유량계나 열량계는 내부 임펠라 작동음으로 유속이 과다하여 발생하며 제품 자체에 결함인 경우도 있다.
② 제어밸브의 경우에는 유량에 비하여 밸브 크기가 작을 때 유속이 빨라져 난류현상 및 캐비테이션에 의한 소음이 발생하며 이러한 경우 저소음형 밸브, 배관전후단의 이격 거리 유지, 적정 유속 이내로 유지하고, 필요시 보온이나 관경을 증가할 경우 3~5dB(A) 정도 줄일 수 있다.

3) 인접한 상·하부층의 장비 및 배관 전달음

① 설계 시 하부층의 소음원(기계실, 정화조 등)을 고려한 계획
② 최상층의 경우 엘리베이터 기계실의 차음조치
③ 옥상 물탱크실 낙수음 방지(유도관 설치) 및 수격방지 조치

4) 보일러 압입 통풍 송풍기와 버너의 연소음

기계실 수용, 저소음형 버너와 송풍기 사용, 소음기 부착

5) 냉동기 서징 및 연소음, 송풍기 소음

① Surging 발생 방지 및 방진
② 저소음형 버너 및 송풍기 사용

6) 냉각탑 냉각수 낙수 및 송풍기 소음

① 수적이 직접 수조면에 낙하하지 않도록 합성섬유매트 설치
② 저소음형 송풍기 사용
③ 냉각탑 방진 및 방음벽 설치

7) 펌프 운전 중 공기전파음, 공동현상, Surging

① 방진가대 및 플렉시블 이음
② Cavitation 및 Surging 현상 방지

8) 송풍기 소음

① 방진가대 및 Canvas 이음
② Surging현상 발생 방지
③ 가급적 정압을 낮추는 방안을 모색, 저음형 송풍기 채택

9) 덕트 와류 및 풍속과다

① 소음체임버, 소음기, 소음엘보 등 설치
② 주덕트 철판 두께를 표준치보다 두껍게 함

10) 흡입, 취출구 형상에 따른 소음 및 풍량 / 풍속 변화 소음

2 급배수 설비소음 원인 및 방지대책

구분	발생원	방지대책
급수 소음	위생급수소음	세대별 급수압을 2kg/cm² 이하로 유지
		무소음형 변기 사용
	수격작용	급격한 수압변동이 발생하는 부위에 수격방지기 설치
	배관진동음	배관진동에 의한 고체전달음 감소를 위해 매립배관 치복철저
		위생기구의 위치를 반침 등의 완충공간이 있는 벽쪽으로 계획
배수음	배수횡지관	차음성능이 큰 배관재질 및 마감재 사용
		욕실의 천장구조를 차음구조로 변경
	배수입상관	DRF+Spin Pipe 또는 Sextia+PVC를 Sextia+Spin Pipe 구성
	위생기구	절수형, 무소음형 변기 사용
	기타	AD, PD의 조적면 밀실처리

QUESTION 14

CFD(Computational Fluid Dynamics)의 개념 및 필요성에 대하여 설명하시오.
(90회, 101회)

1 CFD(Computational Fluid Dynamics)의 개념

① CFD는 유체의 움직임을 전산을 이용하여 시뮬레이션 하는 프로그램으로서, 건축설비에서는 실내와 실외 공간의 기류 이동현상을 분석하는 데 사용한다.
② 이는 Passive적인 자연형 조절상태에서의 기류 특성과 Active적인 기계적 조절상태에서의 기류특성을 분석함으로써 실내외의 공간적 환경을 최적화하는 데 적용하게 된다.

2 건축설비의 적용 필요성

1) Room Airflow(실내기류 분석)

① 상업용 / 주거용 건물 내 공조시스템
② 건축물의 자연환기 시스템
③ 오염원 확산 및 제어(IAQ)

2) Industrial Ventilation(산업용 환기 분석)

① 공장환기 시스템 해석
② 산업위생 오염원 확산 및 제어

3) Clean Room(클린룸 기류 분석)

① 산업용 클린룸 기류 개선
② 바이오 클린룸 기류 개선

4) Smoke Management(화재 시 연기확산 경로 해석)

① 건물 내의 방재해석
② 터널 내의 화재 및 연기 해석

5) External Flow(건물 외부의 풍하중 및 기류 분포 해석)

① 건축물의 풍하중 해석
② 건물단지의 기류정체 및 오염원 확산 및 제어

QUESTION 15

밀폐형 냉각탑의 특성과 그 사용처에 대하여 설명하시오. (90회)

1 밀폐형 냉각탑의 개념

① 일반 냉각탑에서 물과 공기가 직접 접촉하여 수질이 악화되는 것을 방지하기 위하여, 탑 안에 열교환기를 설치한다.

② 탑 내 순환수와 냉각수를 금속면을 통하여 접촉시켜 냉각효과를 얻는 냉각탑이다.

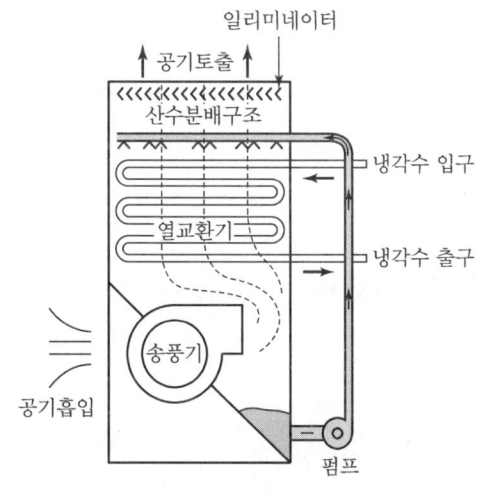

‖ 밀폐식 냉각탑 ‖

2 밀폐형 냉각탑의 특성

① 순환수의 오염방지를 위해서 코일 내 냉각수를 통하고 코일 표면에 물을 살포한다.
② 냉각수가 오염되지 않으므로 배관 내 스케일 발생 빈도가 상당히 낮다.
③ 동절기 동파 우려가 없다.
④ 설치면적이 개방식에 비해 4~5배 크다.
⑤ 고가이다.

3 사용처

① 24시간 공조용 냉각탑에 사용된다.
② 연구·실험장비의 냉각수 공급용에 사용된다.

QUESTION 16

에너지절약을 고려한 환기방법에 대한 원칙을 설명하시오. (91회)

1 에너지절약을 고려한 환기방법에 대한 원칙

① 대상공간의 필요환기량은 실의 이용 목적과 환기 목적을 고려하여 산정한다.
② 환기는 실의 환기 목적 및 사용조건에 따라 복수의 실 또는 존별 배기로 고려한다.
③ 열원기계실, 전기실, 엘리베이터 기계실 등의 열 제거는 환기에 의한 것으로 하지만, 환기로서 힘든 경우에는 냉방설비를 설치하는 것이 좋다. 냉방설비로 하는 경우의 실내 설정온도는 30℃ 이하로 하는 것이 바람직하다.
④ 덕트 경로는 가장 합리적이고 경제적인 경로가 되도록 한다.
⑤ 천장 내부, 샤프트 등에는 덕트 설치에 필요한 공간을 확보한다.
⑥ 거주공간의 환기설비 계획 시에는 실의 특성을 고려하여 다음 사항을 검토한다.
  • 환기설비는 실의 풍량 밸런스를 고려하고, 공기조화설비와 조화를 이루어야 한다.
  • 배기계통에 오염물질이 있는 배기는 전열교환기로 열을 회수하지 않는다.

QUESTION 17

환기효율에 대하여 설명하시오. (92회)

1 환기효율의 정의

① 주어진 환기량에 대한 신선외기 공급 및 오염물질 배제에 대한 효과성 평가 지표
② 어떤 실내에서 인간의 활동범위인 거주역, 즉 각 벽에서 0.6m 안쪽으로 바닥 1.8m까지의 공간에 얼마만큼 신선공기가 빨리 도달하고 오염물질이 치환되는가를 보여 주는 지표

2 환기효율의 종류

① 공기연령의 개념에 근거한 급기효율(Supply Effectiveness)
② 잔류(잔여)체류시간에 의한 배기효율(Exhaut Effectiveness)
③ 실내 평균 오염 농도에 대한 배기구에서의 농도의 비로서의 환기효율(Ventilation Effectiveness)

3 공기교환율(Air Change Effectiveness) 및 공기연령(Air Age) 평가

1) 공기교환율(Air Change Effectiveness)

$$ACE = \frac{T_n}{A_{avg}}$$

여기서, T_n : 명목환기시간
A_{avg} : 평균공기연령

2) 공기연령(Air Age) 평가

① 공기연령은 공기입자가 임의의 점에 도달하는 데 소요되는 시간을 의미한다.
② 신선외기가 실내에 체류하는 시간의 정도를 말하며, 공기연령이 짧을수록 환기가 양호하다고 판단한다.
③ 실 평균 공기연령은 실내의 모든 점에 있어서 공기 입자가 도달하는 데 걸리는 시간의 평균값을 의미한다.
④ 급·배기구 위치를 적절히 배치하여 공기연령의 감소를 통해 환기효율의 증대가 필요하다.

QUESTION 18

바닥취출 공조방식의 장점을 5가지 설명하시오. (92회)

1 바닥취출 공조의 개념

① 바닥취출 공조방식은 공조기에서 공조공기가 덕트 또는 체임버에 의해 이중바닥 면에 설치된 각 바닥취출구로 공급되어 실내로 취출되는 방식으로 에너지절약형 공조방식이다.
② 이중바닥을 OA 기기 등의 케이블 배선공사 및 공조공기용 공간으로서 사용하는 것이다.
③ 바닥취출구를 거주자의 근처에 설치함으로써 개인의 기분이나 신체리듬에 맞게 풍량, 풍향 또는 온도를 자유롭게 조절할 수 있는 거주성 중시의 쾌적공조 시스템이라고 말할 수 있다.

2 바닥취출 공조의 장점

1) 부하변동에 따른 대응이 용이
사무실 용도 변경, 실내의 칸막이 변동 및 부하증가에 따른 대응이 용이하다.

2) 층고의 감소
천장 덕트 사용을 최소화할 수 있어 건축층고를 줄일 수 있다.

3) 거주역 공조로 쾌적성 증대
바닥취출구는 거주자의 근처에 설치되어, 개개인의 기분이나 체감에 맞게 풍량, 풍향을 조정할 수 있기 때문에 한층 쾌적성이 향상된다.

4) 낮은 수직온도차
환기횟수가 증대하여 거주자의 머리와 발 사이의 온도차를 약 2℃ 이내로 제어할 수 있다.

5) 실내오염공기의 치환능력
실내의 분진, 악취, 담배연기의 제거효과가 탁월하다.

6) 유지보수가 용이
천장에서의 작업이 감소하므로 공사기간이 단축되고 유지보수가 용이하다.

7) 운전비용의 감소
덕트를 큰 폭으로 삭감할 수 있기 때문에 공조기의 팬동력은 천장공조 시스템에 비교하였을 때 작아지며, 운전비용도 감소할 수 있다.

QUESTION 19

공기취출구의 유인비에 대하여 설명하시오. (93회)

1 유인비의 개념

① 유인공기는 2차 공기라고도 하며, 취출구의 취출공기로 인해 영향을 받는 실내 공기를 의미한다.
② 유인비란 취출공기량(1차 공기)에 대한 혼합공기량(1차 공기+2차 공기)의 비를 말한다.

2 산출식

$$유인비 = \frac{1차\ 공기량 + 2차\ 공기량}{1차\ 공기량} = \frac{Q_1 + Q_2}{Q_1}$$

3 특징

취출공기(1차 공기)의 풍속이 빠를수록, 풍량이 많을수록 유인비는 작아지며, 도달거리가 길어져서 실내의 기류분포가 나빠지게 된다.

QUESTION 20

펌프 시운전 시 점검사항에 대하여 설명하시오. (95회)

1 펌프의 시운전 시 점검사항

① 외관 : 마모, 외관파손, 기울어짐 등이 없을 것
② 진동 : 공진, 이상진동 등이 없을 것
③ 소리 : 이상소음이 없을 것
④ 베어링 온도 : 과열되지 않을 것
⑤ 흡입 및 토출압력 : 유량 대비 정상압력일 것
⑥ 윤활유 : 윤활유량과 색상이 정상일 것
⑦ 축봉부 누설 : 마모로 인한 누설이 없을 것
⑧ 절연저항 : 규정치 저항 이상일 것

QUESTION 21

압축공기시스템의 제습용 드라이어 선정 시 고려할 사항을 설명하시오. (95회)

1 압축공기시스템의 개념

① 대기 중의 공기를 압축하여 얻어지는 에너지를 이용하는 시스템을 말한다.
② 밀폐한 용기 속에 공기를 동력으로 압축하여 그 압력을 높이는 공기압축기와 최종 사용처에 안정적인 공급을 목적으로 필요한 부속설비들이 있다.

2 압축공기시스템의 구성도

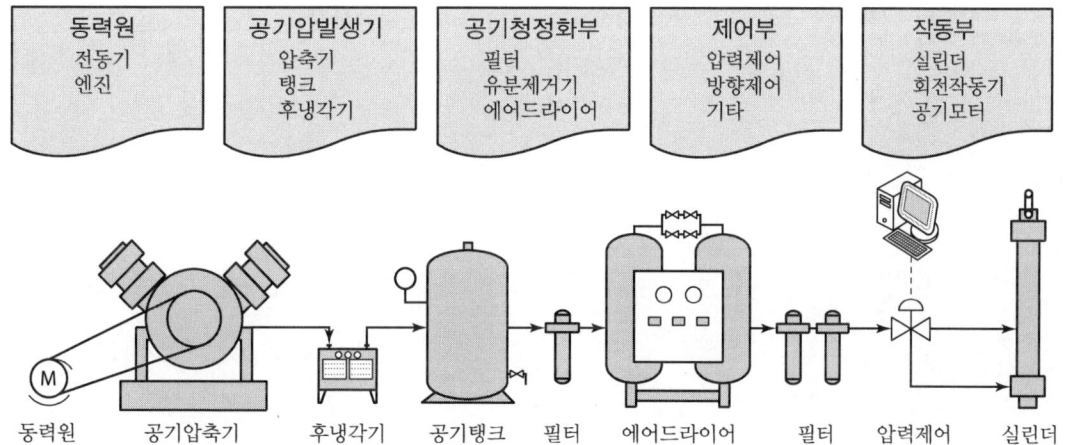

3 제습용 드라이어 적용 목적

압축공기에 포함된 수증기, 먼지, 공해물질 및 압축기의 윤활유 등의 성분을 제거하여 건조도를 높인다.

4 제습용 드라이어 선정 시 고려할 사항

1) 가압노점(가압 상태에서의 노점)

용도 및 외기온에 맞추어 적절한 가압 노점온도 범위를 설정하고 그에 따른 장비선정이 필요하다.

2) 입구공기온도를 감안한 드라이에어 용량 설정

① 수분의 함유량은 입구공기의 온도에 따라 좌우되며, 입구공기의 온도가 높을 경우 수분의 함유량은 높아지게 된다.

② 입구공기 온도를 감안한 드라이에어 용량 설정이 필요하다.

3) 시스템 작동압력 검토

시스템 압력이 높을수록 유속이 늦어지게 되므로 드라이에어의 용량은 작아지게 된다.

4) 처리유량

압축공기 시스템의 공기 소비량을 고려하여 처리 유량을 결정하고 이를 통해 압축공기 드라이어의 사이즈를 결정한다.

5) 비용

상기의 내용들을 종합하여 가장 경제적인 장비선정이 필요하다.

QUESTION 22

수(水)배관에서 공기 혼입으로 인한 영향과 공기배출방법을 설명하시오. (95회)

1 수배관 공기 혼입 영향

1) 소음 및 진동의 발생
물의 와류 또는 공기의 방해로 수격현상, 서징 등의 진동이 발생

2) 유속의 증가
공기가 혼입되면 유속이 증가하며 이와 함께 유체 마찰 소음이 급격히 증가

3) 배관 내 부식의 촉진
공기 중의 산소로 인한 부식이 발생하며, 이로 인해 배관수명의 단축 및 부식 생성물의 배관 내 퇴적에 따른 유로 단면적 축소

4) 펌프운전의 불안정
서징 및 캐비테이션 발생

5) 냉난방 열교환 문제
물의 원활한 순환 차단에 의한 유량 부족으로 냉난방 열교환 문제 발생

2 공기배출방법

① 보일러 밸브 조작으로 에어 빼기
② 분배기 퇴수밸브로 에어 빼기
③ 순환모터의 힘을 이용한 에어 빼기

QUESTION 23

냉각탑을 2대 이상 병렬로 설치하는 경우 (1) 연통관 설치 목적을 설명하고, (2) 2대의 냉각탑 병렬 설치 배관도(연통관이 포함된 Flow Diagram)를 도시하시오.
(96회)

1 냉각탑 2대를 병렬로 설치하는 이유

① 저부하 시에 동력절감을 위해 용량 조절 필요
② 병렬로 설치하여 운전함으로써 에너지 절감

2 연통관 설치 목적

① 냉각탑을 병렬로 설치할 경우 배관 관로저항으로 인하여 냉각탑의 냉각수 공급이 불균일하게 한쪽으로 치우쳐 흐르게 되며 냉각능력이 떨어짐
② 흐름의 불균일로 한쪽 냉각수 부족현상, 또 한쪽은 냉각수 넘침 현상이 발생하므로 연통관 설치로 해소
③ 자연통풍 이용 시(저부하 시) 냉각수 분배 균등목적(균등수위 유지 목적)

3 2대의 냉각탑 병렬 설치 배관도(연통관이 포함된 Flow Diagram)

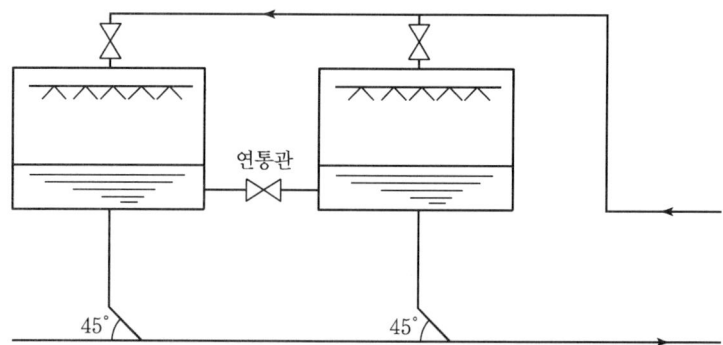

QUESTION 24

바닥취출 공조방식의 장점을 설명하시오. (96회)

1 바닥취출 공조의 개념

① 바닥취출 공조방식은 공조기에서 공조공기가 덕트 또는 체임버에 의해 이중바닥 면에 설치된 각 바닥취출구로 공급되어 실내로 취출되는 방식으로 에너지절약형 공조방식이다.
② 이중바닥을 OA 기기 등의 케이블 배선공사 및 공조공기용 공간으로서 사용하는 것이다.
③ 바닥취출구를 거주자의 근처에 설치함으로써 개인의 기분이나 신체리듬에 맞게 풍량, 풍향 또는 온도를 자유롭게 조절할 수 있는 거주성 중시의 쾌적공조 시스템이라고 말할 수 있다.

2 바닥취출 공조의 장점

① 사무실 용도 변경, 실내의 칸막이 변동 및 부하증가에 따른 대응이 용이하다.
② 천장 덕트 사용을 최소화할 수 있어 건축층고를 줄일 수 있다.
③ 바닥취출구는 거주자의 근처에 설치되어, 개개인의 기분이나 체감에 맞게 풍량, 풍향을 조정할 수 있기 때문에 쾌적성이 한층 향상된다.
④ 환기횟수가 증대되어 거주자의 머리와 발 사이의 온도차를 약 2℃ 이내로 제어할 수 있다.
⑤ 실내의 분진, 악취, 담배연기의 제거효과가 탁월하다.
⑥ 천장에서의 작업이 감소하므로 공사기간이 단축되고 유지보수가 용이하다.
⑦ 덕트를 큰 폭으로 삭감할 수 있기 때문에 공조기의 팬동력은 천장공조 시스템에 비교하여 작아지며, 운전비용도 감소할 수 있다.

QUESTION 25

지하기계실 환기용량에 영향을 주는 인자를 열거 설명하고 수증기 제거를 위한 공급 공기량 산출 공식을 제시하시오.[단, W = 수증기 발생량(kg/h), γ = 공기의 비중량(kg/m³), x_1 = 허용 실내 절대습도(kg/kg′), x_0 = 공급공기 절대습도(kg/kg′)] (96회)

1 지하기계실 환기용량에 영향을 주는 인자

① 기계실의 각종 기기 등의 열발산
② 기계실 내 수증기의 발생
③ 이산화탄소 및 일산화탄소 등 유해물질의 발생
④ 실내외 절대습도
⑤ 실내외 온도

2 수증기 제거를 위한 공급 공기량

$$Q = \frac{W}{\rho(x_i - x_o)}$$

여기서, W : 실내 수분 발생량(kg/h)
 x_i : 실내 절대습도(kg/kg′)
 x_o : 외기 절대습도(kg/kg′)
 ρ : 공기밀도(kg/m³)

QUESTION 26

대형 고층사무실로서 중심코어(Center Core)로 형성되어 있는 건물의 공조방식을 각 층별 공조방식으로 계획하고자 한다. 이런 경우 층별 기계실의 선정조건과 문제점을 열거하고 건축설계자에게 요구할 필요사항을 설명하시오. (96회)

1 각 층별 공조방식의 개념

① 외기처리용 1차 중앙 공조기에서 처리된 외기를 각 층의 2차 공조기(유닛)로 보내어 부하에 따라 가열 또는 냉각하여 송풍하는 방식이다.
② 2차 조화장치는 각 층이 2,000m^2 이상일 경우 각 층마다 2대 이상, 500m^2 이하에서는 2층마다 1대의 비율로 설치한다.

2 선정조건

① 거주역(사무공간)과 이격
② 소음 / 진동 최소화
③ 외기와 면할 것
④ 장비 출입이 원활할 것

3 문제점

① 공조기 대수가 많아지므로 설비비가 많이 소요됨
② 공조기가 분산되어 유지관리가 어려움
③ 각 층 공조기로부터 소음이나 진동이 발생
④ 각 층마다 공조기 설치공간이 필요

4 건축설계자에게 요구 필요사항

1) 소음, 진동 등 생활 불편사항 방지

① 기계실의 방진처리(Floating 구조, Jack Up 방진)
② 기계실 내벽 차음 및 흡음(내벽 + 글라스울 + 글라스크로스)
③ 기계실 바닥 Down을 통해 배관 파손 시 누수된 물이 사무실 및 바깥으로 나가지 않고 바닥 F.D로 배수되도록 처리

2) 각 층 기계실의 위치
① 장비의 반출입 용이
② 수직 Shaft와 가까워야 함
③ 급·배기 가능한 위치
④ 주위는 가급적 창고 등이 배치된 곳이어야 하며 가급적 사무실과 이격된 곳에 배치

3) 기계실의 크기
① 천장높이가 충분해야 함(각종 설비 설치)
② 공조기 Coil 청소공간 확보

QUESTION 27

아래 그림과 같이 건물옥상에 냉각탑이 설치되어 있다. 냉각수 순환펌프 양정 M(단위 : mAq)의 계산식을 유도(도출)하시오.[단, 배관길이는 L_1, L_2(단위 : m), 산수압 손실은 5m, 배관마찰손실은 R(단위 : mmAq/m)이며 기타 손실은 모두 무시한다.] (96회, 103회)

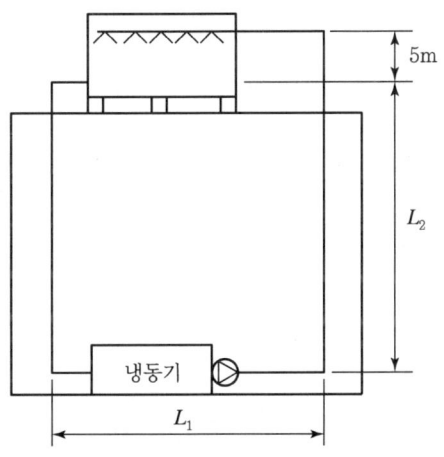

펌프양정(M) = 실양정 + 배관마찰저항 + 살수압력(살수압 손실) + 기기저항

$$= 5\text{m} + [2(L_1 + L_2) + 5] \times \frac{R}{1,000} + 5\text{m} + 0$$

QUESTION 28

수영장은 불특정 다수의 사람들이 항상 안전하게 사용하며 위생적으로도 문제가 없어야 한다. 완벽한 수영장의 설비계획을 수행하려고 하는데, 수영장 설치계획을 추진하는 단계에서 최소한으로 조사하고 정리해야 할 항목들을 설명하시오. (97회)

1 공조계획 시 기본적 고려사항(조사사항)

1) 객관적 온열환경의 설정

구분	하절기		동절기	
	건구온도(℃)	상대습도(%)	건구온도(℃)	상대습도(%)
Pool 주변	32		30	
로커	28	50 ~ 60	28	45 ~ 55
라운지 등	28		28	

2) 주관적 온열환경 설정

① 착의량 : 0.05Clo(수영복 착용)   ② 활동량 : 1.2Met

3) 결로 · 콜드 드래프트(Cold Draft)의 방지 대책 수립

단열 철저, 로이복층유리설치, 상부환기를 통해 예방

4) 부식 대책

① 염소멸균에 의한 공기 중의 잔류염소와 수분에 의한 부식의 진행이 빠름
② 공조기 부식 억제 필요

5) 에너지 절약 대책

① 실내수영장용 공조기에 전열교환기 설치   ② 수영장 잉여배기의 재이용
③ 외기냉방의 채용   ④ 수영장 물의 증발억제
⑤ 열원기기 및 순환펌프의 대수제어   ⑥ 생물처리조가 있는 오존 멸균장치의 채용
⑦ 열병합 발전의 채용

6) 환기 대책

① 환기에 따른 열손실 최소화
② 환기량 산정 시 현열과 잠열에 대한 사항 동시 고려

QUESTION 29

송풍기의 설치 후 시운전 시에 나타나는 소음과 관련된 dB, SPL, PWL에 대하여 각각 설명하시오. (97회)

1 dB(Decibel)

① dB은 소음의 크기 등을 나타내는 단위로 음의 세기레벨, 음압레벨, 음향 파워레벨 등에 사용된다.
② 사람의 감각량은 자극량에 대수적으로 변한다(웨버헤이나의 법칙).

$$IL = K \cdot \log\left(\frac{I}{I_0}\right)$$

여기서, IL : 음의 세기레벨(감각량)
　　　　K : 비례상수
　　　　I : 음의 세기(W/m^2)
　　　　I_0 : 최소 가청음의 세기(10~12W/m^2)

③ 사람이 가청할 수 있는 단위로 dB(Decibel) 단위를 쓰며, 140단계로 표시한다.

2 SPL(Sound Pressure Level)

① 음압레벨이며 가청한계는 130dB 정도이다.

$$SPL = 20\log\left(\frac{P}{P_0}\right)$$

여기서, SPL : 음압레벨(dB)
　　　　P : 대상음의 음압실효치(N/m^2)
　　　　P_0 : 정상 청력으로 100Hz에서 가청 가능한 최소음압 실효치

② 현재 계측기술상 음의 세기보다는 음압측정이 용이하며 음압을 알면 음의 세기를 알 수 있다.

3 PWL(dB)

음향 파워레벨(PWL)은 송풍기 등 소음원의 소음측정에 사용된다.

$$PWL = PWL_S + 10\log(W \times P_S)$$

여기서, PWL_S : 기준 파워레벨(dB)
　　　　W : 송풍기 축동력(kW)
　　　　P_S : 송풍기 정압(Pa)

QUESTION 30

퍼스널 공조용 취출기류 설계 시 유의사항을 설명하시오. (98회)

1 퍼스널 공조의 개념

개인의 온열환경 특성에 맞추어 개인용(Personal) 공조를 하는 것을 의미한다.

2 퍼스널 공조용 취출기류 설계 시 유의사항

① 취출기류가 개인의 호흡기로 직접 닫지 않도록 할 것
② 콜드 드래프트가 발생하지 않도록 풍속 및 기류 온도를 설정할 것
③ 기류의 정체 없이 확산될 수 있도록 할 것
④ 각종 사무용 기구와의 접촉 시 발생할 수 있는 와류를 고려할 것

3 Personal 공조방식의 종류 및 특징

1) FCU Partition 내장형

개인용 시스템의 대표적인 것으로, Low Partition에 냉온수 코일과 송풍기를 내장하여 실내 공기를 국부적으로 순환시켜 냉풍(온풍)을 취출한다.

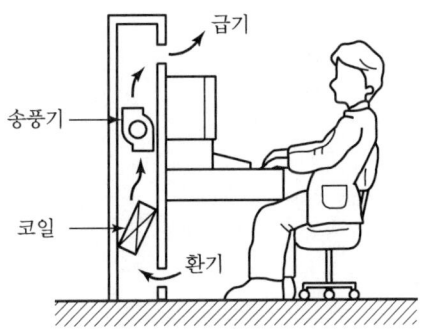

2) 열전소자(Thermoelectric Element) 부착형

분할구역 표면에 다수의 열전소자를 부착하여 집무자에게로 방열한다.

3) 바닥취출형

① 소공간 공조시스템의 대표적인 방식

② 중앙 공조기에서 만들어진 냉(온)풍을 바닥 아래에 설치된 덕트를 통하거나 또는 직접 바닥 아래의 공간을 통해, 바닥에 설치된 취출구로 재실자에게 취출하는 방식

QUESTION 31

소음의 크기(dB)가 같은 팬(Fan) 8대를 동시에 가동할 경우 합성소음의 크기 (dB)에 대하여 설명하시오. (99회)

$$\text{합성소음 레벨} = \text{음압레벨} + 10\log N$$
$$= \text{음압레벨} + 10\log 8$$

여기서, 음압레벨 : 소음의 크기(dB)
N : 팬(Fan)의 대수

QUESTION 32

바닥취출 공조방식의 설계 시 고려해야 할 사항을 설명하시오. (99회)

1 바닥취출 공조방식의 설계 시 고려사항

1) **실내거주 온열환경**

   구분층 공간 또는 거주역 공조를 실현하기 위한 취출 조건 결정과 그 제어 및 쾌적성 문제, 배열 효과 등

2) **송풍 및 취출**

   체임버 내의 압력(풍량)분포, 바닥면의 단열성, 바닥의 기밀성 확보, 취출구의 강도, 마모성 검토

3) **공기환경(분진)**

   바닥면 퇴적분진의 유해성 등

4) **공조기 설치 위치 및 소음**

   각 층 공조형식이므로 공조기 설치 위치 및 소음 검토 필요

5) **공조기로부터의 급기거리 검토**

   공조기로부터 적절한 급기거리가 형성될 수 있도록 Zoning

6) **취출온도와 실내온도 간의 차이 설정**

   차이가 너무 클 경우 재실자에게 불쾌기류 발생 우려

QUESTION 33

중앙집중관리방식 공기조화설비의 실내공기환경 조건과 환기인자가 CO_2일 때 필요환기량에 대하여 설명하시오. (99회)

1 공기조화설비 실내공기환경 조건

구분	실내환경조건
온도	17~28℃
상대습도	40~70%
청정도	먼지 : $0.15mg/m^3$ 이하 CO : 10ppm 이하 CO_2 : 1,000ppm 이하
기류속도	0.5m/s 이하

2 환기인자가 CO_2일 때 필요환기량

$$Q_f = \frac{K}{C_i - C_o}$$

여기서, Q_f : 필요환기량(m^3/h)

K : 실내에서의 CO_2 발생량(m^3/h)

C_i : CO_2 허용농도(m^3/m^3)

C_o : 외기의 CO_2 농도(m^3/m^3)

QUESTION 34

탄산가스(CO_2)의 발생량이 0.3m³/h인 실내 공간에, 환기량을 1,000m³/h로 할 경우 실내의 탄산가스(CO_2)의 농도를 구하시오.[단, 도입 외기의 탄산가스농도(용적비)는 0.03%로 한다.] (100회)

1 필요환기량(Q) 산출식

$$Q = \frac{K}{C_i - C_o}$$

여기서, Q : 필요환기량(m³/h)
  K : 실내에서의 CO_2 발생량(m³/h)
  C_i : CO_2 허용농도(m³/m³)
  C_o : 외기의 CO_2 농도(m³/m³)

2 실내 CO_2 농도 산출

$$C_i = \frac{K}{Q} + C_o$$

$$= \frac{0.3 \text{m}^3/\text{h}}{1,000 \text{m}^3/\text{h}} + 0.0003 = 0.0006 = 0.06\%$$

QUESTION 35

덕트계(Duct System)의 소음감쇠의 종류를 열거하고 설명하시오.
(100회, 124회)

1 덕트계 소음감쇠의 종류

1) 스플리터(Splitter)형 또는 셀(Cell)형

① 덕트 내부에 흡음재의 마감판을 넣은 것
② 중고음 영역에서의 감음량이 큼
③ 공기저항이 커서 단면적을 크게 해야 함
④ 일반 공조용에 널리 적용

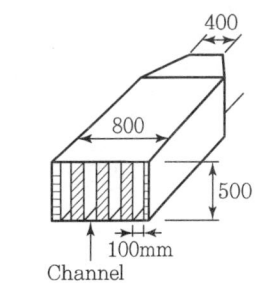

2) 공명형

① 덕트 주변에 작은 구멍을 두어 그 배후에 공동을 설치한 것
② 최근에는 그다지 사용되지 않음

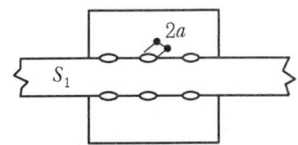

3) 공동형

① 덕트 내부에 팽창공동을 설치하고 그 내면에 흡음재를 내장한 것
② 비교적 소형
③ 일명 머플러형이라고도 하며 발전기 배기연도에 주로 사용

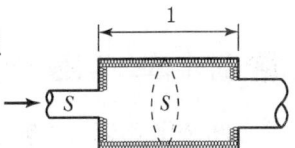

4) 흡음 체임버

송풍기의 출구 측 및 덕트의 분기점에 사용

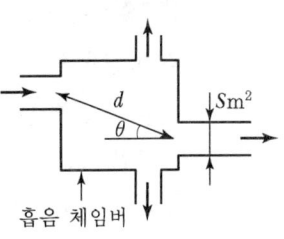

5) 흡음 덕트(Lined Duct)

① 덕트 내부에 흡음 특성을 갖는 재료를 부착하여 사용
② 시공 내부의 배관형상과 제어대상의 성질에 따라 여러 형태를 가짐
③ 흡음재 : 폴리에스터, 아트보드, 목모보드, 우레탄, 글라스울, 스펀지

QUESTION 36

> 산업공조설비에 적용되는 HACCP(Hazard Analysis Critical Control Point)에 대하여 설명하시오. (102회)

1 HACCP의 개념

① HACCP(Hazard Analysis Critical Control Point)은 위해요소 중점관리 기준으로 해석될 수 있으며, 식품의 제조공정 관리기준을 의미한다.
② 식품의 원료관리, 유통관리, 전과정에서 유해한 물질이 당해 식품에 혼입되거나 오염되는 것을 사전에 방지하기 위해 각 과정을 중점적으로 관리하는 기준을 말한다.

2 HACCP에서의 위해요소

① 생물학적 위해요소
② 화학적 위해요소
③ 물리적 위해요소

3 위해 요소 대응 대책

1) 외부로부터의 침입방지

① 적절 배치(Layout) : 유해물질 불결한 장소와 분리 배치
② 동선의 설계
　공정 중 교차오염과 혼돈을 방지하기 위해 원자재 동선, 작업원 동선, 제품 출하 동선을 검토한다.
③ 조닝과 공기조화 시스템 설계
　• 환기횟수(청결구역 : 10회/h 이상, 준 청결구역 : 6~10회/h, 일반실 : 4회/h)
　• 실내압(청결구역 : 10Pa, 준청결구역 : 5Pa)
　• 공기여과 시스템(전치필터 + 중간필터 + HEPA필터)
　• 배기 : 분진배제, 전치필터 사용, 하방배기
　• 청정도 : 청정실 Class 100~10,000

2) 결로 방지 및 기밀성 유지

3) 살균 및 제균 실시

　　미생물 오염이 주의되는 곳은 훈증법 적용

4) 공정 재고 관리

4 공기조화설비 계획

1) 공기조화기
① 보온재는 수분이 흡수되며 미생물이 증식할 수 있으므로 SUS, 강판 등 세척이 용이한 자재로 마감
② 팬 모터와 벨트는 밖으로 나가게 설치
③ 기밀성 유지 및 청소가 가능하도록 설치

2) 환기설비
① 환기계통은 설비별 단독 배기
② 급기량은 시간당 실용적의 20~30배로 하며, 열원은 별도 계통으로 단독 배기
③ 급기구에는 분진 방지 필터 설치
④ 환기덕트는 완만한 곡률반경으로 설계하여 먼지가 적층되지 않도록 함
⑤ 환기덕트는 되도록 바닥 가까이 설치하고 필터 부착

3) 배관설비
배관은 가능하면 매설하고 관통부는 완전히 밀폐

4) 미생물 제어
① 제균 필터 및 HVAC 계통의 청결 양압 처리
② 기계, 기구, 장치 건물의 즉시 세정 소독(열, 약제, 가스, 자외선 방식 등)
③ 바닥 건조 유지
④ 청정구역 낙하균 목표 준수

QUESTION 37

펌프 가동 시 펌프흡입구에서 발생하는 편류 및 선회류 방지를 위한 방안에 대하여 설명하시오. (102회)

1 편류 및 선회류 방지방안

① 가능한 한 곡부의 수가 적은 레이아웃으로 한다.
② 펌프 흡입구에 곡관을 직접 접속하는 것은 피하고, 단관 혹은 편락관을 삽입한다.
③ 곡관을 직접 접속하는 경우에는 관내 유속을 느리게 하고, 곡률반경이 큰 것을 선택한다.
④ 스페이스에 제약이 있을 경우에는 정류판부착 특수 곡관을 사용한다.

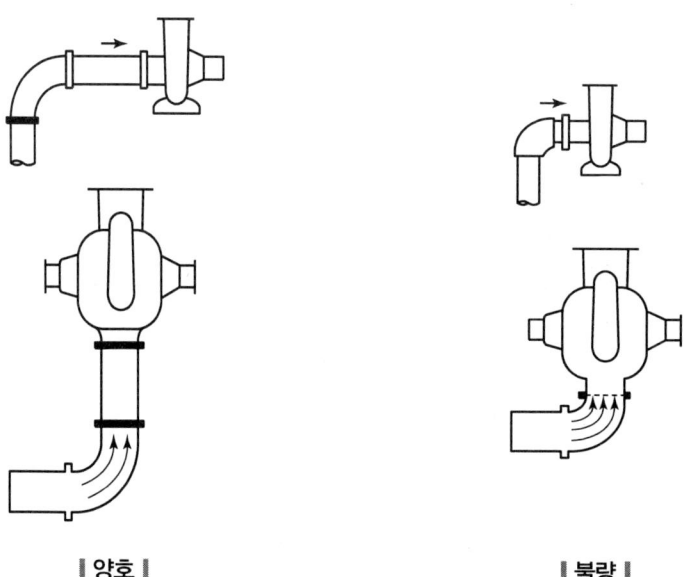

| 양호 | | 불량 |

QUESTION 38

기계식 환기와 자연식 환기방식을 설명하고 이러한 환기방식이 적용되는 실의 용도에 대하여 설명하시오. (102회)

1 자연환기방식

자연환기는 기계적 장치(급기팬 또는 환기 / 배기팬)를 사용하지 않는 환기방식으로서 4종 환기라고도 하며, 개구부의 위치, 면적 등에 의해 환기 효과가 달라지게 된다.

1) 온도차(중력)에 의해 발생되는 환기

(1) 개념
① 연돌효과(Stack Effect)에 의한 환기현상으로 공기의 온도차(밀도차)에 의한 환기를 말한다.
② 실내외 온도차가 커지면, 실내외 압력차도 커지므로 환기량은 커지게 된다(고온 측이 저기압, 저온 측이 고기압의 특성을 갖는다).

(2) 온도차(중력) 환기량의 산출

$$Q = KA\sqrt{h \cdot \Delta t}$$

여기서, Q : 개구부 단위면적당 환기량($m^3/min \cdot m^2$)
K : 개구부에 따른 저항 상수
A : 개구부 면적(m^2)
h : 두 개구부 간의 수직거리의 차
Δt : 실내외의 온도차

(3) 적용 용도
아트리움 등 수직적 높이차가 있는 대공간에 적용한다.

2) 바람(풍력)에 의한 환기량

(1) 개념
풍력환기는 바람에 의한 환기로서, 풍력환기에 의한 환기량은 유량계수와 통기율, 유출부와 유입부 간의 압력차 등에 비례한다.

(2) 바람(풍력)에 의한 환기량 산출

$$Q(\text{m}^3/\text{sec}) = \alpha \cdot A \cdot \sqrt{C_1 - C_2} \cdot v$$

여기서, Q : 환기량(m^3/s)
  α : 개구부에 따른 유량계수
  A : 개구부 면적(m^2)
  v : 바람속도(m/s)
  C_1 : 유입구의 풍압계수
  C_2 : 유출구의 풍압계수

(3) 적용 용도

주택, 오피스 등 일반적 공간으로서 층고가 낮은 공간에 적용한다.

2 기계환기방식

1) 제1종 환기(병용식)

(1) 개념
  ① 송풍기와 배풍기로 환기하는 방식
  ② 정확한 환기량과 급기량 변화에 의해 실내압을 정압 또는 부압으로 유지

(2) 적용 용도
  일반공조, 기계실, 전기실

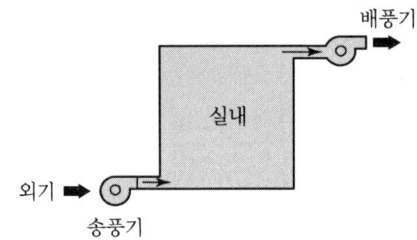

2) 제2종 환기(압입식)

(1) 개념
  ① 송풍기와 배기구로 환기하는 방식
  ② 실내를 정(+)압 상태로 유지하여 오염공기 침입을 방지하는 환기

(2) 적용 용도

Clean Room, 무균실, 무진실, 반도체공장, 수술실 등 유해가스, 분진 등 외부로부터의 유입을 최대한 막아야 하는 곳

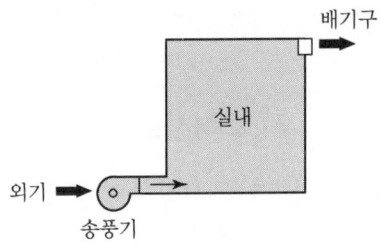

3) 제3종 환기(흡출식)

(1) 개념

① 급기구와 배풍기로 환기하는 방식

② 실내를 부(-)압 상태로 유지하여 실내에서 발생되는 취기와 수증기 등이 다른 공간으로 유출되지 않도록 하는 환기

(2) 적용 용도

① 주방, 화장실, 수증기 · 열기 · 냄새 유발장소 등 유해가스나 분진 등의 외부유출을 최대한 막아야 하는 곳

② 실내 오염물을 집중배기하는 국소환기에 주로 이용

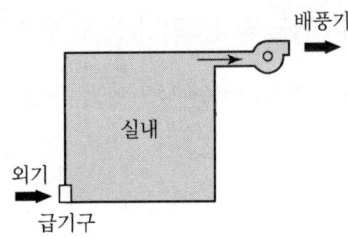

QUESTION 39

공조기의 취출구, 흡입구를 설계할 시 고려할 사항을 설명하시오. (103회)

1 공조기의 취출구, 흡입구 설계 시 고려사항

① 취출구의 형식과 배치는 실의 사용 목적, 천정 높이, 조명기구의 배치, 열부하의 분포, 칸막이 변경(시스템 천정 등)을 고려하여 결정한다.

② 동일계통 또는 실내에서 원형 또는 각형 디퓨저와 베인 격자형 취출구(유니버설형 취출구)를 병용하는 것은 풍량 밸런스가 맞지 않기 때문에 같이 사용하지 않는다.

③ 원형 및 각형 디퓨저의 설치
- 덕트를 부득이하게 직접 디퓨저에 접속해야 하는 경우에는 덕트 엘보 부분에 기류가 원활하도록 베인을 설치한다. 다만, 소음을 고려할 필요가 있는 경우에는 취출구에 체임버 부착형으로 하고, 글라스울 등의 흡음재(25mm)를 설치한다.
- 취출구는 주 덕트에 직접 연결하지 않는다.

④ 흡입구의 설계
- 흡입구는 기류분포를 고려하여 배치한다.
- 흡입구의 종류, 설치개소, 형상 등은 인테리어를 고려하여 결정한다.
- 정숙이 필요한 실의 흡입구에는 소음트랩(소음기) 등을 설치한다.

⑤ 풍량조절 기구가 없는 취출구에 설치하는 덕트에는 풍량조절 댐퍼를 설치한다.

QUESTION 40

> 냉각탑 성능에 습구온도(WB : Wet Blub Temperature)가 어떠한 영향을 주는지 쓰고, 그 이유를 설명하시오. (105회)

1 냉각탑 성능에 대한 습구온도의 영향 및 그 이유

1) 습구온도의 영향

① 냉각탑의 열성능은 입구공기의 습구온도에 영향을 받는다.
② 습구온도가 낮아지면 냉각수의 증발이 많아져 증발 냉각 효과가 커지게 된다.

2) 열성능에 영향을 주는 이유

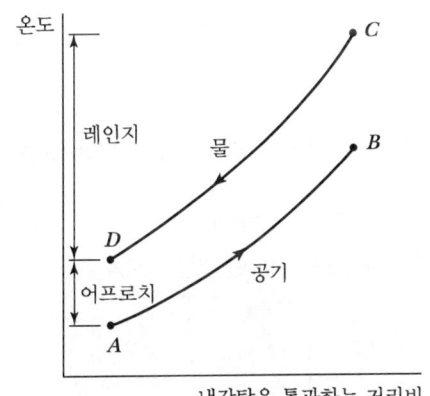

∥ 대향류형 냉각탑에서 물·공기의 온도관계 ∥

① 레인지(Range, Cooling Range)
- 냉각탑 입구 수온과 출구 수온의 온도차($C-D$)이다.
- 냉각탑에서 냉각되는 온도차로서 5℃ 정도이다.
- 열교환기를 통과하는 물 온도 하강분과 같다.
- 외기 습구온도가 낮을수록 냉각이 잘 된다.

② 어프로치(Approach)
냉각탑 출구 수온과 냉각탑 입구공기 습구온도의 차이($D-A$)를 말한다.

QUESTION 41

송풍기의 (1) 정압(Static Pressure), (2) 동압(Dynamic Pressure or Velocity Pressure), (3) 전압(Total Pressure)에 대하여 설명하시오. (105회)

1 정압(P_s = Static Pressure)

① 유체의 흐름과 직각방향으로 작용하는 압력(송풍저항에 대응하는 압력)
② 정압 P_s는 유체의 흐름에 평행인 물체의 표면에 유체가 수직으로 미치는 압력이므로 그 표면에 수직 Hole을 만들어 측정한다.
③ 덕트의 한 쪽을 막고 측정하고, 이때 공기의 움직임은 없으며, 이렇게 공기의 유동이 없을 때 발생하는 압력을 정압이라 한다.
④ 송풍기에서의 정압은 송풍기 토출 측 정압과 흡입 측 정압의 차로 나타난다.

2 동압(P_d = Dynamic Pressure = Velocity Pressure)

① 유체의 흐름 방향으로 작용하는 압력(유체의 속도에 의해서 생기는 압력)을 말한다.
② 동압은 속도에너지를 압력에너지로 환산한 값이다.

$$P_d = \frac{\gamma V^2}{2g}$$

③ 송풍기의 동압은 토출 측 동압을 적용한다.

3 전압(P_t = Total Pressure)

① 전압은 정압과 동압의 절대압의 합이다(전압 = 정압 + 동압).
② 단위 : mmAq, mAq, Pa, kPa

$$P_t = P_s + P_d$$

③ 송풍기의 전압은 송풍기의 정압과 토출 측 동압의 합으로 산출한다.

QUESTION 42

공조설비시스템에서 혼합손실의 정의와 발생시키는 요인들을 설명하시오. (108회)

1 혼합손실(Mixing Loss)의 정의

① 냉난방을 동시에 하는 경우 발생하는 현상이다.
② 예를 들어 겨울철 페리미터 Zone은 난방을 하게 되나, 인테리어 Zone(내부존)은 내부발열 등에 의해 냉방을 하는 경우가 있다.
③ 이 경우 동일 공간 내에서 혼합손실이 발생하게 된다.

2 혼합손실을 발생시키는 요인

1) Zone의 평면이 넓은 경우(냉난방 혼합)

2) 공기 기류의 부적절성

페리미터 Zone의 팬코일에서 취출된 고온의 공기가 상승하여 천장면에 도달하여 인테리어 Zone의 급기구에서 취출된 저온의 공기와 충돌 후 다시 창면의 배기구로 순환

3) 페리미터와 인테리어 간의 온도차가 클 경우

3 방지대책

① 적절한 평면 Zoning
② 공기 기류의 적절성을 위해 단열 칸막이 등을 설치
③ 외주부와 내주부 간의 온도차를 최소화

QUESTION 43

에너지 절약적 공조시스템인 Chilled Beam System의 개요와 특징을 설명하시오.
(108회)

1 칠드빔(Chilled Beam) 공조방식의 개요

1) 정의

① 인테리어 개념이 가미된 천장 패널에 덕트와 배관을 포함한 기존의 기계설비와 전기설비의 모든 공정의 공사를 집합하여 모듈화한 것이다.
② 공장에서 대량으로 제작하여 현장으로 운반, 설치, 연결하는 새로운 천장 시스템이다.

2) 개념도

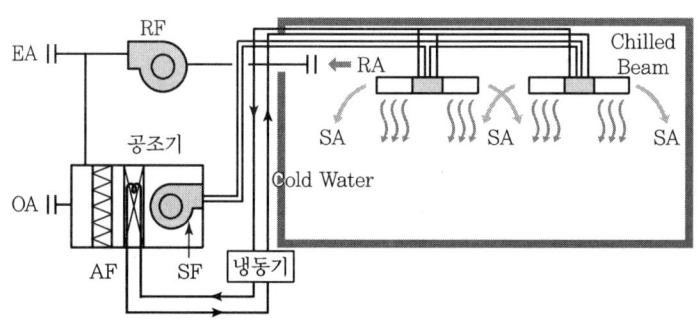

| Chilled Beam 개념도 |

2 칠드빔(Chilled Beam) 공조방식의 특징

① VAV와 같은 전력 사용개소가 없고 냉수배관에 의한 에너지 수송효율이 공기 덕트보다 높아 에너지 절약적 공조방식이다.
② 천장으로 유인되는 실내공기와 노즐에서 분사되는 신선외기가 일정한 흐름을 형성하여 Draft가 없는 쾌적한 실내환경을 제공한다.
③ 유지보수가 용이하다.
④ 공조기의 주된 역할은 신선외기의 도입과 내주부의 난방이고, 고속 혹은 중속 덕트로 급배기를 함으로써 공조기와 덕트의 크기가 작아지므로 공조실과 덕트 샤프트의 크기를 줄일 수 있다.
⑤ 천장판에서 상부층 바닥면의 0.8~1m까지 가능하여 초고층 건물의 경우 동일 천장고를 유지하면서도 전체 층수를 더 많게 할 수 있어 경제적이다.

QUESTION 44

공조배관시스템에서 차압밸브(Differential Pressure Valve)의 기능, 필요성 및 설치 위치에 대하여 설명하시오. (108회)

1 기능 및 필요성

냉·온수공급시스템에서 부하계의 유량제어에 따른 유량 변동 시 공급 측과 환수 측 간에 차압이 발생하며 이를 해소하기 위하여 공급 측과 환수 측을 By-pass시켜 차압을 해소하여 열원계에 일정 유량을 확보한다.

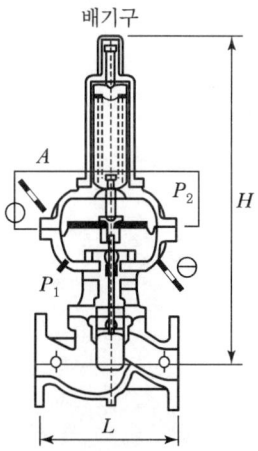

2 설치 위치

수배관 회로방식 중 변유량 방식에 있어서 부하계의 유량 변동 시 열원계의 일정 유량 확보를 위해 공급 측과 환수 측 사이에 설치한다.

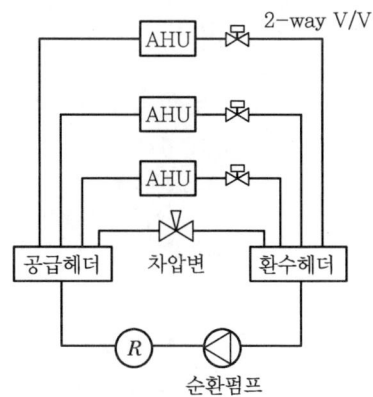

3 특징

① Valve 전후의 차압을 측정할 수 있어 System 진단이 용이
② 압력계 부착으로 1차, 2차 측 압력 확인이 용이
③ 배관 System 내 유량 변동에 따른 압력상승을 제어함으로써 안정적인 System 구성이 가능

QUESTION 45

고층건물의 입상건식덕트의 상부 캡에 형성되는 풍압대의 개념과 옥탑층에 형성되는 풍압대를 그려 설명하시오. (109회, 120회)

1 고층건물의 입상건식덕트의 상부 캡에 형성되는 풍압대의 개념

① 입상건식덕트 주변에 형성되는 풍압대를 말한다.
② 풍압대에 의한 배기의 역류가 발생하지 않도록 입상건식덕트를 일정 높이 이상 입상하는 것이 필요하다.
③ 이때 설치되는 입상건식덕트의 상부 캡은 옥탑층에 형성되는 풍압대를 벗어나도록 설치하고, 역압이 발생하여도 오염물질이 효과적으로 배출될 수 있도록 자연배기 및 강제배기장치를 설치토록 한다.

2 옥탑층에 형성되는 풍압대

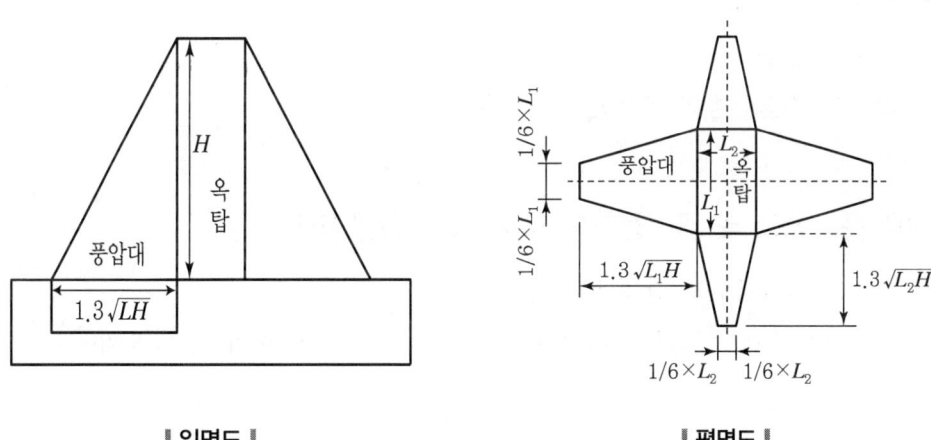

‖ 입면도 ‖　　　　　　‖ 평면도 ‖

3 입상건식덕트의 높이 및 높이 형성 목적

1) 입상건식덕트의 높이

옥탑층의 상부 Slab보다 1.5m 이상 높게 설치한다.

2) 높이 형성 목적

역압이 발생하여 실내로 들어가지 않도록 하기 위함이다.

QUESTION 46

> 사무소 건물의 기준층 평면 계획 시 설비적 측면의 주요 고려사항에 대하여 설명하시오. (111회)

1 Zoning 분석

① 외주부 / 내주부 Zoning
② 요구되는 온·습도, 공기청정 조건의 정도에 의한 Zone 분석

2 반송계통

① 취출 디퓨저의 확산반경 및 소음
② 수직 샤프트 배치 공간 확보

3 공조방식

① 외주부 페리미터 공조 : F.C.U
② 내주부 전공기 방식 : 정풍량 단일덕트 방식

4 실내 온·습도 및 공기청정도 자동제어시스템 적용

① 쾌적도 유지를 위한 자동제어시스템 적용
② CO_2 농도 1,000ppm 등 관련 청정도 기준에 근거한 자동제어시스템 도입

QUESTION 47

다음의 용어에 대하여 설명하시오. (111회)
(1) TOE
(2) TC
(3) BIPV
(4) 온실가스
(5) 송풍기 번호(No, #)

1 TOE(Ton of Oil Equivalent)

① 지구상에 존재하는 모든 에너지원의 발열량에 기초해서 이를 석유의 발열량으로 환산한 것으로 석유환산톤을 말한다.
② 각종 에너지의 단위를 비교하기 위한 가상단위라고 볼 수 있다.
③ 1TOE는 10^7kcal에 해당한다.

2 TC(Tonnes of Carbon)

① 발생(또는 감축)된 탄소의 총량을 톤으로 환산한 것으로서, 온실기체의 용량단위이다.
② 산출식

$$TC = TCO_2 \times \left(\frac{12}{44}\right)$$

여기서, TCO_2 : 이산화탄소톤

3 BIPV(Building Intergrated Photo Voltaic System)

① BIPV(건물 일체형 태양광 발전시스템)란 건물의 외벽 마감재 대신에 태양광 모듈로 외피마감 재료를 대체하는 시스템이다.
② 건축면에서는 외장재, 에너지면에서는 전력 생산, 디자인면에서는 디자인 도구로, 시스템적으로 결합되어 활용 가능성이 무한하다.

4 온실가스(Greenhouse Gas)

① 온실가스란 온실효과를 일으키는 대기 중의 자연적 또는 인위적 가스성분을 의미하는데, 화석연료의 과다한 소비로 인위적인 온실가스가 폭발적으로 증가되어 지나친 온실효과에 기인한 지구온난화를 발생시킨다.

② 6대 온실가스
이산화탄소(CO_2) · 메탄(CH_4) · 아산화질소(N_2O) · 수소화플루오린화탄소(HFC) · 플루오린화탄소(PFC) · 플루오린화황(SF_6)

5 송풍기 번호(#)

송풍기의 날개지름에 따라 규격화해 놓은 것으로서, 원심형과 축류형 송풍기는 다음과 같이 송풍기 번호를 산출한다.

① 원심형 송풍기 번호 : $No. = \dfrac{회전날개지름(mm)}{150}$

② 축류형 송풍기 번호 : $No. = \dfrac{회전날개지름(mm)}{100}$

QUESTION 48

덕트 내 공기가 흐를 때 압력을 측정하기 위하여 마노미터(Manometer) 사용 시 정압(靜壓), 동압(動壓) 및 전압(全壓) 측정방법을 그림으로 그리고 설명하시오.
(111회, 117회)

1 마노미터(Manometer)의 개념

① 차압의 원리에 의해 압력을 측정하는 기구로서 액주계라고도 한다.
② 압력 차이에 의해 밀려올라간 액체 기둥의 높이 차이를 측정하여 그에 상응하는 압력을 측정하는 장치이다.

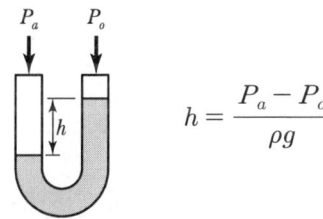

$$h = \frac{P_a - P_o}{\rho g}$$

2 정압(靜壓), 동압(動壓) 및 전압(全壓)의 측정

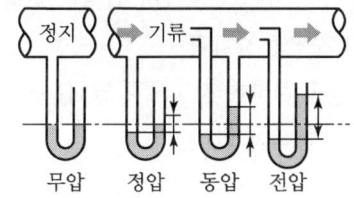

1) 정압(靜壓)의 측정

피토튜브의 외부관 연결부와 마노미터의 한쪽을 호스로 연결하여 측정

2) 동압(動壓)의 측정

피토튜브의 외부관과 내부관의 양쪽을 마노미터의 양쪽과 호스로 연결하여 측정

3) 전압(全壓)의 측정

피토튜브의 내부관 연결부와 마노미터의 한쪽을 호스로 연결하여 측정

QUESTION 49

풍량조절용 댐퍼와 방화용 댐퍼를 비교하여 설명하시오. (111회)

1 풍량조절댐퍼(VD : Volume Damper)

① 주 덕트로부터 Zone별 분기점 또는 송풍기 출구 쪽에 설치하여 날개의 열림 정도에 따라 풍량 조절 및 폐쇄의 역할을 한다.
② 날개의 작동은 댐퍼 축과 연결된 Lever Handle이나 Worm Gear Handle을 사용하여 수동으로 조절하거나, 전동모터(Modulating Type)와 연결하여 자동으로 제어한다.

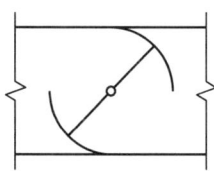

∥ Butterfly Damper ∥

2 방화댐퍼(FD : Fire Damper)

① 화재 발생 시 덕트를 통하여 다른 방으로 화재가 번지는 것을 방지하기 위해 방화구역을 관통하는 덕트 내에 설치하는 공기 차단장치이다.
② 화재로 인한 연기 또는 불꽃을 감지하여 자동으로 닫히는 구조이어야 하며, 비차열 성능(비차열 1시간 이상) 및 방연성능에 적합해야 한다.

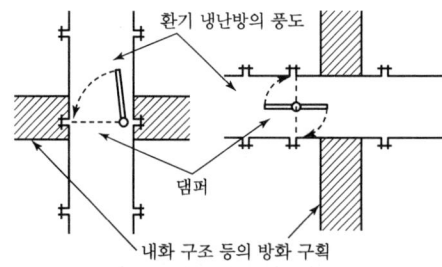

∥ 슬라이드형 ∥

3 풍량조절용 댐퍼와 방화용 댐퍼의 비교

구분	풍량조절용	방화용
용도	풍량조절 및 개폐	화재확산방지
설치 위치	분기점 또는 송풍기 흡입, 토출	방화구획을 관통하는 덕트 내
개폐제어방법	수동 또는 전동모터로 조절	화재로 인한 연기 또는 불꽃을 감지하여 자동으로 닫히는 구조
주요 성능규정	개폐각에 따른 정압특성	방화방연성능(비차열 1시간 이상, 방연성능)

QUESTION 50

공조기나 덕트용 팬(Fan)의 선정 시에 온도와 고도(高度) 보정의 필요성에 대해 설명하시오. (111회)

1 덕트 계통의 압력손실 계산 기준

① 덕트에서 발생하는 압력손실은 직관덕트와 분기부와 곡관부 등의 손실에 대하여 계산한다.
② 공조·환기(배연 포함)용 덕트 계산에 대해서는 공기를 표준공기(표준기압) 1.0325×10^5 Pa, 건구온도 20℃, 상대습도 60%, 밀도 1.2kg/m³, 정압비열 1,007J/(kg·K)로 취급하여 계산한다.

2 온도와 고도(高度) 변화에 따른 압력손실 계산 Factor 변화

1) 온도상승 및 하강에 따른 Factor 변화

구분	온도상승	온도하강
기압	상승	하강
건구온도	상승	하강
상대습도	하강	상승
밀도	하강	상승
정압비열	상승	하강

2) 고도상승 및 하강에 따른 연관 Factor 변화

구분	고도상승	고도하강
기압	하강	상승
건구온도	상황에 따라 다름	상황에 따라 다름
상대습도	상황에 따라 다름	상황에 따라 다름
밀도	하강	상승
정압비열	상황에 따라 다름	상황에 따라 다름

3 공조기나 덕트용 팬(Fan)의 선정 시에 온도와 고도(高度) 보정의 필요성

① 공조기나 덕트용 팬(Fan)은 덕트 계통의 압력손실이 반영되어 용량 및 구조, 방식 등이 결정되어야 한다.

② 온도와 고도가 변경될 경우 덕트의 압력손실 계산 기준이 변경되므로 온도 및 고도에 따른 보정계수를 적용하여 산출이 필요하다.

③ 일반적으로 공기밀도가 표준상태 공기밀도보다 10% 이상 변화가 있다면, 온도 및 고도에 따른 보정계수를 적용하여 풍속을 계산하여야 한다.

QUESTION 51

클린룸 보조설비인 패스박스(Pass Box)의 구성과 구조에 대하여 설명하시오.
(112회)

1 패스박스(Pass Box)의 개념 및 기능

Pass Box는 청정구역과 비청정구역의 경계에 설치하여 물품이 출입하는 경로로서 오염공기의 유입이나 청정공기의 유출을 막는 장치이다.

2 구성

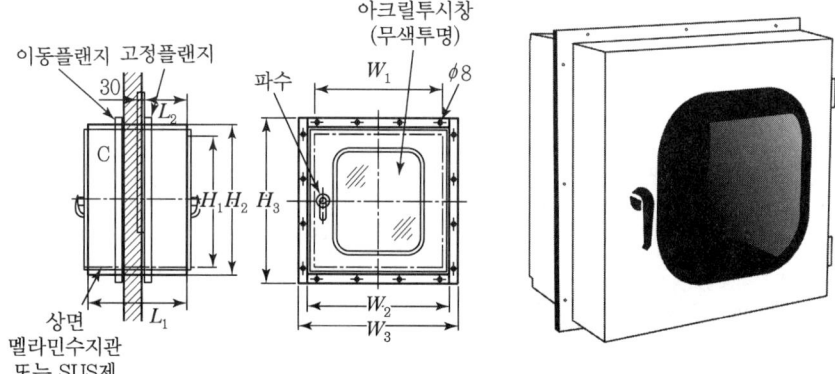

1) Door Interock 장치

공기 교차를 방지하기 위해 Door Interlock 장치가 필요

2) U.V 램프

물품 표면의 살균 등을 위해 설치

3) Air Curtain

물품 표면에 묻어 있는 오염물질을 공기압으로 제거하기 위해 설치

4) 오염공기 처리 필터

Prefilter와 HEPA Filter를 통해 물품에서 방출된 오염공기를 정화 후 순환하여 다시 Air Curtain을 통해 취출

5) Roller

물품의 이동을 위한 이송 용도로 사용

3 종류별 구조

1) 표준형 패스박스(Pass Box)

① Clean Room 용으로 가장 많이 사용된다.
② 한쪽의 문을 열면 반대쪽의 문이 열리지 않는 Interlock 장치가 붙어 있다.
③ 살균형 Pass Box는 내측에 U.V Lamp로 물품의 표면을 살균하는 기능을 갖고 있다.

2) 에어샤워형 패스박스(Air Shower형 Pass Box)

① 반입되는 물품에 대하여 Air Curtain으로 청정 공기를 취출하여 표면에 부착된 오염입자를 제거한다.
② 제거 시 발생된 오염공기를 Prefilter와 HEPA Filter를 통해 정화 후 순환시켜 다시 Air Shower를 통해 취출한다.
③ 유닛 밑면에는 롤러를 부착하여 물품의 반입 시 이동을 원활히 한다.

QUESTION 52

전체환기와 비교하여 국소환기의 장점을 설명하시오. (113회)

1 국소환기와 전반환기

구분	형식	국소환기 (局所換氣, Local or Spot Ventilation)	전반환기 (全般換氣, General Ventilation)
개념도		배기팬 → 배기 / 오염 발생원	배기팬 → 배기 / 실내 전체
구성		국소후드 → 배기덕트 → 정화장치 → 배기 Fan	배기그릴 → 배기덕트 → 배기 Fan
방식		후드를 사용하여 실내의 오염물을 집중 배기하는 방식	배기그릴을 이용하여 실내의 오염물을 전역환기하는 방식
환기목적		오염물 제거 및 확산방지, 발열제거	오염물 제거에 의한 쾌적환경 조성
주요 환기 대상		오염원, 발열원	인체
적용		연구소, 실험실, 주방, 탕비실 등	일반공조대상건물, 기계실, 전기실, 정화조 등
특징	환기풍량	적다.	많다.
	반송동력	작다.	크다.
	오염원 확산	없다.	있다.
	에너지절약	우수	불량
	설비용량	작다.	크다.
	설치공간	작다.	크다.
	공사비	적다.	많다.

QUESTION 53

> 펌프에 사용되는 메커니컬 실(Mechanical Seal)의 정의와 특징을 5가지 쓰시오.
> (113회)

1 메커니컬 실(Mechanical Seal)의 정의

① 메커니컬 실은 회전기기의 축봉장치로서 회전부와 고정부가 접촉하여 최소한의 누설을 제한하려는 기계 부품을 말한다.
② 초기에는 Elastomer Ring(탄성고무), Gland Packing을 이용한 누설을 허용하였으나 산업의 발달로 인하여 누설을 제한하려 하는 Seal을 개발하여 고온, 고압, 고속 등의 조건에서도 사용할 수 있도록 설계·제작한 메커니컬 실로 변천하여 현재까지 계속적으로 기술개발을 하고 있다.

‖ 메커니컬 샤프트 실 펌프 ‖

2 메커니컬 실의 특징

① 축에 진동과 다소 변화가 있더라도 실링이 확실히 된다.
② 조정 작업이 필요 없다.
③ 실의 표면 마찰이 작아서 동력 손실을 최소화할 수 있다.
④ 축이 실의 어떤 부품에 대해서도 미끄러짐이 발생하지 않는다.
⑤ 마모로 인한 어떠한 손상도 입지 않는다.

QUESTION 54

펌프의 회전수(RPM)가 100%에서 50%, 25%로 감소할 때 각각의 유량, 양정 및 동력의 변화를 그래프로 나타내고 설명하시오. (113회)

1 유량, 양정 및 동력의 변화 그래프

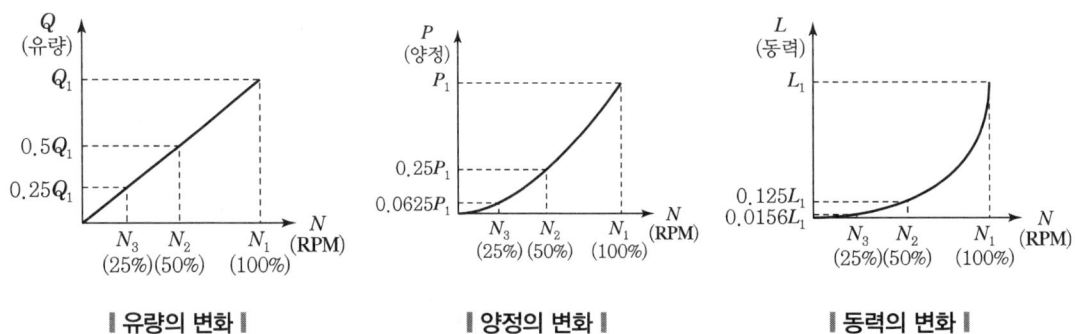

| 유량의 변화 | 양정의 변화 | 동력의 변화 |

2 50%로 감소

① $Q_2 = Q_1 \dfrac{N_2}{N_1} = Q_1 \dfrac{0.5}{1} = 0.5\, Q_1$

② $P_2 = P_1 (\dfrac{N_2}{N_1})^2 = P_1 (\dfrac{0.5}{1})^2 = 0.25\, P_1$

③ $L_2 = L_1 (\dfrac{N_2}{N_1})^3 = L_1 (\dfrac{0.5}{1})^3 = 0.125\, L_1$

3 25%로 감소

① $Q_3 = Q_1 \dfrac{N_3}{N_1} = Q_1 \dfrac{0.25}{1} = 0.25\, Q_1$

② $P_3 = P_1 (\dfrac{N_3}{N_1})^2 = P_1 (\dfrac{0.25}{1})^2 = 0.0625\, P_1$

③ $L_3 = L_1 (\dfrac{N_3}{N_1})^3 = L_1 (\dfrac{0.25}{1})^3 = 0.0156\, L_1$

QUESTION 55

펌프의 비속도를 설명하시오. (115회, 117회)

1 정의

한 회전차를 형상과 운전상태를 상사하게 유지하면서 그 크기를 바꾸어 단위 송출량(m^3/min)에서 단위 양정(m)을 내게 할 때 그 회전차에 주어져야 할 회전수를 기준이 되는(처음) 회전차와의 비속도 또는 비교회전수라고 한다.

2 비속도(비교회전수)의 산출

$$N_s = N\frac{Q^{1/2}}{H^{3/4}} = \text{Const}$$

여기서, N_s : 비교회전수(비속도)
  N : Pump의 회전수(기준, rpm)
  Q : Pump의 유량(최고효율점에서의 토출량, m^3/min)
  H : 양정(m)

3 필요성

결정된 유량과 양정 조건하에서 최적 특성의 Pump Impeller를 선정하기 위함

4 펌프별 비속도(비교회전도)의 특징

1) 원심 펌프, 왕복동식 펌프

비교회전도 N_s가 작고 유량이 적으며, 양정이 높은 펌프

2) 축류식 펌프, 사류식 펌프

비교회전도 N_s가 크고 유량이 많으며, 양정이 낮은 펌프

QUESTION 56

HEPA(High Efficiency Particulate Air) Filter와 ULPA(Ultra-Low Penetration Air) Filter에 대하여 설명하시오. (115회)

1 HEPA Filter(High Efficiency Particulate Air Filter)

1) 정의

계수법에 의한 여과효율이 99.97% 이상인 필터(Filter)를 말한다.

2) 용도

① 병원수술실, 방사선물질 취급소, Clean Room 등에 사용
② Clean Room Class 10~100 정도에 사용

3) 주의사항

공기저항(정압손실 254~500Pa)이 크기 때문에 송풍설계에 유의해야 한다.

2 ULPA Filter(Ultra Low Penetration Air Filter)

1) 정의

계수법에 의한 여과효율이 99.9997% 이상인 필터(Filter)를 말한다.

2) 용도

① Super Clean Room의 최종단 Filter로 사용
② Clean Room Class 10 이하에 사용

3) 주의사항

공기저항(정압손실 254~500Pa)이 크기 때문에 송풍설계에 유의해야 한다.

QUESTION 57

천장취출구 공기의 확산반경과 이를 고려한 취출구의 배치기준에 대하여 설명하시오. (116회)

1 취출구의 확산반경

1) 최대확산반경

천장취출구에서 취출을 하는 경우에 드리프트(Drift)가 일어나지 않는 상태로 하향 취출을 했을 때, 거주영역에서 평균풍속이 0.1~0.125m/s로 되는 최대 단면적의 반경을 최대확산반경이라고 한다.

2) 최소확산반경

거주영역에서 평균풍속이 0.125~0.25m/s로 되는 최대 단면적의 반경을 최소확산반경이라고 한다.

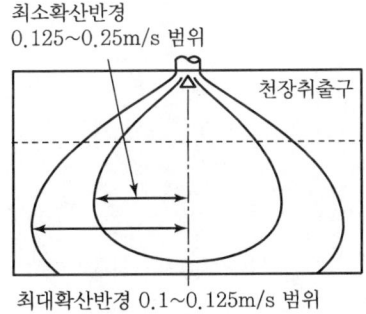

∥ 천장취출기류의 확산반경 ∥

2 확산반경을 고려한 취출구의 배치기준

① 취출구의 배치는 최소 확산반경이 겹치지 않도록 계획한다. 겹칠 경우 드리프트, 즉 편류 현상이 발생한다.
② 거주영역에 최대 확산반경이 미치지 않는 영역이 없도록 천장을 장방형으로 나누어 배치한다.
③ 이때 분할된 천장의 장변(S)은 단변(L)의 1.5배 이하로 하고 취출높이(H)의 3배 이하로 한다.

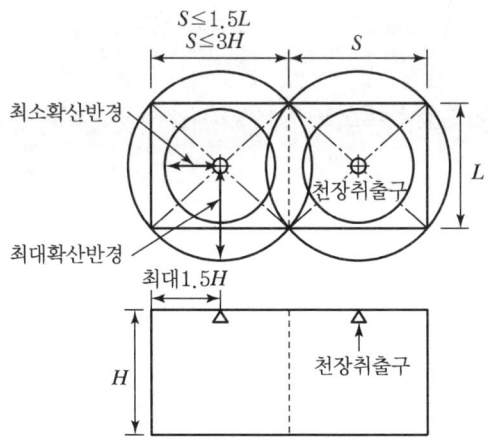

┃ 천장취출구의 확산반경 ┃

QUESTION 58

펌프의 회전수 1,800rpm, 토출량 1.5m³/min, 소요동력 10kW일 때 회전수를 변화시켜 토출량을 1.2m³/min으로 감소시킬 때 동력(kW)을 구하시오. (116회)

상사의 법칙에 의해 회전수와 토출량은 비례

그러므로 토출량이 1.5 → 1.2 변화만큼 회전수 감소 1,800 → 1,440rpm

$$L_2 = L_1 \left(\frac{N_2}{N_1}\right)^3 = 10 \left(\frac{1,440}{1,800}\right)^3 = 5.12\text{kW}$$

QUESTION 59

클린룸(Clean Room) 관리의 4대 원칙을 설명하고, Class 1의 의미를 설명하시오.
(116회)

1 클린룸의 4원칙

4원칙	고려사항	세부사항
먼지의 유입 및 침투 방지	• 실내공기압력 • 건축적인 동선계획 • HEPA 필터	실 간의 차압조정, 양압유지, 도입외기량 조정, 작업원·물류·원료의 동선구분, 청정과 오염지역 구분 Air Loc Filter Leak 방지
먼지 발생 방지	• 인원관리 • 인원의 복장관리 • 건축내장재, 재료	필요인원 출입통제, 작업원 동선 최소화, 무진복·청정장갑 착용, 인체호흡 기류차단, 표면가공처리, 무발진 재료 사용
먼지 집적 방지	• 실내기류 • 건축내장재 • 실내청소	취출구 위치조정, 층류풍속 및 환기횟수 조정, 무정전 내장재 사용, 청소기준에 따른 지속 시설
먼지 신속 배제	• 클린룸 방식 • 실내기류 • 환기횟수	시설용도의 정확한 파악, 기류분포 예상 및 화기구 위치조정, 발진부분 배기, 환기횟수를 높게 유지

2 Class 1의 의미

1) 청정도 국제규격 ISO 14644 적용

$0.1\mu m$ 이상 입자가 최대 10개/m^3 이하일 경우 Class 1

2) FED Standard 적용

ft^3당 $0.5\mu m$ 이상의 입자가 최대 1개 이하일 경우 Class 1

3 클린룸의 청정도 구분

1) 청정도 국제규격(ISO 14644)

구분	규격사항
단위 체적	$1m^3$
기준	$1m^3$ 중의 입자경 $0.1\mu m$ 이상의 입자 개수로 등급 구분
예시	$0.1\mu m$ 이상 입자가 최대 1,000개/m^3 이하일 경우 Class 3

2) 입자 수에 따른 클린룸 Class

ISO 청정도 클래스	지정입경 이상의 허용입자 농도(개/m^3)						(참고)* FED Std. 기준
	$0.1\mu m$	$0.2\mu m$	$0.3\mu m$	$0.5\mu m$	$1\mu m$	$5\mu m$	
1	10	2	–	–	–	–	
2	100	24	10	4	–	–	
3	1,000	237	102	35	8	–	1
4	10,000	2,370	1,020	352	83	–	10
5	100,000	23,700	10,200	3,520	832	29	100
6	1,000,000	237,000	102,000	35,200	8,320	293	1,000
7	–	–	–	352,000	83,200	2,930	10,000
8	–	–	–	3,520,000	832,000	29,300	100,000
9	–	–	–	35,200,000	8,320,000	293,000	1,000,000

* 참고 부분은 FED-STD-209에 의한 Class 등급 산출

QUESTION 60

다음 용어에 대하여 각각 설명하시오. (117회)
(1) 코안다 효과(Coanda Effect)
(2) 보일러 마력
(3) 쿨링 레인지(Cooling Range)와 쿨링 어프로치(Cooling Approach)

1 코안다 효과(Coanda Effect)

1) 개념
벽면과 천장면에 접근하여 분출된 기류가 압력이 낮은 벽면 및 천장면에 빨려 들어가 부착하여 흐르는 경향을 말한다.

2) 특징
① 수평으로 분사되는 차가운 기류의 하강을 방해한다.
② 한쪽 방향으로만 확산이 일어난다.
③ 확산에 의한 속도감쇠가 적어지고 도달거리가 커진다.
④ 주방과 같이 일정 공기의 빠른 배출을 위한 곳에서는 코안다 효과를 이용하여 원활한 배기를 촉진한다.

2 보일러 마력(BHP : Boiler Horse Power)

1) 개념
① 보일러 마력이란 표준대기압에서 100℃ 포화수 15.65kg을 1시간 동안에 100℃ 건조포화 증기로 바꿀 수 있는 증발능력을 말한다.
② 1보일러 마력이란, 15.65kg/h의 상당증발량을 낼 수 있는 증발능력을 의미한다.

2) 적용 공식

$$1BHP = 15.65 \times 2,256 = 35,306 kJ/h = 9.8 kW$$

3 쿨링 레인지(Cooling Range)와 쿨링 어프로치(Cooling Approach)

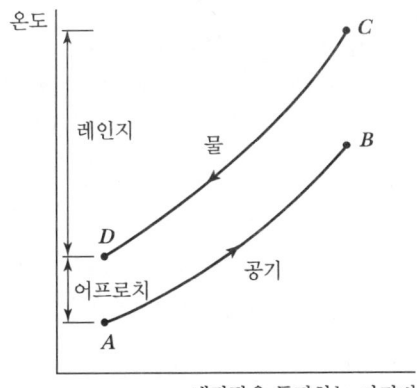

‖ 대향류형 냉각탑에서 물·공기의 온도관계 ‖

1) 레인지(Range, Cooling Range)

① 냉각탑 입구 수온과 출구 수온의 온도차($C-D$)이다.
② 냉각탑에서 냉각되는 온도차로서 5℃ 정도이다.
③ 열교환기를 통과하는 물 온도 상승분과 같다.
④ 외기 습구온도가 낮을수록 냉각이 잘 된다.

2) 어프로치(Approach)

① 냉각탑 출구 수온과 냉각탑 입구공기 습구온도의 차이($D-A$)를 말한다.
② 냉각수가 이론적으로 냉각 가능한 접근값이다.
③ 어프로치는 같은 냉각탑에서 부하와 더불어 커지며, 동일한 부하에서는 냉각탑이 크면 클수록 작아진다.

QUESTION 61

습공기의 가습방법 3가지를 설명하시오. (117회)

1 습공기의 가습방법 3가지

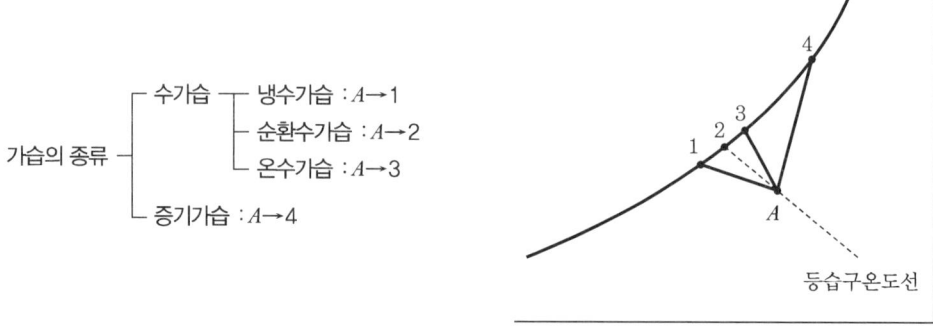

┃ 습공기선도에서의 가습 ┃

1) 수(水)가습(냉수가습, 온수가습)

① 온수가습의 경우 건구온도는 낮아지고 습구온도, 절대습도, 엔탈피 등은 상승한다.
② 냉수가습의 경우 건구온도, 엔탈피, 습구온도 등은 낮아지고, 절대습도는 상승한다.
③ 가습에 사용되는 물의 온도가 공기의 온도보다 낮으면 냉수가습, 높으면 온수가습이라고 한다.
④ 실제로는 냉수와 온수의 현열량의 차이가 증기의 잠열량과 비교했을 때 상당히 작으므로 수가습으로 통칭하기도 한다.

2) 순환수가습

① 순환수가습이란 코일에 들어가는 순환수를 냉각 또는 가열을 하지 않은 채 분무·가습하는 것을 말한다.
② 시간이 지나면 순환수의 수온은 공기의 습구온도와 같게 되며, 이때 공기가 순환수에 주는 현열량과 순환수가 공기 중에 증발할 때의 잠열량이 동일한 열출입이 없는 상태가 되는데, 이를 단열가습이라고도 한다.
③ 습공기선도상에서 상태점 A는 등습구온도선을 따라 포화선에 도달할 때까지 이동한다.
④ 이론적인 가습의 형태로서 실제로는 이용되지 않는다.

3) 증기가습

① 증기가습이란 포화증기를 공기에 직접 분무하는 것으로 가습효율은 100%에 가깝다.
② 증기가습은 수가습처럼 증발잠열을 공기에 뺏기지 않으므로 공기를 가습시키고 동시에 가열시킨다.
③ 습공기선도상에서 상태점 A는 열수분비선과 평행한 선을 따라 이동한다.
④ 증기보일러가 있는 시스템에서 활용한다.

QUESTION 62

소음 레벨이 60dB(A)인 펌프 4개가 동시에 가동될 때 합성소음 레벨을 계산하시오.
(117회)

1 합성소음 레벨(L)

$L_1(\text{dB})$의 소음과 $L_2(\text{dB})$의 소음을 합성하면 다음과 같이 합성소음 레벨(L)이 산출된다.

1) 소음 레벨이 같은 펌프일 경우

$$L = L_1 + 10\log N = L_1 + 10\log 2$$

여기서, $L_1 = L_2$, N : 펌프대수

2) 소음 레벨이 다른 펌프일 경우

$$L = 10\log\left(10^{\frac{L_1}{10}} + 10^{\frac{L_2}{10}}\right)$$

여기서, $L_1 \neq L_2$

2 소음 레벨이 60dB(A)인 펌프 4개가 동시에 가동될 때 합성소음 레벨

$$L = 60 + 10\log 4 = 66.02\text{dB}$$

QUESTION 63

실내공기질 개선을 위한 항균기술의 종류 및 특징에 대하여 설명하시오. (118회)

1 실내공기질 개선을 위한 항균기술의 종류 및 특징

1) 필터식

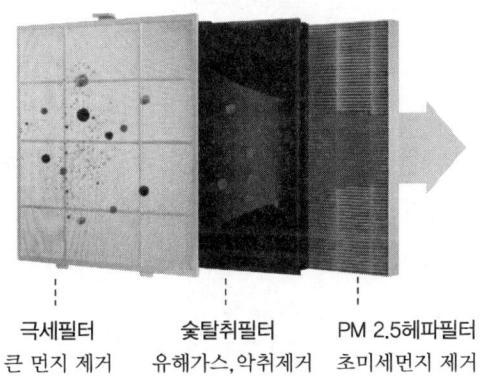

극세필터 — 큰 먼지 제거
숯탈취필터 — 유해가스, 악취제거
PM 2.5헤파필터 — 초미세먼지 제거

① 팬을 이용해 공기를 흡입한 뒤 필터로 정화하여 공기를 다시 배출하는 방식이다.
② 일반적으로 HAPA필터를 적용하여 미립자를 집진 여과한다.
③ 여과지의 오염도에 따라 성능이 좌우되므로, 지속적인 유지관리가 필요하다.

2) 이온식

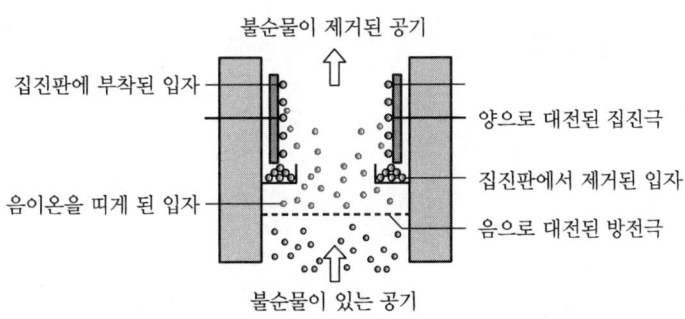

① 일정거리를 두고 전극에 고전압을 흘려 공중에 음(−)이온을 방전시켜 공기 중의 미립자에 부착시키고 양극(+)의 집진에 끌어당겨 입자를 제거하는 방법이다.
② 소비 전력이 적고 소음이 적다.
③ 팬이 없기 때문에 정화될 때까지 소요되는 시간이 길고, 면적이 넓을수록 효과가 감소한다.

3) 전기집진식

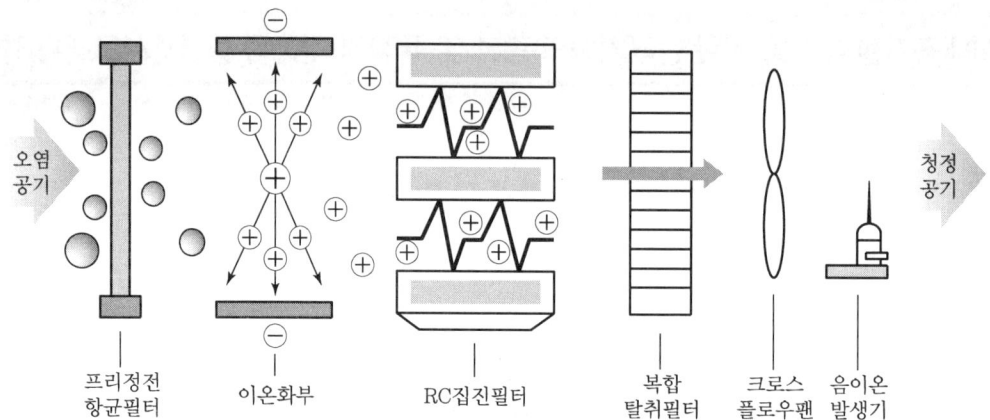

① 전기적 방전원리를 이용해 집진판에 오염물질이 달라붙게 하는 방식
② 일반적으로 음이온 정화기라고 부름
③ 이온식과 달리 팬이 같이 사용되며 유지비용이 적고 미세먼지의 여과에 효과적임

4) 워터필터

일반적인 필터 대신 물을 이용하며, 물의 흡착효과를 이용한 공기정화와 가습의 2가지 효과를 동시에 얻는 방식

5) UV광촉매 방식

TiO_2에 자외선 조사로 생선된 OH라디칼 및 활성산소의 산화 · 환원으로 악취 및 유해가스를 제거하는 방식

QUESTION 64

송풍기의 상사법칙과 원심식 송풍기의 성능곡선에 대하여 설명하시오. (118회)

1 송풍기 상사법칙

구분	회전수(rpm) $N_1 \rightarrow N_2$	날개직경(mm) $D_1 \rightarrow D_2$
송풍량 $Q(\text{m}^3/\text{min})$ 변화	$Q_2 = \dfrac{N_2}{N_1} Q_1$	$Q_2 = \left(\dfrac{D_2}{D_1}\right)^3 Q_1$
압력 $P(\text{Pa})$ 변화	$P_2 = \left(\dfrac{N_2}{N_1}\right)^2 P_1$	$P_2 = \left(\dfrac{D_2}{D_1}\right)^2 P_1$
송풍기 동력 $L(\text{kW})$ 변화	$L_2 = \left(\dfrac{N_2}{N_1}\right)^3 L_1$	$L_2 = \left(\dfrac{D_2}{D_1}\right)^5 L_1$

2 원심식 송풍기의 성능곡선

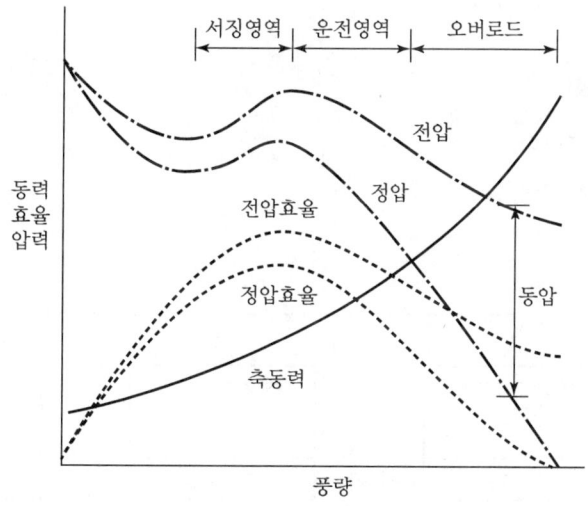

① 일정속도를 회전하는 송풍기의 풍량조절 댐퍼(Damper)를 열어서 송풍량을 증가시키면 축동력은 상승하고, 전압과 정압은 산형으로 이루면서 하강한다.
② 풍량이 어느 한계 이상이 되면 축동력은 급증하고 압력과 효율은 낮아지는 오버로드 현상이 발생한다.
③ 정압곡선 산고 부근에서 송풍기 동작이 불안정한 서징(Surging) 현상이 발생한다.

QUESTION 65

냉각탑의 용량제어방법에 대하여 설명하시오. (118회)

1 냉각탑 용량제어의 목적

① 냉동부하의 변화에 대응
② 외기조건(습구온도)의 변화에 대응
③ 효율적인 기기운전

2 냉각탑의 용량제어방법

1) 수량의 변화

① 수량의 일부를 바이패스(By-pass)시켜 출구에서 혼합한다.
② 목적 유량 및 온도에 맞춘다.
③ 장치가 간단하다.
④ 송풍기 및 펌프의 동력 저감은 없다.
⑤ 펌프의 회전수 제어방법을 고려한다.

2) 공기유량의 변화

① 설비비가 저렴하다.
② 절수 측면에서 가장 좋다.

3) 분할운전 실시

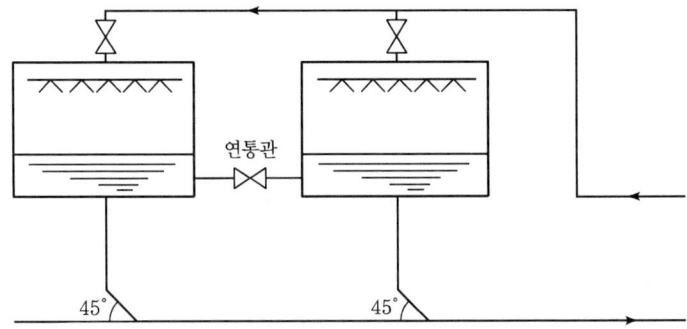

① 냉각탑의 대수가 많거나 대용량의 냉각탑에서 내부를 분할하고 각각에 송풍기를 설치
② 부하에 해당하는 냉각탑 2대를 가감

QUESTION 66

다음의 클린룸 관련 용어를 설명하시오. (118회)
(1) BCR(Biological Clean Room)
(2) GLP(Good Laboratory Practice)
(3) GMP(Good Manufacturing Practice)

1 BCR(Biological Clean Room)

1) 제어 대상

미생물인 세균, 곰팡이 등의 미생물 입자를 주 대상으로 한다.

2) 적용

제약 등의 GMP, 병원의 무균실, 수술실, 병실의 GLP, Bio Hazard

2 GLP(Good Laboratory Practice)

1) 정의

비임상시험 실시기관에서 수행하는 시험의 계획 · 실행 · 점검 · 기록 · 보고되는 체계적인 과정 및 이와 관련된 전반적인 사항을 규정하는 것을 말한다.

2) 목적

의약품, 의약외품, 화장품 등의 안전성 평가를 위하여 시행하는 모든 종류의 시험결과에 대해서 신뢰성을 확보할 수 있도록 하기 위한 것이다.

3 GMP(Good Manufacturing Practice)

1) 정의

의약품 등의 제조나 품질관리에 관한 규칙으로서, 1968년 WHO가 GMP를 제정하고 각국에 통고하였다.

2) 목적

의약품의 안전성이나 유효성 면을 보장하기 위함이다.

QUESTION 67

사무소 건축물에 설치되는 천장매입형 팬코일유닛과 바닥상치형 팬코일유닛 설치 시 성능저하가 발생하는 원인과 해결방안에 대하여 설명하시오. (122회)

1 성능저하 발생원인

① 공기 흡입면적 및 토출면적 부족
② 팬코일유닛과 토출부 간의 틈새 발생
③ 수평 레벨 불량
④ 공기 흡입구 부근에 흡입을 방해하는 각종 장애물이 위치
⑤ 천장매입형의 경우 토출덕트의 저항 등의 가중
⑥ 팬코일 사용수압 미준수
⑦ 배관상에 공기막힘 현상 발생
⑧ 배관상에 누수 발생
⑨ 급배수 및 드레인관 단열 불량

2 성능저하 해결방안

① 공기 흡입면적 및 토출면적을 충분히 확보
② 팬코일유닛과 토출부 간의 틈새를 막을 것
③ 높이 조절구(레벨조절볼트)를 이용하여 수평 확보
④ 공기 토출방향으로는 장애물을 50cm 이상 이격
⑤ 천장매입형 토출덕트의 저항 등의 요소 최소화
⑥ 팬코일 사용수압 준수(설계 시 해당 팬코일유닛의 스펙을 고려하여 유속 설정)
⑦ 배관의 공기막힘 방지 및 관용 테이프 및 테프론 테이프 등을 활용하여 누수를 최소화
⑧ 급배수 및 드레인관의 단열을 철저히 하여 열손실을 최소화

QUESTION 68

공조기(AHU)로 실내에 냉난방 시 설치하는 사각형 취출구와 원형 취출구 선정 기준에 대하여 설명하시오. (122회)

1 사각형 취출구와 원형 취출구의 선정기준

1) 일반사항

① 취출풍속은 4m/s, 확산반경 및 도달거리는 잔여풍속 0.25m/s로 결정한다.
② 확산반경, 도달거리는 모두 등온 취출값으로 가정한다.
③ 도달거리는 취출온도차가 10℃ 정도의 거리이며, 냉풍은 1.4, 온풍은 0.7의 계수를 곱하여 보정한다.

2) 크기별 적용사항

크기		#125	#150	#200	#250	#300
풍량		180	250	450	700	1,000
최대확산반경(m)		1.5	1.7	2.3	3.0	3.6
최대도달거리(m)		3.6	4.2	5.2	6.3	7.9
정압손실(Pa)	수평	30	28	28	29	28
	수직	44	38	40	38	38
전면적(m²)	사각형	260×260	303×303	303×303 330×330 450×450	410×410	460×460 530×530
	원형	320	415	485	543	660

QUESTION 69

사무소 건물의 조닝(Zoning)의 필요성과 공조특성에 대하여 설명하시오. (124회)

1 사무소 건물의 조닝(Zoning)의 필요성

① 페리미터(Perimeter, 외주부)와 인테리어(Interior, 내주부) 간의 부하패턴 상이
② 건물의 형태(장방형 혹은 정방형)별 부하패턴 상이
③ 개실타입 및 오픈타입 등 사무실의 이용형태에 따라 부하패턴 상이
④ 상기 사항들에 대한 적절한 조닝을 통한 에너지소비량 최소화 및 재실자의 쾌적도 향상

2 사무소 건물의 형태 특성을 반영한 조닝 방안 및 공조 특성

1) 정방형 건물

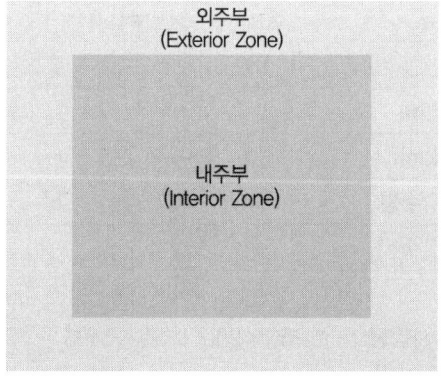

(1) 건축환경적 특성
① 건축환경적 요소에서 외주부(Exterior Zone) 대비 내주부(Interior Zone)의 비중이 높음
② 외기의 영향이 건축 평면 전체에 미치는 영향이 비교적 작음
③ 방위의 설정에 따른 영향이 작음
④ 자연환기 등의 활용이 상대적으로 난해

(2) 공조설비의 기본 전략
① 내주부 위주의 공조설비 계획 구성
② 내주부의 온열환경은 외기의 영향을 비교적 덜 받으므로, 정풍량 단일덕트 형태로 내주부 공기조화 구성

③ 내주부 사무실 구성원 및 장비의 잠열부하 처리 및 이산화탄소 등의 처리를 위한 기계환기설비의 철저한 구성

2) 장방형 건물

(1) 건축환경적 특성

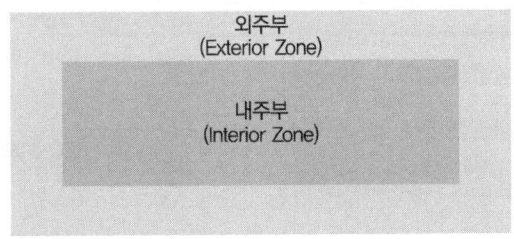

① 건축환경적 요소에서 내주부(Interior Zone) 대비 외주부(Exterior Zone)의 비중이 높음
② 외기의 영향이 건축 평면 전체에 미치는 영향이 큼
③ 방위 설정에 따라 온열환경에 미치는 영향이 큼(동서축으로 길게 장방형으로 구성 시 온열환경상 유리)
④ 자연환기 등이 유리하나, 북측에 면한 부분의 경우 콜드 드래프트 등의 현상 발생 우려

(2) 공조설비의 기본 전략

① 외주부 위주의 공조설비 계획 구성
② 외주부는 페리미터 공조설비시스템으로 구성하고 내주부는 정풍량 단일덕트 방식 채용
③ 자연환기를 최대한 이용하며, 자연환기로 부족한 잠열처리 및 이산화탄소의 환기를 위해 기계환기설비 채용
④ 실 전체의 공기 기류 분포의 균일도를 맞추기 위한 외주부와 내주부의 철저한 조닝 공조가 필요

QUESTION 70

냉각탑의 설치 시 (1) 냉각탑을 지붕층(옥상)에 설치하는 이유, (2) 옥외 설치 시 유의사항에 대하여 설명하시오. (124회)

1 냉각탑을 지붕층(옥상)에 설치하는 이유

구분	설치 이유
열교환 조건 (높은 풍압 형성)	해당 건물의 가장 높은 영역으로서, 열교환 매체인 주변 유체(공기)의 흐름이 가장 활발히 이루어질 수 있는 공간이어서 열교환 효율을 높일 수 있다.
시선 차폐	옥상층 설치에 따라 주변에서 냉각탑이 보이지 않게 시선을 차단시킬 수 있다.
사이펀 현상 최소화	냉동기보다 낮은 위치에 있을 경우, 자기 사이펀에 따른 응축기 쪽에서 이상 흐름이 있을 수 있으나, 지붕층 설치의 경우 이러한 현상이 발생하지 않는다.
소음·진동전달 최소화	소음·진동전달 부분이 내부 혹은 저층 설치보다 사용자에게 전달되는 정도가 적다.
별도 공용공간 침해 최소화	옥상을 최대한 활용할 수 있어, 냉각탑 설치를 위한 별도의 공용공간 할애를 최소화할 수 있다.

2 옥외 설치 시 유의사항

구분	유의사항
통풍조건	통풍이 잘되는 곳에 설치해야 효율적인 열교환이 가능하다.
소음·진동	소음·진동이 주거환경에 영향을 주지 말아야 한다.
수질관리	레지오넬라균 등이 서식하지 않도록 수질관리 부분을 점검한다.
백연현상	백연현상이 최소화될 수 있도록 열교환 공기의 노점 관리를 한다.
구조조건	건물옥상 등 외부에 설치 시 기기 자중 및 운전 중량이 건축구조계산에 반영되어야 한다.
동파현상	겨울철 사용 시 동파 방지용 Heater(전기식)를 설치한다.

QUESTION 71

> 펌프에서 발생할 수 있는 제 현상 중 맥동현상(Surging)의 (1) 정의, (2) 발생원인, (3) 방지대책에 대하여 설명하시오. (124회)

1 맥동현상(Surging)의 정의

펌프 등을 저유량 영역에서 사용하면 유량과 압력이 주기적으로 변하며 결국 안정된 운전이 불가능한 상태로 되는 것을 맥동현상(Surging)이라고 한다.

2 맥동현상(Surging)의 발생원인

아래 조건이 모두 갖추어져야 한다.

① 펌프의 특성곡선이 산고곡선이고, 이 곡선의 산고 상승부에서 운전
② 배관 도중에 물탱크나 공기탱크가 위치
③ 유량조절밸브가 탱크의 뒤쪽에 위치

3 맥동현상(Surging)의 방지대책

① 회전차나 안내깃의 형상치수를 바꾸어 펌프의 운전특성을 변화시킨다. 특히, 깃의 출구각도를 작게 하거나, 안내깃의 각도를 조절할 수 있도록 배려한다.
② 방출밸브 등을 사용하여 펌프 중의 양수량을 서징 시의 양수량 이상으로 증가시키거나, 무단변속기 등을 사용하여 회전차의 회전수를 변화시킨다.
③ 관로에 있어서 불필요한 공기탱크나 잔류공기를 제어하고 관로의 단면적, 유속, 저항 등을 바꾼다.

QUESTION 72

공기여과장치인 에어필터의 여과효율 측정방법 3가지를 설명하시오. (124회)

1 공기여과장치인 에어필터의 여과효율 측정방법

1) 질량법(중량법)

① 분진입경 1μm 이상에 적용
② 필터 입구의 분진량과 필터 출구의 분진량을 계측하여 결과를 산출하는 방법

2) 비색법

① 분진입경 1μm 이하에 적용
② 필터의 입구와 출구 쪽에 각각 여과지를 설치하고 일정시간 동안 공기를 통과시켜 2매의 Test 용지가 불투명도로 변하는 시간을 정하여 효율을 측정하는 방법

3) 계수법

① 분진입경 0.3μm 이하에 적용
② 광산란식 입자계수기를 사용하여 필터의 상류 및 하류의 미립자에 의한 산란광에서 그 먼지 입경과 개수를 계측하여 농도를 측정함으로써 여과효율을 구하는 방법
③ 필터별 여과효율
  - HEPA Filter : 99.97%
  - ULPA Filter : 99.9997%
  - MEGA Filter : 99.9999997%

※ 기존 시험물질 DOP 에어로졸에서 염화칼륨(KCl) 에어로졸로 대체함(2020년 8월 KS B 6141 개정)

QUESTION 73

공기세정기에 의한 가습 시 공기의 상태 변화과정을 다음 그림을 보고 설명하시오.
(124회)

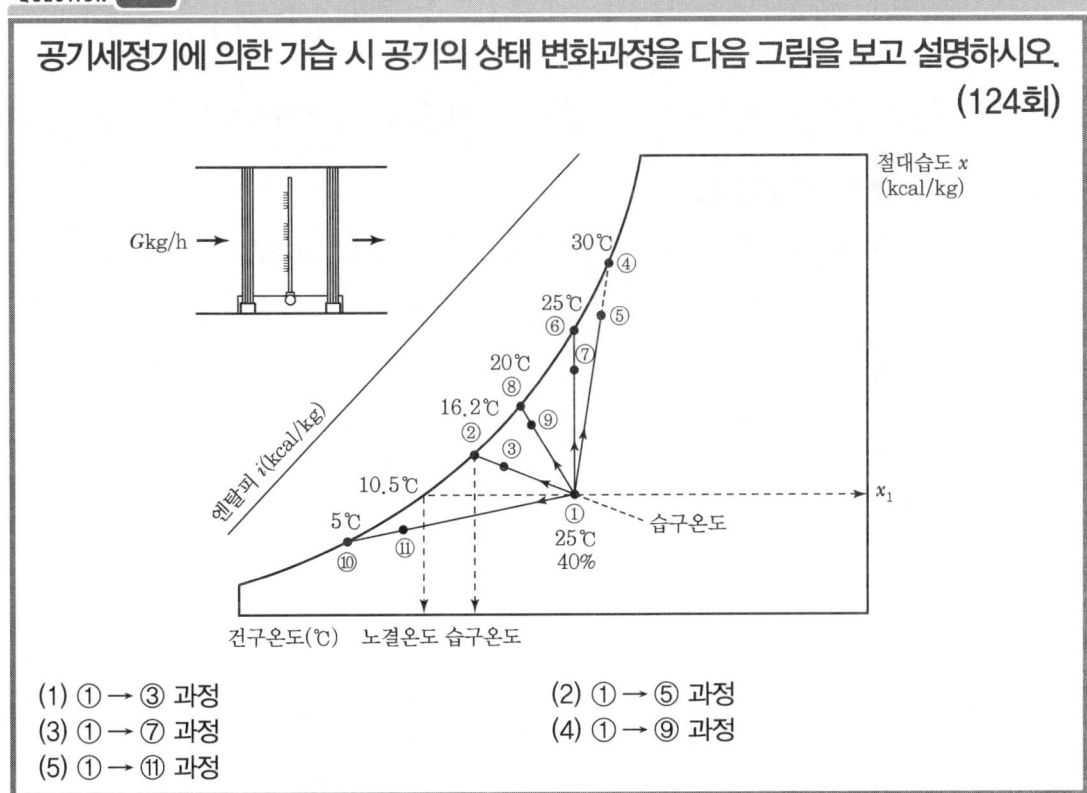

(1) ① → ③ 과정
(2) ① → ⑤ 과정
(3) ① → ⑦ 과정
(4) ① → ⑨ 과정
(5) ① → ⑪ 과정

1 가습 시 공기의 상태 변화과정

1) ① → ③ 과정 : 순환수가습(단열가습)

- 코일에 들어가는 순환수를 냉각 또는 가열을 하지 않은 채 분무·가습하는 것을 말한다.
- 시간이 지나면 순환수의 수온은 공기의 습구온도와 같게 되며, 이때 공기가 순환수에 주는 현열량과 순환수가 공기 중에 증발할 때의 잠열량이 동일한 열출입이 없는 상태가 되는데, 이를 단열가습이라고도 한다.

2) ① → ⑤ 과정 : 증기가습(가열가습)

- 포화증기를 공기에 직접 분무하는 것으로 가습효율은 100%에 가깝다.
- 증기가습은 수가습처럼 증발잠열을 공기에 뺏기지 않으므로 공기를 가습시키고 동시에 가열시킨다.

3) ① → ⑦ 과정 : 증기가습(정온가습)
- 가열가습으로서 정온가습의 형태를 가진다. ① → ⑤ 과정에서의 증기상태보다 낮고 정밀하고 긴 시간에 걸쳐 가습이 진행된다.
- 동일한 온도 컨디션을 갖고 가습만 진행해야 하는 청정실 등에 적용된다.

4) ① → ⑨ 과정 : 온수가습

가습에 사용되는 물의 온도가 공기의 온도보다 높은 경우이며, 절대습도 및 엔탈피의 상승을 가져온다.

5) ① → ⑪ 과정 : 냉수가습

가습에 사용되는 물의 온도가 공기의 온도보다 낮은 경우이며, 절대습도 및 엔탈피의 하강을 가져온다.

QUESTION 74

「건축물의 설비기준 등에 관한 규칙」에 규정하고 있는 신축공동주택 등의 자연환기설비 설치기준에 대하여 설명하시오. (124회)

1 신축공동주택 등의 자연환기설비 설치기준(「건축물의 설비기준 등에 관한 규칙」 별표 1의4)

① 세대에 설치되는 자연환기설비는 세대 내의 모든 실에 바깥공기를 최대한 균일하게 공급할 수 있도록 설치되어야 한다.
② 세대의 환기량 조절을 위하여 자연환기설비는 환기량을 조절할 수 있는 체계를 갖추어야 하고, 최대개방 상태에서의 환기량을 기준으로 별표 1의5에 따른 설치길이 이상으로 설치되어야 한다.
③ 자연환기설비는 순간적인 외부 바람 및 실내외 압력차의 증가로 인하여 발생할 수 있는 과도한 바깥공기의 유입 등 바깥공기의 변동에 의한 영향을 최소화할 수 있는 구조와 형태를 갖추어야 한다.
④ 자연환기설비의 각 부분의 재료는 충분한 내구성 및 강도를 유지하여 작동되는 동안 구조 및 성능에 변형이 없어야 하며, 표면결로 및 바깥공기의 직접적인 유입으로 인하여 발생할 수 있는 불쾌감(콜드 드래프트 등)을 방지할 수 있는 재료와 구조를 갖추어야 한다.
⑤ 자연환기설비는 다음의 요건을 모두 갖춘 공기여과기를 갖춰야 한다.
  - 도입되는 바깥공기에 포함되어 있는 입자형·가스형 오염물질을 제거 또는 여과하는 성능이 일정 수준 이상일 것
  - 한국산업표준(KS B 6141)에 따른 입자 포집률이 질량법으로 측정하여 70% 이상일 것
  - 청소 또는 교환이 쉬운 구조일 것
⑥ 자연환기설비를 구성하는 설비·기기·장치 및 제품 등의 효율과 성능 등을 판정함에 있어 이 규칙에서 정하지 아니한 사항에 대하여는 해당 항목에 대한 한국산업표준에 적합하여야 한다.
⑦ 자연환기설비를 지속적으로 작동시키는 경우에도 대상 공간의 사용에 지장을 주지 아니하는 위치에 설치되어야 한다.
⑧ 한국산업표준(KS B 2921)의 시험조건하에서 자연환기설비로 인하여 발생하는 소음은 대표길이 1m(수직 또는 수평 하단)에서 측정하여 40dB 이하가 되어야 한다.
⑨ 자연환기설비는 가능한 외부의 오염물질이 유입되지 않는 위치에 설치되어야 하고, 화재 등 유사시 안전에 대비할 수 있는 구조와 성능이 확보되어야 한다.
⑩ 실내로 도입되는 바깥공기를 예열할 수 있는 기능을 갖는 자연환기설비는 최대한 에너지 절약적인 구조와 형태를 가져야 한다.

⑪ 자연환기설비는 주요 부분의 정기적인 점검 및 정비 등 유지관리가 쉬운 체계로 구성하여야 하고, 제품의 사양 및 시방서에 유지관리 관련 내용을 명시하여야 하며, 유지관리 관련 내용이 수록된 사용자 설명서를 제시하여야 한다.

⑫ 자연환기설비는 설치되는 실의 바닥부터 수직으로 1.2m 이상의 높이에 설치하여야 하며, 2개 이상의 자연환기설비를 상하로 설치하는 경우 1m 이상의 수직간격을 확보하여야 한다.

QUESTION 75

실내공기질과 관련하여 다음의 환기인자에 대한 필요환기량 산출방법을 설명하시오. (124회)
(1) CO_2 농도 (2) 발열량 (3) 수증기량
(4) 끽연량 (5) 진애(먼지)

1 CO_2 농도

$$Q = \frac{K}{C_i - C_o}$$

여기서, Q : 필요환기량(m^3/h), K : 실내에서의 CO_2 발생량(m^3/h)
C_i : 실내 CO_2 허용농도(m^3/m^3), C_o : 외기의 CO_2 농도(m^3/m^3)

2 발열량

$$Q = \frac{H_s}{C_p \cdot \rho (t_i - t_s)}$$

여기서, Q : 필요환기량(m^3/h), H_s : 발열량(현열)(W)
C_p : 공기비열(kJ/kg · K), ρ : 공기밀도(kg/m^3)
t_i : 실내 설정온도(℃), t_s : 급기온도(℃)

3 수증기량

$$Q = \frac{L}{\rho (x_i - x_o)}$$

여기서, Q : 필요환기량(m^3/h), L : 실내 수분 발생량(kg · h)
ρ : 공기밀도(kg/m^3), x_i : 실내 절대습도(kg/kg′)
x_o : 외기 절대습도(kg/kg′)

4 끽연량(유해가스)

$$Q = \frac{K}{P_i - P_o}$$

여기서, Q : 필요환기량(m^3/h)
K : 유해가스 발생량(m^3/h)
P_i : 실내허용농도(m^3/m^3)
P_o : 신선공기농도(m^3/m^3)

5 진애(먼지, 분진)

$$Q = \frac{K}{P_i - P_o}$$

여기서, Q : 필요환기량(m^3/h)
K : 실내에서의 진애(먼지, 분진) 발생량(m^3/h)
P_i : 허용 분진농도(mg/m^3)
P_o : 신선공기 분진농도(mg/m^3)

QUESTION 76

흡수식 냉동기의 대온도차 공조시스템에 대하여 설명하시오. (125회)

1 개념

① 전공기식 공조시스템에서 일반 냉풍온도(13~14℃)보다 저온의 공기(3~11℃)를 만들어 송풍하는 것으로, 일정한 냉방부하에 대해 송풍량을 감소시킴으로써 경제성(송풍계통 시설비, 동력비 등 감소)을 높이고자 하는 공조방식이다.
② 냉수반송동력과 송풍동력절약 등 에너지 절감형 공조방식이다.

2 특징

장점(효과)	단점
• 건축물 층고를 낮출 수 있어 건축공사비 절감 • 송풍기의 소형화 및 송풍동력 절감 • 정풍량의 공기취출로 실내의 환기성능 및 기류분포 양호 • 제습량 증가 • 실내 건구온도를 1℃ 정도 상승 및 상대습도를 10~15% 정도로 낮게 공급해도 쾌적함	• Cold Draft 유발 • 취출구에서 결로 발생 • 덕트 누기 시 결로 발생

3 설계 시 고려사항

1) 부하계산 시 조건

① 실내 온도조건을 1℃ 정도 높게 유지
② 실내 상대습도를 35~45%로 유지
③ 침입외기 및 투습에 의한 잠열부하 고려
④ 공조장치부하인 덕트와 송풍기로부터 열취득 고려

2) 열원 및 열매 선정

일반 공조시스템에 가까운 9~10℃의 공기를 사용하는 경우 공기온도보다 3℃ 정도 낮은 냉수를 사용하는 것이 냉각 및 제습에 유리하다.

3) 냉각코일 선정

① 코일출구의 공기온도보다 3℃ 이상 낮은 입구유체 사용(건구온도 7℃ 또는 9.8℃)
② 코일통과 풍속은 1.5~2.3m/s
③ 일반공조용 코일보다 전열면적 증가
④ 청소용이 및 압력강하를 최소화하기 위해 열수를 8열 이하로 함
⑤ 응축수의 캐리오버를 감소하기 위해 핀에 특수 코팅

4) 취출구의 선정

① 일반취출구보다 넓은 온도폭과 유량폭을 가질 것
② 충분한 실내공기가 유인될 것
③ 제트분사기류 및 소음 등의 검토

5) 취출구 결로 및 덕트 누기 시 결로 예방

① 취출구의 노점온도 이상으로 취출 필요
② 덕트 누기에 대한 유지·점검 철저

6) Cold Draft 저감

① EDT(유효드래프트)를 고려한 취출풍속 및 온도 설정
② 재실자와 일정 정도의 거리 유지

QUESTION 77

> 송풍기의 토출 및 흡입 측의 덕트 설계와 시공 시 유의사항에 대하여 각각 3가지씩 설명하시오. (125회)

1 송풍기의 토출 및 흡입 측의 덕트 설계 시 유의사항

① 덕트 장단비는 4 : 1 이내가 되도록 한다. 단, 장단비를 초과할 경우에는 보강조치를 한다.
② 송풍기의 손실수두가 작도록 주경로 및 분기회로의 경로를 정한다.
③ 급기덕트의 곡관덕트에서 덕트 폭의 6배 거리 이내에 분기덕트를 설치할 경우에는 곡관부에 터닝베인 등을 설치하여 분기점에서 정상류가 되도록 한다.
④ 덕트의 축소는 30°, 확대는 15° 이하로 완만하게 한다.
⑤ 소음이 민감한 덕트계통에서는 손실수두가 낮은 부속을 사용하고, 저속덕트로 크기를 정한다.

2 송풍기의 토출 및 흡입 측의 덕트 시공 시 유의사항

① 덕트와 접속하는 송풍기의 흡입 측과 토출 측에는 플렉시블 이음을 설치한다.
② 송풍기 흡입구에 연결하는 덕트는 송풍기 날개 직경의 4배 이상 직선덕트로 연결하거나 날개 직경 이상을 직선덕트로 하고, 엘보에 터닝베인을 설치하여 정상류로 유입되게 한다.
③ 송풍기 출구 연결덕트는 송풍기 출구 장변의 1.5배 이상을 직선으로 유지시켜 송풍기시스템의 영향이 최소화되도록 한다.
④ 대기로 토출하는 원심송풍기의 출구에는 송풍기 출구 장변의 1.5배 이상의 직관덕트를 설치해야 한다.

QUESTION 78

주차장의 환기설비방식 중 2가지를 설명하시오. (125회)

1 급배기덕트 방식(저속덕트방식)

① 실내공기의 부분적인 정체 발생
② 개별 제어가 곤란하며, 자연환기와 조합이 어려움
③ 층고가 높아지며, 설비비 및 동력비 증대

2 급기노즐, 배기덕트방식(고속덕트방식)

① 소음이 크고, 먼지의 비산이 우려됨
② 환기효과가 높고, 자연환기와 조화 용이

3 급기유인팬, 배기팬방식(無 덕트)

① 설치비 및 운전 비용 저렴
② 공기 정체 현상이 없으며, 소음이 적음
③ 개별 제어와 전체 제어 가능
④ 고장 시에도 부분 보수가 가능하며, 전체에 영향이 적음

QUESTION 79

덕트클리닝(Duct Cleaning)방법 중 덕트리머(Duct Reamer)공법에 대하여 설명하시오. (126회)

1 덕트리머(Duct Reamer)공법

① 덕트리머공법은 메인 덕트에 먼지흡입구(Duct Collector)를 설치하고, 호스를 덕트 내로 연결하여 덕트 내부를 청소하는 공법이다.

② 덕트리머는 브러시와 연결되어 덕트 내 먼지를 비산시키고, 이때 비산된 먼지가 호스를 통해 약 20m/s의 풍속으로 흡입된다.

QUESTION 80

조리흄(Cooking Fumes)에 대하여 설명하시오. (126회)

1 조리흄(Cooking Fumes)의 개념

주방에서 음식 조리 시 발생하는 유해물질을 총칭하는 것으로서, 초미세먼지보다 작은 입자크기(지름 약 100nm)이다. 이것은 폐암 등을 일으킬 수 있는 물질들이 포함되어 있어 주의가 필요하다.

2 주요 물질

① 다핵방향족탄화수소(PAHs)
② 포름알데히드
③ 아세트알데히드
④ 아크릴라마이드
⑤ 헤테로사이클릭아민류

3 설비적 대응방안

① 국소환기는 포위형 또는 부스식으로 설치 필요
② 국소환기의 배기풍량 확보
③ 국소환기계통의 역류 방지
④ 정압손실 등의 최소화
⑤ 국소환기의 입상배기 등 철저 시행

QUESTION 81

펌프의 종류 및 일반펌프와 소화펌프의 차이점에 대하여 설명하시오. (127회)

1 펌프의 종류

1) 비용적식

① 원심펌프(원심력식) : 물이 축과 직각방향으로 된 임펠러로부터 흘러나와 스파이럴케이싱에 모이면 토출구로 이끄는 펌프
② 사류펌프(사류식) : 축류펌프와 구조가 거의 같으나 물이 축과 경사방향으로 흐르도록 되어 있는 펌프
③ 축류펌프(축류식) : 임펠러가 프로펠러형이고 물의 흐름이 축방향인 펌프

2) 용적식 : 왕복동펌프

실린더 속에서 피스톤, 플런저, 버킷 등을 왕복운동시킴으로써, 물을 빨아올려 송출하는 방식

2. 일반펌프와 소화펌프의 차이점(소화펌프의 특성)

1) 가변적인 토출량

① 일반적인 펌프와 달리, 개방된 헤드의 수 또는 사용되는 소화전의 수량에 따라 토출량이 달라지게 된다.
② 토출량의 가변에 대응할 수 있는 펌프 특성이 필요하다.

2) 규정 방사압력 유지에 의한 유량 확보

법적 기준(성능기준)에 의해 규정된 방사압력 이상을 일정시간 유지하여 기준유량을 확보해야 한다.

(3) 고양정 특성

건물의 높이가 높아지더라도 일정한 방사압력과 유량이 발휘되어야 하므로, 일반펌프보다 고양정을 필요로 한다.

(4) 비상시 작동 필요

화재 발생에 따른 정전 시에도 소화펌프는 작동되어야 하며, 이에 따라 비상전원 연결 또는 디젤엔진 구동방식의 예비펌프를 설치해야 한다.

QUESTION 82

DB(Datacenter Building)설계단계별 고려사항을 계획, 중간, 실시단계로 구분하여 설명하시오. (127회)

1 일반사항

① 일반적으로 설계단계는 계획설계, 중간설계, 실시설계단계로 구분된다.
② 데이터센터 특성상 기계설비설계 시 가장 중요한 항목으로 안정성 향상을 위한 무중단운영시스템을 고려해야 한다.
③ 또한 에너지 절감 및 PUE향상을 위해 외기냉방시스템 및 외기냉수냉빙과 같은 효율성 측면에서도 고려해야 한다.

2 계획설계단계

① 건축주의 의사결정사항 확인
② 서버 전력밀도(발열량) 검토
③ 전산기계실 컨테인먼트 적용 여부 검토
④ 실내 온습도조건 검토
⑤ 열원시스템(중앙식, 개별식) 검토
⑥ 공조시스템(급배기방식) 검토
⑦ Tier(Datacenter등급)기준 확인

3 중간설계단계

① 열원 및 공조방식 검토
② 항온항습실 평·단면 검토
③ 각종 장비 비교 검토
④ 외기냉방시스템 검토
⑤ 자동제어시스템 검토
⑥ 국부냉방시스템 검토

4 실시설계단계

① 전산기계실 공조기류시뮬레이션(CFD) 검토
② 결로 발생 검토
③ 배관 접합방식 및 재질 검토
④ 소음 검토(발전기, 냉각탑)
⑤ 정전 시 대응방안 검토
⑥ 폐열 재활용 검토
⑦ PUE(Power Usage Effectiveness, 전력이용효율) 검토

QUESTION 83

다음 용어에 대하여 설명하시오. (127회)
(1) PUE(Power Usage Effectiveness)
(2) DCIE(Data Center Infrastructure Efficiency)

1 PUE(Power Usage Effectiveness)

1) 개념

IDC(Internet Data Center)의 전체 전력 중 ICT(Information & Communications Technology)장비에 사용한 전력의 비율을 지수화한 것으로, 일정한 규모의 정보시스템을 기준으로 전기와 공조를 포함한 기반설비들의 에너지효율 정도를 의미한다. 즉, 데이터센터의 에너지효율성을 표시하는 단위이다.

2) 산출식

$$PUE = \frac{\text{Total Facility Energy}}{\text{ICT Equipment Energy}}$$

3) 특징

PUE는 IDC 전체 소비전력을 ICT장비 소비전력으로 나눈 값이다. 이것은 PUE가 낮을수록 에너지효율성이 높은 것을 의미하는데 가장 이상적인 IDC는 공급되는 모든 전력이 ICT장비를 위해 사용되어 PUE를 1에 근접시키는 것으로 IDC 에너지효율의 궁극적인 지향점이다[일반적으로 1.3(우수)에서 3.0(나쁨)에 걸쳐 있고 평균은 2.5 정도이다].

2 DCIE(Data Center Infrastructure Efficiency)

1) 개념

데이터센터의 효율을 지수화한 것으로서, ICT장비에 공급되는 전력량을 전체 설비에 대한 공급전력량기준으로 백분율로써 표현한 것이다.

2) 산출식

$$DCIE = \frac{\text{ICT Equipment Energy}}{\text{Total Facility Energy}} \times 100(\%)$$

3) 특징

① 센터 전체 전력 중 ICT장비가 사용하는 전력량이 몇 %인지 나타내며 100%에 근접할수록 효율이 좋은 것을 의미한다.

② 일반적인 DCIE값은 33%(나쁨)부터 77%(우수)에 걸쳐 있고 평균 DCIE값은 40%이다.

QUESTION 84

두 사람이 거주하는 체적 40m²의 공동주택 거실에서 실내 CO_2의 최대농도가 2,500ppm, 외기 CO_2 농도가 500ppm일 때, 필요환기량(Q : m³/h)과 환기횟수(N : 회/h)를 구하시오.(단, 앉아서 쉴 때 CO_2 발생량은 1인당 20liter/h이다.) (128회)

1 필요환기량

$$필요환기량(Q) = \frac{M}{C_i - C_o} = \frac{0.02\text{m}^3/\text{h} \times 2}{(2,500 - 550) \times 10^{-6}} = 20.51\text{m}^3/\text{h}$$

2 환기횟수

$$환기횟수(N) = \frac{필요환기량}{실의 체적} = \frac{20.51\text{m}^3/\text{h}}{40\text{m}^3} = 0.51회/\text{h}$$

QUESTION 85

다음의 용어에 대하여 각각 설명하시오. (128회)
(1) 유효온도(ET : Effective Temperature)
(2) 외기냉방(Economizer Cycle)
(3) 레지오넬라질병(Legionnaires disease)

1 유효온도(ET : Effective Temperature)

① 실감온도로서 온도, 습도, 풍속(기류)의 조합에 의해 체감온도로 표시하며 감각온도(실감온도, 실효온도, 효과온도)라고도 한다.

② 어떤 온도, 습도, 풍속(기류)일 때 느끼는 체감상태로 습도 100%, 풍속 0m/sec일 때의 기온으로 표시한다(예 기류가 없고, 습도 100%일 때 건구온도가 20℃이면 이때의 유효온도는 20℃가 된다).

2 외기냉방(Economizer Cycle)

① 외기냉방이란 건물의 인텔리전트화에 따라 실내발열이 증가하여 중간기나 동절기에도 실내냉방부하가 발생하게 되는데 이때 실내보다 낮은 외기온도를 이용하여 실내 냉방부하의 전체 또는 일부를 제거하는 시스템이다.

② 냉동기를 가동하지 않고 냉방을 수행할 수 있다는 점에서 에너지절약적인 공조방식이다.

3 레지오넬라질병(Legionnaires Disease)

레지오넬라증을 유발하는 균으로서, 주로 수계시설에서 증식하고 온도 및 미생물 환경에 따른 증식을 진행하며, 레지오넬라(균)에 의한 레지오넬라증의 증상은 독감 및 폐렴 증세로 나타나게 된다.

QUESTION 86

「주택건설기준 등에 관한 규칙」에서 주택의 부엌, 욕실 및 화장실에 설치하는 배기 설비기준에 대하여 설명하시오. (129회)

1 배기 설비기준

① 배기구는 반자 또는 반자 아래 80cm 이내의 높이에 설치하고, 항상 개방될 수 있는 구조로 할 것
② 배기통 및 배기구는 외기의 기류에 의하여 배기에 지장이 생기지 아니하는 구조로 할 것
③ 배기통에는 그 최상부 및 배기구를 제외하고는 개구부를 두지 아니할 것
④ 배기통의 최상부는 직접 외기에 개방되게 하되, 빗물 등을 막을 수 있는 설비를 할 것
⑤ 부엌에 설치하는 배기구에는 전동환기설비를 설치할 것
⑥ 배기통은 연기나 냄새 등이 실내로 역류하는 것을 방지할 수 있도록 다음의 어느 하나에 해당하는 구조로 할 것

    가. 세대 안의 배기통에 자동역류방지댐퍼(세대 안의 배기구가 열리거나 전동환기설비가 가동하는 경우 전기 또는 기계적인 힘에 의하여 자동으로 개폐되는 구조로 된 설비를 말하며, 「산업표준화법」 제27조에 따른 단체표준에 적합한 성능을 가진 제품이어야 한다) 또는 이와 동일한 기능의 배기설비 장치를 설치할 것

    나. 세대 간 배기통이 서로 연결되지 아니하고 직접 외기에 개방되도록 설치할 것

QUESTION 87

펌프에서 발생하는 유동소음에 대하여 설명하고 방지대책에 대하여 설명하시오.
(129회)

1 펌프에서 발생하는 유동소음의 개념

펌프를 거쳐가는 유체가 흡입, 토출 등의 과정에서 유동하며 발생하는 소음을 말한다.

2 발생원인

① 펌프 운전 중에 발생하는 공기전파음과 고체전파음
② 공동현상(Cavitation), 서징(Surging)
③ 회전차 입구의 유속분포 불균일
④ 구름 베어링의 회전에 의한 소음, 회전체 불평형에 의한 진동

3 방지대책

① 방진가대 및 플렉시블 이음
② Cavitation 및 Surging 현상 방지
③ 적정유속 확보, 흡입거리 최소화, 회전속도 적정제어

QUESTION 88
공기조화설비 설계 시 설계상의 제약사항에 대하여 설명하시오. (129회)

1 설계상의 제약사항

1) 건물계획과의 균형

① 건축물의 에너지 절약화(단열, 창, 방위 등)
② 기계실의 적절한 배치
③ 덕트, 파이프 샤프트의 크기 및 위치
④ 덕트, 배관의 관통과 천장 내 스페이스(층고, 천장고)
⑤ 슬래브, 철골, 구조벽의 오프닝
⑥ 고층 빌딩의 경우 로비의 외기 침입 기밀 유지

2) 각종 기계실과 샤프트 위치 및 크기

① 공조방식에 의해 개략 환기량을 구하고 공조기 용량 산출
② 산출된 풍량에 맞는 공조기와 공조실 면적 산출
③ 공조기의 적정위치 및 외기인입, 배기구 등의 설치가 용이한지 확인
④ 반입, 반출 확인(주기계실, 공조실, 팬룸)
⑤ 덕트의 Layout, AD, PS의 적정 크기 산정

QUESTION 89

팬(Fan)에서 발생할 수 있는 맥동현상(Surging)의 원인과 방지대책에 대하여 설명하시오. (131회)

1 팬(Fan)의 맥동현상(Surging)

팬에서의 맥동현상은 팬을 한계치 이하의 유량으로 운전하거나, 토출 측 댐퍼를 과다 교축 시 심한 소음과 함께 유량과 압력이 주기적으로 변하며 불안정한 운전 상태가 되는 현상을 말한다.

2 발생원인(조건)

① 팬의 특성곡선이 산고형이고, 운전점이 산고를 기준으로 좌측에 있을 경우
② 압력이 이미 형성된 곳(압력실 등) 등에 송풍할 경우
③ 다익형, 축류형 팬을 병렬운전할 경우

3 방지대책

① 산고를 갖지 않고 우하향 특성곡선을 갖는 팬 적용
② 산고 구배 특성일 경우 산고를 기준으로 우측 부분에서 운전
③ 흡입 댐퍼나 흡입 베인 등에 의해 흡입구를 교축하여 유량 제어
④ 필요 풍량이 서징 범위 내에 있을 경우, 토출 풍량의 일부를 대기로 방출
⑤ 토출 풍량의 일부를 바이패스하여 흡입 측에 되돌려 순환
⑥ 축류형 송풍기의 경우 동익, 정익의 각도 변화

QUESTION 90

대수평균온도차(Logarithmic Mean Temperature Difference, LMTD)에 대하여 다음 사항을 설명하시오. (133회)
(1) 개념
(2) 평행류식
(3) 대향류식
(4) 사용처

1 개념

코일 내에서 물의 온도와 공기의 온도차는 위치마다 각각 다르므로 코일 전체를 대표할 수 있는 온도차를 대수평균온도차라고 한다.

2 평행류식

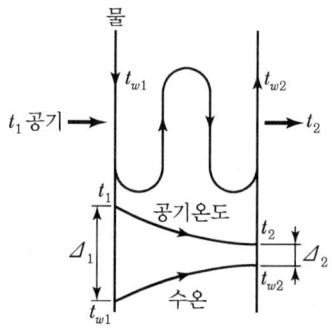

| 평행류형 |

$$LMTD = \frac{\Delta_1 - \Delta_2}{\ln\left(\dfrac{\Delta_1}{\Delta_2}\right)}$$

여기서, Δ_1 : 공기 입구 측에서 공기와 물의 온도차(℃), Δ_2 : 공기 출구 측에서 공기와 물의 온도차(℃)
t_1, t_2 : 공기 입출구의 온도(℃), t_{w1}, t_{w2} : 물 입출구의 온도(℃)
$\Delta_1 = t_1 - t_{w1}$, $\Delta_2 = t_2 - t_{w2}$

3 대향류식

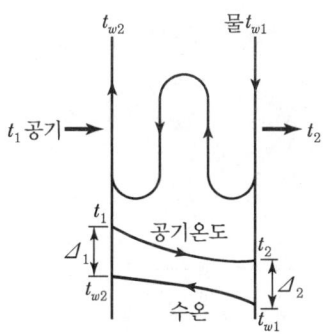

| 대향류형 |

$$LMTD = \frac{\Delta_1 - \Delta_2}{\ln\left(\dfrac{\Delta_1}{\Delta_2}\right)}$$

여기서, $\Delta_1 = t_1 - t_{w2}$, $\Delta_2 = t_2 - t_{w1}$

4 사용처

① 코일 열수 산출
② 유량 및 열량 산출

QUESTION 91

지하주차장에 환기설비를 이용한 연기배출설비의 다음에 대하여 설명하시오. (132회)

(1) Passive 방화시스템
(2) Active 방화시스템

1 Passive 방화시스템

① 건축물 자체의 구성 및 성능에 의한 것으로 내화구조, 내장재의 불연화, 방화구획, 피난로 확보 등을 통한 화재예방과 확산 최소화, 안전한 피난로 확보를 통해 화재로부터 국민의 생명과 재산을 보호하는 안정성을 확보하려는 시스템이다.

② 연소 및 연소 확대를 막기 위해 불에 잘 타지 않는 재료를 내장재료 사용하거나, 주요구조인 천장, 벽, 기둥 등을 방화구조 또는 내화구조로 구획하여 피해 면적을 국한하고 화재 후 건축물의 재사용을 가능하게 하는 방법이다.

③ Passive system의 주요 구성요소로는 발화 방지를 위한 내장 마감재, 화재의 확산방지를 위한 면적별구획, 층별구획, 용도구획 등이 있으며, 건물 간 화재확산 방지를 위한 인동거리 확보로 방화구획과 화재 시 건물의 구조적 강도유지를 위한 내화구조, 인명의 안전한 대피를 위한 피난로 확보 등도 있다.

2 Active 방화시스템

① 기계력, 전기력, 인력을 이용하여 방화하는 방법으로 경보설비, 소화설비, 피난설비, 소화활동설비 등을 통해 화재 발생 후 능동적으로 화재에 대응하는 시스템이다.

② 설비적 방화는 건축구조적 방호를 보완하는 기능으로 독자적으로 존립하기보다는 상호 보완적인 역할을 한다. 즉, 스프링클러설비 등 소화설비의 작동이나 소방대의 주수에 의해 화재실의 화재방출량을 낮춰 건축 구조체를 보호하거나 연소확대를 방지하는 능동적 대처 방식이다.

③ 설비적 방화는 건축 구조적 방호시스템보다 신뢰도가 낮은 단점을 가지고 있어 신뢰도를 높이기 위한 유지관리와 이중안전시스템의 적용이 매우 중요하다.

④ Active System의 주요구성요소는 화재 시 초기소화를 위한 소화설비, 화재상황과 피난을 알리는 경보설비, 피난을 위한 피난설비, 소화용수를 공급하는 소화용수설비, 소방대의 소화 활동을 위한 설비로 되어 있다.

QUESTION 92

공조용 가습장치의 종류와 각각의 특성을 설명하시오. (134회)

1 수분무식

물을 공기 중에 직접 분무하는 방식

종류	내용	그림
원심식	전동기의 원판을 고속 회전하면 물은 흡습관을 통해 원판의 회전에 의한 원심력으로 미세화된 무화상태가 되고 전동기에 직결된 송풍기의 송풍력에 의해 흡상되어 공기 중에 방출된다.	
초음파식	수조 내의 물에 전기압력 120~320W의 전력을 사용하여 초음파를 가하면 수면으로부터 수 μm의 작은 물방울이 발생하여 공기 중에 방출된다. 가격이 높고 용량은 작으나 큰 수적의 유출이 없고 저온에서도 가습 가능하다(가정, 전산실, 소규모 사무실에 적합).	
분무식	가압펌프를 사용하여 물을 공기 중에 2.5~7kg/cm²의 압력으로 노즐을 통해 분무한다.	

2 증기식

1) 증기발생식

무균의 청정실이나 정밀한 습도제어가 요구되는 경우에 적당

종류	내용	그림
전열식 (가습팬)	• 가습팬 내에 있는 물을 증기 또는 전열기로 가열하여 물의 증발에 의해 가습 • 수면의 면적이 작으므로 패키지 등의 소형 공조기에 사용	
전극식	전열코일 대신에 전극판을 직접 수중에 넣어서 전기에너지가 열에너지로 전달되어 증기를 발생하여 가습	
적외선식	물을 적외선등(Lamp)으로 가열하여 증기발생으로 가습	

2) 증기공급식

증기관에 작은 구멍을 뚫어 직접 공기 중에 분사 가습

종류	내용	그림
과열증기식	증기를 가열시켜 직접 공기 중에 분무가습. 가습효율 100%	
분무식	수증기를 분무노즐을 통해 $0.5kg/cm^2$ 이하의 압력으로 분출하여 가습	

❸ 증발식

높은 습도를 요구하는 경우에 적당

종류	내용	그림
회전식	회전체 일부를 물에 접촉시킨 상태에서 저속으로 회전하여 물을 증발시켜 가습	
모세관식	흡수성이 강한 섬유류를 물에 적셔서 모세관 현상으로 물을 빨아 올리게 하고 공기를 통과시켜 가습	
적하식	가습용 충진재의 상부에서 물을 뿌리고 공기를 통과시켜 가습	

❹ 에어워셔에 의한 가습

① 체임버 내에 다수의 노즐을 설치하여 공기를 통과시킴으로써 가습하는 것이다.
② 공기 습구온도와 물의 온도가 일치하면 단열가습이 된다.

QUESTION 93

비교회전수(Specific Speed)를 이용하면 임펠러 형상의 척도를 알 수 있다. 그 이유에 대하여 설명하시오. (134회)

1 비교회전수를 통한 임펠러 형상의 척도 파악 가능 이유

① 고양정 소유량 펌프일수록 비교회전수는 작고, 저양정, 대유량 펌프일수록 비교회전수는 크다.

② 이에 따라 비교회전수가 작다면 고양정 소유량 특성을 갖는 원심형 펌프임을 알 수 있다.

③ 또한 비교회전수가 크다면 저양정 대유량 특성을 갖는 축류형 펌프임을 알 수 있다.

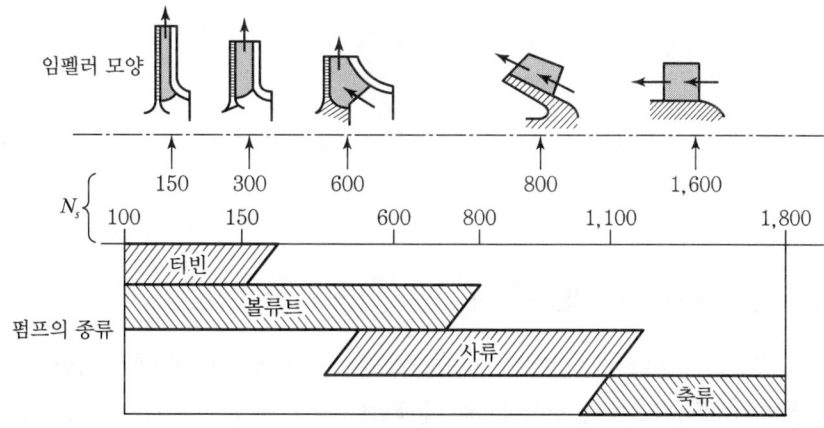

QUESTION 94

송풍기의 상사법칙에 대하여 설명하고, 동력을 절감하기 위하여 검토해야 할 내용에 대하여 설명하시오. (135회)

1 송풍기의 상사법칙

구 분	회전수(rpm) $N_1 \rightarrow N_2$	날개직경(mm) $D_1 \rightarrow D_2$
송풍량 $Q(\text{m}^3/\text{min})$ 변화	$Q_2 = \left(\dfrac{N_2}{N_1}\right) Q_1$	$Q_2 = \left(\dfrac{D_2}{D_1}\right)^3 Q_1$
압력 $P(\text{Pa})$ 변화	$P_2 = \left(\dfrac{N_2}{N_1}\right)^2 P_1$	$P_2 = \left(\dfrac{D_2}{D_1}\right)^2 P_1$
송풍기 동력 $L(\text{kW})$ 변화	$L_2 = \left(\dfrac{N_2}{N_1}\right)^3 L_1$	$L_2 = \left(\dfrac{D_2}{D_1}\right)^5 L_1$

2 동력 절감을 위한 검토필요사항

① 팬은 부하변동에 따른 풍량제어가 가능하도록 가변익축류방식, 흡입베인제어방식, 가변속 제어방식 등 에너지절약적 제어방식을 채택한다.

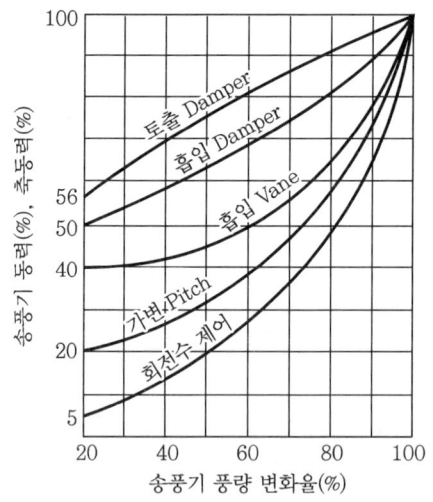

② 송풍기의 형식은 정압과 풍량을 기준으로 효율이 높은 것으로 선정한다.
③ 지하주차장의 환기용 팬은 대수제어 또는 풍량조절(가변익, 가변속도), 일산화탄소(CO)의 농도에 의한 자동(On-off)제어 등의 에너지절약적 제어방식을 도입한다.

QUESTION 95

덕트 설계 시 사용하는 정압재취득법의 원리 및 장점에 대하여 설명하시오.
(135회)

1 정압재취득법의 원리

① 일반적으로 주 덕트에서 말단 덕트로 갈수록 풍속이 줄어든다.
② 베르누이 정리에 의하여 풍속이 감소하면 그 동압의 차만큼 정압이 상승하기 때문에 정압의 상승분을 다음 구간의 덕트 압력손실값으로 재이용하는 방법이다.
③ 정압 상승분이 다음의 분기 덕트 또는 취출구 덕트까지의 국부저항의 합계와 동일하도록 하는 원리이다.
④ 이와 같이 하면 각 분기 덕트와 각 취출구에서 정압이 일정하게 된다.

$$\Delta P = k\left(\frac{\rho v_1^2}{2} - \frac{\rho v_2^2}{2}\right)$$

여기서, k : 정압재취득계수(이론적으로 1, 일반적으로 0.5~0.8)

2 장점

① 취출 정압 분포가 양호하다.
② 정압이 재이용되므로 송풍동력이 절감된다.

QUESTION 96

수(水)배관에 설치되는 감압밸브 설치 시 검토되는 캐비테이션 지수에 대하여 설명하시오. (135회)

1 개념

캐비테이션 지수[공동현상 계수, 토마스(Thomas) 캐비테이션 계수]는 유체의 주변 압력, 증기압, 밀도 및 속도를 사용하여 계산되는 무차원수로서, 액체에서 증기 기포가 형성될 때 발생하는 현상인 캐비테이션을 정량화하고 예측하는 데 사용하는 계수이다.

2 산정식

$$K_T = \frac{(P - P_v)}{\rho g H}$$

여기서, K_T : 공동현상계수
  P : 유체의 정압(Pa)
  P_v : 수증기의 정압(Pa)
  ρ : 유체의 밀도(kg/m³)
  g : 중력가속도(9.8m/s²)
  H : 펌프의 흡입 높이

3 캐비테이션 지수(Cavitation Factor)와 공동현상 발생 관계

① 캐비테이션 지수가 클수록 공동현상 발생 가능성은 낮아진다.
② 캐비테이션 지수가 1보다 크면 일반적으로 공동현상의 위험이 낮다고 판단한다.

QUESTION 97

전동기(Motor)의 속도를 제어하는 장치인 인버터(Inverter)에 대하여 설명하시오. (135회)

1 개념

인버터는 상용전원으로부터 공급된 일정주파수의 전력을 입력으로 하여 자체 내에서 전압과 주파수를 가변시켜 전동기(Motor) 회전수를 변경함으로써 효율을 극대화하는 시스템이다.

2 인버터의 기본구성

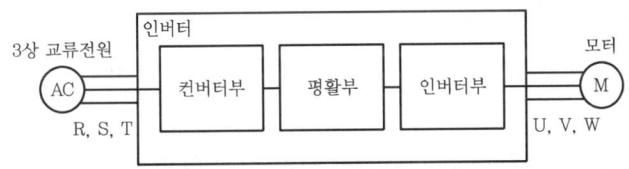

① 컨버터부 : 교류를 직류로 변환시키는 순변환장치
② 평활부 : 변환된 직류를 보다 직선적인 형태(시간에 따른 전압변화율 일정)로 만들기 위해 사용
③ 인버터부 : 직류를 교류로 변환시키는 역변환장치

3 인버터 용량 산정 및 시공 시 주의사항(검토사항)

구분	세부사항
입력전압 사양 확인	• 저압인버터 : 200V / 400V / 600V급 • 고압인버터 : 3,300V / 6,600V급
모터 용량 확인	사용 모터의 용량(kW) 확인 (일반적으로 모터 용량보다 한 단계 높은 용량의 인버터 선정)
설치환경	옥내/옥외, 주위온도, 습도, 진동, 유해가스 등
부하의 종류	팬, 펌프, 압축기 등
기타	최고운전속도, 속도제어 정밀도 등

QUESTION 98

공조시스템에서 내주부와 외주부를 구분하는 이유에 대하여 설명하시오. (136회)

1 공조시스템에서 내주부와 외주부를 구분하는 이유

1) 환경특성상이

① 내주부의 경우 외기의 영향이 크지 않고, HVAC 컨트롤 요소 중 기온, 습도, 기류의 변화가 크지 않음
② 외주부의 경우 외기의 영향이 크고, HVAC 컨트롤 요소 중 기온, 습도, 기류의 변동이 상대적으로 큼

2) 공조부하 발생 인자 상이

① 내주부의 경우 내외부 간의 열교환보다는 인체발열, 기기발열 등에 의한 내부요소의 영향을 많이 받음
② 외부주의 경우 외기의 영향을 많이 받아 내외부 간의 열교환, 일사 등에 의한 영향을 많이 받음

3) 극간풍의 영향도

① 내주부의 경우 극간풍의 영향도가 작아, 청정도 유지를 위한 정풍량 등의 공조가 필요
② 외주부의 경우 극간풍의 영향도가 커, F.C.U 등의 공조로도 어느 정도의 청정도 유지 가능

CHAPTER 06

난방설비

QUESTION 01

우리나라 공동주택의 바닥복사난방의 장점을 실내 온열환경의 쾌적성과 에너지 절약적 측면에서 설명하시오. (86회)

1 실내 온열환경의 쾌적성

① 균일한 실내 수직 / 수평 온도 분포
② 필요환기량 이외의 공기의 흐름이 발생하지 않음
③ 실내 공기질 개선 효과(먼지 등의 비산이 적음)

2 에너지 절약적 측면

① 대류 난방에 비해 상대적으로 저온온수 난방
② 대류 난방에 비해 건구온도를 더 낮게 유지해도 동일한 난방 효과 달성
③ 실내온도가 낮아도 난방효과가 있으며, 손실열량이 적음

QUESTION 02

온수바닥난방의 설계순서를 기술하시오. (91회)

1 온수바닥난방의 설계순서

1) 온수바닥패널의 설계인자 선정

① 패널 구성층 : 패널을 구성하는 재료와 두께
② 배관 관련 사항 : 배관의 재질, 간격, 관경, 패널 내의 배관의 위치
③ 공급 온수온도 및 유량

2) 설계인자를 고려한 방열량의 분석

① 계산에 의한 방법
② 시험에 의한 방법(KS기준)

3) 방열량에 따른 공급 유량의 설정 및 배관의 배치

4) 각 세대(실)의 온수 분배 조건 설정

5) 실별 또는 중앙 제어 관제점 설정

QUESTION 03

보일러의 출력을 구분하여 기술하시오. (91회, 125회)

1 보일러의 출력

1) **정미출력(kW) : 난방부하 + 급탕부하**

   부하계산서에 의하여 산출한 난방부하에 급탕부하계산에 의한 가열기 능력의 합을 말한다.

2) **상용출력(kW) : 난방부하 + 급탕부하 + 배관부하**

   보일러의 정상가동상태의 부하를 말한다.

3) **정격출력(kW) : 난방부하 + 급탕부하 + 배관부하 + 예열부하**

   ① 일반적으로 온수보일러에서는 정격출력으로 장비용량을 산정한다.
   ② 예열부하란 적정 온수 또는 증기를 공급하기 위해 보일러 운전 초기 5~15분 정도 가열에 쓰이는 열량으로 보일러 크기에 따라 다르다.

4) **과부하출력**

   운전 초기 혹은 과부하가 발생하여, 정격출력의 10~20% 정도 증가하여 운전할 때의 출력을 과부하출력이라 한다.

QUESTION 04

증기배관에서 증기트랩(관말트랩) 설치기준과 Short Circuiting 현상에 대하여 설명하시오. (93회, 107회)

1 증기트랩(관말트랩) 설치기준

1) 냉각레그(Cooling Leg) 설치

① 증기 주관 관말 부분에서 응축수 배제를 원만히 하지 못할 경우 고온의 응축수 고임으로 수격작용, 관말에서의 증기공급 불량 등을 초래하므로 Cooling Leg를 설치하여 원활한 증기 공급 및 환수가 되도록 한다.

② 증기주관에서부터 트랩에 이르는 냉각 레그(Cooling Leg)는 완전한 응축수를 트랩에 보내는 관계로 보온 피복을 하지 않으며, 냉각 면적을 넓히기 위해 그 길이도 1.5m 이상으로 한다.

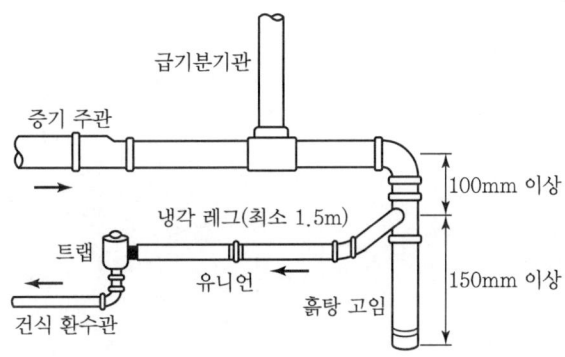

2) 증기트랩 입구 측 내림구배

응축수가 배관이나 장치에 체류하지 않으면서 저항 없이 원활히 유출될 수 있도록 1/200 정도의 내림구배를 적용한다.

3) 위치

방열기(열교환부)의 최저부보다 낮은 곳에 설치한다.

4) 유체의 흐름 방향 표시

2 Short Circuiting 현상

1) 개념
① Short Circuting은 증기배관계통 관말에서 증기의 응축화 미흡으로 역류되는 현상을 말한다.
② 여러 개의 응축수 Drain 관을 단일 Trap에 연결할 때 주로 발생한다.

2) 문제점
① 증기트랩의 손상 발생
② 증기주관의 워터해머 발생
③ 증기순환 장애 및 적정 압력, 온도 유지가 난해
④ 보일러 과열 및 고장
⑤ 부하기기(방열기 등)별 진열 불균형

3) 방지대책
① 방열기별 Trap 설치
② 냉각레그 설치(최소 1.5m 이상)
③ 스트레이너 설치
④ Bypass 배관 설치

QUESTION 05
증기트랩의 점검 항목 및 방법을 설명하시오. (95회)

1 증기트랩의 점검 항목

① 누출되는 재증발 증기 유무
② 바이패스 밸브의 누수 여부
③ 스트레이너의 막힘 여부
④ 응축수회수관의 밸브 폐쇄 여부
⑤ 공기장애, 증기장애 현상 유무
⑥ 응축수 배출형태 파악
⑦ 증기트랩 설치위치 및 설치방법 적절성 여부

2 증기트랩 점검 방법

1) 트랩에 물을 뿌려 확인

① 트랩 주위 배관에 물을 뿌려 반응과 증발속도를 관측한다.
② 트랩을 통해 뜨거운 응축수 또는 재증발 증기, 생증기가 흐르는지 확인이 불가하다.

2) 증기를 대기로 벤트

① 증기를 대기로 벤트하여 재증발 증기와 누출 증기의 차이를 배출점에서 색상으로 구별한다.
② 급격한 배출 특성을 가지고 있는 경우 어느 정도 추정할 수 있지만 일정한 배출 특성을 가지고 있는 경우 정상작동을 판별하기 어렵다.

3) 청진기 사용

① 20MHz까지 내의 진동과 소음을 고무 튜브를 통해 확인한다.
② 누출이 작을 경우 검출되지 않을 수 있으며 트랩의 종류에 따른 정상 및 비정상 작동에 대해 알 수 있도록 지속적인 연습이 필요하다.

4) 초음파 사용

① 모든 유체의 흐름과 기계적인 마찰은 높은 진동수의 소음과 진동이 발생되는데, 이것을 전기적 신호로 바꾸어 들을 수 있는 신호로 변환하여 헤드폰 및 계기를 통해 확인한다.
② 고정된 조건하에서 응축수, 증기 누출 여부를 확인할 수 있으나 그렇지 않을 경우, 즉 생증기, 응축수, 재증발 증기가 트랩의 통과 유무를 판단하기 어렵다. 특히, 폐쇄된 응축수 회수 시스템으로 응축수가 배출되는 경우도 이러한 경우이다.

QUESTION 06

> 우리나라 전통 구들방식과 현대적 온돌방식의 차이와 전통 구들의 현대적 적용방안을 설명하시오. (96회)

1 전통 구들방식

① 화기(火氣)가 방 밑을 통과하여 방을 덥히는 것으로서, 아궁이에 불을 때는 방식을 말한다.
② 추운 겨울을 지내기 위해 고래를 만들고 그 위에 구들장을 덮어 아궁이로부터 발생한 뜨거운 열을 구들장에 저장했다가 천천히 복사열을 내뿜어 방바닥과 방이 따뜻해지도록 제작된 난방구조를 의미한다.

2 현대적 온돌방식

Slab 위에 보온재를 설치하고, 배관을 설치하여 온수 또는 증기 등의 열매체를 통해 복사난방하는 방식이다.

3 구들의 현대적 적용방안

1) 전기 고래온돌난방

고래를 가지는 전통 온돌처럼 바닥에 공간을 두어 축열을 이용하는 전통 온돌의 장점을 살리면서 아궁이에 자연 재료를 때지 않고 전기를 이용하는데, 심야전기 등을 이용하도록 개발되었다.

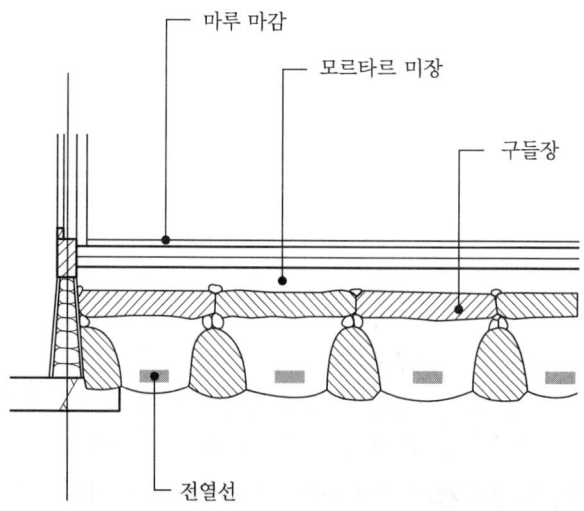

2) 온수패널 고래온돌

온수온돌의 파이프 배관을 하고 고래를 만들어 흙바닥과 고래에 열을 저장하고 방열하여 쓸 수 있게 개발된 것이다.

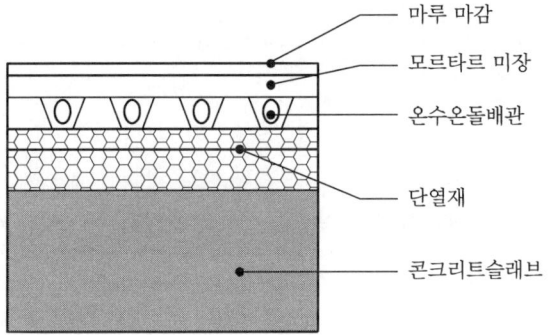

3) 축열식 전기 온돌난방

바닥면에 자갈, 단열재 등의 축열재를 유사한 두께로 쌓아 축열층을 시설하고 그 속에 발열 장치를 매입하여 난방하는 방식이다.

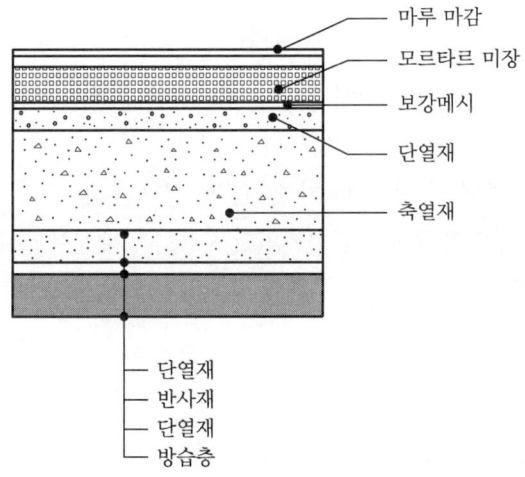

4) 겹난방

기존의 전통적인 온돌 위에 간편한 현대식 바닥 난방방식을 상하로 설치하는 방식이다.

QUESTION 07

보일러 절탄기(Economizer)의 설치위치, 구조 및 기능, 장단점에 대하여 설명하시오. (86회, 97회, 100회)

1 절탄기의 설치 위치

연소실(고온) → 과열기 → 재열기 → 절탄기 → 공기예열기 → 연돌(저온)

2 절탄기의 구조 및 기능

1) **절탄기의 구조 : Block식 구조(교체 및 수리가 용이)**

　① 부속식 : 각 보일러의 연도 중에 설치하는 방식
　② 집중식 : 공통의 절탄기를 설치하여 집중 가열하는 방식

2) **절탄기의 기능**

　① 절탄기는 보일러에서 발생하는 배기가스(연소가스)의 열로 보일러 급수를 예열하여 보일러의 효율을 높이는 열교환 장치를 말한다.
　② 급수온도를 10℃ 상승시키면 연료가 약 1.5% 절감된다.
　③ 온수보일러는 일정량의 물을 순환시키면서 사용하기 때문에 급수량이 적으나, 증기보일러는 증기로 소비되는 물을 보충하기 위한 급수량이 많으므로 절탄기 설치 시 효과가 크다.

3 절탄기의 장단점

장점	단점
• 부동팽창의 방지 • 보일러 증발능력 증대 • 일시 불순물 및 경도성분 완해 • 보일러 효율 및 증발력 증대 • 연료의 절약	• 연료 중 황 성분에 의한 저온 부식(400℃ 이하) 발생 　※ 저온부식 : 보일러의 절탄기나 공기예열기 등의 저온부(외면)에서 발생하는 부식현상(주로 황 성분에 의함) • 열교환에 따른 통풍력 감소(통풍저항이 커짐)

QUESTION 08

증기 및 온수 방열기의 표준방열량에 대하여 설명하시오. (99회)

1 방열기의 표준방열량

① 표준상태에서 방열면적 1m²당 방열되는 방열량
② 온수난방 : 0.523kW/m²(표준상태 온수 80℃, 실온 18.5℃)
③ 증기난방 : 0.756kW/m²(표준상태 증기 102℃, 실온 18.5℃)

2 상당방열면적 : EDR(Equivalent Direct Radiation)

① 보일러의 능력을 방열기의 방열면적으로 표시한 값
② 상당방열면적 산정공식

$$EDR(\text{m}^2) = \frac{\text{총 손실열량(전체발열량 또는 난방부하)(kW)}}{\text{표준방열량(kW/m}^2)}$$

여기서, 표준방열량 : 증기난방 0.756kW/m²
　　　　　온수난방 : 0.523kW/m²

3 방열기 절(Section) 수 산정공식

$$\text{방열기 절 수} = \frac{\text{총 손실열량(kW)}}{\text{표준방열량(kW/m}^2) \times \text{방열기 1절 면적(m}^2)}$$

QUESTION 09

「건축물의 설비기준 등에 관한 규칙」 중 개별난방설비에 대하여 설명하시오.
(100회)

1 개요

개별 난방은 공동주택, 오피스텔 등에 주로 적용되고, 사용자의 온열감에 의해 조절 가능한 난방방식으로, 사용자의 안전을 위해 「건축물의 설비기준 등에 관한 규칙」에 의해 설치되어야 한다.

2 개별난방설비 설치기준

1) 기본적 사항

① 가스 누출 감지기에 의한 자동차단기 설치
② 보일러 주위 연결 배관의 동파를 방지하도록 보호 철저
③ 보일러 운전소음이 실내 및 인접세대에 영향이 미치지 않도록 할 것
④ 건물 외관에 영향이 미치지 않도록 환기창 및 급·배기구 배치

2) 건축물의 설비기준 등에 관한 규칙

① 공동주택과 오피스텔의 난방설비를 개별난방방식으로 하는 경우에는 다음의 기준에 적합하여야 한다.
- 보일러는 거실 외의 곳에 설치하되, 보일러를 설치하는 곳과 거실 사이의 경계벽은 출입구를 제외하고는 내화구조의 벽으로 구획할 것
- 보일러실의 윗부분에는 그 면적이 $0.5m^2$ 이상인 환기창을 설치하고, 보일러실의 윗부분과 아랫부분에는 각각 지름 10cm 이상의 공기흡입구 및 배기구를 항상 열려 있는 상태로 바깥공기에 접하도록 설치할 것. 다만, 전기보일러의 경우에는 그러하지 아니하다.
- 보일러실과 거실 사이의 출입구는 그 출입구가 닫힌 경우에는 보일러가스가 거실에 들어갈 수 없는 구조로 할 것
- 기름보일러를 설치하는 경우에는 기름저장소를 보일러실 외의 다른 곳에 설치할 것
- 오피스텔의 경우에는 난방구획을 방화구획으로 구획할 것
- 보일러의 연도는 내화구조로서 공동연도로 설치할 것

② 가스보일러에 의한 난방설비를 설치하고 가스를 중앙집중공급방식으로 공급하는 경우에는 위의 규정에도 불구하고 가스관계법령이 정하는 기준에 의하되, 오피스텔의 경우에는 난방구획마다 내화구조로 된 벽·바닥과 갑종방화문(60분 방화문 또는 60+ 방화문)으로 된 출입문으로 구획하여야 한다.

③ 허가권자는 개별 보일러를 설치하는 건축물의 경우 소방청장이 정하여 고시하는 기준에 따라 일산화탄소 경보기를 설치하도록 권장할 수 있다.

QUESTION 10

팽창탱크의 설치목적을 설명하고 개방식과 밀폐식 방식을 비교하시오. (104회)

1 팽창탱크의 설치목적

① 배관계의 온도변화에 따른 수축 팽창 흡수
② 배관계의 압력을 포화증기압 이상으로 유지, 국부적 비등이나 Flash현상 방지
③ 이상 압력 상승 시 초과 압력 배출
④ 대기압 이하 시 공기 흡입 방지

2 팽창탱크의 종류

구분	개방식 팽창탱크	밀폐식 팽창탱크
개념도	(개방식 팽창탱크 개념도: 배기관, 안전관(도피관), 오버플로관, 배수, 팽창관, 급수)	(밀폐식 팽창탱크 개념도: 압력계, 압축공기공급, 안전밸브, 수위계, 배수관, 급수관, 주관)
장점	• 구조가 간단하고, 설치가 용이하다. • 설비비가 저렴하다.	• 공기 침입의 우려가 없다. • Overflow가 없다. • 설치 위치에 제약이 없다. • 열 손실이 없다.
단점	• 대기 중의 산소가 용해되어 부식의 원인이 된다. • Overflow 시 배관계의 열손실이 있다. • 설치 위치에 제약이 따른다.	• 설비비가 고가이다. • 탱크용량이 크다.

QUESTION 11

바닥복사 냉방시스템의 표면결로 방지 대책을 설명하시오. (105회)

1 바닥복사 냉방시스템의 개념

기존 바닥 난방 배관을 활용한 바닥매립형 냉방방식으로서 시스템에어컨 등의 설치면적 감소 및 공사비 절감효과가 있는 방식이다.

2 바닥복사 냉방시스템의 표면결로 방지 대책

1) 냉수온도 계측 및 결로 예측

① 결로 방지를 위해 공급냉수 온도를 노점온도 이상으로 제어
② 노점온도 감시 장치 설치

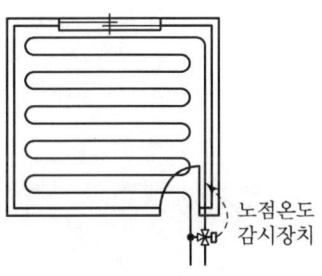

∥ 냉수 코일 평면도 ∥

2) 노점 온도 이상으로 냉수 공급 온도 설정

① ASHRAE 기준 19℃ 이상
② 국내의 경우 좌식의 특성을 살려 23℃ 이상

3 바닥복사 냉방시스템의 특징

장점	단점
• 지역열원 활용 가능(흡수식 냉온수기 적용)	• 노점온도 관리 필요
• 공사비 절감 및 유효공간 확대	• 좌식 문화에서의 적응 필요
• 기존 난방배관 적용	• 잠열처리 미흡

QUESTION 12

물에 대한 경도(Hardness)를 정의하고, 경도가 높은 물을 보일러에 사용했을 때 나타나는 현상을 설명하시오. (105회, 117회)

1 정의

① 물속에 녹아 있는 칼슘(Ca)이나 마그네슘(Mg)의 양을 이것에 대응하는 탄산칼슘($CaCO_3$) 또는 탄산마그네슘($MgCO_3$)의 백만분율(ppm : parts per million)로 환산표시한 것을 말한다.

② 1L의 물속에 탄산칼슘($CaCO_3$)이 10mg 함유된 것을 1도라 한다.

2 경도가 높은 물을 보일러에 사용했을 때 나타나는 현상

1) 스케일 발생

① 보일러 보급수로 사용 시 내면에 스케일(Scale)이 생겨 전열효율 저하 및 과열과 수명 단축의 원인이 된다.

② 생성 메커니즘

$$2HCO_3^- + Ca^{2+} \rightarrow CaCO_3 + CO_2 + H_2O$$

2) 열전달률 감소

① 관, 장비류의 벽에 붙어서 단열기능을 함
② 에너지 소비 증가, 열효율 저하

3) 보일러 노 내 온도 상승

① 과열로 인한 사고
② 가열면 온도 상승으로 고온 부식 초래

4) 배관의 단면적 축소

마찰손실 증가로 반송동력 증가

5) 각종 V/V 및 자동제어기기의 작동 불량 초래

QUESTION 13

392K의 중온수가 흐르고 있는 내경이 100mm, 외경이 104mm인 강관의 1m당 방열량을 계산하시오.(단, 강관의 열전도율은 210kJ/m · h · K, 대기 온도는 292K으로 한다.) (106회)

$$Q = \frac{2\pi \times L \times K \times \Delta T}{\ln \frac{r_1}{r_2}} = \frac{2\pi \times 1\text{m} \times 210\text{kJ/m} \cdot \text{h} \cdot \text{K} \times (392-292)\text{K}}{\ln \frac{0.052\text{m}}{0.050\text{m}}}$$

$$= 3,364,214 \text{kJ/h}$$

여기서, Q : 방열량(kJ/h)

L : 배관의 길이(m)

K : 배관의 열전도율(kJ/m · h · K)

ΔT : 외부온도(대기온도)와 배관 내 유체온도의 차이(K)

r_1 : 외반경(m)

r_2 : 내반경(m)

QUESTION 14

저온수(332K) 난방설비의 설계순서와 유의사항에 대하여 설명하시오. (106회)

1 저온수(332K) 난방설비의 설계순서

① 각 실의 손실열량을 계산한다.
② 순환방식을 강제식 또는 중력식 중에서 결정한다.
③ 방열기의 입구, 출구의 온수온도를 결정하고 방열량 및 온수순환량을 구한다.
④ 각 실의 손실열량을 방열량으로 나누어 각 실마다 소요방열면적을 구하고 방열기를 실내에 적당히 배치하여 각각 방열면적을 할당한다.
⑤ 방열기, 콘벡터, 베이스보드 등의 사용형식을 결정한다.
⑥ 방열기와 보일러를 연결하는 합리적인 배관을 계획한다.
⑦ 순환수두를 구한다.
⑧ 보일러에서 최원단의 방열기까지 경로에 따라 측정한 왕복길이를 구하고 배관저항을 구한다.
⑨ 관경을 정하는 부분의 온수순환량을 구한 다음 압력강하를 사용하여 온수에 대한 배관재의 저항표에서 관경을 결정한다. 주 경로 이외의 분지관도 배관 저항(압력강하)을 사용하여 관경을 정한다.
⑩ 개방식 팽창수조는 옥상, 지붕밑, 또는 계단상부에 설치하여 동결하지 않도록 보온한다.
⑪ 보일러의 용량을 결정하고 보일러 및 이에 부속하는 연소기, 순환펌프, 기타 부속기기를 결정한다.

2 설계 시 유의사항

① 부하가 되는 각 기기에 공급하는 온수온도와 온수량을 적절하게 선정한다.
② 각 기기에 온수량을 신속하고 균일하게 순환시키도록 한다.
③ 순환에 있어 유수음 등 소음이 발생하지 않도록 한다.
④ 체적팽창에 의해 장치 내에 이상 내압이 생기거나 오버플로에 의해 열손실이 발생하지 않도록 한다.
⑤ 공기주입에 의한 관내 부식이 진행되지 않도록 한다.
⑥ 관의 신축에 의한 각종 장해가 일어나지 않도록 한다.
⑦ 온수 순환량은 기기의 필요부하에 대하여 공급온도뿐만 아니라 그 출입구 온도차에 따라 좌우되므로 특히 대규모 장치에서는 설비비와 동력비와의 경제성을 고려하여 결정한다.

QUESTION 15

지역난방방식의 공동주택 기계설비의 자동제어 관제점을 제어, 계측 그리고 경보로 구분하여 설명하시오. (110회)

1 제어

구분	용도
기동 / 정지	• 펌프류(급탕순환펌프, 팽창보급수펌프) • 팬류(중간기계실, 지하저수조 펌프실) • 장비류(난방케미컬피더, 팽창탱크) • 밸브류(지하저수조 수위조절밸브)

2 계측

구분	용도
온도지시	• 기계실 난방 1차 측 공급 및 환수온도 • 기계설 난방 2차 측 난방공급 및 환수온도 • 기계실 급탕 공급온도 • 동별 난방 공급 및 환수온도 • 동별 급탕 공급온도, 외기온도
습도지시	• 펌프실 습도, 외기 습도
액면지시	• 지하저수조

3 경보

구분	용도
고위 / 저위 이상경보	• 지하저수조, 팽창보급수탱크 • 집수정(펌프실, 기계실, 지하주차장, 전기실, 오수정화조) • 지하저수조, 팽창보급수 탱크, 난방케미컬피더 • 팽창탱크(압축기 부착형), 난방순환펌프

QUESTION 16

난방설비의 용량을 표시하는 방법 3가지를 설명하시오. (110회)

1 보일러의 용량표시

1) 정격용량(kg/h)

① 정격용량이란 보일러의 사용압력 상태에서 발생하는 최대연속증발량을 말한다.
② 일반적으로 증기보일러에서 정격용량으로 장비용량을 산정한다.
③ 정격출력과의 관계

$$정격출력(kW) = \frac{정격용량(kg/h) \times 2,257(kJ/kg)}{3,600}$$

여기서, 2,257 : 대기압에서의 증발잠열(kJ/kg)

2) 정격출력(kW)

① **정미출력(kW)** : 난방부하+급탕부하
  - 부하계산서에 의하여 산출한 난방부하에 급탕부하계산에 의한 가열기 능력의 합을 말한다.
  - 상당증발량과의 관계

$$정미출력(kW) = 상당증발량(kg/h) \times 2,257(kJ/kg)$$

여기서, 2,257 : 대기압에서의 증발잠열(kJ/kg)

② **상용출력(kW)** : 난방부하+급탕부하+배관부하 보일러의 정상가동상태의 부하를 말한다.
③ **정격출력(kW)** : 난방부하+급탕부하+배관부하+예열부하
  - 일반적으로 온수보일러에서 정격출력으로 장비용량을 산정한다.
  - 예열부하란 적정 온수 또는 증기를 공급하기 위해 보일러 운전 초기 5~15분 정도 가열에 쓰이는 열량으로 보일러 크기에 따라 다르다.

3) 상당증발량(kg/h, G_e, Equivalent Evaporation, 환산증발량)

① 발생증기의 실제증발량을 기준증발량으로 환산한 것으로, 표준대기압에서 100℃ 포화수 1kg을 1시간 동안에 100℃ 건조포화증기로 바꿀 수 있는 증발량을 말한다.
② 배관손실부하 및 예열부하를 고려하지 않은 값이다.
③ 실제증발량에 대한 상당증발량의 비를 증발계수($=G_e/G$)라고 한다.

$$G_e = \frac{Q}{2,257} = \frac{G(h_2 - h_1)}{2,257}$$

여기서, Q : 발생증기의 열량(kJ/h)
G : 실제증발량(kg/h) = 급수량(kg/h)
h_1 : 급수의 엔탈피(kJ/kg)
h_2 : 발생증기의 엔탈피(kJ/kg)
$2,257$: 대기압에서의 증발잠열(kJ/kg)

QUESTION 17

온수난방 배관을 단관식에서 복관식으로 변경할 때의 효과와 직접환수방식을 역환수방식으로 변경할 때의 효과에 대하여 설명하시오. (110회, 112회)

1 단관식과 복관식

1) 개념

① 단관식 : 1개의 관으로 공급관과 환수관을 겸하는 방식이다.

② 복관식 : 온수의 공급관과 환수관을 별도로 설치하여 공급하는 방식이다.

2) 복관식으로 변경할 때의 효과

① 설비비가 많이 드나 효율이 좋다(대규모 건물에 적합).

② 온수관 내의 온도변화가 적다.

③ 방열기 개폐에 따라 방열량을 임의로 조정할 수 있다.

④ 다른 방열기에 미치는 영향이 적다.

2 직접환수방식과 역환수방식

1) 직접환수방식

보일러에 가장 가까운 방열기의 공급관 및 환수관의 길이가 가장 짧고, 가장 먼 거리에 있는 방열기일수록 관의 길이가 길어지는 배관을 하게 되므로 방열기로의 저항이 각각 다르게 되는 방식이다.

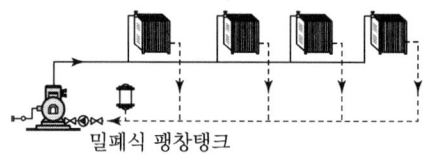

| 직접환수방식 |

2) 역환수방식

보일러에 가장 가까운 방열기는 공급관이 가장 짧고 환수관은 가장 길게 배관한 것으로 각 방열기의 공급관과 환수관의 합이 각각 동일하게 되는 방식이다.

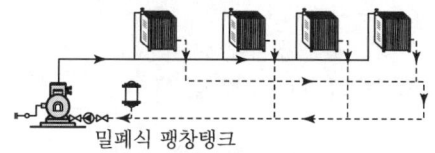

‖ 역환수방식 ‖

3) 역환수방식의 효과

① 동일 저항으로 온수가 순환
② 방열기에 온수를 균등히 공급
③ 각 방열기의 온수온도가 일정

QUESTION 18

증기주관에서 증기지관 분기 시 연결 방법을 그림으로 그리고 설명하시오. (111회)

1 증기주관에서 증기지관 분기 시 연결 방법

1) 증기 주관에서 상향 수직관을 분기할 때의 배관

수평 증기주관에서 상향 급기 시 T이음 하향 또는 45° 하향 분기 후 올려 세운다.

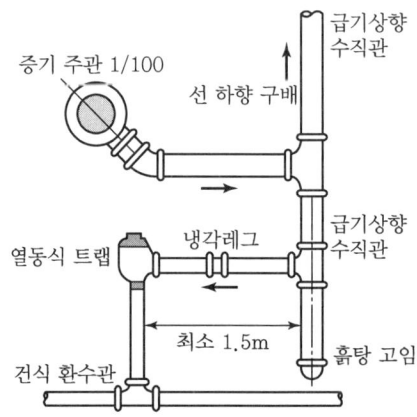

2) 증기 주관에서 하향 수직관을 분기할 때의 배관

수평 증기주관에서 하향 급기 시 T이음 상향 또는 45° 상향 분기 후 스위블 이음으로 내리 세운다.

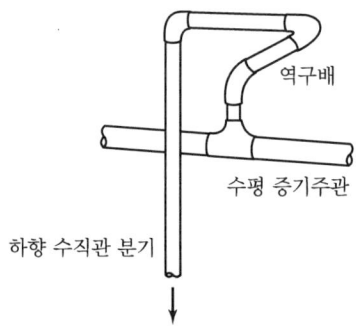

QUESTION 19

> 증기보일러의 효율을 식으로 표현하고, 증기보일러의 종류에 따른 효율(%)에 대하여 설명하시오. (112회)

1 증기보일러의 효율

① 증기보일러의 효율은 공급열량에 대한 발생증기의 열량 비를 말한다.
② 연료가 연소되고 전열되어 증기가 발생되므로, 연료의 연소효율과 전열효율의 곱으로도 표현한다.

$$효율(\eta) = \frac{발생증기의 열량}{공급 열량}$$
$$= \frac{Q}{G_f \cdot H_L} = \frac{G(h_2 - h_1)}{G_f \cdot H_L} = \frac{G_e \cdot 2,257}{G_f \cdot H_L}$$

여기서, Q : 발생증기의 열량(kJ/h)
  G_f : 연료사용량(kg/h)
  H_L : 연료의 저위발열량(kJ/kg)
  G : 실제증발량(kg/h) = 급수량(kg/h)
  G_e : 상당증발량(kg/h)
  h_1 : 급수의 엔탈피(kJ/kg)
  h_2 : 발생증기의 엔탈피(kJ/kg)
  2,257 : 대기압에서의 100℃ 증발잠열(kJ/kg)

2 증기보일러의 종류에 따른 효율(%)

① 연관 보일러 : 50~80%
② 수관 보일러 : 80~90%
③ 보일러 효율 순서 : 관류 보일러 > 수관식 보일러 > 노통연관 보일러 > 연관식 보일러 > 노통 보일러 > 입형 보일러

QUESTION 20

원통형 보일러에서의 원주방향응력과 축방향 응력의 크기를 안전관점에서 비교 설명하시오. (113회)

1 원통형 보일러의 원주방향 응력과 축방향 응력 크기를 안전관점에서 비교

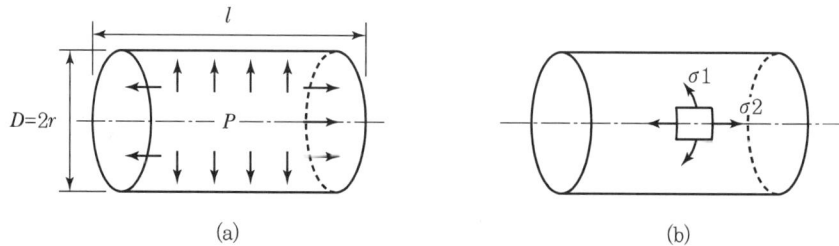

(a)   (b)

① 원통형 보일러의 원주방향과 축방향 응력은 전단력에 대한 요소는 없고, 인장응력이 발생하게 된다.
② 위의 응력사항을 고체역학적 평형식에 따라 산출하면 $\sigma_1 = 2\sigma_2$가 된다.
③ 원주방향응력(σ_1)이 축방향응력(σ_2)에 비해 2배의 응력을 받게 된다는 것이다.
④ 안전관점에서 인장응력이 크게 발생하는 원주방향의 적용 재료의 인장강도를 크게 설정하여야 한다.
⑤ 갑작스러운 취성파괴를 하지 않게 하기 위해, 적정한 소성영역 구간이 확보되는 재료의 선정으로 파손 시 연성파괴가 되도록 한다.

QUESTION 21

> 증기보일러의 캐리오버(Carry Over)에 대하여 설명하시오. (115회)

1 정의

① 캐리오버(Carry Over)는 보일러관수 중에 용해 또는 현탁되어 있는 고형물이 증기의 흐름과 함께 증기사용시스템으로 넘어가는 현상이다.
② 보일러관수 중의 고형물이 증기시스템으로 넘어가면 증기 건도가 저하하여 제품의 품질을 저하시키고, 과열기를 팽출, 파열시키며 증기사용시스템의 열사용설비의 고형물 부착에 의한 전열효율 감소로 증기사용량의 소모가 증가되는 문제가 발생된다.

2 문제점

① 증기의 순도 저하
② 수면계 수위 확인이 난해해짐
③ 안전밸브, 압력계, 수면계가 더러워지고 일부 통기공에 물이 들어오는 등 성능저하 발생
④ 과열기가 있으면 증기 과열기에 물이 들어가고 증기온도나 과열도가 저하되며 과열기가 더러워짐
⑤ 자동제어 장치에 개구부나 연결배관이 막힐 염려가 있음
⑥ 증기배관에서 수격작용 발생
⑦ 보일러수의 일시 저하로 저수위사고 염려
⑧ 생산제품의 오염이 발생될 염려가 있음

3 발생원인

① 증기부하가 클 때
② 주 증기 밸브를 급히 개방할 때
③ 고수위로 보일러 운전
④ 부유물, 유지분, 불순물이 존재할 때
⑤ 보일러수가 과도하게 농축할 때
⑥ PH4.8 등 산소비량이 높을 때
⑦ 시리카겔 농도가 표준치 이상일 때

4 방지대책

캐리오버를 방지하기 위해서 증기드럼에 기수분리 장치가 설치되어 있으나 격렬한 프라이밍이 발생하는 경우에는 충분히 그 효력이 발휘되지 못하는 수가 많다. 캐리오버를 방지할 수 있는 대책으로는 다음과 같은 사항에 주의하도록 한다.

① 수면이 비정상적으로 높게 유지되지 않도록 주의하여야 한다. 특히, 수면이 높게 될수록 프라이밍의 영향을 받기 쉬울 뿐 아니라 증기실의 부하율도 높아져 더욱 발생되기 쉽다.

② 보일러 운전압력을 당초 설계조건대로 유지한다. 보일러수가 증발하는 경우 압력이 당초 압력보다 낮을수록 비체적이 증가되고 증기의 속도가 빨라져 캐리오버의 위험성이 커진다.

③ 부하를 급격하게 증대시키면 프라이밍이 발생될 위험이 있다.
- 수관식 보일러와 같이 축열량이 적은 보일러는 부하가 급격히 증가하면 그에 따라 압력이 급격히 저하된다.
- 이때 보일러관수는 상대적 온도가 높아 과열상태로 유지되기 때문에 평형상태보다도 여분의 열에너지를 보유하게 되어 보일러관수를 급격히 재증발시켜 기포의 발생을 유도함으로써 프라이밍이 발생된다.

④ 보일러관수의 TDS 농도를 적정농도로 유지한다(유지류 및 비누류 등이 혼입되지 않도록 한다).

5 종류

1) 프라이밍(Priming)

보일러부하의 급변이나 수위의 급격한 상승으로 인하여 보일러수가 다량의 미세한 물방울이나 거품 상태로 되어 증기와 함께 보일러 밖으로 반출되는 현상이다.

2) 포밍(Foaming)

보일러수가 비등할 때 수면까지 상승한 기포가 보일러수 불순물의 영향을 받아 파괴되지 않고 누적되어 보일러 수면을 덮고 있다가 증기와 함께 외부로 반출되는 현상이다.

3) 실리카의 선택적 캐리오버(Selective Carry Over)

실리카는 프라이밍과 포밍이 일어나지 않더라도 보일러관수 중의 고형물 중에서 선택적으로 증기에 용해되어 캐리오버에 의해 터빈 날개 등에 부착되는 성질이 있다.

QUESTION 22

연소 시 배출되는 응축성 먼지(CPM : Condensable Particulate Matter)에 대하여 설명하시오. (116회)

1 응축성 미세먼지(CPM)의 개념

응축성 미세먼지(CPM)는 석탄화력발전소나 사업장의 연소시설은 물론 자동차 엔진과 같은 내연기관 배출원에서 가스 상태로 나와 공기 중에서 냉각되면서 입자화되는 미세먼지이다.

2 응축성 미세먼지의 특징

① 응축성 미세먼지는 입자 크기가 대부분 초미세먼지(PM2.5) 이하이다.
② 입자 크기가 상대적으로 큰 여과성 미세먼지보다 유해하다.

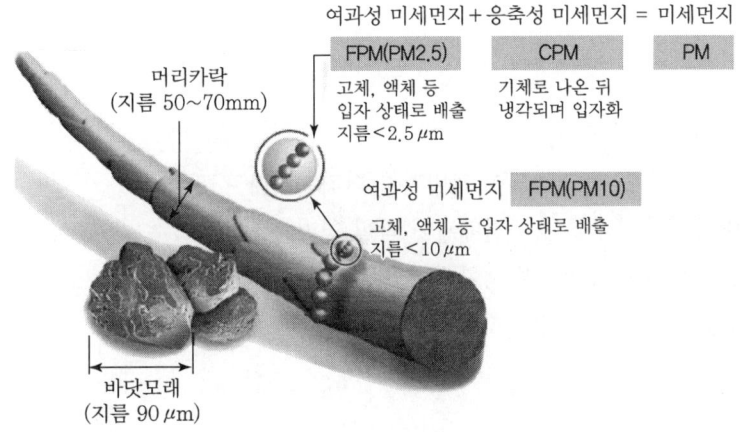

‖ 여과성 미세먼지와 응축성 미세먼지 ‖

3 미세먼지의 분류

구분		내용
여과성	PM10	고체, 액체 등 입자 상태로 배출(지름<$10\mu m$)
	PM2.5	고체, 액체 등 입자 상태로 배출(지름<$2.5\mu m$)
응축성 미세먼지		기체로 나온 뒤 냉각되며 입자화

QUESTION 23

증기보일러 운전 중 프라이밍(Priming) 현상과 포밍(Foaming) 현상을 설명하시오. (116회)

1 프라이밍(Priming) 현상

보일러부하의 급변이나 수위의 급격한 상승으로 인하여 보일러수가 다량의 미세한 물방울이나 거품 상태로 되어 증기와 함께 보일러 밖으로 반출되는 현상을 말한다.

2 포밍(Foaming) 현상

보일러수가 비등할 때 수면까지 상승한 기포가 보일러수 불순물의 영향을 받아 파괴되지 않고 누적되어 보일러 수면을 덮고 있다가 증기와 함께 외부로 반출되는 현상을 말한다.

3 문제점

① 증기의 순도가 저하된다.
② 증기온도나 과열도가 저하되며 과열기가 더러워진다.
③ 자동제어장치에 개구부나 연결배관이 막힐 염려가 있다.
④ 증기배관에서 수격작용이 발생할 수 있다.
⑤ 생산제품에 오염이 발생할 우려가 있다.

4 원인 및 대책

원인	대책
• 증기부하가 클 때	• 기수분리장치 적용
• 고수위로 보일러를 운전할 때	• 적정수위 유지
• 부유물, 유지분, 불순물이 존재할 때	• 운전압력 유지
• 보일러수가 과도하게 농축할 때	• 보일러 관수 중 TSD(총용존고형물, Total Dissolved Solid) 농도 유지
• 실리카겔 농도가 표준치 이상일 때	

QUESTION 24

캐스케이드 시스템(온열원)에 대하여 설명하시오. (116회)

1 캐스케이드 시스템(Casecade System)의 개념

캐스케이드 시스템(Cascade System)은 소용량의 가스보일러 또는 온수기를 규모에 맞게 여러 대를 병렬로 연결해 중대형 건물에 필요한 용량을 자유자재로 설계할 수 있는 시스템이다.

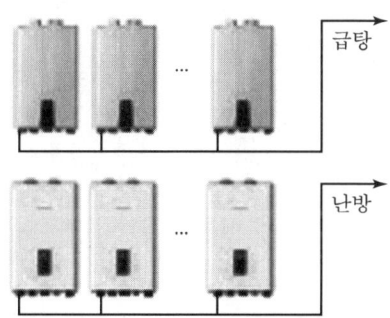

2 방식 및 적용

① 소형 보일러를 병렬로 연결, 대수제어 및 비례제어 기술을 이용해 운영한다.
② 호텔 등 숙박시설, 대형 상업시설, 스포츠, 상점 등 복합시설 등에 적용되고 있다.

3 적용 목적

① 대수 제어 기능을 통해 부분부하에 최적 대응을 통한 에너지 절약
② 설치공간의 절약 및 운전의 안전성 강화
③ 유지관리의 편리성 및 시공성 향상
④ 보일러 1대가 고장날 경우에도 병렬 연결된 다른 보일러로 대체 운전 가능
⑤ 초기투자비 감소 및 증설 용이

4 기존 방식(대형보일러)과 캐스케이드 방식 비교

구분	기존 방식(대형보일러)	캐스케이드 방식
에너지절감성	보통	양호(부분운전 최소화)
시공성	반입조건 충족 필요	설치(반입) 용이
Back-up	단일 기기로서 난해	병렬연결로서 타 기기 고장 시 대처 가능
안전성	대용량으로 안전에 유의 필요	기존 방식에 비해 소용량으로 안전 면에서 유리

QUESTION 25

증기난방설비에서 사용하는 펌핑 트랩(Pumping Trap)에 대하여 설명하시오.
(117회)

1 펌핑 트랩(Pumping Trap)의 개념

기계식 트랩의 일종이며, 다량의 응축수를 처리할 때 적용하는 플로트 트랩(Float Trap) 방식에 기계식 Pump를 보조적 역할로 부가하여 응축수 처리능력을 향상시킨 트랩을 의미한다.

2 펌핑 트랩의 작동

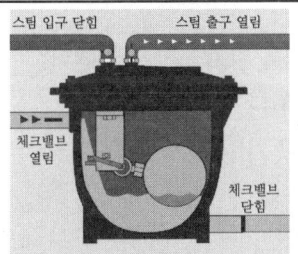	1) 응축수 채움 ① 응축수를 채우는 동안 스팀의 입구 및 Pumping Trap의 체크밸브를 Closed한다. ② 스팀 출구 및 입구 측 체크밸브 Open
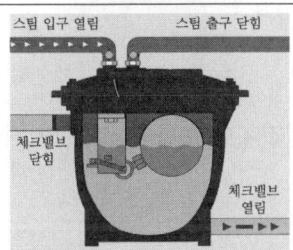	2) 펌핑 트랩 가동 및 응축수의 배출 응축수의 상승에 따라 부자(Float)가 일정수위 이상 올라오게 되면 Pumping Trap의 체크밸브를 Open하여 응축수를 배출한다.
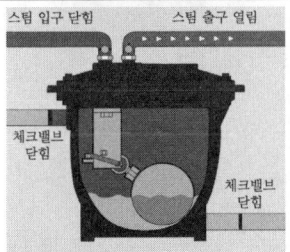	3) 펌핑 트랩 중지 및 응축수 배출 중지 응축수의 하강에 따라 부자(Float)가 일정 수위 이하로 내려갈 경우 Pumping Trap의 체크밸브를 Closed하여 응축수 배출을 중지한다.
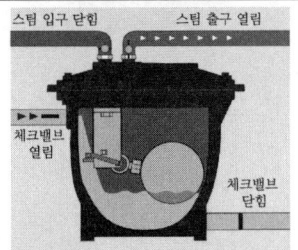	4) 응축수 채움 반복

QUESTION 26

증기의 건도와 재증발 증기에 대하여 각각 설명하시오. (90회)

1 증기의 건도

1) 정의

① 증기의 건도는 증기 중의 기상(氣相) 부분과 액상(液相) 부분의 중량 비율을 의미한다.
② 만약 증기 속에 10%에 해당하는 물이 포함되어 있다면 90%의 건도 혹은 0.9의 건도를 가지고 있다고 나타낸다.

2) 적용

① 건도 100%의 증기이면, 포화압력에 해당하는 증기의 잠열을 100% 가지게 된다.
② 건도가 0%인 경우 포화수로서, 잠열은 없이 현열만 갖게 된다.
③ 건도=0 : 액체, 0<건도<1 : 습증기, 건도=1 : 건포화 증기

2 재증발 증기

1) 정의

고온의 응축수가 저압의 상태로 배출되게 될 때 전체의 열량은 같지만 포화점이 낮아지게 되어 물의 일부가 다시 증기로 바뀌게 되는 것을 의미한다.

2) 적용

① 저압의 증기 사용설비에 고압의 응축수에서 발생한 증기를 사용한다.
② 증기의 활용으로서 에너지의 절감이 가능하다.

QUESTION 27

보일러 정격출력 320kW, 효율 80%, 연료의 저위발열량 40,000kJ/kg일 때, 연료소비량(kg/h)을 구하시오. (123회)

1 연료소비량(kg/h) 산출

$$연료소비량(\text{kg/h}) = \frac{보일러\ 정력출력}{연료의\ 저위발열량 \times 효율}$$

$$= \frac{320\text{kW}(\text{kJ/s}) \times 3,600}{40,000\text{kJ/kg} \times 0.8} = 36\text{kg/h}$$

QUESTION 28

난방 배관계에서의 물의 팽창과 관의 신축에 대하여 설명하시오. (125회)

1 물의 팽창(예시 : 4℃ 물 → 100℃ 물의 팽창)

4℃ 물의 밀도 : 1,000kg/L
100℃ 물의 밀도 : 0.9584kg/L

$$\Delta V = 1\text{kg} \times \left(\frac{1}{0.9584} - \frac{1}{1}\right) \times 100(\%) = 4.34\%$$

2 관의 신축

1) 신축길이 산출 공식

$$l' = a \cdot \Delta t \cdot l$$

여기서, l' : 팽창길이(m)
      a : 선팽창계수
      Δt : 온도차(℃)
      l : 관길이(m)

2) 신축이음 간격

구분	동관(m)	강관(m)
수직	10	20
수평	20	30

QUESTION 29

보일러의 능력을 나타내는 다음의 출력표시방법에 대하여 설명하시오. (125회)
(1) 과부하출력
(2) 정격출력
(3) 상용출력
(4) 정미출력

1 과부하출력

운전 초기 혹은 과부하가 발생하여, 정격출력의 10~20% 정도 증가하여 운전할 때의 출력을 과부하출력이라 한다.

2 정격출력 : 난방부하 + 급탕부하 + 배관부하 + 예열부하

3 상용출력 : 난방부하 + 급탕부하 + 배관부하

4 정미출력 : 난방부하 + 급탕부하

QUESTION 30

다음과 같은 저장용기의 내용적(m^3)을 구하시오.[단, 치수의 단위는 mm, 물의 비중은 1, 주기율(π) = 3으로 가정하며, 용기의 두께는 무시한다.] (125회)

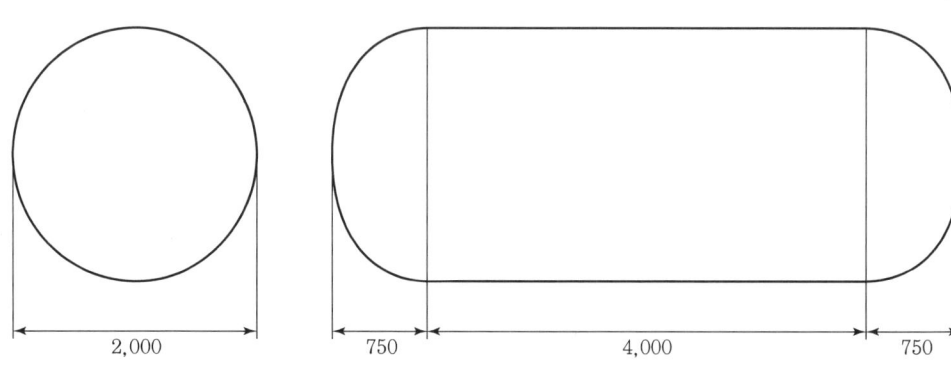

1 단면적(A) 산출

$$A = \frac{\pi D^2}{4} = \frac{3 \times 2^2}{4} = 3\,\text{m}^2$$

2 용적(V) 산출

- 좌측 $V_1 = \dfrac{1}{3} \times A \times L = \dfrac{1}{3} \times 3 \times 0.75 = 0.75\,\text{m}^3$
- 중앙 $V_2 = A \times L = 3 \times 4 = 12\,\text{m}^3$
- 우측 $V_3 = \dfrac{1}{3} \times A \times L = \dfrac{1}{3} \times 3 \times 0.75 = 0.75\,\text{m}^3$
- ∴ 저장용기의 내용적(V) = $V_1 + V_2 + V_3$ = 0.75 + 12 + 0.75 = 13.5$\,\text{m}^3$

QUESTION 31

보일러 운전자가 보일러를 1시간 정도 가동 중 수면계를 보고 보일러 내에 물이 없는 것을 확인하여, 급하게 수동으로 급수펌프를 가동하여 보일러 내 급수(15℃)를 공급하였다. 얼마 후 보일러가 폭발하였는데 그 이유를 관계식을 이용하여 설명하시오.(단, 원인은 급수공급으로 인한 폭발임) (128회)

1 원인

저수위 상태로 과열 운전 중 보일러수를 공급함에 따라 폭발적 기화의 발생으로 보일러 동체 폭발

2 관계식

- 15℃ 급수의 비체적 : $0.001 m^3/kg$ ·················· A
- 100℃ 포화증기의 비체적 : $1.672 m^3/kg$ ·············· B

비체적 비 = B/A = 1.672/0.001 = 1,672

따라서 비체적 비에 따라 1,672배의 부피팽창이 일어나면서 보일러 동체가 파열되었다.

QUESTION 32

보일러의 이상현상을 설명하는 다음 용어에 대한 정의와 발생원인에 대하여 설명하시오. (131회)
(1) 캐리오버(Carry Over)
(2) 프라이밍(Priming)
(3) 포밍(Foaming)

1 정의

1) 캐리오버(Carry Over)

캐리오버(Carry Over)는 보일러관수 중에 용해 또는 현탁되어 있는 고형물이 증기의 흐름과 함께 증기사용시스템으로 넘어가는 현상이다.

2) 프라이밍(Priming)

보일러부하의 급변이나 수위의 급격한 상승으로 인하여 보일러수가 다량의 미세한 물방울이나 거품 상태로 되어 증기와 함께 보일러 밖으로 반출되는 현상이다.

3) 포밍(Foaming)

보일러수가 비등할 때 수면까지 상승한 기포가 보일러수 불순물의 영향을 받아 파괴되지 않고 누적되어 보일러 수면을 덮고 있다가 증기와 함께 외부로 반출되는 현상이다.

2 발생원인 및 대책

원인	대책
• 증기부하가 클 때	• 기수분리장치 적용
• 고수위로 보일러를 운전할 때	• 적정수위 유지
• 부유물, 유지분, 불순물이 존재할 때	• 운전압력 유지
• 보일러수가 과도하게 농출할 때	• 보일러 관수 중 TSD(총용존고형물, Total Dissolved Solid) 농도 유지
• 실리카겔 농도가 표준치 이상일 때	

QUESTION 33

급수로부터 소요증기를 발생시키는 보일러의 증발률과 효율에 대하여 설명하시오. (132회)

1 보일러의 증발률

$$\frac{G}{A}$$

여기서, G : 실제 증발량(kg/h)
A : 전열면적(m^2)

2 보일러의 효율

$$효율(\eta) = \frac{발생증기의\ 열량}{공급열량}$$
$$= \frac{Q}{G_f \cdot H_L} = \frac{G(h_2 - h_1)}{G_f \cdot H_L} = \frac{G_e \cdot 2,256.5}{G_f \cdot H_L}$$

여기서, Q : 발생증기의 열량(kJ/h)
G_f : 연료사용량(kg/h)
H_L : 연료의 저위발열량(kJ/kg)
G : 실제증발량(kg/h) = 급수량(kg/h)
G_e : 상당증발량(kg/h)
h_1 : 급수의 엔탈피(kJ/kg)
h_2 : 발생증기의 엔탈피(kJ/kg)
2,256.5 : 대기압에서의 증발잠열(kJ/kg)

QUESTION 34

보일러의 폭발사고를 예방하기 위하여 설치하는 안전장치에 대하여 설명하시오.
(132회)

1 안전장치

1) 압력방출장치

사업주는 보일러의 안전한 가동을 위하여 보일러 규격에 맞는 압력방출장치를 1개 또는 2개 이상 설치하고 최고사용압력이하에서 작동되도록 하여야 한다.

2) 압력제한스위치

사업주는 보일러의 과열을 방지하기 위하여 최고사용압력과 상용압력 사이에서 보일러의 버너 연소를 차단할 수 있도록 압력제한스위치를 부착하여 사용하여야 한다.

3) 고저수위 조절장치

사업주는 고저수위(高低水位) 조절장치의 동작 상태를 작업자가 쉽게 감시하도록 하기 위하여 고저수위지점을 알리는 경보등·경보음장치 등을 설치하여야 하며, 자동으로 급수되거나 단수되도록 설치하여야 한다.

4) 화염검출기

연소실내의 화염상태 감시를 통해 실화 및 불착화 시 연료를 차단하여 연소가스 폭발을 방지하는 화염검출기를 설치하여야 한다.

QUESTION 35

「에너지이용 합리화법」에 의한 캐스케이드 보일러(Cascade Boiler)의 정의를 설명하시오. (133회)

1 캐스케이드 보일러(Cascade Boiler)의 정의[「에너지이용 합리화법 시행규칙」 별표 1]

「산업표준화법」 제12조제1항에 따른 한국산업표준에 적합함을 인증받거나 「액화석유가스의 안전관리 및 사업법」 제39조제1항에 따라 가스용품의 검사에 합격한 제품으로서, 최고사용압력이 대기압을 초과하는 온수보일러 또는 온수기 2대 이상이 단일 연통으로 연결되어 서로 연동되도록 설치되며, 최대 가스사용량의 합이 17kg/h(도시가스는 232.6kW)를 초과하는 것

CHAPTER 07

위생 및 배관설비

QUESTION 01

위생기구가 구비하여야 할 조건을 설명하시오. (85회)

1 위생기구가 구비해야 할 조건

① 흡수성이 적을 것
② 항상 청결하게 유지할 수 있을 것
③ 내식성, 내마모성이 있을 것
④ 제작 및 설치가 용이할 것
⑤ 음용수에 접하는 재실은 인체에 유해한 성분이 용출되지 않을 것

2 위생기구 설치 시 유의사항

1) 위생기구의 설치장소
위생기구와 이것에 속하는 배관이나 장치는 창이나 문 또는 다른 출입구의 조작을 방해하는 위치에 설치하지 않아야 한다.

2) 위생기구의 설치방법
인접 벽을 참고하여 적절한 높이와 배열로 위생기구를 설치한다.

3) 위생기구의 수도꼭지 방향과 조작
냉수와 온수를 동시에 공급하는 설비는 사용 시 마주보는 쪽에서 왼쪽에 온수조절이 가능하도록 배관을 설치한다.

4) 청소
위생기구는 기구와 기구 주위를 청소하기 쉽게 설치한다.

5) 급수보호
모든 위생기구의 급수관과 이음쇠는 역류를 방지하도록 설치한다.

6) 바닥과 벽 배수관 연결
배수관과 바닥배수 위생기구 사이의 연결은 바닥플랜지나 배수연결구와 밀봉개스킷으로 한다.

7) 오버플로 설계

위생기구에 오버플로가 있는 경우, 마개를 잠갔을 때 위생기구에 담겨있는 물이 오버플로 안으로 상승하지 않고, 기구의 물을 비울 때 물이 오버플로 안에 남아있지 않게 배수관을 설계하고 설치한다. 그리고 모든 기구의 오버플로는 트랩의 입구나 트랩의 기구 쪽 배수관으로 배출하여야 한다. 예외로 대변기나 소변기 세정탱크의 오버플로는 해당 기구로 배출하여야 한다.

8) 워터해머 감소장치

워터해머가 발생할 수 있는 기구가 있는 배관에는 워터해머 감소장치를 설치한다.

9) 동결방지

동결의 우려가 있는 장소에 설치된 기구의 배관에는 적절한 동결방지 설비를 한다.

10) 역류방지

배압과 역사이펀 작용으로 역류할 수 있는 기구에는 역류방지 조치를 한다.

11) 절수

위생기구는 본래의 기능과 성능, 급수와 배수계통의 기능, 사용자의 위생성 등을 떨어뜨리지 않는 범위에서 최대한 절수시킬 수 있는 것으로 한다.

12) 잡용수의 음용수 기구 연결(Cross Connection) 금지

잡용수 배관을 음용수용 위생기구에 연결하지 않도록 주의해야 한다.

QUESTION 02

오수정화시설 중 장기폭기 방법의 장단점을 설명하시오. (85회)

1 장기폭기 방법의 개념

① 장기폭기법(Extented Aeration System)은 폭기를 12시간 이상 장시간 하는 방법으로 폭기조 내 미생물들이 유기물 고갈로 인해 자산화(Autooxidation)되어 균체량(슬러지양)의 상당량이 감소하여 폐기될 잉여 슬러지의 양을 적게 하는 방법이다.
② 또한 산화율이 높아지므로 질화세균(Nitrifying Bacteria)에 의한 질소화합물의 질화작용이 잘 일어나기 때문에 질소함유량이 높은 폐수를 처리하는 데 효과적이다.

2 장기폭기 방법의 장단점

1) 장점

① 시공이 간단하고 여재가 필요 없다.
② 질소 함유량이 높은 폐수를 처리하는 데 효과적이다.

2) 단점

① 소요 부지면적이 크고 오니의 발생이 상대적으로 크다.
② 별도의 반송장치가 필요하다.
③ 관리가 까다롭다.

QUESTION 03

급수의 수질을 개선하기 위한 정수처리과정 5가지를 순서대로 열거하고 설명하시오. (86회)

1 물의 정수처리과정

응집지 → 침전지 → 여과지 → 오존접촉조 → 활성탄여과지

2 정수처리과정별 역할

1) 응집지(Flocculation)

① 원수에 있는 대형 부유 물질과 현탁 물질(진흙 등)을 제거하고, 화학물질을 풀어서 미세 오염 입자들을 Floc 덩어리로 만든다.
② 이후 물을 천천히 저어서 Floc까지 뭉쳐서 큰 덩어리를 형성시키게 된다.

2) 침전지(Sedimentation)

무거워진 Floc이 탱크 바닥으로 가라앉고, 가라앉은 물질을 진공펌프로 뽑아낸다.

3) 여과(Filteration)

물이 모래층과 자갈층을 여러 번 통과하고, 이 과정에서 물에 남아 있던 미세 입자들이 제거된다.

4) 오존접촉조(살균)

① 오존 가스를 주입하여, 박테리아 등을 살균한다.
② 이때 물에 남은 오존은 제거되거나 정상적인 산소로 전환된다.

5) 활성탄여과지(Activated Caron Filtering)

다공성 탄소 입자들이 솜털 조직처럼 두껍게 쌓인 층을 물이 통과하는데, 이때 여과층이 냄새와 색의 원인이 되는 유기물을 흡착하고 걸러 낸다.

QUESTION 04

위생 / 배관에서 대변기를 세정방식에 의하여 분류하고, 로탱크방식과 플러시밸브방식의 장단점에 대하여 설명하시오. (86회)

1 대변기의 세정방식

구분	세정원리
세출식(Wash-out Type)	씻겨 나오는 방식
세락식(Wash-down Type)	씻어 내림식(물의 낙차에 의한 유수작용)
사이펀식(Siphon Type)	자기 사이펀 원리를 이용한 방식
사이펀제트식(Siphon Jet Type)	제트구멍으로 분출하는 물이 강한 사이펀 작용을 일으켜 오물을 배출하는 방식
블로아웃식(Blow-out Type, 취출식)	물의 압력으로 세정하는 방식(세정식 v/v type)
절수식(Siphon Jet Vortex Type)	적은 양으로 세정하기 위해 관경을 좁히고 트랩 앞 부분에서 제트류를 만들어 세정하는 방식(일반 대변기의 약 1/2 수준의 세정수로 세정)

2 로탱크방식과 플러시밸브방식의 장단점

1) 로탱크식(Low Tank Type)

장점	단점
• 인체 공학적이다. • 소음이 적어 주택, 호텔에 이용된다. • 급수압이 낮아도 이용이 가능하다.	• 설치 면적이 크다. • 탱크가 낮아 세정관은 50A 이상으로 한다(급수관경은 15A).

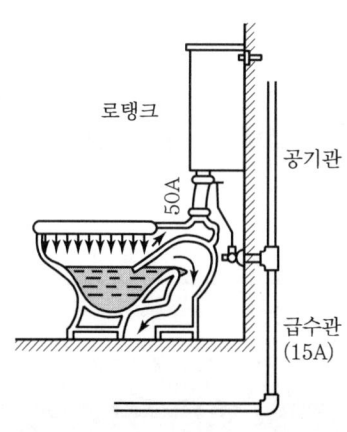

2) 플러시밸브식(Flush Valve Type)

장점	단점
• 한 번 밸브를 누르면 일정량의 물이 나오고 잠 긴다. • 연속 사용이 가능하다.	• 일정한 수압을 요하며, 수압은 0.1MPa 이상이어야 한다. • 급수관의 최소 관경이 크다(25A). • 소음이 크다.

QUESTION 05

위생 / 배관에서 사용되는 BOD, COD, DO에 대하여 설명하시오.
(86회, 87회, 93회, 98회)

1 BOD, COD, DO

구분	내용
BOD (Biochemical Oxygen Demand : 생화학적 산소요구량)	• 오수 중의 유기물이 이와 공존하는 미생물에 의해 분해되어 안정화하는 과정에서 소비되는 수중에 녹아 있는 산소의 감소를 나타내는 값이다. • 물의 오염 정도를 나타낸다. • BOD제거율 $= \dfrac{\text{유입수의 } BOD - \text{유출수의 } BOD}{\text{유입수의 } BOD} \times 100(\%)$
COD (Chemical Oxygen Demand : 화학적 산소요구량)	• 용존유기물을 화학적으로 산화시키는 데 필요한 산소량 • 일반적으로 공장폐수는 무기물을 함유하고 있어 BOD 측정이 불가능하여 COD로 측정한다. • 값이 적을수록 수질이 좋다.
DO (Dissolved Oxygen : 용존(溶存)산소)	• 물속에 용해되어 있는 산소를 ppm으로 나타낸 것이다. • 깨끗한 물은 7~14ppm의 산소가 용존되어 있다. • 오염도가 높은 물은 산소가 용존되어 있지 않다. • 정화조의 폭기조 내에는 2ppm의 용존산소가 필요하다.

QUESTION 06

배수트랩의 봉수(Seal Water) 파괴 원인에 대하여 5가지만 기술하시오. (87회)

1 배수트랩의 봉수 파괴 원인

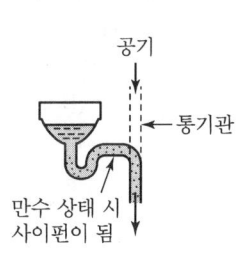
(a) 자기 사이펀 작용

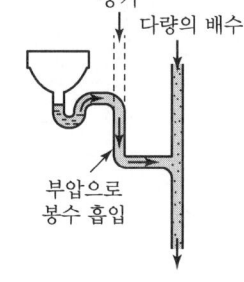
(b) 흡입작용(유도사이펀 작용)

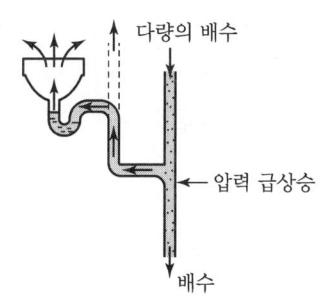
(c) 분출작용

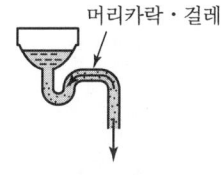
(d) 모세관현상

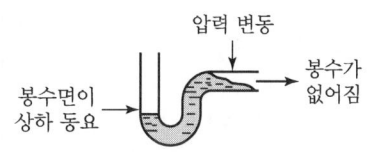
(e) 운동량에 의한 관성

봉수파괴의 종류	원인	방지 대책
자기 사이펀 작용	만수된 물의 배수 시 배수의 유속에 의하여 사이펀 작용이 일어나 봉수를 남기지 않고 모두 배수	통기관 설치, S트랩 사용 자제, P트랩 사용
감압에 의한 흡입 (유도 사이펀) 작용	하류 측에서 물을 배수하면 상류 측의 물에 의해서 회주관내 관의 압력이 저하되면서 봉수를 흡입 파괴	통기관 설치
분출(토출) 작용	상류에서 배수한 물이 하류 측에 부딪쳐서 관내 압력이 상승하여 봉수를 분출하여 파손	통기관 설치
모세관현상	트랩 내에 실, 머리카락, 천조각 등이 걸려 아래로 늘어뜨려져 있어 모세관현상에 의해 봉수 파괴	청소(머리카락, 이물질 제거), 내면이 미끄러운 재질의 트랩 사용
증발현상	오랫동안 사용하지 않는 베란다, 다용도실 바닥배수에서 봉수가 증발하여 파괴	기름막 형성을 통한 물의 증발 방지 트랩에 물 공급
자기 운동량에 의한 관성작용	강풍 등에 의한 관내 기압이 변동하여 봉수가 파괴되는 현상	기압변동 원인 감소, 유속 감소

QUESTION 07

배관 마찰손실수두에 대하여 설명하시오. (88회)

1 마찰손실의 정의

① 마찰손실수두(Friction Loss)는 관 속을 흐르는 유체가 직관에서의 마찰, 곡관(굴곡부)에서의 마찰 등에 의해 압력이 손실되는 현상이다.
② 마찰손실수두의 크기는 유속, 관 직경, 관의 길이, 중력가속도 등과 관계가 있다.

2 마찰손실의 종류 및 산출공식

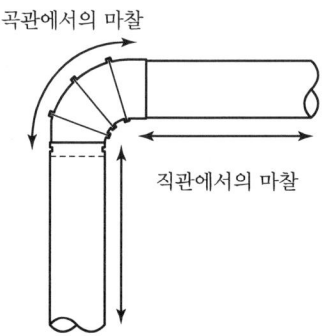

∥ 관에서의 마찰손실수두(Friction Loss) ∥

1) **직관부의 마찰손실수두(Δh, Δp)**

   ① 관 내에서 유체와 관 내 벽과의 마찰에 의한 것
   ② 유체의 점성에 의한 것
   ③ 유체의 난류에 의한 것

$$\Delta h = f \cdot \frac{l}{d} \cdot \frac{v^2}{2g} \cdot \gamma$$

$$\Delta p = f \cdot \frac{l}{d} \cdot \frac{\rho v^2}{2}$$

여기서, Δh : 마찰손실수두(mmAq), Δp : 마찰손실압력(Pa)
  l : 관의 길이(m), ρ : 밀도(kg/m³)
  d : 관 직경(m), f : 마찰계수
  v : 유속(m/sec), g : 중력가속도(m/sec²), γ : 비중량(kgf/m³)

2) 곡관부 / 국부저항 손실수두($\Delta h'$, $\Delta p'$)

① 관의 굴곡부분에 의해 생기는 것
② 관의 축소 · 확대에 의한 것
③ 밸브 · 이음쇠류 등에 의한 것

$$\Delta h' = \Psi \cdot \frac{v^2}{2g} \cdot \gamma$$

$$\Delta p' = \Psi \cdot \frac{\rho v^2}{2}$$

여기서, $\Delta h'$: 곡관마찰손실수두(mmAq)
　　　　$\Delta p'$: 곡관마찰손실압력(Pa)
　　　　Ψ : 곡관마찰계수, γ : 비중량(kgf/m^3)
　　　　v : 유속(m/sec), g : 중력가속도(m/sec^2), ρ : 밀도(kg/m^3)

3 마찰저항계수(f)의 산출

① 층류

$$f = \frac{64}{Re}$$

② 난류

$$f = 0.0055 \left\{ 1 + \left(20{,}000 \frac{\varepsilon}{d} + \frac{10^6}{Re} \right)^{1/3} \right\}$$

여기서, Re : 레이놀즈수
　　　　ε : 관 내 벽의 절대거칠기

QUESTION 08

건축물 지붕 층에 루프드레인(RD : Roof Drain)을 설치하고자 할 때 RD 크기와 수량을 결정하는 요소에 대하여 설명하시오. (88회)

1 루프드레인의 크기와 수량 결정 요소

① 수평투영 지붕면적(단, 박공형 지붕일 경우 수평투영 지붕면적에 지붕으로 빗물이 흐르게 하는 모든 수직벽면적의 1/2을 가산하여 면적을 계산한다)
② 강우량(해당지역의 기상자료에 의한 시간당 최대강수량 기준)

▼ 예시

| 수직관의 관지름 (DN)* | 수평투영 지붕면적(m²) ||||||||||||
| | 강우량(mm/h) ||||||||||||
	25	50	75	100	125	150	175	200	225	250	275	300
50	268	134	89	67	54	45	38	34	30	27	24	22
80	816	408	272	204	164	136	117	102	91	82	74	68
100	1,708	854	570	427	342	285	244	214	190	171	155	142
125	3,216	1,608	1,072	804	643	536	460	402	357	322	292	268
150	5,016	2,508	1,672	1,254	1,003	836	717	627	557	502	456	418
200	10,776	5,388	3,592	2,694	2,155	1,796	1,540	1,347	1,197	1,078	980	898

* 관지름은 원형관의 관지름이다. 이 표의 원형관과 단면적이 같은 다른 모양의 배관에 이 표를 적용할 수 있다.

QUESTION 09

배수관 관경 결정 시의 유의사항을 설명하시오. (89회)

1 배수관의 관경 결정 시 유의사항

① 배수관의 관경은 단위시간당 최대 유량을 기준으로 결정하는 것이 합리적이다.
② 시간당 최대 유량과 기구의 동시사용률 및 사용빈도수를 감안한 기구배수부하 단위(DFU : Drain Fixture Unit)를 이용하여 결정한다.
③ 기구배수관 또는 트랩의 기구배수부하단위

기구배수관이나 트랩의 크기(DN)	기구배수부하단위값
32	1
40	2
50	3
65	4
80	5
100	6

※ 일반건물에서 세면기(DN32 배수)가 1DFU의 기구배수부하단위를 갖는다.

④ 배수흐름에 따른 트랩, 기구배수관, 배수수평지관, 배수수직주관, 배수수평주관의 순으로 관지름은 축소되지 않도록 한다.
⑤ 수평관은 수심이 관지름의 1/2 또는 최대 2/3를 넘지 않도록 한다.
⑥ 기구배수관의 관지름은 트랩의 구경 이상으로 함과 동시에 30mm 이상으로 하며 지하매설 배수관지름은 50mm 이상으로 한다.
⑦ 배수수평지관은 기구배수부하 단위의 합계로부터 관지름을 산정하며 접속된 어떤 기구배수관보다 작아서는 안 된다.
⑧ 배수수직관 오프셋의 관지름은 배수수평관과 같게 하며 오프셋의 상부는 상부의 부하유량으로 결정하고 하부는 전체의 부하유량에 의한 수직관의 지름과 오프셋관의 지름 중 큰 쪽으로 정한다.
⑨ 배수수평주관의 관지름은 구배와 기구배수부하 단위의 합계에 의하여 산정한다.

QUESTION 10

> 매립배관과 슬리브(Sleeve) 공사에서 중점적으로 점검하여야 하는 항목들을 설명하시오. (88회)

1 매립배관과 슬리브(Sleeve) 설치 시 중점 점검사항(주의사항)

① Sleeve 설치 전 건축협의(통과 위치, 주위 보강 관계 등)를 한다.
② Sleeve 설치를 위해 철근 훼손 시 필히 슬리브 주위를 보강한다.
③ 방수층 및 외벽 관통 시 지수판붙이 슬리브를 설치한다.
④ Sleeve 구경은 통과구경보다 2단 커야 한다.
⑤ 배관 이음부의 코팅 및 보온은 기밀, 내압 시험 완료 후 설치한다.
⑥ 배관 매설 깊이는 기준에 따라 설치하며, 안전 보호커버 또는 슬리브를 설치한다.
⑦ 동파 방지에 충분한 단열 등으로 보온 예방 조치한다.
⑧ 타 자재와의 간섭을 검토하며, 벽체 및 슬래브(Slab) 등의 관통 시는 구조적 영향을 최소화한다.

2 매립배관과 슬리브(Sleeve) 설치 시 보 주근을 고려한 주의사항

1) 주의사항

① 철근콘크리트의 보는 중앙 측이 인장, 단부 측이 압축을 받게 되므로 보 주근은 중앙 측에서는 보의 아래쪽, 단부 측에서는 위쪽에 배치하게 된다.
② 이에 따라 보의 관통 시 주응력을 받는 보 주근의 위치를 고려하여 설치가 필요하다.
③ 또한 규정된 철근량의 삽입이 원활히 이루어질 수 있도록 사전에 보춤(보의 높이)을 구조적으로 검토하여야 한다.
④ 슬리브 배관은 밀실하게(누수가 없게) 시공되어야 한다. 누수될 경우 철근과 물의 접촉으로 내구성 저하의 원인이 될 수 있다.

2) 설치위치

① 보의 중앙 측일 경우 : 매립배관 및 슬리브 관통은 보의 상부
② 보의 단부 측일 경우 : 매립배관 및 슬리브 관통은 보의 하부

QUESTION

통기방식의 종류를 나열하고 설명하시오. (90회)

1 통기방식의 종류별 특징

종류	특징	최소관경
각개 통기관	• 위생기구마다 각각 통기관을 설치하는 방법으로 가장 이상적인 방법 • 설비비가 많이 소요된다.	32A 이상, 배수관경의 1/2 이상
회로통기관 (환상, Loop 통기관)	• 배수수평주관 최상류 기구 바로 아래 배수관에 통기관을 세워 통기수직관 또는 신정통기관에 연결 • 회로통기 1개당 최대 담당 기구 수는 8개 이내(세면기 기준)이며 통기수직관까지는 7.5m 이내가 되게 한다.	
도피 통기관	• 배수수평주관 하류에 통기관을 연결한다. • 회로통기를 돕는다(기구 수 8개 이상, 연장길이 7.5m 이상일 때).	
신정 통기관	• 배수수직관 상부에 통기관을 연장하여 대기에 개방시킨다. • 배관길이에 비해 성능이 우수하다.	
결합 통기관	• 통기관과 배수관을 접속하는 방법 • 고층건물에서 5개 층마다 설치하여 배수주관의 통기를 촉진한다.	통기수직관 관경으로 설정
습윤(습식) 통기관	배수수평주관 최상류 기구에 설치하여 배수와 통기를 동시에 하는 통기관	
공용통기	2개의 트랩이나 트랩이 달린 기구를 동시에 통기	상부 최대기구배수 부하단위에 따라 설정 예 1DFU : 40A

2 특수통기방식의 종류별 특징

1) 소벤트 시스템(Sovent System)

통기관을 따로 설치하지 않고 하나의 배수수직관으로 배수와 통기를 겸하는 시스템(2개의 특수 이음쇠 적용)이다.

① 공기혼합 이음쇠(Aerator Fitting) : 배수수직관과 각 층 배수수평주관의 접속 부분에 설치한다. 배수수평주관에서 유입하는 배수와 공기를 수직관에서 효과적으로 혼합하여 유하수의 유속을 줄여 수직관 꼭대기에서의 공기흡입현상을 방지한다.

② 공기분리 이음쇠(Deaerator Fitting) : 배수수직관이 배수수평주관에 접속되기 전에 설치한다. 배수가 수평주관에 원활히 유입하도록 배수와 공기를 분리시킨다.

2) 섹스티아 시스템(Sextia System)

① Sextia 이음쇠와 Sextia 벤트관을 사용하여 유수에 선회력을 주어 공기 코어(Air Core)를 유지시켜 하나의 관으로 배수와 통기를 겸한다.

② 층수의 제한 없이 고층 · 저층에 모두 사용이 가능하다.

③ 신정 통기만을 사용하므로 통기 및 배수계통이 간단하고 배수관경이 작아도 되며 소음이 적은 것이 특징이다.

QUESTION 12

배수 저류탱크와 배수펌프의 용량 결정방법에 대하여 설명하시오. (90회)

1 배수 저류탱크와 배수펌프의 용량 결정방법

배수량의 조건	배수 저류탱크 용량	배수펌프 용량
시간최대 유입량을 산정할 수 있는 경우	최대 유입량의 15~60분 유입	시간최대 유입량의 1.2배
유입량이 소량인 경우	배수량의 5~10분 유입	최소 용량은 펌프의 구경에 따른다.
일정량이 연속으로 유입되는 경우	배수량의 10~20분 유입	시간평균 유입량의 1.2~1.5배

2 배수 저류탱크 용량 결정 시 고려사항

① 배수량의 변동상태 및 배수량의 조건을 고려한다.
② 배수펌프의 용량 및 최소 운전간격을 고려한다.
③ 유효용량은 최대 배수 시 유량의 15~60분간 및 펌프 용량의 10~20분간의 두 조건을 모두 만족하여야 한다.
④ 정전 시를 대비하여 펌프 기동조건을 검토한다.
⑤ 24시간 체류가 되지 않도록 설정한다.

3 배수펌프 용량 결정 시 고려사항

① 배수펌프의 용량은 구경에 의해 정한다.
② 일반적으로 시간최대 유입량의 1.2배 정도로 한다.
③ 오물펌프는 수세식 화장실의 배수 또는 주방배수를 배제하는 펌프로 최소구경은 75mm 이상으로 한다.
④ 잡배수펌프는 주방배수 이외의 잡배수를 배제하는 펌프로 최소구경은 50mm 이상으로 한다.
⑤ 오수펌프는 용수, 기계류의 냉각수, 응축수와 같이 고형물이 거의 없는 비교적 깨끗한 물을 배제하는 펌프로 최소구경은 40mm 이상으로 한다.
⑥ 화재 발생 시 옥내소화전이나 스프링클러 헤드에서 방수한 물이 지하에 유입하는 것을 대비하여, 배수펌프의 양수량 합계를 소화펌프의 양수량과 같게 하거나 그 이상으로 할 필요가 있다.

QUESTION 13

볼 조인트(Ball Joint)의 특성과 사용처에 대하여 설명하시오. (90회)

1 볼 조인트(Ball Joint)의 개념

① 관 끝에 볼 부분을 만들고 볼 부분이 케이싱 내에서 360° 회전하면서 회전과 굽힘 작용을 하는 조인트이다.
② 이러한 이음을 활용하여 관의 신축을 흡수하는 역할을 한다.

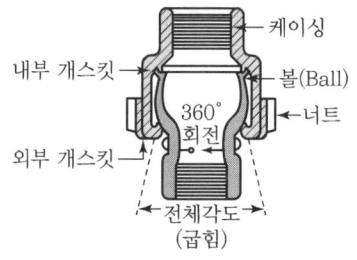

∥볼 조인트∥

2 볼 조인트(Ball Joint)의 특성 및 기능

1) 특성

① 적용 유체 : 증기(Steam), 유류(Oil), 물(Water), 가스(Gas)
② 최고사용압력 / 최고사용온도 : 약 3MPa / 약 250℃
③ 최대변위각 : 15~30°

2) 기능

① 열팽창에 의한 배관의 팽창이나 수축을 흡수
② 지진, 풍압 등 수평력(횡력)과 기타 지반운동에 따른 피해를 최소화
③ 펌프, 터빈 등의 기기들의 가동에 따른 진동 흡수

3 사용처

1) 세장비가 큰 건축물(초고층 건축물)

① 세장비가 커서 지진, 풍압 등에 대한 변위가 큰 건축물
② 배관의 길이가 길어져서 변위의 발생 가능성이 큰 건축물

2) 부위별 온도변화에 의한 열팽창이 예상되는 곳

3) 부동침하가 예상되는 곳(수평적으로 넓은 건축물)

수평적으로 넓은 건축물의 경우 지반특성 상이 및 건축물의 중량 차이 발생으로 부동침하가 우려되므로 이에 따른 변위흡수 조치가 필요

4) 펌프, 터빈 등 동력기기의 영향을 많이 받는 부위

QUESTION 14

오수처리방법 중 활성오니법의 종류와 그 특징에 대하여 설명하시오. (91회)

1 활성오니법(활성 슬러지법)의 개념

① 오수를 조 내에 넣어 Blower로 공기를 공급하여 교반하면 박테리아가 증식하여 뭉쳐지고, 주변의 원생동물과 후생동물이 박테리아를 먹으면서 증식하여 생물덩어리(Floc)가 형성된다.
② 이 Floc이 활성오니가 되어 유기물을 흡착시키게 된다.
③ 즉, 생물을 부유시켜 놓은 상태에서 오수를 정화하게 된다.

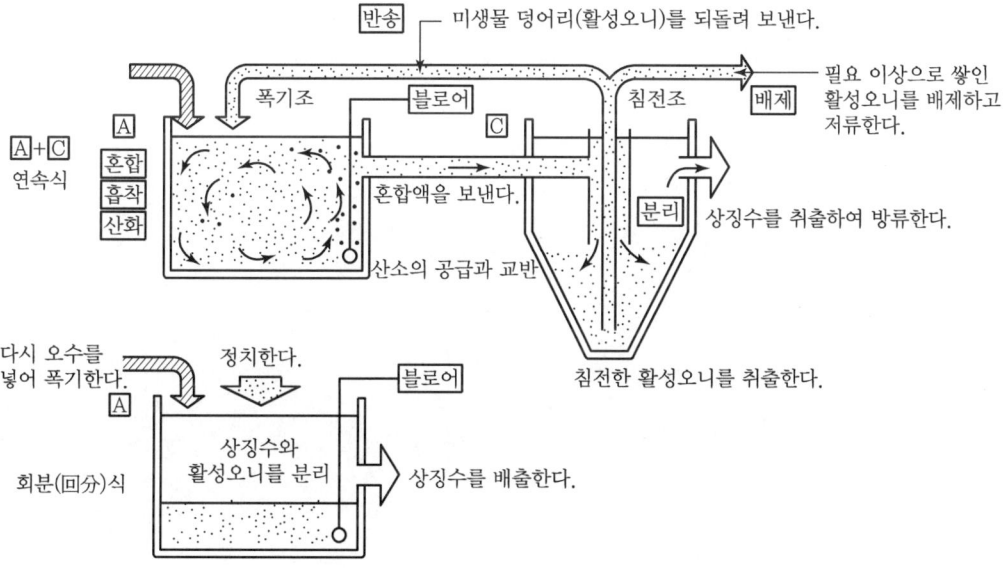

2 활성오니법의 종류와 그 특징

1) 표준 활성오니법

① 폭기조에 오수를 유입하여 혼합 및 유기물의 흡착 / 산화가 이루어진다.
② 침전지에서는 활성오니를 침전시키고, 상부의 깨끗한 상징수를 분리하여 방류한다.
③ 이때 침전조에 침전한 활성오니의 일부는 오니 농축 탱크로 보내고 일부는 반송오니로 폭기조에 재차 공급하여 폭기조 내의 활성오니의 농도를 조절한다.

2) 장기 폭기법

① 표준 활성오니법과 원리가 같으며 다만 폭기조 내의 폭기 시간을 증가(18~36시간)시키는 방식이다.

② BOD 용적부하가 적으며, 폭기조 내의 MLSS가 높게 유지된다.

　※ MLSS(Mixed Liquor Suspended Solids) : 폐수처리 과정 동안의 폭기조에서의 SS의 농도

③ 하루에 합성되는 미생물량과 내생호흡으로 인해 분해되는 미생물량이 유사하도록 설계된다.

QUESTION 15

건물 배수설비 중 배수수직관(Drainage Stack)에서의 종국유속(Terminal Velocity)과 종국길이(Terminal Length)에 대하여 설명하시오.

(91회, 115회, 129회)

1 종국유속(Terminal Velocity)

① 배수수평지관에서 배수수직관으로 흘러내리는 배수의 유속은 중력가속도로 급격히 증가되지만 무한히 증가하지는 않는다.

② 관내벽과의 마찰저항과 관내에서 정지 또는 상승하려는 공기에 의하여 균형되어 일정한 유속을 유지하게 되며 이것을 종국유속(V_t)이라 한다.

③ 종국유속 산출 공식

$$V_t = 0.635 \left(\frac{Q}{D}\right)^{\frac{2}{5}} (m/s)$$

여기서, Q : 입관에 흐르는 유량(L/s)
D : 수직관의 관경(m)

④ 실험에서의 개략치는 100mm 신품주철관의 경우 10L/s일 때의 종국유속은 4m/s 정도이다.

2 종국길이(Terminal Length)

① 배수가 수직관에 유입되어 종국유속이 될 때까지의 낙하길이를 종국길이라고 하며 L_t로 표시한다.

② 대략 2~3m 정도이다.

③ 종국길이 공식

$$L_t = 0.1444 \times V_t^2 (m)$$

QUESTION 16

체크밸브(Check Valve)의 작동방식에 따른 종류를 구분하여 구조도를 그리고, 그 기능을 설명하시오. (91회)

1 체크밸브 작동방식에 따른 종류

1) 스윙 체크밸브(Swing Check Valve)

① 차압(압력감소)이 적어 보통 게이트 밸브가 사용되는 시스템에 많이 사용
② 심한 와류가 발생하는 배관에서는 디스크가 한계각도 이상으로 회전하여 로드 핀(힌지 핀)이 파손되거나 너트 연결부가 파손될 수 있음
③ 수평배관 및 수직배관 적용이 모두 가능하나, 주로 수평배관에 사용

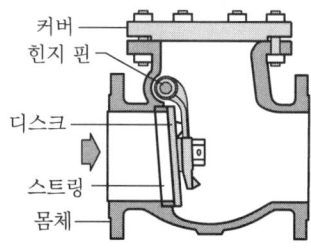 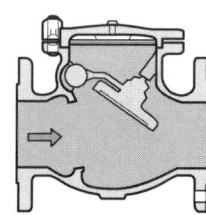 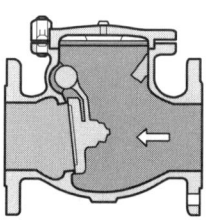

2) 리프트 체크밸브(Lift Check Valve)

① 디스크가 상하로 움직이면서 개폐(스프링으로 폐쇄하는 타입)
② 고압 및 빠른 유속의 서비스에 적합

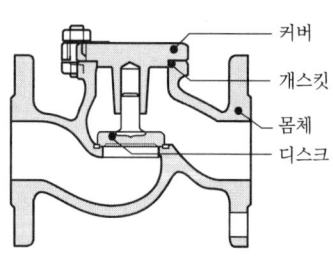 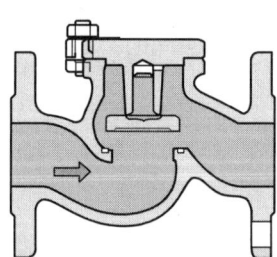 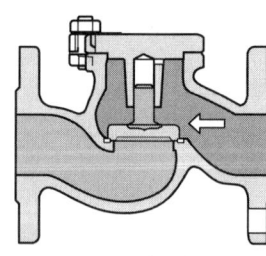

3) 볼 체크밸브(Ball Check Valve)

① 밸브 내부에 볼이 있으며, 이 볼이 디스크 역할을 함
② 저압, 소형펌프 후단, 정수, 오폐수 등에 적용
③ Slam(갑작스러운 폐쇄) 가능성이 높음

 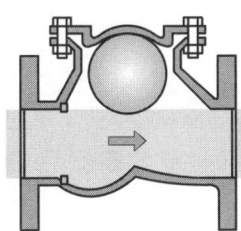 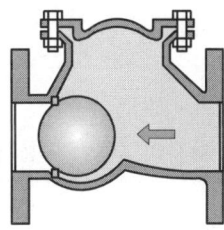

4) 디스크 체크밸브(Disk Check Valve)

① 중간 스프링에 의해 개폐하는 타입
② 스프링에 의해 유체의 흐름을 방해할 수 있음
③ 스프링으로 폐쇄가 빠르게 이루어질 수 있음
④ 수평, 수직 모두 적용 가능

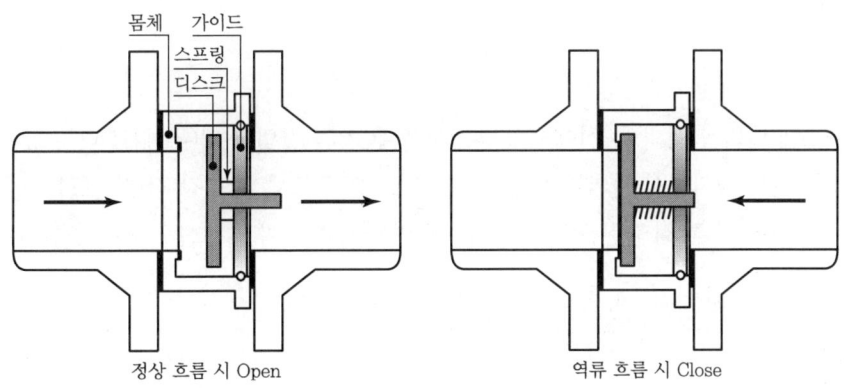

QUESTION 17

동수구배, 온도구배 및 습압구배에 대한 각각의 정의와 단위를 설명하시오. (92회)

1 동수구배

1) 정의

두 지점의 수두 차이(위치 E + 압력 E)를 두 지점 간의 거리로 나눈 비이다.

2) 관계식

$$I(\mathrm{mAq/m}) = \frac{수두차(\mathrm{mAq})}{거리(\mathrm{m})}$$

3) 단위 : mAq/m

2 온도구배

1) 정의

① 구조체 내의 임의의 두 점에서의 온도차를 두 지점 간의 거리(두께)로 나눈 값을 의미한다.
② 또한 건물 외피에서 내외부 온도차가 있으면 그 구조체 내의 각 점의 온도는 일정한 상태로 유지되며, 이 각 점의 온도를 선으로 이으면 기울기를 가진 직선으로 나타나는데, 이를 온도구배라 한다.

2) 관계식

$$온도구배(\mathrm{K/m}) = \frac{온도차(T_2 - T_1)}{두께(L)}$$

3) 단위 : K/m

3 습압구배

1) 정의

   내부결로를 예측하는 것으로서 구조체의 두께 대비하여 수증기 분압의 변화 정도를 나타내는 것이다.

2) 관계식

$$습압구배(\text{mmHg/m}) = \frac{수증기분압차\ \Delta P_w(\text{mmHg})}{구조체의\ 두께\ L(\text{m})}$$

3) 단위 : mmHg/m

QUESTION 18

발포 존(Zone)의 생성원인 및 방지대책에 대하여 설명하시오. (92회, 99회, 111회)

1 개요

① 자동세탁기의 발달과 보급으로 합성세제를 많이 사용함으로써 고층 B/D의 경우 하층부에서 비누거품이 실내로 솟아나오는 경우가 종종 발생하고 있다.
② 통기수직관이 없는 신정통기방식의 배수 배관의 경우 세제를 포함한 배수가 상층에서 배수되면 아래층에서 봉수가 파괴되어 실내로 거품이 올라오게 된다.

2 발포 존의 생성과정

① 상층부 배수 : 세제 + 물의 배수 → 물 + 공기 → 거품 증가
② 하층부 현상 : 거품은 배수되지 않고 물만 배수 → 거품 충만 → 공기 배출 → 분출

3 발생 원인

① 위 층에서 세제를 포함한 배수가 수직관을 거쳐 유하함에 따라 물 또는 공기와 혼합되어 거품이 발생되고 다른 지관에서 배수와 합류하면 이 현상은 더욱 심화된다.
② 물은 거품보다 무겁기 때문에 먼저 흘러내리고 거품은 수평주관 또는 45° 이상의 오프셋 부위에 충만하여 오랫동안 없어지지 않는다.
③ 상층에서 물이 배수되면 배수와 함께 유하된 공기가 빠질 곳이 없다.
④ 통기수직관이 설치된 경우에는 통기수직관으로 공기가 빠지고 거품도 빨려 올라가지만 통기수직관이 없는 경우 관 내 압력 상승으로 봉수가 파괴되고 비누거품이 실내 측으로 이동하게 된다.

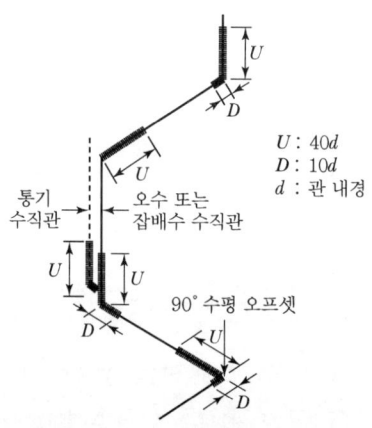

4 방지책

① 1층과 2층의 배수관은 별도로 분리한다.
② 층별 Zoning하여 배수(1~2층, 3~4층, 5층 이상)한다.
③ 굴곡을 적게 하고, 세제 사용량을 적게 한다.
④ 도피 통기관을 설치(현상 완화)한다.
⑤ 통기수직관에 연결을 철저히 시공하여 국부압 발생을 방지한다.
⑥ 배관 접속 시 발포 존 접속을 가급적 피한다.

QUESTION 19

관경 균등표에 의한 급수관경의 결정 순서에 대하여 설명하시오. (92회)

1 관경 균등표에 의한 급수관경 결정 순서

① 각종 기구에 연결하는 급수지관의 관경을 결정

  예 세면기 1개(15A), 샤워기 1개(20A), 싱크대 1대(20A)

② 급수지관의 관경을 15A관의 상당수로 환산

  ▼ 동관(L Type) 균등표

관경(A)	15	20	25	32	40
15	1				
20	2.6	1			
25	4.9	2.0	1		
32	9.2	3.5	1.7	1	
40	14.5	5.5	2.7	1.61	
50	30.0	11.5	5.7	3.3	2.1

  예 세면기 1개, 샤워기 2.6개, 싱크대 2.6개

③ 급수관의 말단에서 각 분기부까지의 15A관의 상당수를 누계

  예 세면기 1개 + 샤워기 2.6개 + 싱크대 2.6개 = 6.2개

④ 그 누계에 각각의 기구 수에 따른 기구 동시 사용률을 곱함

  ▼ 기구의 동시 사용률(%)

기구 종류 \ 기구 수	1	2	3	4	8	12	16	24	30	40	50	70	100
대변기(세정밸브)	100	50	50	50	40	30	27	23	19	17	15	12	10
일반기구	100	100	85	70	55	48	45	42	40	39	38	35	33

  예 일반기구 3개 동시 사용률 85%

  → 6.2 × 0.85 = 5.27개

⑤ ④에서 구한 값을 균등표 15A관에 넣어 관경을 결정

  예 32A

QUESTION 20

급수배관에 설치하는 위생기구용 워터해머 흡수기의 설치기준에 대하여 설명하시오. (94회)
※ SPS-KARSE B 0021-0183(2016) 참조(한국설비기술협회 단체표준)

1 워터해머 흡수기의 정의

배관계통에서 워터해머로 발생하는 이상압력을 흡수하여 밸브, 배관, 관 이음쇠, 기구, 부속품 및 기타 기기의 성능과 수명을 보호하고 소음을 없애주는 기구이다.

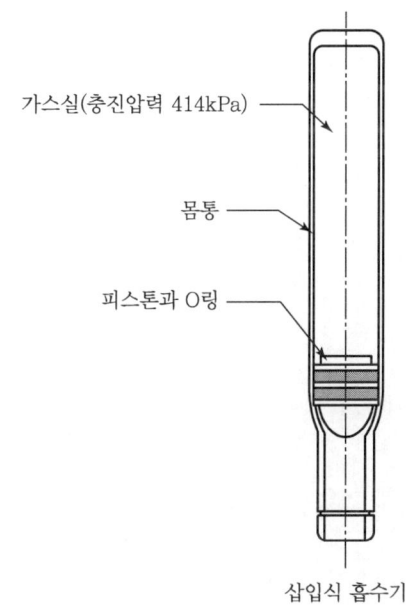

2 워터해머 흡수기의 설치기준

① 흡수기의 내면과 외면에는 돌기나 이물질이 없이 표면이 매끈하고, 사용상 해로운 결함이 없어야 한다.
② 가스실은 피스톤에 의하여 물과 완전하게 격리되고, 배관계통의 압력변동에 따라 내부의 소음 발생이 없어야 한다.
③ 가스를 재충진하지 않고 영구적으로 가스실이 유지되어 이상압력 흡수기능이 지속되어야 한다.
④ 몸통은 원통형, 구형 또는 타원형 중의 한 가지로 하며 이음매 없이 제작하는 것을 원칙으로 하고, 배관 접속부는 배관에 적합한 부품을 부착한다.

⑤ 가스 충진압력은 (414±21)kPa로 하고, 최대압력 1,034kPa에서 이상이 없어야 한다.
⑥ 사용상 지장이 있는 변형, 파손 및 누설이 없어야 한다.
⑦ 피스톤은 윤활과 실링(Sealing) 겸용의 O링을 2개 이상 사용한다.
⑧ O링이 접촉하는 몸통 부분은 작동에 이상이 없도록 매끄러워야 한다.
⑨ 가스실 체적은 호칭규격에 따라 31~59cm^{3}의 값을 갖는다.

QUESTION 21

그림과 같은 압력탱크 급수방식에서 (1) 필요 최저급수압력(P_A), (2) 허용 최고급수압력(P_B), (3) 유효수량(V_3)을 식으로 나타내시오.[단, P_1 : 압력탱크의 최고층 수전의 높이에 해당하는 수압(kg/cm²), P_2 : 기구별 최저 필요압력(kg/cm²), P_3 : 관 내 마찰손실(kg/cm²)] (92회)

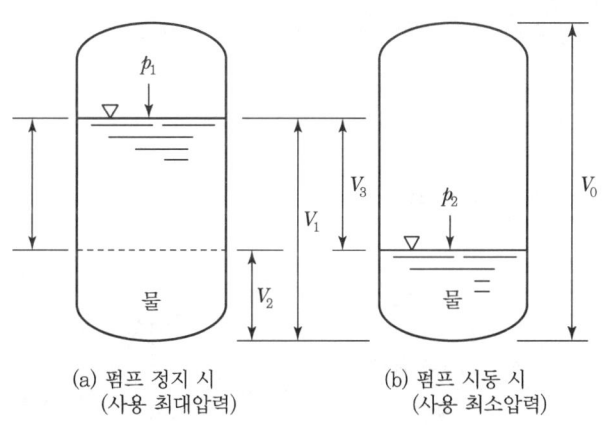

(a) 펌프 정지 시
(사용 최대압력)

(b) 펌프 시동 시
(사용 최소압력)

1 압력탱크 급수방식에서 압력 및 유효수량

① 필요 최저급수압력(P_A)

$$P_A = P_1 + P_2 + P_3$$

여기서, P_1 : 압력탱크에서 최고층 수전까지에 해당하는 수압(kg/cm²)
P_2 : 기구별 최저 필요압력(kg/cm²)
P_3 : 관내 마찰손실수두(kg/cm²)

② 허용 최고급수압력(P_B)

$$P_B = P_A + (0.7 \sim 1.4)(\text{kg/cm}^2)$$

③ 유효수량(V_3)

$$V_3 = \left(1 - \frac{p_2}{p_1}\right) \times (V_0 - V_2)$$

QUESTION 22

> 위생기구에서 급수부하단위에 대하여 설명하시오. (93회)

1 급수부하단위(FU : Fixture Unit)의 개념

① 미국위생기준(National Plumbing Code)에서 기구별 급수소요량을 나타내기 위해 정한 단위이다.
② 세면기를 1FU로 규정하고 그것의 상대값으로 각종 위생기구의 FU를 산정하는 방식이다.
③ 1FU는 30L/min(7.5gal/min)의 급수량을 의미한다.

2 각종 위생기구의 급수부하단위

기구	수전	급수부하단위	
		공중용	개인용
대변기	세정밸브	10	6
	세정탱크	5	3
소변기	세정밸브	5	
	세정탱크	3	
세면기	급수전	2	1
세수기	급수전	1	0.5
욕조	급수전	4	2
샤워기	혼합밸브	4	2

3 급수부하단위를 활용한 급수관경 산출(마찰저항선도에 의한 산출)

구분	적용
기구급수부하단위 산출	각 위생기구별 기구 급수부하단위에 대한 합을 산출
동시사용유량 결정	기구 급수부하단위를 산출한 후 동시사용유량 그래프를 통해 동시사용유량 결정
허용마찰손실압력 산출	각종 마찰손실수두를 적용하여 해당 배관에서 허용되는 손실압력범위 산출
관경 결정	관경 결정 그래프를 통해 동시사용유량, 허용마찰손실압력, 허용유속 등을 고려하여 관경 결정

QUESTION 23

건축물에 설치되는 급수설비에서 오염의 원인과 오염방지대책에 대하여 설명하시오. (94회)

1 급수오염원인

1) 저수 탱크의 유해물질 침입에 의한 발생

2) 배수의 급수 설비로의 역류

배수의 급수설비로의 역류는 단수 시 급수관 내의 일시적 부압이 형성되거나 변기의 세정밸브에 진공방지기(Vacuum Breaker)가 달려 있지 않은 경우 발생하는 현상이다.

3) 크로스 커넥션(Cross Connection)

음용수의 오염현상으로서, 수돗물에 수돗물 이외의 물질이 혼입되어 오염이 발생하는 현상이다.

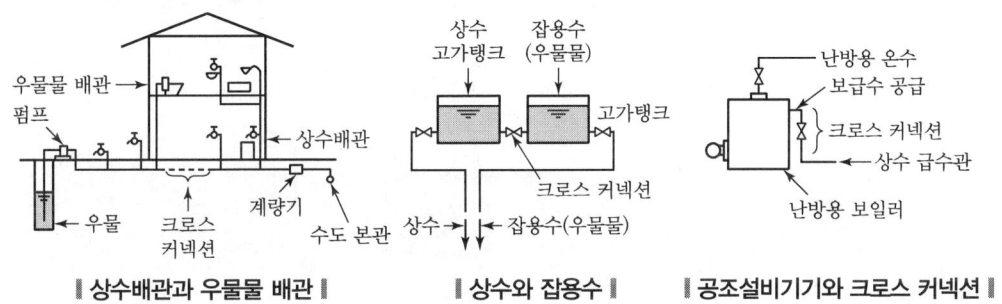

∥상수배관과 우물물 배관∥   ∥상수와 잡용수∥   ∥공조설비기기와 크로스 커넥션∥

4) 배관의 부식

2 급수오염 방지대책

1) 저수 탱크에서의 오염방지

① 저수 탱크에는 다른 목적의 물의 공급 및 배관을 하지 않는다.
② 저수 탱크는 완전히 밀폐하고, 맨홀 뚜껑을 통하여 다른 물이나 먼지 등이 들어가지 않도록 한다.
③ 저수 탱크 내면은 위생상 지장이 없는 도료 또는 공법처리를 한다.
④ 저수 탱크에 부착된 Over Flow 관에 철망 등을 씌워, 벌레 등의 침입을 막는다.
⑤ 저수 탱크에는 필요 이상 다량의 물이 저장되지 않도록 하여, 물이 장기간 체류되지 않도록 한다.

2) 배관에서의 오염방지

① 물의 정수처리 및 유속 등의 관리를 통한 배관 내부 부식 및 스케일 발생을 방지한다.
② 부식하기 쉬운 곳은 방식 도장으로 한다.
③ 겨울철과 여름철에 대비하여 방동 및 방로 피복을 해야 한다(관경 15~50mm는 20~25mm 두께로, 관경 50~150mm는 25~30mm 정도로 피복).

3) 위생기구에서의 Back Flow 오염방지

역류를 방지하기 위해 충분한 토수구 공간 확보(25mm 이상)가 기본이며, 기기의 공간 확보가 안 될 경우에는 진공방지기(Vacuum Breaker)를 설치하여야 한다.

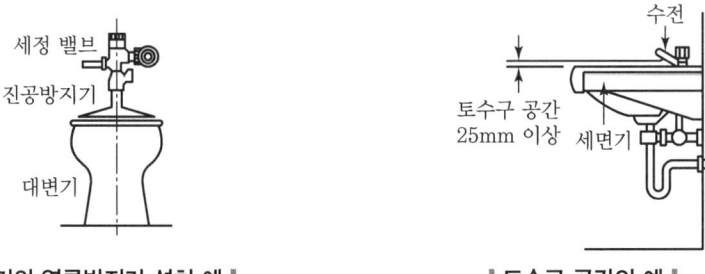

‖ 대변기의 역류방지기 설치 예 ‖   ‖ 토수구 공간의 예 ‖

‖ 살수전의 역류방지기 설치 예 ‖

4) Cross Connection

① 배관의 잘못된 연결에 의해 발생하므로, 각 계통마다 배관을 색깔로 구분하여 크로스 커넥션의 방지가 필요하다.
② 급수배관과 이외 배관과의 접속 및 시수배관과 중수도 배관의 접속을 금지한다.

QUESTION 24

고가수조의 수질오염 원인 및 대책에 대하여 설명하시오. (95회)

1 고가수조의 수질오염 원인

1) 고가수조 구조에 따른 수질저하

   ① 고가수조 용량의 과다 : 물의 체류시간 증가
   ② 태양 빛의 차폐시설 누락 : 조류번식의 원인

2) 수조의 재질에 따른 수질저하

   ① 합성수지 재료의 경년 변화에 따른 강도 저하 및 빛의 투과성 상승
   ② 알칼리 침식 및 각종 부식

3) Cross Connection

   ① 음용수(상수)의 급수계통과 음용수 이외의 배관·장치에 의해 직접 접속되는 것을 말한다.
   ② 직접 접속에 따른 음용수 이외의 물이 역압에 의해 음용수 배관으로 역류하게 되어 수질을 오염시키게 된다.

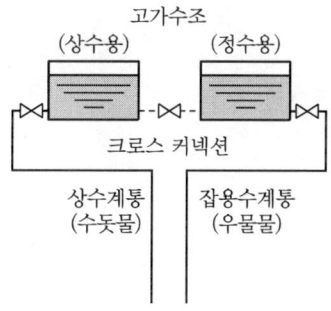

4) 역사이펀 작용

급수배관이 단수 등의 원인에 의해 부압(-)이 될 경우에 용기 내의 물이 음용수 배관으로 빨려 들어가는 작용을 말한다.

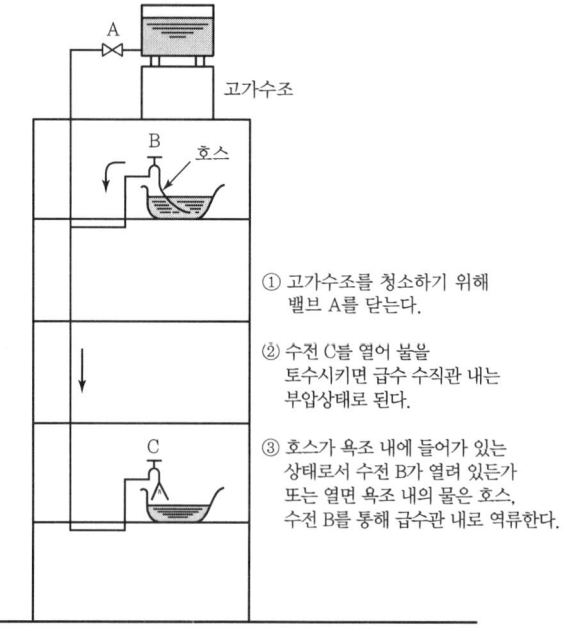

2 고가수조의 수질오염 대책

1) 충분한 방식처리와 내식성 재료 적용

2) 일사의 차단 필요

3) Cross Connection 방지

① 「건축물의 설비기준 등에 관한 규칙」 준수 : 음용수용 배관설비는 다른 용도의 배관설비와 직접 연결하지 않는다.
② 배관계통을 용도별 색깔로 구분한다.
③ 준공검사 시 통수시험을 통해 동일계통만이 확실하게 통하고 있는 것을 확인한다.

4) 역사이펀 작용 방지

① 토수구 공간 확보

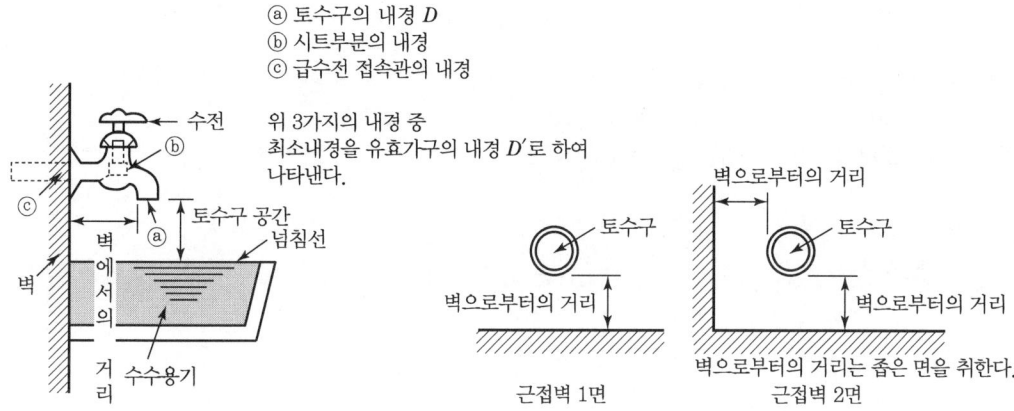

ⓐ 토수구의 내경 D
ⓑ 시트부분의 내경
ⓒ 급수전 접속관의 내경

위 3가지의 내경 중 최소내경을 유효가구의 내경 D'로 하여 나타낸다.

② 역류방지기(Vacuum Braker) 설치(토수구 공간을 확보하기 어려운 경우)

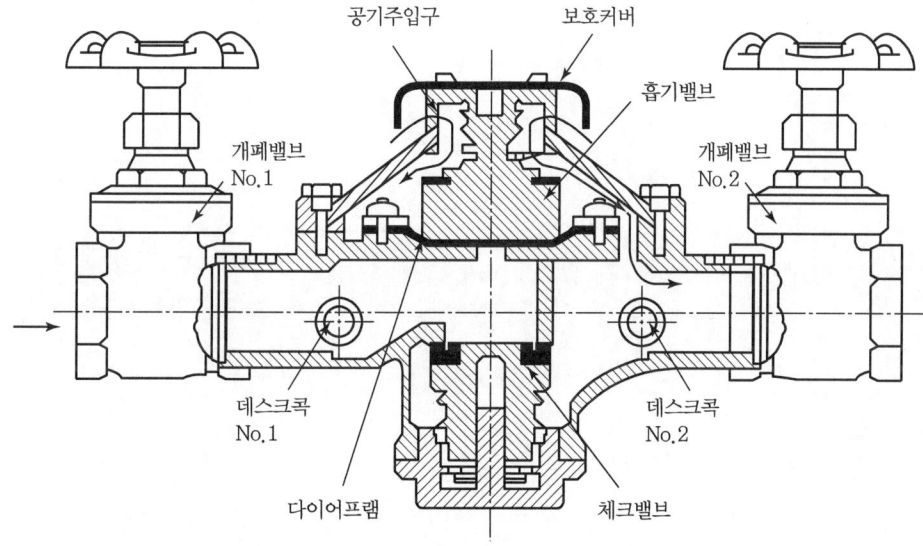

QUESTION 25

안전밸브의 헌팅(Hunting) 현상에 대하여 설명하시오. (95회)

1 안전밸브의 헌팅(Hunting) 현상

밸브디스크가 작동 중에 격렬한 상하 수직운동을 반복하는 상태를 헌팅이라 하며, 안전밸브의 입구 측과 출구 측을 연결하는 배관에 많은 유량저항이 있거나 분출이 지나치게 짧을 때 발생한다.

QUESTION 26

수세식 변기 세정방식에 대하여 설명하시오. (96회)

1 수세식 변기 세정방식

1) 세출식(Wash-out Type)

① 오물을 일단 변기의 얕은 수면에 받아 변기 가장자리의 여러 곳에서 나오는 세정수로 오물을 씻어 내리는 방식이다.
② 다량의 물을 사용해야 하며 물 고이는 부분이 얕아서 냄새를 발산한다.

2) 세락식(Wash-down Type)

오물이 트랩의 수면에 떨어지면 변기의 가장자리에서 나오는 세정수의 일부가 변기의 벽을 씻어 내리고 또 나머지 물이 트랩 바닥면에 일시에 떨어져 오물을 배수관으로 밀어 넣어 수면의 상승에 의해 오물을 배출시키게 하는 구조이다.

3) 사이펀식(Siphon Type)

① 배수로를 굴곡시켜 세정 시에 만수 상태가 되었을 때 생기는 사이펀 작용을 일으켜 오물을 흡인해서 제거하는 방식이다.
② 세락식과 비슷하나 세정 능력이 우수하다.

4) 사이펀제트식(Siphon Jet Type)

① 리버스 트랩형의 사이펀식 변기의 트랩 배수로 입구에 분출 구멍을 설치하여 강제적으로 사이펀 작용을 일으켜서 그 흡인 작용으로 세정하는 방식이다.
② 유수면을 넓게, 봉수 깊이를 깊게, 트랩 지름을 크게 할 수 있으므로 수세식 변기 중 가장 우수하다.

5) 블로아웃식(Blow-out Type, 취출식)

① 변기 가장자리에서 세정수를 적게 내뿜고 분수 구멍에서 분수압으로 오물을 불어내어 배출하는 방식이다.
② 오물이 막히지 않는다.
③ 급수압이 커야 한다(0.1MPa 이상).
④ 소음이 커지므로 학교, 공장 및 기타 공공건물에 많이 쓰인다.

6) 절수식(Siphon Jet Vortex Type)

① 최근 수자원 절약 차원에서 적급 보급되고 있다.
② 일반 대변기가 13L 정도를 소비하는 데 비해 6~8L의 세정수로 세정한다.
③ 적은 양으로 세정하기 위해 관경을 좁히고 트랩 앞 부분에서 제트류를 만든다.
④ 세정능력이 나쁜 것이 단점이다.

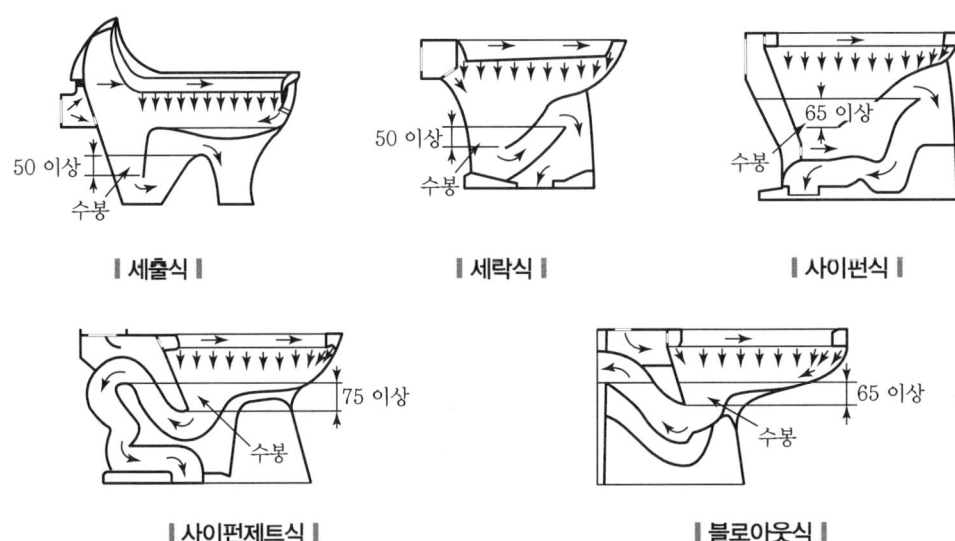

| 세출식 | | 세락식 | | 사이펀식 |

| 사이펀제트식 | | 블로아웃식 |

QUESTION 27

펌프와 모터 간의 동력전달장치에 적용하는 축이음장치에 있어서 축이음 커플링의 종류와 특성에 대하여 설명하시오. (97회)

1 고정 커플링(Rigid Coupling)

두 축 사이의 중심이 일직선상에 위치하며, 축 방향 이동이 없는 경우에 사용한다.

1) 플랜지 고정 커플링(Flange Coupling)

① 양축의 끝에 플랜지를 각각 끼워맞춤
② 플랜지를 리머볼트로 연결
③ 가장 일반적으로 사용
④ 지름이 큰 회전축이나 고속 회전축에 사용

2) 슬리브 커플링(Sleeve Coupling)

축지름이 작고 하중이 작은 경우 사용

3) 마찰원통 커플링(Friction Slip Coupling)

① 큰 토크의 전달이 불가능
② 진동, 충격에 의해 쉽게 이완

4) 분할원통 커플링(Split Muff Coupling)

① 클램프 커플링(Clamp Coupling)이라고도 함
② 두 개의 반원통은 볼트를 이용하여 결합

5) 반겹치기 커플링(Half Lap Coupling)

축방향 인장력이 작용할 때 사용

2 유연성 커플링(Flexible Coupling)

양 축 간의 회전력만을 전달한다.

1) 기어형 축이음(Gear Coupling)
① 고속 및 큰 토크에 견딤
② 원심펌프, 컨베이어, 교반기, 팬 등에 사용

2) 체인 축이음(Chain Coupling)
① 회전속도가 중간속도, 일정한 하중이 작용되는 기계에 장착
② 교반기, 컨베이어, 펌프, 기중기 등에 사용

3) 그리드형 축이음(Grid Coupling)
수평분할형과 수직분할형으로 분류

4) 고무 축이음(Elastometic Coupling)
① 감쇠작용이 뛰어나 진동 및 충격을 잘 흡수
② 받는 힘의 형태에 따라 압축형, 전단형으로 구분

5) 유니버설 커플링(Universal Coupling)
① 두 축이 같은 평면 내에서 어느 각도로 교차하는 경우
② 회전 중 양 축이 맺는 각도가 변화해도 되는 특징

QUESTION 28

사이펀(Siphon)의 원리를 다음 그림을 참고하여 설명하고, 사이펀 작용에 의한 하자 사례 2가지를 설명하시오.(단, P_1, P_2 : A점을 경계로 한 점의 압력, P_0 : 대기압, γ : 용기 속의 액체 비중량이다.) (97회, 103회)

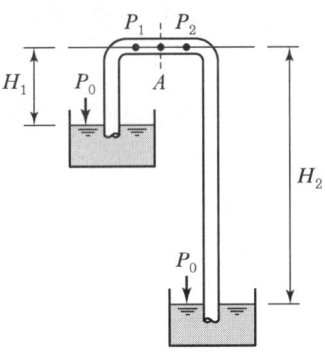

1 정의

사이펀이란 대기압을 이용해 높은 곳의 액체를 낮은 곳으로 이동시키는 관 또는 그러한 작용, 현상 등을 의미한다.

2 사이펀의 원리

1) 적용식

① $P_1 = P_0 - \gamma H_1$

② $P_2 = P_0 - \gamma H_2$

③ $P_1 - P_2 = (P_0 - \gamma H_1) - (P_0 - \gamma H_2)$
$\quad\quad\quad\quad = \gamma(H_2 - H_1)$

∴ $P_1 > P_2$이어야 하므로 사이펀 적용 조건은 $H_2 > H_1$이다.

2) 원리해설

① 높은 곳에 위치한 통에 담긴 액체를 아래쪽으로 구부러진 관을 통해서 수면의 높이 이하로 이동시키면 계속해서 액체가 아래쪽에 위치한 통으로 이동하게 된다. 즉, 용기를 기울이지 않고 액체를 다른 용기로 옮길 수 있는 원리를 말한다.

② 액체를 구부러진 관을 따라서 이동시키면 관 내부의 이동하는 액체의 압력이 대기압보다 감소해서, 대기압이 높은 곳의 통의 수면을 누르는 효과가 발생되고, 구부러진 관을 통해 흐르는 액체가 높은 통에 담긴 액체의 수면 아래로 내려가게 되면 중력의 영향으로 관 속의 액체는 아래쪽으로 떨어지게 되며, 관 속의 압력을 대기압보다 더 낮게 유지시켜서 액체가 계속해서 흐를 수 있도록 한다.

③ 사이펀 작용을 일으키는 데 필요한 요소는 공기보다 무거운 유체, 대기압, 대기압보다 낮은 관 속의 압력, 중력, 구부러진 관, 관 속의 만수상태 등이 있다.

❸ 사이펀 적용에 의한 하자 사례

1) 자기 사이펀 작용

배수 트랩과 배관에서 사이펀관을 형성하여 가득 찼던 물이 일시에 흐르게 되면 사이펀 작용에 의해 모두 배수관 쪽으로 흡입되어 봉수가 파괴되는 현상

2) 흡입(유인) 사이펀 작용(유도사이펀 작용)

배수수직관 근처의 기구의 경우 수직관 상부에서 일시에 다량의 물이 배수되면 수직관과 수평관과의 연결 부위에서 순간적으로 진공이 생겨 트랩 내의 봉수까지 흡입하는 현상

QUESTION 29

급수설비에 있어서 진공브레이커(Vacuum Breakers)에 대하여 설명하시오. (98회)

1 진공브레이커(Vacuum Breakers)의 개념

① 물 사용 기기에서 토수한 물 또는 사용한 오염된 물이 역사이펀작용에 의해 상수계통으로 역류하는 것을 방지하기 위한 기구이다.
② 급수관 내에 부압이 발생할 때 자동적으로 공기를 흡인하도록 하는 구조를 가진다.
③ 토수구 공간을 설치할 수 없는 기구·장치 또는 배관에는 적절한 개소에 진공브레이커를 설치해야 한다.

2 진공브레이커의 분류

1) 기구에 가해지는 압력에 따른 분류

① 대기압식(AVB : Atmospheric Vacuum Breakers)
② 가압식(PVB : Pressure Vacuum Breakers)

2) 용도에 따른 분류

① 배관용
② 실험실 수도꼭지용
③ 호스용

3) 적용성에 따른 분류

① 불쾌성오염 방지용
② 위해성오염 방지용

‖ 대기압식 ‖

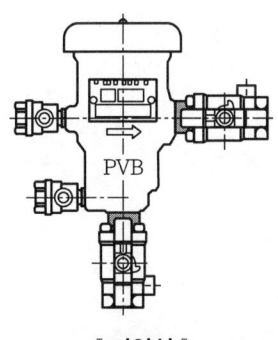
‖ 가압식 ‖

‖ 실험실 수도꼭지용 ‖

3 진공브레이커의 적용

① 역류를 방지하여 오염으로부터 상수계통을 보호한다.

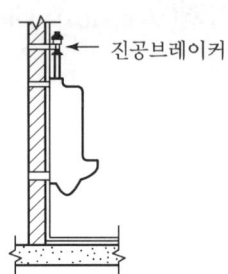

② 토수구 공간을 둘 수 없는 경우 : 토수구 공간을 둘 수 없는 경우는 진공브레이커 또는 역류방지밸브를 설치한다.
③ 대변기 및 이와 유사한 기구의 세정밸브에 설치한다.
④ 위생상 중요한 의료, 실험실 기구에 설치한다.

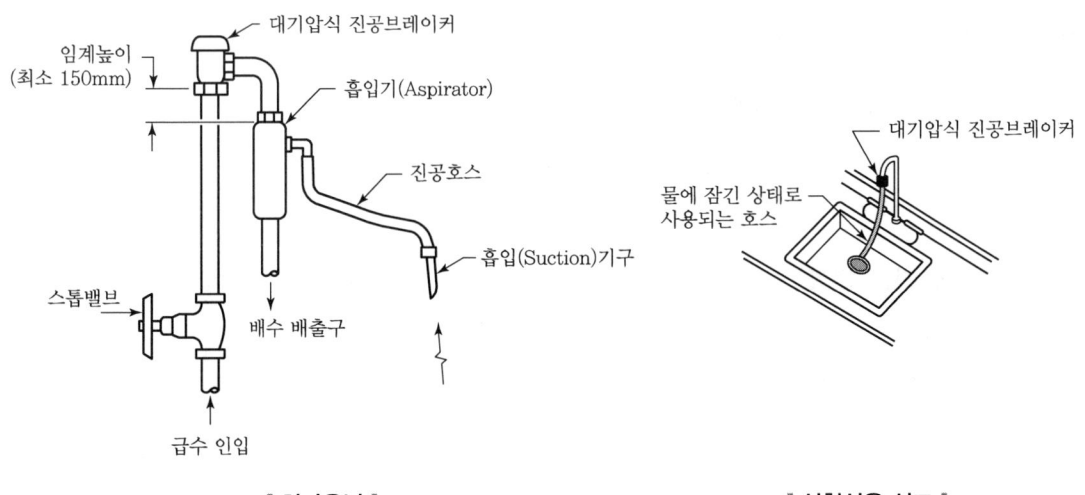

∥ 치과유닛 ∥　　　　　　　　　　∥ 실험실용 싱크 ∥

QUESTION 30

급수량 산정방식에서 시간최대급수량(Q_m)과 순간최대급수량(Q_p)에 대하여 설명하시오. (98회)

1 시간에 따른 사용수량 변화

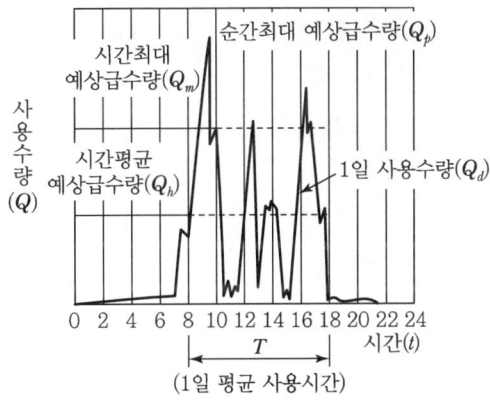

2 시간최대 예상급수량(Q_m)

1) 개념

사용수량이 가장 큰 시간대를 기준으로 산정한 예상급수량으로서 시간평균급수량(Q_h)의 1.5~2.0배로 산정한다.

2) 산정방식

$$Q_m = Q_h \times (1.5 \sim 2.0)\,(\text{L/h})$$

여기서, $Q_h = \dfrac{Q_d}{T}(\text{L/h})$ [T : 건물 평균 사용시간, Q_d : 1일 급수량(L/day)]

3 순간최대 예상급수량(Q_p)

1) 개념
일시적으로 가장 많은 사용수량이 소모되는 시점을 기준으로 산정한 예상급수량으로서 시간평균급수량(Q_h)의 3~4배로 산정한다.

2) 산정방식

$$Q_p = \frac{Q_h \times (3 \sim 4)}{60}(\text{L/min})$$

QUESTION 31

배수·통기설비에서 간접배수의 개념(목적)과 간접배수가 필요한 장소에 대하여 설명하시오. (98회, 112회)

1 간접배수의 개념(목적)

① 배수를 배수관에 직접 접속시키지 않고 공간을 두고 배수하는 것
② 이 공간을 배수구 공간이라고 하며, 이 배수구 공간은 접속관경의 2배 이상 필요
③ 배수가 역류하였을 경우 장치 또는 장치 안에 있는 내용물이 오염되면 안 되는 경우에 사용

2 간접배수가 필요한 장소

① 식품 저장과 준비 및 취급용 장비와 기구는 간접배수한다.
② 급식업체나 급식시설의 대형(워크인) 냉장고나 냉동고 안의 바닥 배수구는 간접배수한다. 바닥 배수구가 동결지역에 있으면 바닥 배수구용 배수관에는 트랩을 설치하지 않아야 하며 동결지역 외부의 물받이 용기 내로 간접배수를 한다.
③ 소독기와 릴리프밸브 같은 설비와 장비의 음용수를 건물배수관에 배수시키는 경우에는 간접배수를 한다.
④ 수영장 배수와 필터 역세배수 및 수영장 데크 바닥의 배수를 건물배수관에 배출하는 경우에는 간접배수를 한다.
⑤ 공정용 탱크와 필터, 드립 그리고 보일러와 같은 기구와 장비의 비음용수를 건물배수관에 배수하는 경우에는 간접배수를 한다.
⑥ 가정용 및 상업용 식기세척기는 간접배수를 한다.
⑦ 음식준비나 공급 또는 식사에 사용하는 도구나 그릇, 항아리, 냄비 또는 서비스 용기의 세척이나 헹굼 또는 살균에 사용하는 싱크배수는 간접배수를 한다.
⑧ 모든 의료용 위생기구와 장치는 간접배수한다.

3 간접배수의 설치

① 물받이 용기는 트랩 및 통기가 되게 하여 건물배수관에 연결시켜야 한다.
② 수평 배관길이가 750mm 이상이거나 전체 배관길이가 1,300mm 이상인 모든 간접배수관은 트랩을 설치한다.
③ 간접배수관과 물받이 용기의 물 넘침선 사이의 배수구 공간은 간접배수관 유효개구부의 두 배 이상이어야 한다.

QUESTION 32

균등표에 의한 관경 결정에서 큰 관(D)과 작은 관(d)의 관계에 대하여 설명하시오.
(99회)

1 관경 균등표의 개념

① 옥내급수관 같은 간단한 배관의 관경 계산에 사용하는 방식이다.
② 전체 급수관을 특정관을 기준으로 하여 환산하여 관경을 산출하는 방식이다.
③ 이때 관경 균등표와 함께 동시 사용을 고려하게 된다.

▼ 관경 교등표

관경(mm)	10	15	20	25	32	40	50	65	80
10	1								
15	1.8	1							
20	3.6	2	1.						
25	6.6	3.7	1.8	1					
32	13	7.2	3.6	2	1				
40	19	11	5.3	2.9	1.5	1			
50	36	20	10.0	5.5	2.8	1.9	1		
65	56	31	15.5	8.5	4.3	2.9	1.6	1	
80	97	54	27	15	7	5	2.7	1.7	1
90	139	78	38	21	11	7.2	3.9	2.5	1.4
100	191	107	53	29	15	9.9	5.3	3.4	2

2 큰 관(D)과 작은 관(d)의 관계

$$N = \left(\frac{D}{d}\right)^{\frac{5}{2}}$$

여기서, D : 큰 관의 직경
  d : 작은 관의 직경
  N : 작은 관의 개수

QUESTION 33

우수배관에서 수평 오프셋관의 계통도를 도시하고 설치 목적을 설명하시오.
(100회)

1 우수배관에서 수평 오프셋관의 계통도

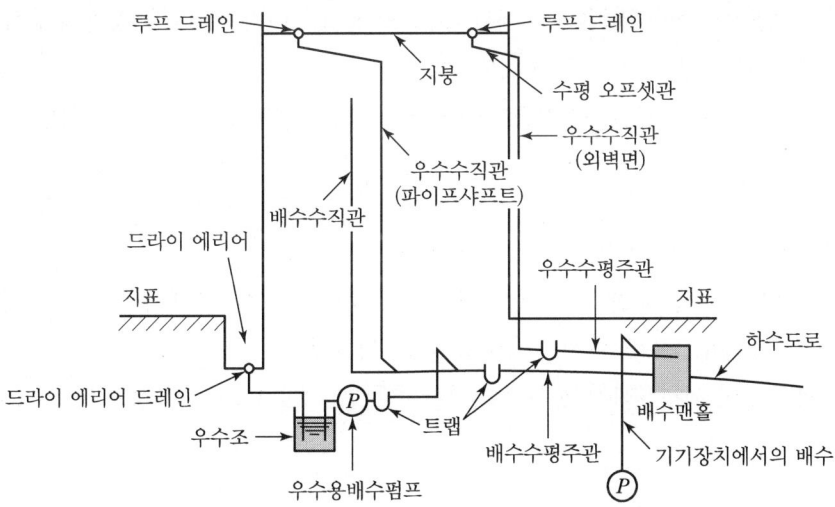

2 설치 목적

온도변화나 건축 구조상의 변형 등으로 루프 드레인이 들어 올려져 방수층이나 비막이가 파손되는 것을 방지하기 위해 설치한다.

QUESTION 34

절수기기의 종류 및 기준에 대하여 설명하시오. (100회, 118회, 122회)

1 절수기기의 종류 및 기준

1) 수도꼭지

① 공급수압 98kPa에서 최대토수유량이 1분당 6.0L 이하인 것(다만, 공중 화장실에 설치하는 수도꼭지는 1분당 5L 이하인 것이어야 함)
② 샤워헤드 방향은 공급수압 98kPa에서 최대토수유량이 1분당 7.5L 이하인 것

2) 변기

① 대변기는 공급수압 98kPa에서 사용수량이 6L 이하인 것
② 대·소변 구분형 대변기는 공급수압 98kPa에서 대변용은 사용수량이 6L 이하이고, 소변용은 공급수압 98kPa에서 사용수량이 4L 이하인 것
③ 소변기는 물을 사용하지 않는 것이거나 공급수압 98kPa에서 사용수량이 2L 이하인 것

QUESTION 35

고층아파트에 있어서 배수설비에 의해 발생되는 소음감쇠방안에 대하여 설명하시오. (100회)

1 배수소음 발생원인

① 양변기 세척 소음
② 세면기 유도 사이펀에 의한 소음
③ 배수 입상관, 발코니 입상관 소음

2 배수소음 감쇠방안

① 오·배수 배관 보온
② 슬리브 주위 코킹 철저
③ 입상 배수관 Sextia 설치
④ 화장실 내 조적벽 1차 미장 철저(천장 내)
⑤ 층상배관 설치

QUESTION 36

도피통기관과 결합통기관에 대하여 계통도를 그리고 설명하시오. (102회)

1 도피통기관

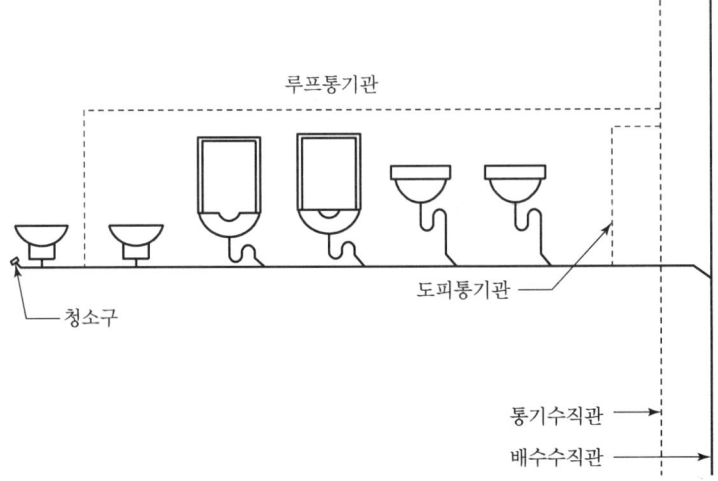

① 루프통기관의 통기능률을 촉진하는 통기관
② 관경은 배수관의 1/2 이상, 최소 32mm 이상
③ 배수수평지관 최하류의 기구배수관 접속점 바로 밑 하류에 설치

2 결합통기관

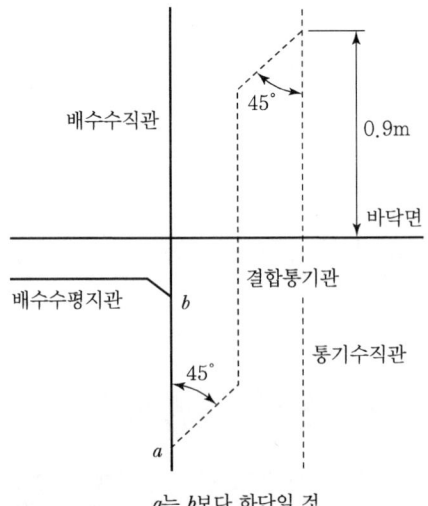

1) 결합통기관 설치

브랜치 간격의 수가 11 이상인 건물의 오수와 배수수직관에는 최상부층에서 시작하여 매 10개의 브랜치 간격마다 결합통기관을 설치한다.

2) **결합통기관의 관지름과 연결**

① 결합통기관의 관지름은 연결하는 통기수직관의 관지름과 같아야 한다.
② 각 결합통기관의 하부 끝은 그 층의 수평지관 하부에 Y관으로 오수나 배수수직관에 연결하고, 상부 끝은 그 층 상부로 0.9m 이상 높게 Y관으로 통기수직관에 연결한다.

QUESTION 37

통기관의 관지름 결정 시 고려해야 할 기본원칙에 대하여 설명하시오. (102회)

1 일반사항

① 통기관은 배수관 내에 배수의 흐름에 따른 압력 변화를 제거할 수 있도록 설정한다.
② 길이가 길수록 관경은 커져야 한다.
③ 모든 통기관은 그와 접속하는 배수관경의 1/2 이상을 유지한다.

2 통기관의 관지름 결정 시 고려해야 할 기본원칙

1) 신정통기관과 통기수직관의 크기

① 신정통기관과 통기수직관의 최소 관지름은 배관길이와 연결되는 총 기구배수부하 단위로 결정한다.
② 어떠한 경우에도 관지름이 담당 배수관경의 1/2보다 크고 32A 이상이어야 한다.

2) 각개통기관, 통기지관, 회로(루프)통기관, 도피통기관의 크기

① 각개통기관과 통기지관, 회로통기관 그리고 도피통기관의 관지름은 담당 배수관 관지름의 1/2 이상으로 한다.
② 또한 통기관은 32A 이상으로 한다.
③ 배관길이가 12m 이상인 통기관은 통기관의 전 배관길이에 대해 한 단계 큰 관지름으로 한다.

3) 통기관의 배관길이

각개통기관과 통기지관, 회로 및 도피통기관의 배관길이는 배수계통의 가장 먼 통기관 연결점에서 통기수직관이나 신정통기관 또는 건물 외부의 통기구까지 측정한 거리로 한다.

4) 다중 통기지관

여러 개의 통기지관을 공용 통기관에 연결하는 경우 공용 통기지관 지름은 총 기구배수부하 단위를 담당하는 데 필요한 공용 배수수평지관의 지름을 근거로 정한다.

5) 집수정 통기

배수펌프가 있는 집수정의 통기관 관지름은 펌프유량(LPM)과 통기관의 최대 배관길이를 고려하여 선정한다.

QUESTION 38

건축기계설비에서 발생할 수 있는 수격작용(Water Hammering)의 특징, 발생장소, 방지설비에 대하여 설명하시오. (103회, 111회)

1 수격작용의 개념

수격작용이란 관 속을 흐르는 유체의 운동상태가 급격히 변화할 때 발생하는 압력파 현상이다.

2 수격작용의 특징

① 배관파손 및 접속부 이완과 누설
② Pipe Hanger, Guide의 이완 및 파손
③ Valve 및 기기류 파손
④ 배관의 진동소음으로 주거환경의 악영향

3 발생장소

① 개폐밸브
② 펌프 토출 측
③ 곡관, 관경이 급변하는 곳

4 방지설비

① 배관 상단 및 기구류 가까이에 공기실(Air Chamber)이나 수격방지기를 설치한다.
② 자동수압 조절밸브를 설치한다.
③ 펌프의 토출 측에 스모렌스키 체크밸브를 설치한다.

QUESTION 39

동수구배와 배관의 마찰손실수두를 정의하고 상호관계에 대하여 설명하시오.
(104회)

1 동수구배 및 마찰손실수두의 정의

1) 동수구배

두 지점의 수두 차이를 두 지점 간의 거리로 나눈 비

$$I(\text{mAq}/\text{m}) = \frac{\text{수두차}(\text{mAq})}{\text{거리}(\text{m})}$$

2) 마찰손실수두

관 속을 흐르는 유체가 직관에서의 마찰, 곡관(굴곡부)에서의 마찰 등에 의해 압력이 손실되는 현상이다.

$$h_f = f \cdot \frac{l}{d} \cdot \frac{v^2}{2g}$$

여기서, h_f : 마찰손실수두(m)
f : 손실계수(조도계수)
l : 직관 및 상당장의 길이(m)
d : 관의 내경(m)
v : 관 내 평균유속(m/s)
g : 중력가속도(9.8)

2 상호관계

동수구배와 마찰손실수두는 서로 비례관계에 있다.

QUESTION 40

정수설비시스템에서 역삼투압장치(Reverse Osmosis System)에 대하여 설명하시오. (104회)

1 정의

삼투압을 역으로 적용하여 각종 불순물을 걸러내는 설비를 말한다.

2 특징

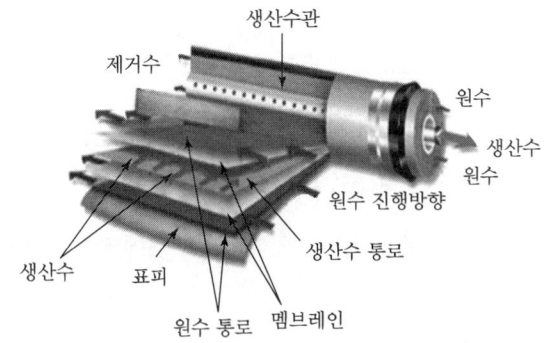

① 다른 정수 방식에 비해 물을 많이 사용한다.
② 막에 가하는 압력 때문에 높은 압력을 견딜 수 있는 내압배관이 필요하다.
③ 정수 성능이 뛰어나다. 특히, 지하수처럼 경도가 높고 수질 자체가 좋지 않은 곳에서 탁월한 성능을 발휘한다.

3 정수성능

대장균, 박테리아, 석면, 바이러스, 다이옥신, 중금속 등을 거를 수 있다.

4 적용도

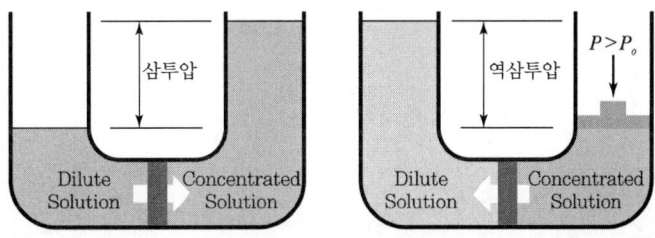

QUESTION 41

「건축물의 설비기준 등에 관한 규칙」에서 주거용 건축물 급수관의 지름 산정에 있어서 다음 사항에 대하여 설명하시오. (105회)
(1) 주거용 건축물의 가구 또는 세대수 급수관의 최소지름(mm) 산정방법
(2) 가구 또는 세대수의 구분이 불분명한 건축물의 가구수 산정방법
(3) 가압설비 등을 설치하여 급수되는 경우의 적용방법

1 주거용 건축물의 가구 또는 세대수 급수관의 최소지름(mm) 산정방법

가구 또는 세대수	1	2·3	4·5	6~8	9~16	17 이상
급수관 지름의 최소기준 (mm)	15	20	25	32	40	50

2 가구 또는 세대수의 구분이 불분명한 건축물의 가구수 산정방법

가구 또는 세대의 구분이 불분명한 건축물에 있어서는 주거에 쓰이는 바닥면적의 합계에 따라 다음과 같이 가구수를 산정한다.

① 바닥면적 85m² 이하 : 1가구
② 바닥면적 85m² 초과 150m² 이하 : 3가구
③ 바닥면적 150m² 초과 300m² 이하 : 5가구
④ 바닥면적 300m² 초과 500m² 이하 : 16가구
⑤ 바닥면적 500m² 초과 : 17가구

3 가압설비 등을 설치하여 급수되는 경우의 적용방법

가압설비 등을 설치하여 급수되는 각 기구에서의 압력이 1cm²당 0.7kg 이상인 경우에는 위 표[주거용 건축물의 가구 또는 세대수 급수관의 최소지름(mm) 산정방법]의 기준을 적용하지 아니할 수 있다.

QUESTION 42

옥내 배수배관(Drainage Piping)에서 냄새가 실내로 유입되는 것을 방지할 수 있는 배수기구의 종류와 특징을 설명하시오. (105회)

1 옥내 배수배관(Drainage Piping) Trap의 종류 및 특징

1) 사이펀식 트랩

관의 형상에 의한 것으로 자기 사이펀 작용으로 배수한다.

① P트랩
- 세면기, 소변기 등의 배수에 사용
- 통기관 설치 시 봉수가 안정적이며 가장 널리 사용
- 배수를 벽면 배수관에 접속하는 데 사용

② S트랩
- 세면기, 소변기, 대변기 등에 사용
- 배수를 바닥 배수관에 연결하는 데 사용
- 사이펀 작용에 의하여 봉수가 파괴되므로 그다지 사용되지 않음

③ U트랩
- 일명 가옥트랩, 메인트랩이라고 함
- 공공하수관에서의 하수가스의 역류 방지용으로 사용
- 수평주관 끝에 설치하는 것으로 유속을 저해하는 결점은 있으나 봉수가 안전

2) 비사이펀식 트랩 : 중력작용에 의한 배수

① 드럼트랩
- 드럼 모양의 통을 만들어 설치
- 보수, 안정성이 높고 청소도 용이
- 주방용 싱크에 주로 사용

② 벨트랩
- 주로 바닥 배수용으로 사용
- 상부 벨을 들면 트랩 기능이 상실되므로 주의
- 증발에 의한 봉수파괴가 잘 됨

QUESTION 43

배수설비 중 포집기의 기능, 종류별 용도에 대하여 설명하시오. (106회)

1 포집기(저집기)의 기능

포집기(저집기)형 트랩은 배수 중에 혼입된 여러 유해물질이나 기타 불순물 등을 분리수집함과 동시에 트랩의 기능을 발휘하는 기구이다.

2 종류별 용도

구분	용도
그리스 저집기(Grease Trap)	주방 등에서 기름기가 많은 배수로부터 기름기를 제거, 분리시키는 장치
샌드 저집기(Sand Trap)	배수 중의 진흙이나 모래를 다량으로 포함하는 곳에 설치
헤어 저집기(Hair Trap)	이발소, 미장원에 설치하여 배수관 내 모발 등을 제거, 분리시키는 장치
플라스터 저집기(Plaster Trap)	치과의 기공실, 정형외과의 깁스실 등의 배수에 사용
가솔린 저집기(Gasoline Trap)	가솔린을 많이 사용하는 곳에 쓰이는 것으로 배수에 포함된 가솔린을 수면 위에 뜨게 해서 통기관을 통해서 휘발
론더리 저집기(Laundry Trap)	영업용의 세탁장에 설치하여 단추, 끈 등의 세탁불순물이 배수관 중에 유입되지 않도록 함

3 포집기의 통기 및 유지관리사항

① 포집기에 기밀 뚜껑을 설치하는 경우에 공기가 정체하지 않도록 설계한다.
② 각각의 포집기마다 트랩봉수가 손실될 수 있는 곳에 통기를 한다.
③ 각각의 포집기마다 유지관리용 점검구를 설치한다.
④ 정기적으로 포집기 안에 쌓인 그리스나 오일 또는 기타 부유물질과 고형물을 제거하여 포집기를 유지하기 용이하게 한다.

QUESTION 44

고가수조, 지하저수조, 양수펌프의 용량 산정방법을 설명하시오. (106회)

1 고가수조, 지하저수조, 양수펌프의 용량 산정방법

1) 고가탱크(수조)의 용량(V_E)

최소저수량에서 급수가압(양수)펌프의 가동 시 최소급수량을 더한 것이다. 펌프가 가동될 때의 유량이 최소저수량이고, 펌프가 정지할 때의 유량이 최대저수량이므로 저수조의 용량은 최대저수량보다 크게 한다.

$$V_E = (Q_p - Q_{pu})T_1 + Q_{pu}T_2$$

여기서, V_E : 고가탱크의 용량
Q_p : 순간 최대 급수량
Q_{pu} : 급수가압(양수)펌프의 토출량
T_1 : 순간 최대 예상급수량이 지속되는 시간
T_2 : 급수가압(양수)펌프의 최단 운전시간

2) 저수탱크의 용량(V_s) : 1일 사용 수량을 저장할 용량

$$V_s \geq Q_d - Q_s T$$

여기서, V_s : 저수탱크의 유효용량
Q_d : 1일 사용수량
Q_s : 수도 인입관 등 수원으로부터의 시간당 급수 능력
T : 1일 평균 사용시간

3) 펌프의 소요 동력

$$P(\text{kW}) = \frac{QH}{E}k$$

여기서, Q : 양수량(m^3/s)
H : 펌프양정(kPa)
E : 펌프의 효율(%)
k : 전동기 전달계수(k : 1.1~1.5)

QUESTION 45

중수도 방식과 설치 시 고려사항을 설명하시오. (106회)

1 중수도 방식

개별 시설물이나 개발사업 등으로 조성되는 지역에서 발생하는 오수를 공공하수도로 배출하지 아니하고 재이용할 수 있도록 개별적 또는 지역적으로 처리하는 시설을 말한다.

2 중수도 시설 설치 시 고려사항

1) 구비 필요시설

① 사용된 물을 생활용수·공업용수 등의 용도에 맞는 수질로 처리할 수 있는 처리시설
② 처리한 물을 보낼 수 있는 펌프·송수관 등의 송수시설
③ 처리한 물을 배수할 수 있는 배수관 등의 배수시설
④ 수량 부족에 대비하여 수돗물 등에 의한 보급이 가능하고, 처리한 물과 수돗물 등이 섞이지 않는 구조로 된 저류조

2) 관리 필요사항

① 수질기준을 유지할 것
② 중수도에 설치하는 배관은 상수도·하수도 및 가스 공급 등의 배관과 구분할 수 있도록 색을 다르게 하고 표시를 할 것
③ 중수도의 설비에는 중수도 시설임을 알 수 있도록 '중수도 사용'이라는 표지를 부착할 것
④ 중수도의 시설도면은 시설의 존속기간 중 계속하여 보관할 것
⑤ 시설 운전 중지, 소유자 또는 관리자 변경이 발생한 경우에는 신속히 특별자치시장·특별자치도지사·시장·군수·구청장에게 통보할 것
⑥ 처리 수의 양, 수질검사 등에 관한 자료를 기록하고 3년간 보존할 것
⑦ 중수도에서 처리한 물을 이용자가 안심하고 사용할 수 있도록 할 것

QUESTION 46

2014년 1월 4일부터 시행된 절수설비(대변기, 대소변이 구분되는 대변기, 소변기) 기준과 절수방식에 대하여 설명하시오. (107회, 118회, 122회)

1 절수설비의 기준

1) 대변기

공급수압 98kPa에서 사용수량이 6L 이하인 것

2) 대·소변 구분형 대변기

공급수압 98kPa에서 대변용은 사용수량이 6L 이하이고, 소변용은 공급수압 98kPa에서 사용수량이 4L 이하인 것

3) 소변기

물을 사용하지 않는 것이거나, 공급수압 98kPa에서 사용수량이 2L 이하인 것

2 절수방식

① 압력조절(급수조닝)에 의한 절수 : 저층부 과압 방지
② 정유량 밸브에 의한 절수
③ 전자감응식 방식에 의한 절수
④ 절수형 위생기구의 적용

QUESTION 47

피복아크 용접에서 (1) 용접봉 피복제의 기능(5가지), (2) 용접봉의 피복제 주성분에 따른 용접봉의 특징을 설명하시오. (107회, 109회)

1 피복제의 역할

① 아크의 안정화 및 전기 절연작용을 한다.
② 슬래그 제거를 쉽게 하고 파형이 고운 비드(Bead)를 만든다.
③ 용융금속의 용적(Globule)을 미세화하고 용착효율을 높인다.
④ 중성 또는 환원성 분위기로 용착금속을 보호한다.
⑤ 용착금속에 필요한 합금 원소를 첨가한다.
⑥ 용착금속의 탈산 정련작용을 한다.
⑦ 용착금속의 냉각속도를 지연(급랭방지)시킨다.
⑧ 스패터의 발생을 적게 한다.
⑨ 모재 표면의 산화물 제거 및 양호한 용접부를 만든다.
⑩ 용융점이 낮은 슬래그를 만들어 용융부의 표면을 덮어 산화·질화를 방지한다.

2 피복제의 주성분에 따른 용접봉의 특징(용도)

주성분	피복제 용도
산화티탄, 석회석, 규산칼륨, 규산나트륨, 탄산나트륨 등	아크 안정제
전분, 석회석, 셀룰로오스, 탄산바륨, 톱밥 등	가스 발생제
마그네사이트, 일미나이트, 석회석 등	슬래그 생성제
규소철, 망간철, 티탄철, 페로실리콘, 소맥분, 톱밥 등	탈산제
규산나트륨, 규산칼륨, 아교, 카세인 등	고착제
페로망간, 페로실리콘, 페로크롬, 페로 바나듐, 니켈, 구리 등	합금 첨가제

QUESTION 48

생물막법(Biological Film Process)에 대하여 설명하시오. (107회)

1 생물막법(Biological Film Process)의 개념

모래, 자갈, 쇄석 등과 같은 여재에 하수를 유입시켜 여재 표면에 성장한 생물막의 미생물을 이용하여 오염물질을 흡착, 여과 및 분해하는 방식이다.

2 생물막법의 분류

1) 살수여상법

① 살수여상은 하수를 여재로 채워진 여상 위에 뿌려 여재 사이로 유하하면서 하수 내에 있는 유기물을 여재표면에 형성된 미생물막에 흡착하거나 미생물이 분해하게 하여 제거하는 방법이다.
② 유기물 제거는 여상의 상부에서 가장 높고, 하부 층으로 갈수록 제거율이 감소된다.

2) 회전원판법

수십 내지 수백 개씩 묶은 플라스틱 원판을 물속에 반 정도 잠기게 설치한 다음 천천히 회전시키고, 이때 자연적으로 발생하는 호기성(好氣性) 생물을 이용하여 하수를 정화하는 방식이다.

3) 접촉산화법

반응조 내의 접촉재 표면에 발생 부착된 호기성미생물(부착미생물)의 대사활동에 의해 하수를 처리하는 방식이다.

4) 호기성여상법

3~5mm 정도의 접촉여재를 충전시킨 여상의 상부에 하수를 유입시켜 여재를 통과하는 사이에 여재의 표면에 부착된 호기성 미생물로 하여금 유기물의 분해와 SS의 포착을 동시에 행하게 하는 처리 방식이다.

QUESTION 49

배수 입상배관에 있어 도피통기관이 필요한 부분을 그림으로 나타내고 설명하시오. (107회)

1 배수 입상배관에 있어 도피통기관이 필요한 부분

① 5개 이상의 횡지관이 있는 배수입상관에는 통기입상관을 설치하여야 한다.
② 5개 이상의 횡지관이 있는 배수입상관의 경우, 도피통기관을 분기하여 통기입상관에 연결하여야 한다.
  • 가장 낮은 위치의 기구배수관 하부의 입상관
  • 배수횡주관 끝으로부터 배수입상관 하부 직경의 10배 이내의 거리

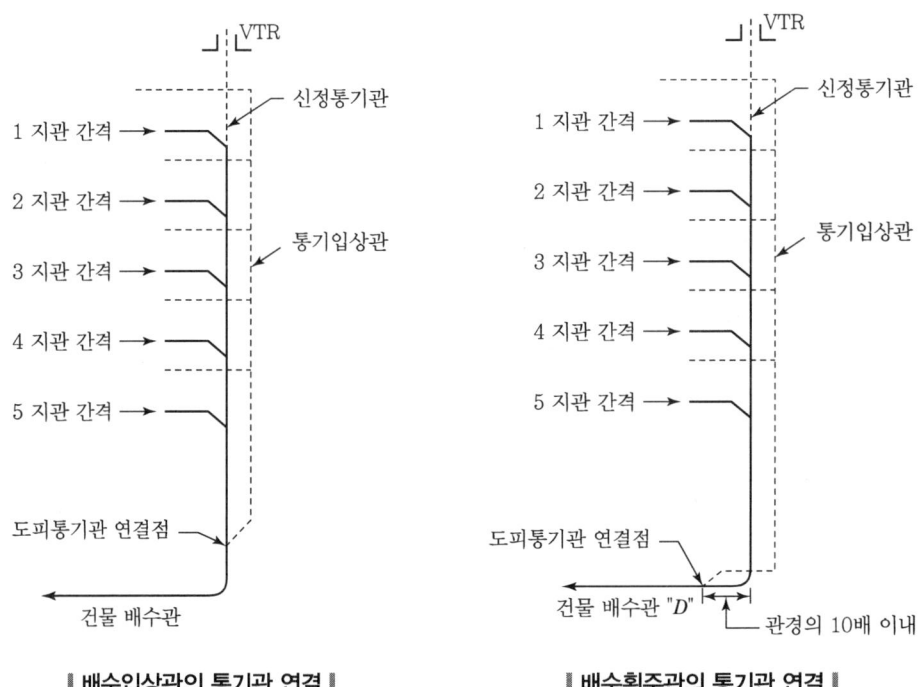

‖ 배수입상관의 통기관 연결 ‖   ‖ 배수횡주관의 통기관 연결 ‖

QUESTION 50

배수배관에서 발생하는 도수현상(Hydraulic Jump)과 종국유속에 대하여 설명하시오. (96회, 106회, 112회, 129회)

1 도수(跳水) 현상

1) 개념
① 배수수직관에서의 배수의 유속은 보통 3~6m/s(종국유속)이나, 배수수평주관에서는 0.6~1.5m/s로 느리게 설계된다.
② 배수수직관에서 가속된 빠른 유속이 배수수평주관에서 순간적으로 감속되어 배수의 흐름이 흐트러지면서 큰 물결이 일어나는 현상이다.

2) 주의사항
① 배수수직관에서 약 1~1.5m 이내에서는 부분적으로 배수가 관을 막는 현상이 발생 가능하다.
② 이 부분에서는 다른 배수관과 통기관 등의 접속을 피해야 한다.

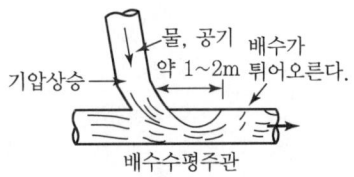 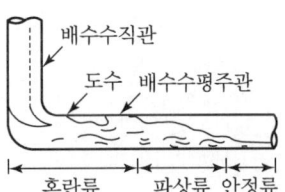

2 종국유속(Terminal Velocity)

1) 개념
① 배수수평지관에서 배수수직관으로 흘러내리는 배수의 유속은 중력가속도로 급격히 증가되지만 무한히 증가하지는 않는다.
② 즉, 관내벽과의 마찰저항과 관내에서 정지 또는 상승하려는 공기에 의하여 균형되어 일정한 유속을 유지하게 되며 이것을 종국유속(V_t)이라 한다.
③ 실험에서의 개략치는 100mm 신품주철관의 경우 10L/s일 때의 유속은 4m/s 정도이다.

2) 종국유속 산출공식

$$V_t = 0.635 \left(\frac{Q}{D}\right)^{\frac{2}{5}} \text{(m/s)}$$

여기서, Q : 입관에 흐르는 유량(L/s)
D : 수직관의 관경(m)

❸ 종국길이(Terminal Length)

1) 개념

① 배수가 수직관에 유입되어 종국유속이 될 때까지의 낙하길이를 종국길이라고 하며 L_t로 표시한다.
② 대략 2~3m 정도이다.

2) 종국길이 산출공식

$$L_t = 0.1444 \times V_t^2 \text{(m)}$$

QUESTION 51

급탕시스템에서 급탕순환펌프의 사용 목적 및 용도에 대하여 설명하시오. (108회)

1 급탕순환펌프의 개념 및 적용계통도

1) 개념

급탕시스템의 환수 측에 설치되어 강제적으로 급탕을 순환시키는 펌프

2) 적용계통도

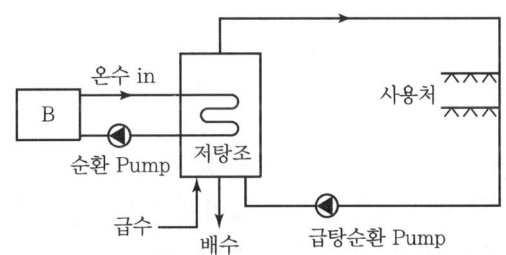

2 급탕순환펌프의 사용 목적 및 용도

① 배관의 계통이 복잡하여 자연순환으로는 한계가 있다(자연순환수두가 낮음).
② 자연순환수두가 크지 않은 경우 환탕배관 계통에는 순환펌프로 온수를 순환시키는 강제순환방식을 사용한다.
③ 배관거리가 30m 이상인 중앙급탕방식에는 배관의 열손실을 보상하여 일정한 급탕온도를 유지할 수 있는 환탕배관과 급탕순환펌프를 설치한다.
④ 각종 기기저항 등이 고려되기 때문에 급탕순환펌프가 필요하다.
⑤ 공급 필요열량에 따라 순환펌프의 순환량을 조정한다.

QUESTION 52

건축설비공사에서 슬리브(Sleeve)의 설치 목적과 설치 시의 주의사항을 설명하시오. (108회)

1 슬리브(Sleeve)의 설치 목적

① 관 교체 및 수리 시 편리
② 관의 신축에 대응
③ 배관을 통한 누수방지(방수층, 지중벽 통과 시)

2 설치 시 주의사항

① 슬리브 설치 전 건축협의(통과 위치, 주위 보강 관계통)
② 슬리브 설치를 위해 철근 훼손 시 필히 슬리브 주위를 보강한다.
③ 방수층 및 외벽 관통 시 지수판붙이 슬리브를 설치한다.
④ 슬리브 구경은 통과구경보다 2단 커야 한다.
⑤ 배관 이음부의 코팅 및 보온은 기밀, 내입 시험 완료 후 설치한다.
⑥ 배관 매설 깊이는 기준에 따른 설치하며, 안전 보호커버 또는 슬리브를 설치한다.
⑦ 동파 방지에 충분한 단열 등으로 보온 예방 조치한다.
⑧ 타 자재와의 간섭을 검토하며, 벽체 및 슬래브(Slab) 등의 관통 시는 구조적 영향을 최소화한다.

3 매립배관과 슬리브(Sleeve) 설치 시 보 주근을 고려한 주의사항

1) 주의사항

① 철근콘크리트의 보는 중앙 측이 인장, 단부 측이 압축을 받게 되므로 보 주근은 중앙 측에서는 보의 아래쪽, 단부 측에서는 위쪽에 배치하게 된다.
② 이에 따라 보의 관통 시 주응력을 받는 보 주근의 위치를 고려하여 설치가 필요하다.
③ 또한 규정된 철근량의 삽입이 원활히 이루어질 수 있도록 사전에 보춤(보의 높이)을 구조적으로 검토하여야 한다.
④ 슬리브 배관은 밀실하게(누수가 없게) 시공되어야 한다. 누수될 경우 철근과 물의 접촉으로 내구성 저하의 원인이 될 수 있다.

2) 설치위치

① 보의 중앙 측일 경우 : 매립배관 및 슬리브 관통은 보의 상부

② 보의 단부 측일 경우 : 매립배관 및 슬리브 관통은 보의 하부

QUESTION 53

> 루프통기관은 최상류의 기구배수관을 배수수평지관에 접속한 직후의 하류 측에서 분기하는데, 그 이유에 대하여 설명하시오. (108회)

1 루프통기관의 개념 및 설치방법

1) 개념

2개 이상의 기구 트랩이 설치된 경우 봉수를 보호하기 위해 설치되는 통기관

2) 설치방법

① 배수수평지관에서 연결하는 위치는 그 수평지관의 최상류 기구배수관이 접속되어 있는 직후의 하류에서 분기
② 최대 기구수 : 8개 이내(보통 4개 정도가 이상적)
③ 통기수직관에서 최상류 기구까지의 길이는 7.5m 이내

3) 설치도

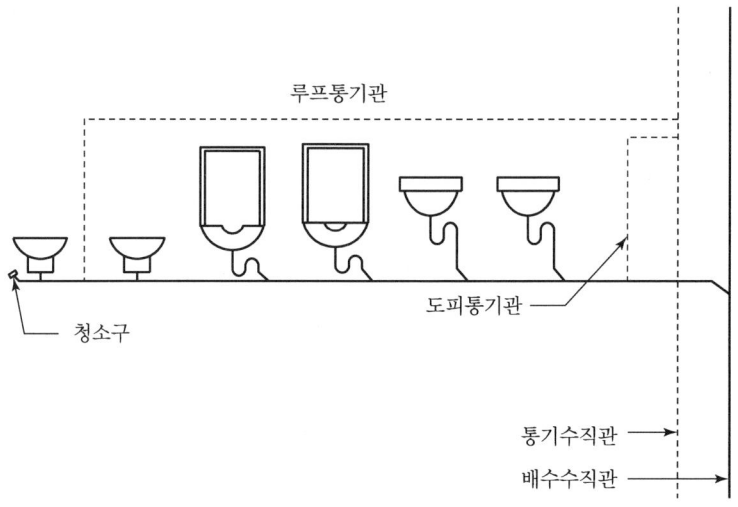

2 루프통기관 설치위치 선정 이유

통기관 내를 경유하여 배수수평지관에 낙하되는 이물질에 대해 최상류 기구를 사용할 때의 배수흐름에 따른 세정작용을 기대하기 위함이다.

3 루프통기관의 관경 설정원칙

① 루프통기관의 관지름은 담당 배수관 관지름의 1/2 이상으로 한다.
② 또한 통기관은 32A 이상으로 한다.
③ 배관길이가 12m 이상인 통기관은 통기관의 전 배관길이에 대해 한 단계 큰 관지름으로 한다.

QUESTION 54

건물 내 오배수 배관에서 청소구(소제구) 설치의 필요성과 설치기준에 대하여 설명하시오. (109회)

1 청소구(소제구) 설치 필요성

① 배수 중의 모발, 고형물, 치적물 등을 제거하기 위해 설치한다.
② 배수 배관의 관이 막혔을 때 이것을 점검·수리하기 위해 굴곡부나 분기점 등에 반드시 청소구를 설치하여야 한다.

2 청소구(소제구)의 설치위치

① 가옥배수관과 부지하수관이 접속되는 곳
② 배수수직관의 최하단부
③ 수평지관의 최상단부
④ 가옥배수수평주관의 기점
⑤ 배관이 45° 이상의 각도로 구부러지는 곳
⑥ 수평관(관경 100mm 이하)의 직선거리 15m 이내마다 100mm 이상의 관에서는 직진거리 30m 이내마다 설치
⑦ 각종 트랩 및 기타 배관상 특히 필요한 곳

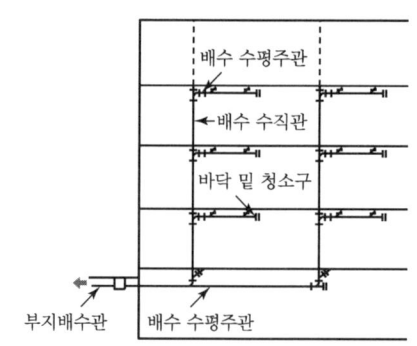

(a) 배수수평지관·배수수직관·배수수평주관

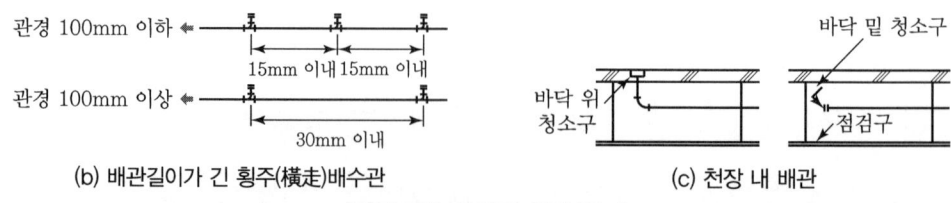

(b) 배관길이가 긴 횡주(橫走)배수관 (c) 천장 내 배관

청소구(소제구)의 설치장소

3 은폐배관에 설치되는 청소구(소제구)

① 은폐배관의 청소구는 벽 또는 바닥 마감 면과 동일 면까지 연장하여 설치하며, 청소구의 위를 모르타르, 석고, 반죽석회 등의 재료로 덮어서는 안 된다.
② 부득이 청소구를 은폐하는 경우에는 그 청소구 전면 또는 상부에 뚜껑을 설치하거나 그 청소구에 쉽게 접근할 수 있는 위치에 점검구를 둔다.

4 청소구(소제구) 개구부 방향

모든 청소구는 배수의 흐름과 반대 또는 직각으로 열 수 있도록 설치한다.

5 청소구(소제구) 최소 크기

① 청소구의 크기는 배수관지름이 100mm 이하인 경우에는 배수관지름과 동일한 지름으로 한다.
② 100mm를 초과하는 경우에는 100mm로 한다.
③ 또한 지중 매설관에 대해서는 충분히 청소할 수 있도록 배수 맨홀을 설치하지만 관지름이 200mm 이하 배관의 경우에는 청소구로 하여도 된다.

6 청소구(소제구) 작업공간

① 청소구는 청소가 쉬운 위치에 설치한다.
② 주위에 있는 벽, 바닥 및 대들보 등이 청소에 지장을 주는 장소에서는 청소구로부터 지름 65mm 이하의 관은 300mm 이상, 지름 75mm 이상의 관은 450mm 이상의 공간을 둔다.

QUESTION 55

새로운 통기방식인 통기밸브의 작동원리와 특징에 대하여 설명하시오. (109회)

1 통기밸브의 원리

① 평상시에는 닫혀 있던 통기밸브 내부 에어시트가 배수의 움직임이 발생하면 순간적으로 열리면서 통기밸브를 통하여 배관 내부에 공기가 유입되며, 곧 배관재의 부압 상태를 대기압과 평형을 이루게 한다.

② 통기밸브는 위생기구에서 배수 시 배수관 내의 압력이 대기압 이하로 낮아지면 순간적으로 열려 외부의 공기를 배관 내부로 공급하여 배수를 원활하게 해준다.

③ 배수의 흐름이 멈추면 자중에 의해 밸브는 닫히고 관내의 냄새가 외부로 새어 나가는 것을 완벽하게 차단한다.

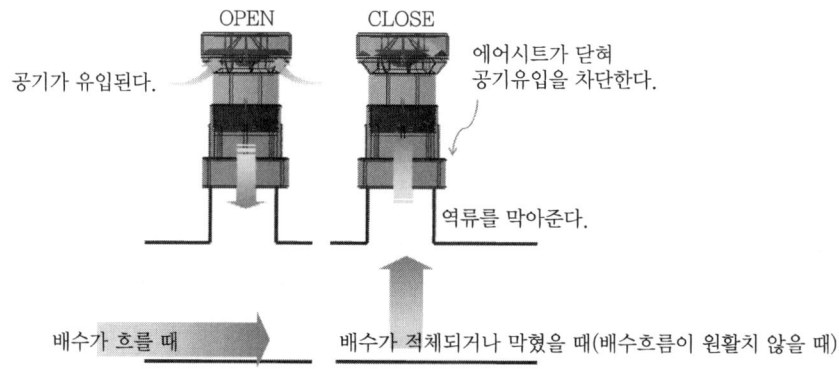

2 통기밸브의 특징

① 건물 내의 통기배관을 대체할 수 있음
② 배관 내 슬러지의 침전 및 역류, 폐색 현상 방지
③ 공기체크밸브를 이용한 통기방식
④ 외부의 공기가 배수배관 내로 흡입될 수 있게 하고 평소에는 관내의 냄새가 새어 나가지 못하도록 되어 있는 구조 형식

QUESTION 56

열팽창에 의한 배관의 이동을 저지 또는 제한하는 장치(Restraint)에 대하여 설명하시오. (109회, 127회)

1 리스트레인트(Restraint)의 개념

열팽창에 의한 배관관계의 자유로운 움직임을 구속하거나 제한하기 위한 장치이다.

2 리스트레인트(Restraint)장치의 종류

① 앵커(Anchor) : 배관관계 일부를 완전히 고정하는 장치
② 스톱(Stop) : 관의 회전은 되지만 직선운동을 방지하는 장치
③ 가이드(Guide) : 관이 회전하는 것을 방지하기 위한 장치이며 축과 직각방향의 이동을 구속제한함(축방향 이동은 허용)

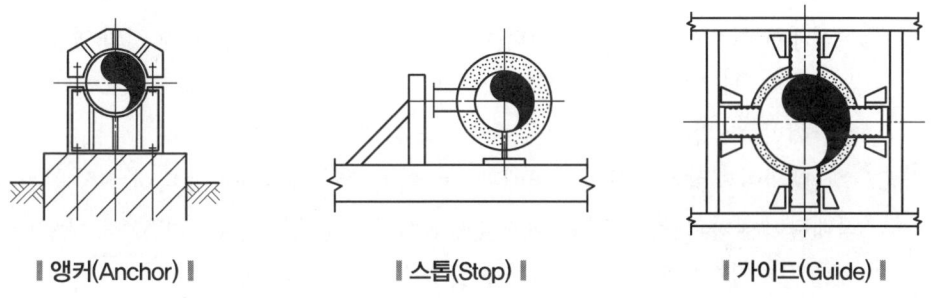

‖ 앵커(Anchor) ‖   ‖ 스톱(Stop) ‖   ‖ 가이드(Guide) ‖

3 관지지 금구류의 종류

1) 행거 & 서포트

① 행거 : 위에서 매달아 다는 것
② 서포트 : 밑에서 지지하는 것

2) 리스트레인트 : 고정 지지장치

3) 브레이스(Brace)

배관의 진동, 충격을 완화시켜 주기 위해 종횡 충격에 저항하는 장치

4) 인서트(Insert)

관이나 덕트를 천장에 매달아 지지하는 경우 미리 천장 콘크리트에 매입하는 지지쇠

QUESTION 57

급수설비공사의 (1) 수평 및 수직배관, (2) 펌프 및 펌프유닛 주위 배관의 설계·시공 시 고려사항을 설명하시오. (109회)

1 수평 및 수직배관의 설계·시공 시 고려사항

1) 수평배관

① 상향 급수배관 방식의 경우 진행방향에 따라 올라가는 기울기로, 하향 급수배관 방식의 경우는 진행방향에 따라 내려가는 기울기로 하되, 50m 구간마다 체크밸브를 설치하여 유동 정지 시의 역류에너지가 분산될 수 있도록 하여야 한다.
② 공기가 모일 수 있는 부분에는 공기빼기밸브, 물이 고일 수 있는 부분에는 퇴수밸브를 설치하여야 한다.

2) 수직배관

① 수직배관에는 25~30m 구간마다 체크밸브를 설치하여 유동 정지 시의 역류에너지 작용을 분산하고, 체크밸브 상류 측에는 워터해머흡수기를 부착하여 체크밸브의 파손을 방지하고 워터해머로 인한 소음과 진동을 흡수하도록 하여야 한다.
② 수직배관이 방향을 바꾸어 수평배관으로 이어지고, 수평배관이 다시 수직하강하는 등의 굴곡배관이 불가피한 경우에는 최초의 수직배관 상단에는 진공방지밸브를, 두 번째 수직배관에는 공기빼기밸브를 부착하여 진공발생을 방지하여야 한다.

2 펌프 및 펌프유닛 주위 배관의 설계·시공 시 고려사항

① 급수펌프는 건물의 용도별 부하변동, 급수량 등을 고려하여 2대 이상으로 분할하여 설치한다.
② 운전방식은 병렬 교대운전으로 하며, 예비펌프도 운전 대상으로 하여 장시간 운휴되지 않도록 한다.
③ 제어방식은 건물의 규모, 용도 등을 고려하여 적절한 방식을 채택하며, 압력탱크 방식, 회전수 제어 방식을 고려한다.
④ 급수펌프는 자동절환을 기본으로 하고 24시간 지속적인 급수가 예상되는 경우에는 매 24시간마다 교대하는 기능이 있어야 한다.
⑤ 소량의 급수 시에는 급수펌프의 가동 빈도를 줄이기 위하여 펌프 토출 측에 압력탱크를 부착하거나 별도의 압력탱크 배관을 구성한다.

⑥ 급수펌프 유닛의 흡입 측에는 플랙시블 조인트와 스톱밸브를, 토출 측에는 플랙시블 조인트와 체크밸브 및 스톱밸브를 두고, 온도계 및 압력계를 부착한다.
⑦ 급수기구에 가해지는 압력이 0.4MPa을 넘을 경우는 감압밸브를 설치하여 적정 압력으로 감압하여야 한다.

QUESTION 58

> 동관용접의 방법 중 저온용접의 원리를 설명하시오. (110회, 123회)

1 동관의 저온용접(솔더링)법의 원리

① 동관의 대표적 접합방법으로서 저온용접(솔더링)은 용접재와 모재가 같이 용융되는 것이 아닌 용접재만 용융되어 모재 사이를 충전하고, 모재와 일체가 되어 적정 강도가 유지되는 방법으로 용융된 용접재가 모재의 틈으로 침투되는 모세관현상에 의한 접합이다.
② 450℃ 이하에서 용융되는 용접재(Solder Metals)를 사용한 용접방법이다.
③ 또한 450℃ 이상에서 용융되는 용접재(Filler Metal)를 사용한 용접방법을 브레이징(Brazing) 이라고 한다.

2 가열방법에 따른 분류

① 침액 솔더링(DS : Dip Soldering)
② 토치 솔더링(TS : Torch Soldering)
③ 저항 솔더링(RS : Resistance Soldering)
④ 노 솔더링(FS : Furnace Soldering)
⑤ 유도가열 솔더링(IS : Induction Soldering)
⑥ 적외선 솔더링(IRS : Infrared Soldering)
⑦ 초음파 솔더링(LIS : Ultrasonic Soldering)
⑧ 인두 솔더링(INS : Iron Soldering)

3 대표적 용접재(Solder Metal) : Sn50, Sb5, Ag5.5

4 특징

장점	단점
• 모재 변형의 최소화	• 일반 용접에 비해 접합강도가 낮음
• 용접의 안정성이 우수	• 높은 안전계수 적용 필요
• 이종금속 접합이 가능하며 자동화가 용이	• 접합부의 단면적이 커질 필요가 있음

QUESTION 59

이중보온관(Pre-insulated Pipe)을 설명하고 사용용도에 대하여 설명하시오.
(110회)

1 이중보온관의 개념

① 이중보온관(Pre-insulated Pipe)은 고온 또는 저온의 물질을 다른 지점으로 이송하고자 할 때 사용되는 단열용 배관이다.
② 구조는 일반적으로 이송물질이 지나가는 내관과 그 내관을 둘러싼 단열재 그리고 단열재를 보호하기 위한 외관으로 이루어져 있다.

2 이중보온관의 개념도

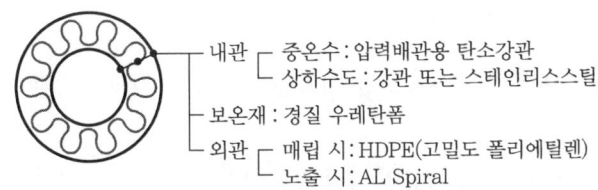

- 내관 ┬ 중온수 : 압력배관용 탄소강관
      └ 상하수도 : 강관 또는 스테인리스스틸
- 보온재 : 경질 우레탄폼
- 외관 ┬ 매립 시 : HDPE(고밀도 폴리에틸렌)
      └ 노출 시 : AL Spiral

※ 중온수의 경우 내관과 보온재 사이에 누수감지 Sensor 삽입

3 이중보온관의 용도

① 열병합발전소 등에서 발생한 폐열을 리사이클링하여 가정용, 상업용, 공업용 온수로 공급하는 지역난방시스템의 이송용
② 화학공장 등에서 단열을 요구하는 배관 또는 초저온 액화가스(LNG 등)의 이송용
③ 상·하수도 동파 방지 목적으로 교량, 철도횡단 등 노출이나 동결심도 이상으로 매립하지 못하는 구간의 이송용

4 이중보온관의 특징

① 우수한 단열 효과
② 시공기간 단축 및 공사비 절감
③ 유지보수비용 절감효과 및 열손실 저감
④ 우수한 내구성
⑤ 간편한 시공성

QUESTION 60

물탱크의 내진설계에서 슬로싱(Sloshing) 현상과 방지대책에 대하여 설명하시오.
(112회)

1 슬로싱(Sloshing) 현상의 정의

① 슬로싱 현상이란 지진 발생으로 인하여 수면이 출렁거리며 물이 담겨 있는 용기의 경계(수조, 벽, 뚜껑 등)를 때리는 현상을 말한다.
② 이로 인하여 수원을 담고 있는 구조물이 파손될 시 담겨 있던 물이 외부로 유실되어 필요한 수량을 유지할 수 없게 된다.

2 방지대책

1) 수조 내부에 방파판을 설치

① 두께 1.6mm 이상의 강철판 또는 이와 동등 이상의 강도·내열성 및 내식성이 있는 금속성의 것으로 할 것
② 하나의 구획부분에 2개 이상의 방파판을 설치하는 경우 수직방향의 움직임을 방지할 수 있는 버팀대를 설치할 것
③ 방파판은 수조의 중앙을 기준으로 동서남북 4방향으로 각 방향 길이의 1/2 이상, 높이는 바닥을 기준으로 수조 높이의 1/2 이상으로 설치

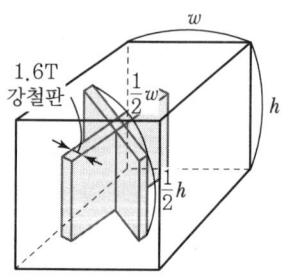

2) 소화수조 및 저수조 고정

건축물과 일체로 타설되지 아니한 소화수조 및 저수조는 지진에 의하여 손상되거나 과도한 변위가 발생하지 않도록 고정

QUESTION 61

수도 관련 법규에서 정한 저수조 설치기준에 대하여 설명하시오. (112회)

1 저수조 설치기준(「수도법 시행규칙」 제9조의2)

① 저수조의 맨홀부분은 건축물(천정 및 보 등)로부터 100cm 이상 떨어져야 하며, 그 밖의 부분은 60cm 이상의 간격을 띄울 것
② 물의 유출구는 유입구의 반대편 밑부분에 설치하되, 바닥의 침전물이 유출되지 않도록 저수조의 바닥에서 띄워서 설치하고, 물칸막이 등을 설치하여 저수조 안의 물이 고이지 않도록 할 것
③ 각 변의 길이가 90cm 이상인 사각형 맨홀 또는 지름이 90cm 이상인 원형 맨홀을 1개 이상 설치하여 청소를 위한 사람이나 장비의 출입이 원활하도록 하여야 하고, 맨홀을 통하여 먼지나 그 밖의 이물질이 들어가지 않도록 할 것. 다만, $5m^3$ 이하의 소규모 저수조의 맨홀은 각 변 또는 지름을 60cm 이상으로 할 수 있다.
④ 침전찌꺼기의 배출구를 저수조의 맨 밑부분에 설치하고, 저수조의 바닥은 배출구를 향하여 100분의 1 이상의 경사를 두어 설치하는 등 배출이 쉬운 구조로 할 것
⑤ $5m^3$를 초과하는 저수조는 청소·위생점검 및 보수 등 유지관리를 위하여 1개의 저수조를 둘 이상의 부분으로 구획하거나 저수조를 2개 이상 설치할 것
⑥ 저수조는 만수 시 최대수압 및 하중 등을 고려하여 충분한 강도를 갖도록 하고, 1개의 저수조를 둘 이상의 부분으로 구획하는 경우에는 한쪽의 물을 비웠을 때 수압에 견딜 수 있는 구조일 것
⑦ 저수조의 물이 일정 수준 이상 넘거나 일정 수준 이하로 줄어들 때 울리는 경보장치를 설치하고, 그 수신기는 관리실에 설치할 것
⑧ 건축물 또는 시설 외부의 땅밑에 저수조를 설치하는 경우에는 분뇨·쓰레기 등의 유해물질로부터 5m 이상 띄워서 설치하여야 하며, 맨홀 주위에 다른 사람이 함부로 접근하지 못하도록 장치할 것. 다만, 부득이하게 저수조를 유해물질로부터 5m 이상 띄워서 설치하지 못하는 경우에는 저수조의 주위에 차단벽을 설치하여야 한다.
⑨ 저수조 및 저수조에 설치하는 사다리, 버팀대, 물과 접촉하는 접합부속 등의 재질은 섬유보강플라스틱·스테인리스스틸·콘크리트 등의 내식성(耐蝕性) 재료를 사용하여야 하며, 콘크리트 저수조는 수질에 영향을 미치지 않는 재질로 마감할 것
⑩ 저수조의 공기정화를 위한 통기관과 물의 수위조절을 위한 월류관(越流管)을 설치하고, 관에는 벌레 등 오염물질이 들어가지 아니하도록 녹이 슬지 않는 재질의 세목(細木) 스크린을 설치할 것
⑪ 저수조의 유입배관에는 단수 후 통수과정에서 들어간 오수나 이물질이 저수조로 들어가는 것을 방지하기 위하여 배수용(排水用) 밸브를 설치할 것

⑫ 저수조를 설치하는 곳은 분진 등으로 인한 2차 오염을 방지하기 위하여 암·석면을 제외한 다른 적절한 자재를 사용할 것
⑬ 저수조 내부의 높이는 최소 180cm 이상으로 할 것. 다만, 옥상에 설치한 저수조는 제외한다.
⑭ 저수조의 뚜껑은 잠금장치를 하여야 하고, 출입구 부분은 이물질이 들어가지 않는 구조여야 하며, 측면에 출입구를 설치할 경우에는 점검 및 유지관리가 쉽도록 안전 발판을 설치할 것
⑮ 소화용수가 저수조에 역류되는 것을 방지하기 위한 역류방지장치가 설치되어야 한다.

QUESTION 62

배관용 슬리브(Sleeve)의 적용부위에 따른 시공방법에 대하여 설명하시오.
(112회)

1 슬리브(Sleeve)의 개념

배관 등을 콘크리트벽이나 슬래브에 설치할 때에 사용하는 통모양의 부품을 말하며, 관이 자유롭게 신축할 수 있도록 고려된 것으로서 강관이나 비닐관이 사용된다.

2 배관용 슬리브의 적용부위에 따른 시공방법

1) 콘크리트에 매설되는 슬리브

기름 등에 오염되면 콘크리트와 슬리브의 접촉 부분에 접착력이 떨어져 틈이 발생되어 누수 우려가 있으므로 슬리브의 외면은 기름 등으로 오염이 되어서는 안 되며 오염된 제품은 오염물을 완전 제거 후 사용하여야 한다.

2) 펌프실 구체에 매립되는 동관 슬리브

길이는 연결부속(동소켓)의 삽입깊이와 용접작업 공간 확보를 고려한 길이로 제작하여야 한다.

3) 열공급관 슬리브

누수 우려가 많으므로 외부 돌출 길이를 100 이상 유지하고 신축성 있는 열수축튜브 등으로 마감하며 감지선용 슬리브는 별도 설치한다.

4) 지하외벽 구조체에 설치되는 슬리브

우수와 토사 등이 유입되어 침수 및 오염시킬 수 있으므로 오배수 배관 등 연결공사 시행 전까지 슬리브 한쪽면을 철판 또는 테이프 등으로 밀봉조치하여야 한다.

5) 콘크리트 구조체에 설치되는 슬리브

자중에 의한 처짐을 고려하여 견고하게 설치하여야 하며 슬리브 내부에 콘크리트가 유입되지 않도록 보호조치하여야 한다.

6) 토목 오배수 관로에 연결되는 배관의 슬리브

횡주관의 설치 높이, 구배와 토목 오배수 맨홀의 매설심도를 검토하여 역구배가 되지 않도록 하여야 한다.

QUESTION 63

위생 / 배관에서 금지해야 할 트랩은 다음과 같다. 그 이유에 대하여 각각 설명하시오. (113회)
(1) 수봉식이 아닌 것
(2) 가동부분이 있는 것
(3) 격벽에 의한 것
(4) 정부에 통기관이 부착된 것
(5) 이중트랩

1 금지해야 할 트랩 및 이유

1) 수봉식이 아닌 것

① 중력식 배수방식에서 하수가스 침입방지장치로서 가장 안전하고 신뢰성이 높은 것이 수봉식 트랩이다.
② 배수 및 통기설비의 방식이나 기준은 수봉식 트랩 사용을 전제로 하여 정해진 것이다.

2) 가동부분이 있는 것

유수의 힘으로 가동부분이 열리고 유수가 끝나면 자동으로 닫히게 되는 구조의 것은 막히기 쉽고 성능이 불안전하다.

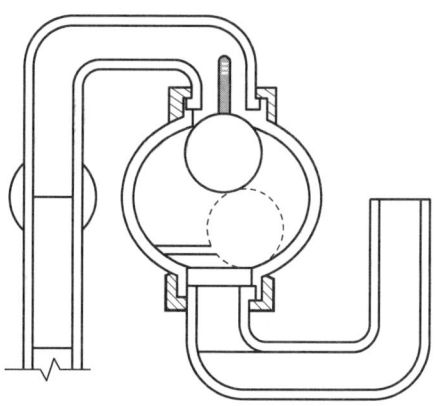

∥ 가동부분이 있는 볼 트랩 ∥

3) 격벽에 의한 것

① 격벽에 의해 트랩을 형성하고 있는 구조의 것은 만일 격벽에 구멍이 뚫려서 하수가스가 통과할 우려가 있고 쉽게 발견할 수 없다.
② 다만, 플라스틱, 유리 또는 내식성 재질로 만들어진 것은 제외한다.

4) 정부에 통기관이 부착된 것

기구트랩의 상부(트랩 위어로부터 관지름의 2배 이내)에 통기관 접속구를 가진 것으로, 트랩의 봉수 증발이 가속화되고, 기구에 배수가 일시적으로 상승(배수 시 배수가 통기관 내로 상승해서 통기의 역할을 방해)하게 될 가능성이 있고, 그 배수가 빠졌을 때 이물질이 부착되는데, 이것이 반복되면 점차 관지름을 축소(물때가 부착되어 통기면적 감소)시켜 통기의 기능이 저해될 우려가 있다.

5) 이중트랩

① 하나의 배수관에 직렬로 2개 이상의 트랩을 설치하는 것을 이중트랩이라고 한다.
② 이중트랩 상태가 되면 2개의 트랩 사이의 배수관이 폐쇄 상태로 되어 기구에서의 배수와 함께 유입하는 공기가 그곳에 체류하게 되어 트랩의 배수나 오수의 흐름에 영향을 미친다.

QUESTION 64

상온에서 가스절단의 원리를 설명하시오. (114회)

1 상온에서 가스절단의 원리

① 산소와 금속과의 산화반응을 이용하여 금속을 절단하는 방법을 말한다.
② 절단 부위를 적당한 온도까지 예열시킨 후 순수한 산소를 강하게 불어주면 예열된 부위가 격렬하게 연소하면서 산화철이 생성된다.
③ 이때 생성된 산화철은 모재보다 용융점이 낮으므로 연소열에 의해 용융되며 동시에 산소 분류에 의해 절단된다.

2 가스절단의 조건

① 금속산화물의 용융온도가 모재의 용융온도보다 낮을 것
② 금속산화물의 유동성이 좋아 모재로부터 용이하게 분리시킬 수 있을 것
③ 모재 중 불연성 물질이 적을 것
④ 산화반응이 격렬하고 다량의 열이 발생할 것

QUESTION 65

위생, 냉·난방배관에서 최대유속을 제한하는 이유를 설명하시오. (114회)

1 관내 유속 증가 시 문제점

① 워터해머 현상(수격현상) 발생
② 소음 및 진동 발생
③ 유속 증가에 따른 부식
④ 공동현상 발생
⑤ 마찰손실의 증가

2 위생, 냉·난방배관에서 최대유속을 제한하는 이유

① 유속의 제한으로 마찰손실의 감소
② 소음 및 진동 발생 제한
③ 마찰손실 저감 및 공동현상 최소화
④ 부식 발생 저감 및 이물 등의 적체현상 최소화

3 관내 권장 유속

관경(A)	유속(m/s)
25 정도	0.5~1
50~100	1~2
125 이상	2~3.6

4 유속 설정 시 고려사항

① 유체의 온도 및 사용유량
② 배관의 관경 및 배관 계통의 길이
③ 펌프의 흡입, 토출 조건
④ 허용마찰손실압력(mmAq/m)

QUESTION 66

스테인리스강(Stainless Steel)의 부동태(不動態, Passivity) 현상에 대하여 설명하시오. (115회)

1 스테인리스(Stainless)강의 부동태(不動態, Passivity) 현상의 개념

① 스테인리스강 표면에는 눈에 보이지 않지만 치밀한 보호막이 형성되어 있으며, 이 피막을 부동태 피막이라고 한다.
② 이 피막은 아주 얇은 피막이며 크롬산화물로 구성되어 있다(크롬양이 약 12% 이상이 되면 현저하게 부식 속도가 떨어지게 된다).
③ 이 피막은 유리와 같이 아주 치밀하며 밀착성이 좋은 유연한 구조를 취하므로 모재부에 잘 부착되어 안정한 피막을 유지하고 있다.
④ 또한 이 피막은 금속 모재와의 반응 생성물이기 때문에 긁힌 흠 등으로 일부 파괴되더라도 금방 재생되는 성질을 가지고 있다.

2 스테인리스강과 일반탄소강의 피막구조 비교

구분	스테인리스강	일반탄소강
피막구조	Cr_2O_3층 / 금속기지	Fe-Oxide층 / 금속기지
특징	• 피막이 얇고 치밀하여 외부 산소의 침투가 어려움 • 산, 고온, 방사선 등 가혹한 환경에서는 피막이 파괴되어 녹이 슬 수도 있음	• 피막이 두껍고 다공질이기 때문에 외부 산소의 침투가 용이함 • 일반적인 대기환경에서도 쉽게 녹이 슬며, 근본적으로 녹 발생을 방지할 수 없음

3 염소 이온에 의한 부동태 피막의 파괴

① 스테인리스강은 중성의 물에서는 거의 부식이 되지 않지만 용액 속에 염화물 이온(Cl^-)이 존재하면 부동태 피막이 국부적으로 파괴된다.
② 국부적 파괴에 의해 구멍이 뚫리거나(Pitting), 인장응력이 가해지는 환경하에서는 터짐(Stress Corrosion Crack)이 발생하는 원인이 되기도 한다.

QUESTION 67

건물 기계설비에 시공되는 동관의 브레이징(Brazing) 용접법에 대하여 설명하시오. (115회, 123회)

1 동관의 브레이징 용접법의 개념

① 동관의 대표적 접합방법으로서 브레이징은 용접재만 용융되어 모재 사이를 충전하고, 모재와 일체가 되어 적정 강도가 유지되는 방법으로 용융된 용접재가 모재의 틈으로 침투되는 모세관 현상에 의한 접합이다.
② 450℃ 이상에서 용융되는 용접재(Filler Metal)를 사용한 용접방법이다.
③ 450℃ 이하에서 용융되는 용접재(Solder Metals)를 사용한 용접방법을 솔더링(Soldering)이라고 한다.

2 가열방법에 따른 분류

① 침액 브레이징(DB : Dip Brazing)
② 토치 브레이징(TB : Torch Brazing)
③ 저항 브레이징(RB : Resistance Brazing)
④ 노 브레이징(FB : Furnace Brazing)
⑤ 유도가열 브레이징(IB : Induction Brazing)
⑥ 적외선 브레이징(IRB : Infrared Brazing)
⑦ 확산 브레이징(DFB : Diffusion Brazing)

3 대표적 용접재(Filler Metal) : BCuP 그룹

4 특징

장점	단점
• 모재 변형의 최소화	• 일반 용접에 비해 접합강도가 낮음
• 용접의 안정성이 우수	• 높은 안전계수 적용 필요
• 이종금속 접합이 가능하며 자동화가 용이	• 접합부의 단면적이 커질 필요가 있음

QUESTION 68

> 급탕설비에서 환탕배관 관경 결정방식에 대하여 설명하시오. (115회)

1 환탕배관 관경 결정 시 일반사항

① 환탕관은 급탕 순환펌프의 순환량이 적절한 유속으로 순환되는 관지름으로 한다.
② 일반적으로 급탕배관 호칭지름의 1/2 정도의 관지름으로 하고 있다.
③ 급탕 순환펌프의 유속 및 유량을 조사하여, 유속 및 유량이 과대한 경우에는 관지름을 크게 할 필요가 있다.

2 환탕배관 관경 결정 시 유량산정 방법

환탕배관의 유량은 급탕배관의 열손실을 구하여 계산한다.

$$Q = \frac{q}{\rho C \Delta t}$$

여기서, Q : 환탕유량(L/s)
   q : 급탕배관 열손실(kW)
   ρ : 물의 밀도(0.99kg/L)
   C : 물의 비열(4.19kJ/kg · K)
   Δt : 허용온도차(K)

※ 허용온도차 Δt는 공동주택의 경우 5K 이하로 하고 그 외는 5~10K으로 하는 것을 권장한다.

3 급탕배관 관경 결정 시 일반사항

① 급탕배관의 관지름 선정에는 부하유량을 기준으로 급수배관에서와 같이 유량-관마찰선도를 이용한다.
② 수압이 낮은 구간에서는 동시사용유량과 허용관마찰저항을, 수압이 충분한 경우에는 동시사용 유량과 유속을 기준으로 한다.

QUESTION 69

먹는 물의 수질기준에 따른 탁도(NTU : Nephelometric Turbidity Unit)에 대하여 설명하시오. (115회)

1 탁도(NTU : Nephelometric Turbidity Unit)의 개념

① 물의 탁한 정도를 정량적으로 나타낸 것으로 여러 가지 부유물질에 의하여 가중된다.
② 탁도를 유발하는 물질로는 토사류와 같은 순수한 무기물질로부터 천연유기물 또는 공장폐수와 가정하수에서 유입되는 많은 양의 무기물질과 유기물질 또한 유기물질로 인해 생성한 박테리아와 미생물, 조류(Alage) 등도 탁도를 유발하게 된다.

2 탁도의 단위

① NTU(Nephelometric Turbidity Unit)
   Nephelometer(비탁계)로 측정한 단위(국내 법규 채용)

② FTU(Formazine Turbidity Unit)
   적외선 광원 Nephelometer(비탁계)로 측정한 탁도 단위

③ FNU(Formazine Nephelometric Unit)
   수처리에서 사용하는 단위(90° 산란각 측정, ISO-7027)

④ 1NTU = 1FTU = 1FNU

3 국내 수질 기준

매월 측정된 시료 수의 95% 이상이 0.3NTU(완속 여과를 하는 정수시설의 경우에는 0.5NTU) 이하이고, 각각의 시료에 대한 측정값이 1NTU 이하일 것

QUESTION 70

무디(Moody) 선도를 개략적으로 도시하고 설명하시오. (117회)

1 개념

① 시판 중인 각종 재질을 가진 파이프의 마찰계수를 산출하는 선도이다.
② 레이놀즈수(Re)를 횡축으로, 마찰계수(λ)를 좌측 종축으로 하고 관 벽의 거칠기(ε)와 관의 직경 d와의 비인 상대 조도를 우측 종축으로 하는 선도이다.

2 개략도

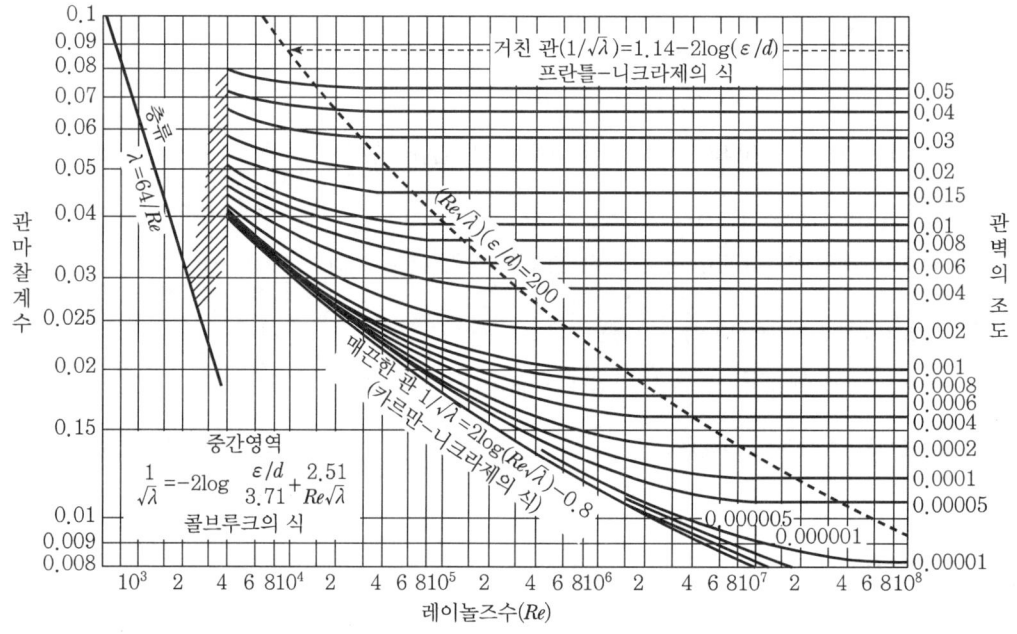

3 무디 선도를 활용한 관마찰계수 산출방식

① 기본적으로 레이놀즈수(Re)와 관 벽 조도의 교점을 찾아 그것에 대응하는 관마찰계수 산정
② 층류영역에서는 $\lambda = \dfrac{64}{Re}$ 로 관마찰계수 산정(관마찰계수와 레이놀즈수 간의 선형 관계 성립)
③ 난류영역에서는 관마찰계수와 레이놀즈수 간에 비선형적 관계가 형성되며, 이때 관 벽의 조도에 대응하는 비선형 곡선과 레이놀즈수 간의 교점을 통해 관마찰계수 산정

QUESTION 71

철근콘크리트 보에 배관용 슬리브(Sleeve)를 설치할 경우 구조적 안전성 측면에서 보 주근을 고려한 주의사항과 설치위치에 대하여 설명하시오. (118회)

1 슬리브(Sleeve) 설치 시 보 주근을 고려한 주의사항

① 철근콘크리트의 보는 중앙 측이 인장, 단부가 압축을 받게 되므로 보 주근은 중앙 측에서는 보의 아래 측, 단부에서는 위 측에 배치되게 된다.
② 이에 따라 보의 관통 시 주응력을 받는 보 주근의 위치를 고려하여 설치가 필요하다.
③ 또한 규정된 철근량의 삽입이 원활히 이루어질 수 있도록 사전에 보춤(보의 높이)을 구조적으로 검토하여야 한다.
④ 슬리브 배관은 밀실하게(누수 없게) 시공되어야 한다. 누수될 경우 철근과 물의 접촉으로 내구성 저하의 원인이 될 수 있다.

2 설치위치

① 보의 중앙 측일 경우 : 슬리브 관통은 보의 상부
② 보의 단부 측일 경우 : 슬리브 관통은 보의 하부

QUESTION 72

「수도법 시행규칙」 제1조의2 관련 절수설비와 절수기기를 정의하고, 수도꼭지와 변기의 절수기기 기준에 대하여 설명하시오. (118회, 122회)

1 절수설비 및 절수기기의 정의

1) 절수설비

별도의 부속이나 기기를 추가로 장착하지 아니하고도 일반 제품에 비하여 물을 적게 사용하도록 생산된 수도꼭지 및 변기

2) 절수기기

물 사용량을 줄이기 위하여 수도꼭지나 변기에 추가로 장착하는 부속이나 기기로 절수형 샤워헤드를 포함한다.

2 건축물 및 시설에 설치하는 절수설비

1) 수도꼭지

① 공급수압 98kPa에서 최대토수유량이 1분당 6.0L 이하인 것(다만, 공중용 화장실에 설치하는 수도꼭지는 1분당 5L 이하인 것이어야 함)
② 샤워용은 공급수압 98kPa에서 해당 수도꼭지에 샤워호스(Hose)를 부착한 상태로 측정한 최대토수유량이 1분당 7.5L 이하인 것

2) 변기

① 대변기는 공급수압 98kPa에서 사용수량이 6L 이하인 것
② 대·소변 구분형 대변기는 공급수압 98kPa에서 대변용은 사용수량이 6L 이하이고, 소변용은 공급수압 98kPa에서 사용수량이 4L 이하인 것
③ 소변기는 물을 사용하지 않는 것이거나, 공급수압 98kPa에서 사용수량이 2L 이하인 것
④ 대변기는 물탱크의 내부 벽면 또는 세척밸브의 수량조절용 나사 부분에 사용수량을 표시한 것
⑤ 대변기의 사용수량을 조절하는 부속품은 사용수량이 6L를 초과할 수 없는 구조로 제작한 것. 다만, 변기 막힘 현상이 지속되어 이를 해소하기 위한 경우는 제외한다.

QUESTION 73

> 위생기구 중 위생도기(Sanitary Ware)의 장단점과 위생기구의 KS 기호를 설명하시오. (122회)

1 위생도기(Sanitary Ware)의 정의

위생기구는 물, 기타 액체 또는 오물을 모아 배수관을 통하여 배수하는 기구로서, 이들 위생기구 중 도기로 제작된 양변기, 세면기, 소변기 등을 총칭하여 위생도기라고 한다.

2 위생도기(Sanitary Ware)의 장단점

장점	단점
• 경질이고 산이나 알칼리에 침식되지 않는다. • 열팽창계수가 작고, 오수나 악취 등이 흡수되지 않는다. • 위생적이며 내구성이 양호하다. • 더러워져도 눈에 잘 띄어 청소하기가 용이하다. • 복잡한 형태의 기구도 제작이 가능하다.	• 탄력성이 없고, 충격에 약하여 파손되기 쉽다. • 파손되면 수리가 난해하다. • 정밀한 치수를 기대하기 어렵다. • 소결 후에는 절삭가공이 어렵고, 금속철물과의 접속이 난해하다. • 열팽창계수가 작으므로 금속과 결합할 때 도기 쪽이 파손되기 쉽다.

3 위생기구의 KS 기호(위생도기 KS L 1551)

구분		세부사항
소재		용화바탕질
특성		도기의 바탕을 잘 구워 낸 것으로, 파면에서도 흡수성이 거의 없는 용화질로서 가장 우수한 도기이다.
치수의 허용차		• 40mm 이하 : ±2mm • 41mm 이상 : ±5% (다만, 1mm 미만의 끝수를 올리고 최대 ±25mm로 한다.)
품질		• 잉크시험 : 침투도가 3mm 이하 • 급랭시험 : 바탕 밑 유약에 금이 가지 말아야 함 • 균열시험 : 균열이 생기지 않아야 함
기호의 표시	바탕기호	용화바탕질 : V
	종류의 기호	대변기 : C, 소변기 : U, 세척용 탱크 : T 세면기 및 수세기 : L, 요리장 싱크 : K, 청소용 싱크 : S

QUESTION 74

동관용접에서 솔더링(Soldering)과 브레이징(Brazing)의 차이점에 대하여 설명하시오. (123회)

1 동관의 저온용접(솔더링)법

동관의 대표적 접합방법으로서 저온용접(솔더링)은 용접재만 용융되어 모재 사이를 충전하고, 모재와 일체가 되어 적정 강도가 유지되는 방법으로 용융된 용접재가 모재의 틈으로 침투되는 모세관현상에 의한 접합이다.

2 동관의 브레이징 용접법

동관의 대표적 접합방법으로서 브레이징은 용접재만 용융되어 모재 사이를 충전하고, 모재와 일체가 되어 적정 강도가 유지되는 방법으로 용융된 용접재가 모재의 틈으로 침투되는 모세관현상에 의한 접합이다.

3 차이점

① 솔더링(Soldering)은 450℃ 이하에서 용융되는 용접재(Solder Metals)를 사용한 용접방법이다.
② 브레이징(Brazing)은 450℃ 이상에서 용융되는 용접재(Filler Metal)를 사용한 용접방법이다.

QUESTION 75

300세대 공동주택의 중앙식 급탕설비에서 각 물음에 답하시오.(단, 세대별 급탕부하 조건은 아래와 같다.) (123회)
(1) 시간 최대급탕량(L/h)을 구하시오.
(2) 저탕조 크기(m³)를 구하시오.
(3) 가열장치 능력(kW)을 구하시오.

[조건] 각 세대
- 샤워기 1개(시간 평균 급탕량 110L/h)
- 세면기 1개(시간 평균 급탕량 10L/h)
- 식기세척기 1개(시간 평균 급탕량 60L/h)
- 주방싱크 1개(시간 평균 급탕량 40L/h)
- 동시사용률 30%, 저탕계수(시간 최대급탕량 기준) 1.25
- 가열장치 성능계수(시간 최대급탕량 기준) 1.5
- 급수온도 5℃, 급탕온도 60℃
- 물의 비열 4.19kJ/kg·K

1 시간 최대급탕량(L/h)

$$\text{시간 최대급탕량(L/h)} = \text{각 세대 시간 평균 급탕량} \times \text{동시사용률}$$
$$= 300(110+10+60+40) \times 0.3$$
$$= 19,800\text{L/h}$$

2 저탕조 크기(m³)

$$\text{저탕조 크기(m}^3\text{)} = \text{시간 최대급탕량} \times \text{저탕계수}$$
$$= 19,800 \times 1.25 = 24,750\text{L} = 24.75\text{m}^3$$

3 가열장치 능력(kW)

$$\text{가열장치 능력(kW)} = \text{시간 최대급탕량} \times \text{가열장치 성능계수} \times \text{비열} \times \text{온도차}$$
$$= 19,800 \times 1.5 \times 4.19 \times (60-5)$$
$$= 6,844,365\text{kJ/h} = 1,901.21\text{kW}$$

QUESTION 76

오수정화 및 물재이용설비의 설계, 시공기준 중 다음 장치의 설비시공에 대하여 설명하시오. (125회)
(1) 폭기장치
(2) 산기장치
(3) 교반장치
(4) 수중 폭기장치

1 폭기장치

폭기장치는 탱크 내의 오수를 균등하게 교반할 수 있는 위치에 설치한다.

2 산기장치

① 산기관과 산기노즐 등은 이탈하지 않도록 수심이 일정한 곳에 수평이 되도록 설치한다.
② 산기장치는 공기의 분출에 의한 진동이 적고, 보수 및 점검이 용이하도록 설치한다.

3 교반장치

기계식 교반장치 주축은 폭기조의 중심부에서 수직이 되도록 하고, 또한 교반날개는 수위에 대해서 적절한 위치가 되도록 고정하여 설치한다.

4 수중 폭기장치

① 급기관 또는 송기관에 설치된 제어밸브는 조작이 용이한 위치에 부착한다.
② 급기관 또는 송기관의 도중에는 플랜지이음을 삽입하여 장치의 교체를 용이하게 한다.
③ 탱크의 천장에는 필요에 따라 중량물을 매달 수 있는 장치를 설치한다.

QUESTION 77

> 보온설비의 설계 및 시공기준 중 노출형 급수배관 등 동파가 우려되는 배관에 설치하는 동파방지발열선의 구조기준에 대하여 설명하시오. (125회)

1 동파방지발열선 일반사항

노출형 급수배관 등 동파가 우려되는 배관에는 발열선을 보온재와 배관 사이에 설치한다.

2 동파방지발연선의 구조기준

① 발열선은 연속병렬저항체로서 온도변화에 따라 자동으로 발열량이 조절되는 기능을 갖는 자율온도 제어형 정온전선(Self Temperature Regulating Heating Cable)이어야 한다.
② 발열선은 케이블 길이를 임의로 절단하여 피복층을 쉽게 벗겨 사용할 수 있는 제품으로 케이블을 겹쳐 사용하더라도 국부과열, 소손 등이 발생되지 않아야 한다.
③ 발열선은 KC, UL, FM, EX표시 시스템인증제품 또는 동등 이상의 시스템인증제품으로 다음 사항에 따른다.
- 발열량은 사용전압 220V, 배관 표면온도에 따라 10~30W/m 중 설계도면에 표기된 발열량을 기준으로 한다.
- 최고 연속 사용온도는 65℃로 한다.
- 최대 순간 사용온도는 85℃로 한다.

④ 발열선의 피복재질은 방수, 방습성에 강하고 내구성이 있는 제품으로 한다.

3 동파방지발연선의 제어반

배관의 동파 방지와 에너지 절감을 위하여 발열선의 주위온도 감지기능, 작동온도 조절기능 및 작동상태 표시기능을 갖추어야 한다.

QUESTION 78

배수배관에서 발생하는 도수현상(Hydraulic Jump)과 종국유속의 정의를 설명하고 종국유속이 배관에 미치는 긍정적 효과에 대하여 설명하시오. (125회)

1 도수현상과 종국유속의 정의

1) 도수현상

① 배수수직관에서의 배수의 유속은 보통 3~6m/s(종국유속)이나, 배수수평주관에서는 0.6~1.5m/s로 느리게 설계된다.
② 배수수직관에서 가속된 빠른 유속이 배수수평주관에서 순간적으로 감속하여 배수의 흐름이 흐트러지고, 큰 물결이 일어나는데 이를 도수현상이라고 한다.

2) 종국유속

① 배수수평지관에서 배수수직관으로 흘러내리는 배수의 유속은 중력가속도로 급격히 증가하지만 무한히 증가하지는 않는다.
② 관 내벽과의 마찰저항과 관 내에서 정지 또는 상승하려는 공기에 의하여 균형을 잡게 되어 일정한 유속을 유지하게 되며 이것을 종국유속(V_t)이라 한다.

2 종국유속이 배관에 미치는 긍정적 효과

1) 흐름현상의 안정을 이루며 배수수평주관으로 유입효과

① 배수수평지관에서 배수가 배수수직관으로 유입될 때 반대방향 측의 관 벽에 충돌하여 난류로 변하면서 낙하하게 된다.
② 일정거리를 통과하면 흐름의 형상은 안정되고 일정한 속도로 낙하하여 배수수평주관으로 유입된다.

2) 배수수직관의 오프셋 설치 불필요효과

① 관 내 유속이 지속적으로 증가하여 배수수평주관으로 유입될 경우 충격파가 상당하여 이에 대비하기 위해 수직관 중간에 속도 저감을 위한 오프셋이 필요할 수 있다.
② 종국유속의 제한성으로 인해 이러한 오프셋 설치 없이도 일정한 유속으로 배수수평주관에 배수의 유입이 가능하다.

3) 통기압력컨트롤 편의

① 지속적인 유속 증가는 수직관 내를 부압으로 형성시킬 수 있으며, 이는 수평지관에 지속적인 자기사이펀을 일으킬 수 있어 통기압력컨트롤이 매우 어렵게 된다.
② 유속의 제한에 따른 동압의 상승 한계로 통기압력컨트롤을 무리 없이 진행시킬 수 있다.

QUESTION 79

공동주택에서 소화용 저수조와 급수용 저수조를 겸용으로 사용 시 사수(死水)의 1) 발생원인, 2) 문제점, 3) 설비적인 방지대책 및 원리를 설명하시오. (126회)

1 사수(死水)의 발생원인

유효수량 확보를 위하여 흡수지점의 높이차를 두어 설계하는 경우 위생용수는 계속 순환하는 반면 소방용수는 유효수량만큼의 물이 장기간 고여 사수가 발생한다.

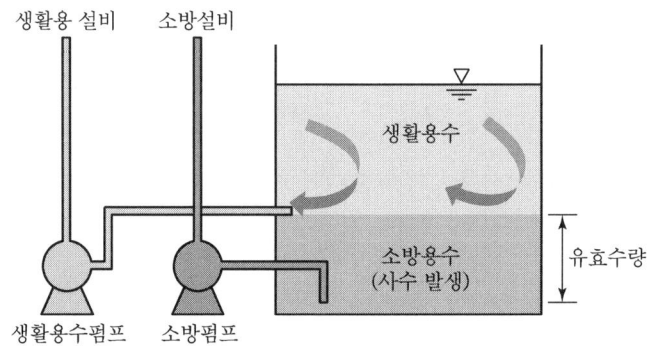

‖ 소화용수의 사수화(死水化) ‖

2 문제점

① 저수조 내 용수의 오염 초래
② 저수조 부식 초래에 따른 생활용수의 오염 우려
③ 각종 배관류 내구성 저하

3 사수(死水) 발생 방지방안

1) 수조의 급수배관 설치 높이 조정으로 사수 방지

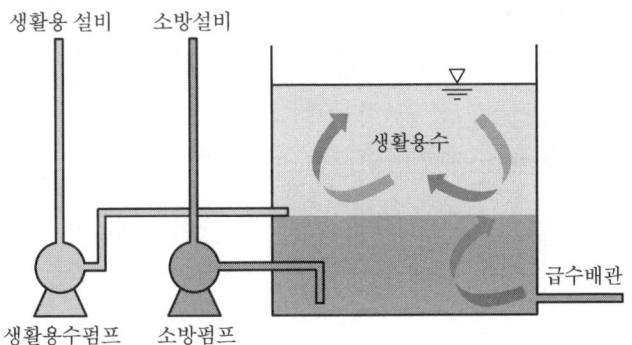

2) 생활용수 흡수배관 및 소방용수 흡수배관을 겸용

사수를 방지하기 위하여 생활용수 흡수배관 및 소방용수 흡수배관을 겸용하고, 이 배관에 급기구를 설치하는 방법을 통하여 간단하게 사수를 방지한다.

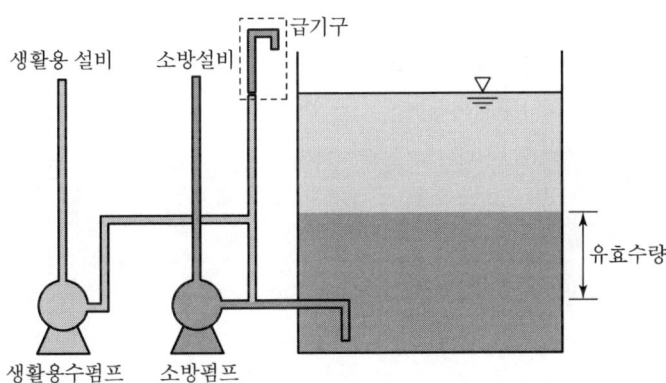

QUESTION 80

PFP(Pre-Fabrication Piping)공법을 정의하고, 공정관리상의 장점에 대하여 설명하시오. (126회)

1 PFP(Pre-Fabrication Piping)공법의 정의

초고층빌딩의 입상배관 등을 공장에서 가공, 현장에서 조립하기 위해 현장의 Total공정에 맞게 Unit화한 것으로 짧은 기간 내에 설치 완료가 가능하도록 한 공법을 말한다.

2 공정관리상의 장점

① 현장작업의 높은 안정성 확보(안전시공)
② 공장에서 사전작업 가능(공기 단축)
③ 공장 일괄 제작으로 정밀도 향상(품질 향상)
④ 자재 야적공간의 대폭 감소(공간 절약)
⑤ 합리적인 공정관리 용이(관리 용이)

QUESTION 81

겨울철 배관에서 동파가 일어나면 아래 그림과 같이 원주방향보다 축방향으로 찢어지는데 그 이유에 대하여 설명하시오. (128회)

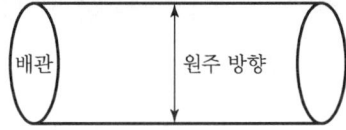 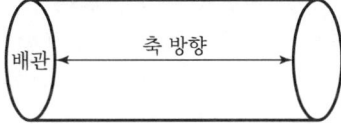

1 배관 동파의 매커니즘

1) 메커니즘

① 내부에 물이 완전히 채워진 관이 영하의 온도에 노출되면 열전도에 의해 물의 온도가 0℃ 이하로 떨어지고, 얼음이 생성되기 전 과랭상태에 도달하게 된다.

② 이러한 과랭상태가 지속되는 동안 물에서 얼음 핵(Ice Nucleation)이 생성되고 얼음수지(Dendritic Ice Formation) 내 결정(Crystals)이 성장하기 시작한다.

③ 얼음수지는 영하의 온도에서 관 표면에서부터 고체 얼음을 생성하고 얼음은 내부로 성장하여 관의 내부를 완전히 채우게 된다. 이와 같이 관 내부에 채워진 얼음이 관에 극한의 압력을 가하여 관이 파괴되며 이것을 동파(Freezing and Bursting)라고 한다.

2) 물의 온도변화 및 성상변화에 따른 체적팽창

① 0℃ 물이 0℃ 얼음이 될 때 물의 체적팽창 9%
② 4℃ 물이 0℃ 얼음이 될 때 9.8%에 해당하는 체적팽창

3) 체적팽창으로 인한 상승압력

$$\Delta P = K \frac{\Delta V}{V}$$

여기서, ΔP : 상승압력(MPa)
   K : 체적팽창계수(일반온도 범위에서는 2.2×10^3 MPa)
   V : 보유수량(L)
   ΔV : 팽창수량(L)

2 원주방향보다 축방향으로 찢어지는 이유

① 체적 팽창에 의한 상승압력에 따라 원주방향은 $\dfrac{Pd}{2t}$의 응력을, 축방향은 $\dfrac{Pd}{4t}$의 응력을 받게 된다(여기서, P는 체적 팽창에 의한 상승압력, d는 배관직경, t는 배관두께).

② 원주 방향의 응력이 더 크게 작용하므로 원주 방향의 직각인 축방향으로 찢어짐이 발생하게 된다.

QUESTION 82

> 건축물 기계설비의 배관, 기기, 장비들에서 발생하는 이온화 부식(Galvanic Corrosion)에 대하여 설명하시오. (129회)

1 이온화 부식(Galvanic Corrosion, 갈바닉 부식)의 개념

이온화 경향이 다른 두 개의 금속 간 전위 차이가 있을 때 전자의 이동에 의하여 산화 · 환원 반응계를 형성하여, 활성화가 큰 양극(+)의 금속이 부식되는 현상이다.

2 원인

① 이종금속 간의 이온화 경향 차이로 인한 전위차 발생
② 수분의 양이나 온도에 따라 이온화 부식 속도 증가
③ 해안 및 공업지대 등 존재 시 물의 도전성 증가로 부식의 속도 증가

3 방지대책

① 유사전위금속 선정
② 양극부(Anode)의 표면적은 크게, 음극부(Cathode)의 표면적은 작게 하여 접촉
③ 희생양극법 또는 외부전원법 적용
④ 표면 오염물 및 수분 제거
⑤ 피복재, 도금 등을 통한 적절한 절연조치 실시

QUESTION 83

위생안전기준 인증대상 수도용 자재와 제품의 범위에 대하여 설명하시오. (129회)

1 관계 법규

1) 수도법 제14조(수도용 자재와 제품의 인증 등)

    수도시설(취수 · 저수 · 도수시설은 제외) 중 물에 접촉하는 수도용 자재나 제품을 제조 또는 수입하려는 자는 미리 환경부장관으로부터 그 수도용 자재와 제품이 대통령령으로 정하는 위생안전기준에 맞는지에 대하여 인증을 받아야 한다.

2) 수도법 시행령 제24조(위생안전기준)

3) 수도용 자재와 제품의 위생안전기준 인증 등에 관한 규칙 제2조(수도용 자재와 제품의 범위)

2 위생안전기준 인증대상 수도용 자재와 제품의 범위

구 분	인증대상
1. 수도관	가. 주철관류 등 금속관류 나. 합성수지관류 등 비금속관류
2. 기계 및 계측 · 제어용 자재 및 제품	가. 밸브류 나. 펌프류 다. 수도꼭지류 라. 유량계류 마. 수도미터류
3. 도료(塗料) 등 그 밖의 수도용 자재 및 제품	가. 콘크리트 수조, 강제 수조 및 현장시공에 의한 관 등의 안쪽 면에 사용되는 도료 나. 그 밖에 음용(飮用)을 목적으로 물을 공급하기 위해 사용하거나 설치하는 수도용 자재 및 제품으로서 환경부장관이 정하여 고시하는 자재와 제품

QUESTION 84

도시가스 사용시설 및 주거용 가스보일러의 설치, 검사기준에서 다음의 이격거리가 얼마인지 쓰시오. (129회)
(1) 가스계량기와 전기계량기 및 전기개폐기와의 이격거리
(2) 가스계량기와 전기접속기의 이격거리
(3) 가스관의 이음부(용접 이음매를 제외)와 전기접속기의 이격거리
(4) 배기통 터미널 개구부와 배기가스가 실내로 유입할 우려가 있는 개구부와의 이격거리
(5) 배기통 터미널과 상방향에 설치된 구조물과의 이격거리
(6) 배기통 터미널과 바닥면 또는 지면으로부터 높이
(7) 배기통 터미널과 전방 장애물과의 이격거리
(8) 배기통 터미널과 좌우 또는 상하에 설치된 돌출물 간의 이격거리
(9) 배기통 터미널과 좌우에 설치된 다른 터미널과의 이격거리
(10) 배기통 터미널과 상하에 설치된 다른 터미널과의 이격거리
※ 도시가스 사용시설의 시설·기술·검사 기준
※ 주거용 가스보일러 설치·검사 기준

1 도시가스 사용시설 및 주거용 가스보일러의 설치, 검사기준에 따른 이격거리

① 가스계량기와 전기계량기 및 전기개폐기와의 이격거리 : 0.6m 이상

② 가스계량기와 전기접속기의 이격거리 : 0.3m 이상

③ 가스관의 이음부(용접 이음매를 제외)와 전기접속기의 이격거리 : 0.15m 이상

④ 배기통 터미널 개구부와 배기가스가 실내로 유입할 우려가 있는 개구부와의 이격거리 : 0.6m 이상

⑤ 배기통 터미널과 상방향에 설치된 구조물과의 이격거리 : 0.25m 이상

⑥ 배기통 터미널과 바닥면 또는 지면으로부터 높이 : 0.15m 이상

⑦ 배기통 터미널과 전방 장애물과의 이격거리 : 0.15m 이상

⑧ 배기통 터미널과 좌우 또는 상하에 설치된 돌출물 간의 이격거리 : 1.5m 이상

⑨ 배기통 터미널과 좌우에 설치된 다른 터미널과의 이격거리 : 0.3m 이상

⑩ 배기통 터미널과 상하에 설치된 다른 터미널과의 이격거리 : 0.3m 이상

QUESTION 85

배수설비에서 트랩의 봉수를 보호하고 악취 등 냄새의 역류를 방지하기 위해 설치하는 트랩 프라이머 밸브(Trap Primer Valve)의 구조와 작동원리에 대하여 설명하시오. (129회)

1 트랩 프라이머 밸브(Trap Primer Valve)의 개념

물의 유입이 많지 않은 공중화장실이나 기계실 등의 바닥 배수 트랩에서 자연증발로 인한 봉수파괴를 방지하기 위해, 자동으로 트랩에 일정 유량의 물을 보급하는 역할을 하는 밸브이다.

2 트랩 프라이머 밸브(Trap Primer Valve)의 구조

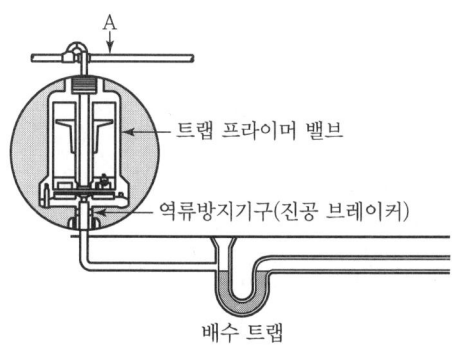

3 트랩 프라이머 밸브(Trap Primer Valve)의 작동원리

① 급수관의 압력 강하를 감지하고 자동으로 물을 보충한다.
② A의 배관에 압력강하(0.05MPa 이상)가 발생하면 순간적으로 다이어프램 B가 올라가고 작은 구멍 C에서 배수되어 바닥 배수 등에 배관으로 물이 공급된다.
③ D부에 대기 개구부가 있어 역류 염려가 없다.

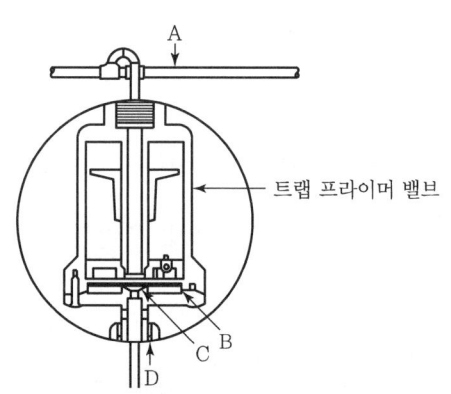

QUESTION 86

공동주택을 건설하는 주택단지의 비상급수시설에서 지하양수시설과 지하저수조가 확보해야 할 비상급수량과 펌프의 설치기준에 대하여 설명하시오. (132회)

1 지하양수시설과 지하저수조가 확보해야 할 비상급수량과 펌프의 설치기준

1) 지하양수시설

① 1일에 당해 주택단지의 매 세대당 0.2톤(시 · 군지역은 0.1톤) 이상의 수량을 양수할 수 있을 것
② 양수에 필요한 비상전원과 이에 의하여 가동될 수 있는 펌프를 설치할 것
③ 당해 양수시설에는 매 세대당 0.3톤 이상을 저수할 수 있는 지하저수조를 함께 설치할 것

2) 지하저수조

① 고가수조저수량(매 세대당 0.25톤까지 산입)을 포함하여 매 세대당 0.5톤(독신자용 주택은 0.25톤) 이상의 수량을 저수할 수 있을 것. 다만, 지역별 상수도 시설 용량 및 세대당 수돗물 사용량 등을 고려하여 설치기준의 2분의 1의 범위에서 특별시 · 광역시 · 특별자치시 · 특별자치도 · 시 또는 군의 조례로 완화 또는 강화하여 정할 수 있다.
② 50세대(독신자용 주택은 100세대)당 1대 이상의 수동식펌프를 설치하거나 양수에 필요한 비상전원과 이에 의하여 가동될 수 있는 펌프를 설치할 것

QUESTION 87

배수설비 설계 계획 시 다음에 대하여 각각 설명하시오. (132회)
(1) 배수수평관의 기울기   (2) 소재구의 설치장소

1 배수수평관의 기울기

호칭지름(A)	최소 기울기
65 이하	1/50
80~150	1/100
200 이상	1/200

2 소제구의 설치장소

① 건물 내의 모든 배수 수평관에는 배수관의 호칭지름이 100A 이하인 경우는 15m 이내, 100A를 넘는 경우는 매 30m마다
② 배수수직관의 최하부 또는 그 부근
③ 건물배수 수평주관과 부지배수관의 연결점 부근
④ 배수수평지관 및 배수수평주관의 기점
⑤ 배수관이 45°를 넘는 각도로 방향을 변경한 개소
⑥ 상기 이외에 필요하다고 판단되는 개소

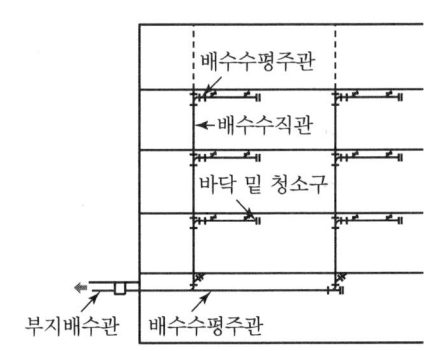

(a) 배수수평지관 · 배수수직관 · 배수수평주관

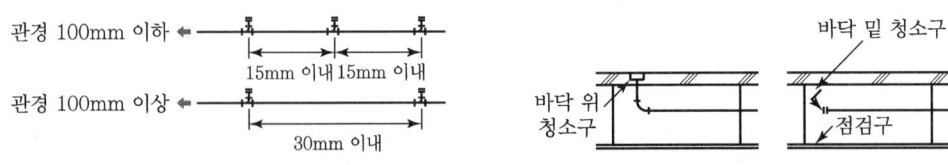

(b) 배관길이가 긴 횡주(橫走)배수관   (c) 천장 내 배관

∥ 청소구(소제구)의 설치장소 ∥

QUESTION 88
경도(Hardness)의 종류 중 일시경도와 영구경도에 대하여 설명하시오. (133회)

1 일시경도(Temporary Hardness)
끓이는 것으로 경도가 감소되는 경우

2 영구경도(Permanent Hardness)
끓이는 것으로는 연화되지 않는 경우

QUESTION 89

배관설비공사의 무용접 접합방법에서 이종관(異種管)의 접합방법을 설명하시오. (133회)

1 이종관(異種管) 접합(Pipe Joining Between Different Materials) 방법

접속 관종		방법
주철관	강관	각각의 이음을 코킹하여 나사접합 또는 플랜지 접합
	연관	각각의 이음을 코킹하여 납땜 또는 플랜지 접합
	염화 비닐관	각각의 이음을 코킹하여 TS식 또는 고무링 접합
강관	스테인리스강관	절연유니온, 절연플랜지에 의한 접합으로 하며 기타 이와 유사한 방법의 절연조치
	동관	어댑터를 사용하여 강관은 나사 접합, 동관은 용접 접합하고 절연유니온 또는 절연플랜지를 사용하여 접합
	연관	각각의 이음을 나사 접합 또는 땜납 접합
	염화 비닐관	나사형 이음 또는 플랜지 접합
연관	동관	납땜 접합
	염화 비닐관	각각의 이음을 납땜 접합하여 접착제 접합 또는 고무링 접합
동관	스테인리스강관	절연 유니온, 절연 플랜지에 의한 접합

QUESTION 90

「물의 재이용 촉진 및 지원에 관한 법률 시행규칙」에서 빗물이용시스템의 시설기준 및 관리기준에 대하여 설명하시오. (133회)

1 시설기준

① 지붕(골프장의 경우에는 부지를 말함)에 떨어지는 빗물을 모을 수 있는 집수시설
② 비가 내리기 시작한 후 처음 내린 빗물을 배제할 수 있는 장치나 빗물에 섞여 있는 이물질을 제거할 수 있는 여과장치 등 처리시설
③ 처리시설에서 처리한 빗물을 일정 기간 저장할 수 있는 빗물 저류조로서 다음의 요건을 갖춘 것
- 저수조의 용량(m^3)은 지붕의 빗물 집수 면적(m^2)×0.05m이며, 골프장의 경우에는 해당 골프장에 집수된 빗물로 연간 물 사용량의 40% 이상을 사용할 수 있는 용량을 말함
- 물의 증발이나 이물질이 섞이지 않고 햇빛을 막을 수 있는 구조
- 내부 청소에 적합한 구조

④ 처리한 빗물을 화장실 등 사용장소로 운반할 수 있는 펌프·송수관·배수관 등 송수 및 배수시설

2 관리기준

① 음용 등 다른 용도에 사용되지 않도록 배관의 색을 다르게 하는 등 빗물 이용시설임을 분명히 표시할 것
② 연 2회 이상 주기적으로 위생·안전 상태를 점검하고 이물질 제거 등 청소를 하여야 함
③ 관리자는 관리대장을 만들어 빗물 사용량, 누수 및 정상가동 점검 결과, 청소일시 등을 기록하고 3년간 보존할 것

QUESTION 91

건물의 우수배수에 대하여 각각 설명하시오. (134회)
(1) 루프 드레인과 우수 수직관을 연결할 경우 수평 오프셋 배관을 하는 이유
(2) 배수수평주관에 우수 수직관을 접속하는 방법

1 루프 드레인과 우수 수직관을 연결할 경우 수평 오프셋 배관을 하는 이유

온도변화나 건축 구조상의 변형 등으로 루프 드레인이 들어 올려져 방수층이나 비막이가 파손되는 것을 방지하기 위해 설치한다.

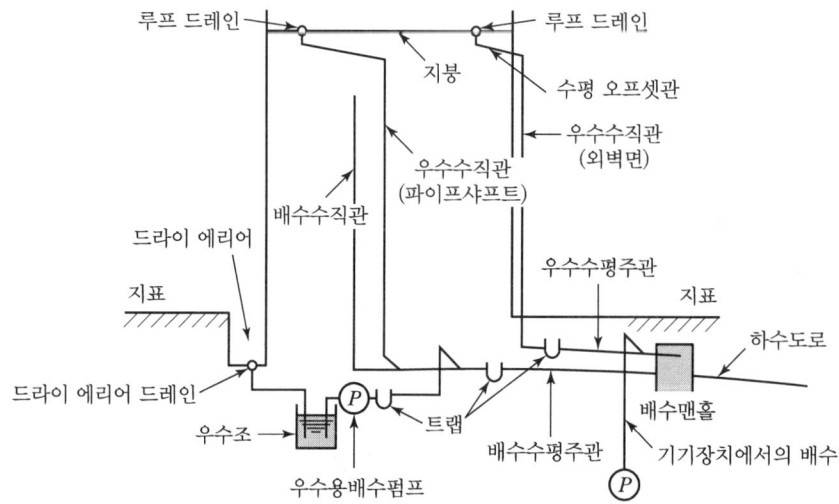

2 배수수평주관에 우수 수직관을 접속하는 방법

합류식의 배수 수평주관에 접속하는 경우는 Y형관을 수평으로 사용하고, 이때 어느 배수 수직관의 접속점에서 3m 하류에 접속한다.

QUESTION 92

> 레스토랑 주방과 바닷가 샤워실에 설치되는 포집기(Intercepter)의 구조 및 설치 시 유의사항에 대하여 각각 설명하시오. (135회)

1 레스토랑 주방과 바닷가 샤워실에 설치되는 포집기(Intercepter)

① 레스토랑 주방 : 그리스 저집기(Grease Trap)
② 바닷가 샤워실 : 샌드 저집기(Sand Trap)

2 구조 및 설치시 유의사항

1) 구조

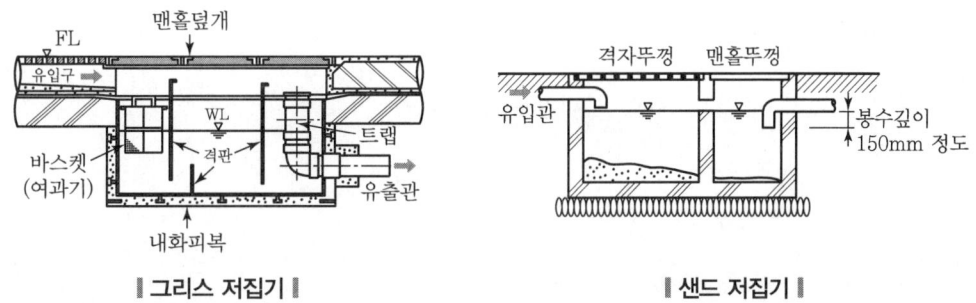

‖ 그리스 저집기 ‖   ‖ 샌드 저집기 ‖

2) 설치 시 유의사항

구분	설치상 유의점
공통사항	• 재료는 불침투성이고 내식성이 있는 것으로 하며, 봉수의 깊이는 50mm 이상으로 한다. • 뚜껑이 달려 있는 것은 뚜껑을 열었을 때 배수관의 하류 측에서 하수가스가 실내에 침투하지 않은 구조로 해야 한다(트랩 형성을 하지 못하는 경우에는 그 하류 측에 설치한다). • 밀폐 뚜껑이 달려 있는 것은 적절한 통기가 유지되는 구조로 한다.
그리스 저집기	• 저집기 내부에는 격판을 여러 개 설치하여 유입해오는 배수속도를 느리게 함으로써 지방분을 응고시켜 제거한다. • 연속적으로 배수가 이루어지는 경우는 수랭식으로 하여 제거효율을 높인다. • 입구 부근에는 여과망을 설치하여 음식물 찌꺼기를 수집 제거한다.
샌드 저집기	• 피트(Pit)를 만들어주면 침적하므로, 옥외에 설치하는 것은 트랩 피트(Pit)와 같은 구조로 한다. • 연마에 쓰이는 금강사의 회수용 저집기는 배수 중에 부유하는 미립자를 침강시키기 위해 격판을 설치하여 속도를 낮추는 구조로 한다.

QUESTION 93

위생기구에 사용되는 재료가 갖추어야 할 조건과 종류에 대하여 설명하시오.
(135회)

1 위생기구의 조건

① 흡수성이 적을 것
② 내식성, 내마모성이 있을 것
③ 항상 청결하게 유지할 수 있을 것
④ 제작 및 설치가 용이할 것
⑤ 음용수에 접하는 재질은 인체에 유해한 성분이 용출되지 않을 것

2 위생기구의 종류

대변기, 소변기, 세면기, 욕조, 샤워기, 싱크대 등

QUESTION 94

배관재료 중 합금강의 수소취성(Hydrogen Embrittlement)의 원인 및 감소대책에 대하여 설명하시오. (135회)

1 수소취성의 개념

수소취성(Hydrogen Embrittlement)은 수소원자가 금속 내부로 확산되어 취성을 발생시키는 것을 말한다.

2 합금강의 수소취성의 원인

① 제조 공정상에서 발생된 수소가 철강제품에 침투
② 고온고압의 수소분위기에 장시간 노출
③ 전기 도금 제어(전기도금시스템에서 도금 대상물에 인가되는 전류를 제어)가 잘 안되는 경우
④ 용접 시 용접봉의 건조가 되지 않은 경우

3 감소대책

구분	대책
발생 전	• 산 처리를 할 때는 되도록 짧은 시간에 산세하며 산억제제(Inhibitor 등)를 첨가 • 고탄소강 등 수소 취성이 많이 생기는 재료는 산 처리 대신 블라스팅 등 기계적 방법 채택 • 전기도금제어 적절 시행 및 용접봉 건조
발생 후	• 베이킹(Baking) 처리 • 200℃ 정도의 온도에서 8~24시간 정도 가열하는 탈수소 처리 • 산세 후 가열된 알칼리용액에 넣어서 침입한 수소를 도금하기 전 제거

QUESTION 95

수직관 하부와 최하층 수평주관 등에서 발생하는 거품역류(Foam Back-Flowing)에 대하여 설명하시오. (135회)

1 일반사항

① 자동세탁기의 발달과 보급으로 합성세제를 많이 사용함으로써 고층 건출물의 경우 하층부에서 비누거품이 실내로 솟아나오는 경우가 종종 발생하고 있다.
② 통기수직관이 없는 신정통기방식의 배수 배관의 경우 세제를 포함한 배수가 상층에서 배수되면 아래층에서 봉수가 파괴되어 실내로 기품이 올리오게 된다.

2 일반사항

① 상층부 배수 : 세제+물의 배수 → 물+공기 → 거품 증가
② 하층부 현상 : 거품은 배수되지 않고 물만 배수 → 거품 충만 → 공기배출 → 분출

3 발생원인

① 위층에서 세제를 포함한 배수가 수직관을 거쳐 유하함에 따라 물 또는 공기와 혼합되어 거품이 발생되고 다른 지관에서 배수와 합류하면 이 현상은 더욱 심화된다.
② 물은 거품보다 무겁기 때문에 먼저 흘러내리고 거품은 수평주관 또는 45° 이상의 오프셋 부위에 충만하여 오랫동안 없어지지 않는다.
③ 상층에서 물이 배수되면 배수와 함께 유하된 공기가 빠질 곳이 없다.
④ 통기수직관이 설치된 경우에는 통기수직관으로 공기가 빠지고 거품도 빨려 올라가지만 통기수직관이 없는 경우 관 내 압력 상승으로 봉수가 파괴되고 비누거품이 실내로 불게 된다.

4 방지대책

① 1층과 2층의 배수관은 별도로 분리
② 층별 Zoning하여 배수(1~2층, 3~4층, 5층 이상)
③ 굴곡을 적게 하고, 세제 사용량을 적게 함
④ 도피 통기관의 설치(현상 완화)
⑤ 통기 수직관에 연결을 철저히 시공하여 국부압 발생 방지(결합통기관 적합 적용)
⑥ 배관 접속 시 발포존 접속을 가급적 피함

QUESTION 96

축열수조나 개방형 냉각수 배관계통이 개방순환 회로방식(Open Circuit)으로 되어 있을 경우 문제점 3가지와 설계 시 고려사항에 대하여 설명하시오. (136회)

1 문제점

① 비산, 증발에 따른 수량 손실
② 외부 공기와의 접촉에 따른 오염
③ 수량의 예상 온도변화범위 및 부피 팽창도 예측 난해에 따른 압력변화 대응 필요
④ 자연순환수두 보상이 되지 않으므로 펌프양정 소요

2 고려사항

① 비산, 증발 고려한 보급수 설정
② 적절량의 블로우 다운(Blow Down)을 통한 수질 관리
③ 펌프소요동력 최소화를 위한 최적 효율점 운전
④ 축열조 열손실 최소화를 위한 조치 필요

QUESTION 97

급탕설비의 저탕조에 레지오넬라균 서식 원인과 해결방안에 대하여 설명하시오. (136회)

1 서식원인

저탕조 온도 25~42℃ 형성 및 유속정체 등에 의해 레지오넬라균 서식

2 해결방안

저탕조 내 온도 50℃ 이상 유지 및 유속정체되지 않도록 순환체계 구축

CHAPTER 08

냉동설비

QUESTION 01

제빙 손실이 없는 것으로 가정할 경우, 5℃ 물 1,000kg을 -5℃의 얼음으로 변환하기 위해 필요한 열량을 계산하시오. (85회)

1 필요 열량 산출(1kg 기준)

1) 5℃ 물 → 0℃ 물

$$q = mc\Delta T = 1\text{kg} \times 4.19\text{kJ/kg} \cdot \text{K} \times (5-0) = 20.95\text{kJ}$$

2) 0℃ 물 → 0℃ 얼음

$$q = m\gamma = 1\text{kg} \times 334\text{kJ/kg} = 334\text{kJ}$$

3) 0℃ 얼음 → -5℃ 얼음

$$q = mc\Delta T = 1\text{kg} \times 2.03\text{kJ/kg} \cdot \text{K} \times (5-0) = 10.15\text{kJ}$$

4) 필요열량

$$필요열량 = 20.95 + 334 + 10.15 = 365.1\text{kJ}$$

QUESTION 02

> 흡수식 냉동기와 흡수식 냉온수기를 구성하고 있는 흡수기와 재생기의 기능과 원리에 대하여 간단히 설명하시오. (85회)

1 흡수기의 기능과 원리

1) 기능

① 증발기에서 넘어온 냉매증기(수증기)를 흡수기에서 리튬브로마이드(LiBr) 수용액에 흡수시켜 묽어지게(묽은 수용액) 하여 재생기로 넘기는 역할을 한다.

② 이 과정에서 리튬브로마이드 농용액이 증발기에서 들어온 냉매증기(수증기)를 연속적으로 흡수하고, 농용액은 물로써 희석되고 동시에 흡수열이 발생하며, 흡수열은 냉각수에 의하여 냉각된다.

2) 원리

① 증발기에서 계속 기화가 일어나면 내부압력이 높아지고 압력차에 의해 냉매증기(수증기)는 자연스럽게 흡수기로 이동하게 된다.

② 증발기에서 기화된 냉매증기(수증기)는 흡수기의 리튬브로마이드 수용액에 흡수된다. 이에 따라 증발기의 증발압력 및 온도는 일정하게 유지된다(이때의 동체는 진공상태를 유지하여야 하며, 약 6.5mmHg의 압력을 유지한다).

③ 흡수제(리튬브로마이드)가 수증기를 흡수하여 만들어진 묽은 용액(리튬브로마이드 수용액)은 용액펌프에 의해 재생기로 보내진다.

2 재생기의 기능과 원리

1) 기능

① 흡수작용이 계속 일어나면 수증기를 흡수할수록 흡수제(LiBr)의 농도가 묽어지고, 흡수작용의 한계치에 도달하게 된다.

② 이러한 묽어진 용액을 가열의 방법을 통해 흡수제(LiBr)와 수증기를 분리함으로써 흡수제의 농도를 진하게 재생시키는 역할을 한다.

2) 원리

① 흡수제와 냉매가 혼합되어 있는 묽은 용액을 가열하면 흡수제와 냉매의 끓는점 차이를 이용하여 분리할 수 있다.
② 끓는점이 낮은 냉매(물)는 증기상태로 빨리 상변화하여 날아가고 끓는점이 높은 흡수제는 액상태로 농축된다.

3 흡수식 냉동기의 냉동사이클

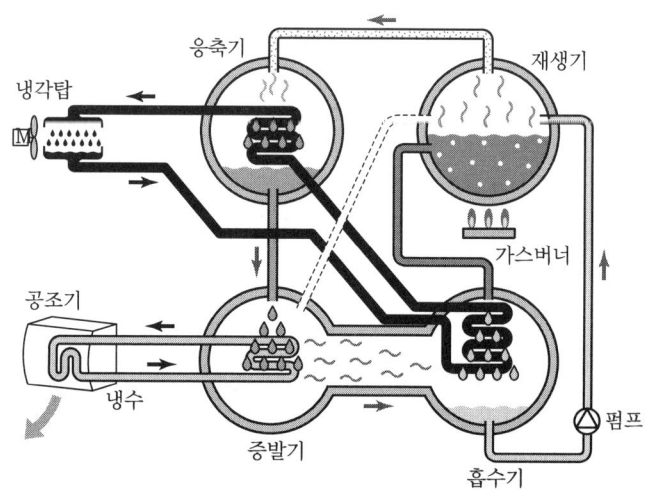

QUESTION 03

냉동기 성적계수(COP)를 정의하고 COP 향상방안을 설명하시오. (90회)

1 냉동기 성적계수의 개념

① 냉동기의 성능을 표시하는 척도

② 냉동기의 성적계수(이론적)

$$COP_C = \frac{냉동효과}{압축일} = \frac{q}{AL} = \frac{h_2 - h_1}{h_3 - h_2}$$

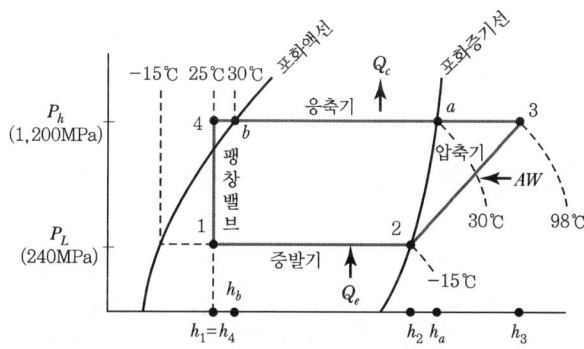

┃몰리에르 선도┃

③ 열펌프의 성적계수(이론적)

$$COP_h = \frac{응축기의 방출열량}{압축일} = \frac{q + AL}{AL} = \frac{q}{AL} + 1$$

2 냉동기 성적계수를 향상시키는 방안

① 냉각효과(q)를 크게 한다.
② 냉매의 과냉각도를 크게 한다.
③ 압축일(AL)을 작게 한다.
④ 냉각수의 온도를 낮게 한다.
⑤ 배관에서의 플래시 가스 발생을 최소화한다.
⑥ 응축온도를 낮추고 증발온도는 높인다.

QUESTION 04

축열시스템에서 축열조의 목적에 대하여 설명하시오. (91회)

1 축열시스템에서 축열조의 개념

냉난방용 열을 저장하기 위한 장치로서 열저장 매채에 따라 크게 수축열조와 빙축열조로 나누어진다.

2 축열시스템에서 축열조의 목적

1) 피크 시프트(Peak Shift)

주간 냉방 시에 열원기기는 일정 패턴으로 운전하고 최대부하는 야간 축열량으로 보충

2) 피크 커트(Peak Cut)

주간 최대부하 시간대에 열원기기를 정지하고 야간 축열량으로 보충

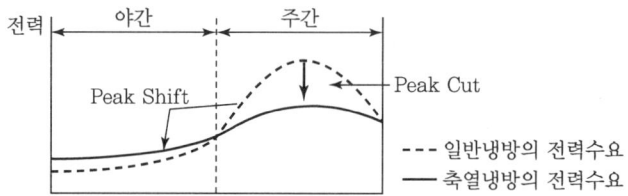

3 축열조 설치 시 유의사항

① 해빙효율을 고려한 용량으로 설치한다.
② 축열조에 축열량을 확인할 수 있는 축열량 센서 또는 수위 센서를 부착한다.
③ 축열조는 개방형 콘크리트제, 개방형 플라스틱제(FRP 또는 PE) 탱크, 개방형 강판제 탱크, 압력용기 구조의 밀폐형 강판제 탱크 등을 사용한다.
④ 축열조는 건물의 구조체를 직접 이용하지 않는다.
⑤ 빙박리형, 슬러리형의 축열조는 쌓인 얼음이 수면 밖으로 나오지 않도록 제빙기의 대수, 배치, 축열조의 형상 등을 적절히 분산 배치한다.

습면보정계수(C_{ws})에 대하여 설명하시오. (92회)

1 습면보정계수(C_{ws})의 개념

① 코일의 열관류율을 보정하는 계수이다.
② 냉각코일의 표면을 통과하는 공기 중 일부가 응축하여 코일에 부착하면, 건조상태에 있는 코일의 경우보다 열전달이 잘 되는 특성이 있다.
③ 습면보정계수는 젖은면 보정계수라고도 하며, 일반적으로 1.0~1.6의 값을 갖는다.

2 적용 특징

① 습면보정계수는 코일입구수온, 코일입구공기온도, 코일입구 노점온도 등에 의해 정해진다.
② 입구수온의 온도와 입구공기의 노점온도 간의 차가 크면 습면보정계수는 커진다.
③ 입구수온의 온도와 입구공기의 건구온도차가 작을수록 습면보정계수는 커진다.
④ 현열비가 작을수록 습면보정계수는 커진다.
⑤ 습면보정계수가 큰 경우 코일의 열수를 줄일 수 있다.

3 습면보정계수(C_{ws})와 코일열수(N)와의 관계 산출식

$$N = \frac{q}{K \cdot C_{ws} \cdot FA \cdot LMTD}$$

여기서, N : 필요열수
q : 냉각열량(W)
K : 열관류율(열통과율, W/m² · K)
C_{ws} : 습면보정계수
FA : 정면면적(m²)
$LMTD$: 공기와 냉온수와의 대수평균온도차(℃)

QUESTION 06

공조냉동시스템에 사용하는 압력스위치의 종류에 대하여 설명하시오. (99회)

1 압력스위치의 종류 및 역할

1) 저압 스위치(Low Pressure Cut Out Switch)

① 냉동기 저압 측 압력이 저하했을 때 압축기를 정지시킨다.
② 압축기를 직접 보호해 준다.

2) 고압 스위치(High Pressure Cut Out Switch)

① 냉동기 고압 측 압력이 이상적으로 높으면 압축기를 정지시킨다.
② 고압 차단장치라고도 한다.
③ 작동압력은 정상고압 +3~4kg/cm^{2}이다.

3) 고저압 스위치(Dual Pressure Cut Out Switch)

① 고압 스위치와 저압 스위치를 한곳에 모아 조립한 것이다.
② 듀얼 스위치라고도 한다.

4) 유압 보호 스위치(Oil Protection Switch)

① 윤활유 압력이 일정 압력 이하가 되었을 경우 압축기를 정지한다.
② 재기동 시 리셋 버튼을 눌러야 한다.
③ 조작 회로를 제어하는 접점이 차압으로 동작하는 회로와 별도로 있어서 일정 시간(60~90초)이 지난 다음에 동작되는 타이머 기능을 갖는다.

QUESTION 07

냉매의 특징과 필수 구비조건에 대하여 설명하시오. (101회)

1 냉매의 특징과 필수 구비조건

1) 물리적 특징 및 구비조건

① 임계온도가 높고 상온에서 반드시 액화할 것
② 낮은 증발온도에서도 응고되지 않을 것
③ 응축압력이 비교적 낮을 것(안전성 및 효율적 운전 고려)
④ 증발잠열이 클 것
⑤ 비점이 적당히 낮을 것
⑥ 증기의 비체적이 적을 것
⑦ 압축기 토출가스의 온도가 낮을 것
⑧ 저온에서도 증발 포화압력이 대기압 이상일 것
⑨ 액체비열이 작을 것(플래시 가스 방지)
⑩ 상온에서도 응축액화가 용이할 것
⑪ Oil과 반응하여 악영향이 없을 것
⑫ 비열비가 작을 것(압축기 과열 방지)
⑬ 점도, 표면장력 등이 낮을 것(일반적으로 점도가 높으면 비점이 높아진다)
⑭ 패킹재 침식 방지

2) 화학적 특징 및 구비조건

① 금속을 부식시키지 않을 것(불활성일 것)
② 화학적 결합이 안정되어 있을 것(변질되지 않을 것)
③ 전기 절연성이 좋을 것
④ 인화성 및 폭발성이 없을 것
⑤ 윤활유에 해가 없을 것

3) 생물학적 특징 및 구비조건

① 인체에 무해할 것
② 악취가 나지 않을 것
③ 식품을 변질시키지 않을 것

4) 경제적 조건

① 가격이 저렴하고, 구입이 용이할 것
② 동일 냉동능력당 소요동력이 적게 들 것(고효율)

5) 기타 사항

① 누설이 되지 않고, 누설되더라도 누설검지가 쉬울 것
② 성적계수가 높을 것
③ 독성 및 자극이 없을 것

QUESTION 08

아래 그림과 같이 실내기가 2대 설치되어 있고 이에 대한 실외기 1대가 옥상에 설치되어 있는 멀티에어컨 시스템에서 실내기(증발기)와 실외기(응축기) 간의 배관계통도(응축가스배관 제외)를 완성하고, 배관 설치상 고려사항을 설명하시오.
(103회)

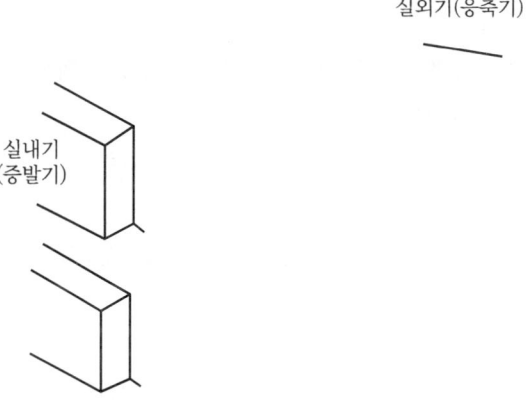

1 배관계통도

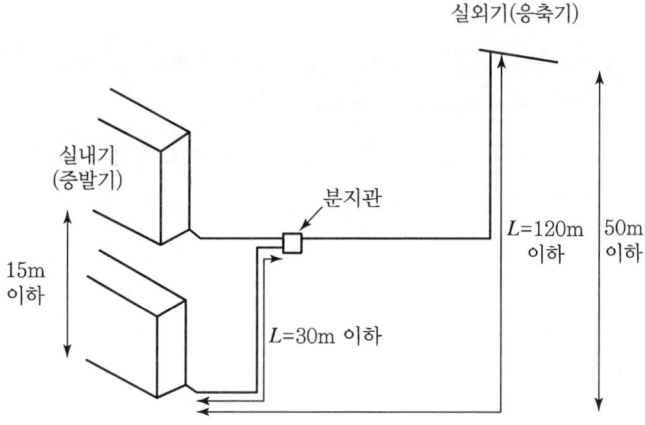

2 배관 설치 시 고려사항

1) 냉매 배관

① 냉매 배관 재질은 인탈산 재질의 99.8% 이상의 순동관을 사용하여야 한다.
② 원활한 냉매 흐름을 위하여 실외기에서 가장 멀리 설치된 실내기까지의 편도 배관거리는 120m 이내로 설치한다.
③ 전체 배관 거리의 총합은 220m 이하가 되도록 한다.
④ 실내기에서 실내기까지의 설치 최대 높이차는 15m 이내가 되도록 설치한다.
⑤ 최초 분지관에서 가장 멀리 설치되는 실내기까지의 편도 배관거리는 30m 이내로 설치한다.
⑥ 냉매 배관의 시공은 내부에 이물질 및 수분이 없어야 하며, 2.94MPa의 내압에 견뎌야 한다.
⑦ 배관설치 후 질소기밀시험 및 진공시험을 행하여 압력시험 및 누설시험을 실시한다.
⑧ 배관 보온재는 도면에 준하며 일반적으로 EPDM 재질을 사용한다.
⑨ 냉매 배관은 최대 1.2~1.5m 간격으로 지지되도록 설치되어야 한다.

2) 드레인 배관

① 드레인 배관이라 함은 냉방 시 실내기의 열교환기에서 응축된 응축수를 실내기 밖으로 배출하기 위하여 설치하는 배관을 의미한다.
② 드레인 배관 재질은 도면에 준하며 일반적으로 PVC관을 사용한다.
③ 배관의 크기는 도면에 준하며 일반적으로 실내기 측은 25A를 사용하고 주관은 30A 이상으로 설치한다.
④ 원활한 응축수의 배출을 위하여 1/50~1/100의 구배로 설치하고, 공동 드레인에 연결 시 반드시 수직 하향으로 연결함을 원칙으로 한다.
⑤ 드레인 배관의 보온재는 도면에 준하며 일반적으로 아티론 보온재를 사용한다. 드레인 배관 설치 완료 후 증발기에 물을 부어 배수가 잘 되는지 확인한다.

QUESTION 09

건축기계설비 설계기준 중 시스템 에어컨디셔너의 실내기 설계 시 고려할 사항을 설명하시오. (105회)

1 실내기 설계 시 고려사항

구분	설계 시 고려사항
냉 / 난방 능력	실내기의 냉난방 능력은 실별 냉난방 부하보다 커야 한다.
실내기와 실외기 조합비율	제작업체의 기준에 따른다.
실내기 소음 / 진동	실의 허용소음 수준과 제품 사양을 고려하여 선정한다.
실내기 풍량	실별 냉난방 부하를 만족시킬 수 있어야 한다.
실내기 기류	실의 천장고를 고려하여 충분한 기류도달거리가 확보될 수 있어야 한다.
실내기 제어방법	유선 / 무선 제어기, 중앙제어기 또는 중앙관제설비와의 연동 등을 고려하여 선정한다.
실내기 크기	천장 속 높이 등을 고려하여 선정한다.
실내기 전원	실내기 전원과 실외기의 전원은 분리되도록 한다.
점검구	배관 접속부 및 모터 등 주요 부품의 점검이 가능하도록 충분한 공간을 확보한다.
응축수 배수방법	자연배수, 강제배수 등을 확인하여 선정한다.
인테리어와의 조화	실내 인테리어를 고려하여 선정한다.

QUESTION 10

냉매가 장치 내에서 발생하는 이상(異狀)현상에 대하여 설명하시오. (106회)

1 압축기

이상현상	원인	대책
토출 압력이 너무 높다.	공기가 냉매 계통에 혼입	• 응축기로부터 공기를 배출시킨다. • 응축기를 충분히 냉각한 후에 냉매액 온도의 포화압력까지 공기를 방출한다.
	냉매의 과충전으로 응축기의 냉각관이 액냉매에 잠기게 되어 유효 전열 면적이 감소	여분의 냉매를 뽑아낸다.
토출 압력이 너무 낮다.	증발기에서 액냉매가 흡입	• 팽창 밸브를 조절한다. 팽창 밸브의 감온통을 흡입관에 확실하게 부착한다. • 감온통을 보온재로 감아준다. • 바이패스형 수동 팽창 밸브를 확실하게 닫아준다.
	냉매 충전량의 부족	누설 부위를 수리하고 냉매를 보충한다.

2 응축기

이상현상	원인	대책
냉각관이 빨리 손상된다.	냉매 누설	• 패킹 부분에서 가스를 검지하여 누설이 있으면 교환 • 유리관의 중심 맞추기 • 유리관의 변형이 있으면 교환 • 시창 유리의 접촉면 수정

3 팽창밸브, 액배관

이상현상	원인	대책
흡입 압력이 너무 낮다.	냉매액 통과량이 제한되어 있다.	전자변을 정상으로 하고 스트레이너 등의 막힌 곳을 수리한다.
	냉매 충전량이 부족	냉매를 추가로 충전한다.
압력 스위치 고압 측이 작동해서 압축기가 ON / OFF를 반복한다.	냉매 충전량이 너무 많다.	여분의 냉매를 뽑아낸다.
압력스위치 고압 측이 작동해서 압축기가 발정을 반복한다.	액냉매 필터의 막힘	액냉매 필터를 청소한다.
	감온 팽창 밸브 감온통 내의 냉매가 누설하였다.	팽창 밸브의 동력부를 신품으로 교환한다.

QUESTION 11

> 냉동기의 성능(性能)에서 체적효율(η_V)이 100%가 되지 않는 이유에 대하여 설명하시오. (107회)

1 체적효율의 개요

① 실제로 압축기에 흡입되는 냉매증기의 체적과 피스톤이 배출한 체적과의 비(압축기 흡입구 압력으로 계산한 값)를 의미한다.
② 체적효율이 높으면 냉동용량은 증가한다.
③ 틈새체적은 팽창 시 동력이 회수되므로 압축효율에는 직접적으로 영향을 주지 않으나 냉동능력이 감소하므로 상대적으로 단위 냉동능력당 마찰손실 등의 영향이 커져서 효율이 감소하게 된다.
④ 왕복동식에서는 틈새체적이 크지만 스크루, 로터리식에서는 거의 영향을 주지 않을 정도의 크기이다.
⑤ 일반적으로 Clearance 비율(Clearance 체적 / 행정체적)이 클수록, 압축비가 클수록, 비열비 k가 작을수록 체적효율이 감소한다.

2 체적효율이 저하되는 원인(100%가 되지 않는 이유)

1) 틈새체적 중의 고압가스 재팽창(왕복동식에서의 주원인)

① 틈새체적이 있으면 피스톤이 상사점에서 하사점으로 움직일 때 틈새체적 내에 남아 있는 고압의 가스가 재팽창하기 때문에 새로운 저압가스의 흡입을 방해한다.
② 극단적으로 왕복 시 등의 압축기에서 압력비가 15~16 정도가 될 경우 재팽창 행정이 흡입행정의 대부분을 차지하므로 피스톤이 움직이더라도 가스는 흡입되지 않는다.

2) 압축 중 고압 측에서 저압 측으로의 누설(스크루 또는 로터리식에서의 주원인)

3) 흡입 시 통로저항에 의한 실린더 내 압력강하

왕복식에서는 흡입밸브에서 0.1~0.3 기압의 압력손실이 발생한다.

4) 흡입밸브의 폐쇄지연

5) 고온의 실린더로 인한 흡입가스의 팽창

6) 흡배기 밸브, 피스톤링 등에서의 누설

3 체적효율에 영향을 미치는 요소

1) 흡입증기 밀도
흡입증기 밀도가 클수록 흡입밸브에 대한 저항이 크므로 체적효율 감소

2) 흡입 및 토출밸브
밸브에서의 유동저항에 따른 압력강하로 비체적이 감소하여 체적효율 감소

3) 실린더의 크기 및 회전수
① 소형실린더는 흡입밸브 저항이 상대적으로 크고, 밸브의 작동상태도 대형에 비해 저하되어 대형보다 나쁨
② 고속회전 시 밸브의 개폐빈도가 많아 종속의 압축기보다 체적효율 낮음
③ 너무 저속이면 실린더벽 사이의 누설증기량이 증가되는 단점도 있으므로, 최적 회전수가 존재하게 됨
④ 실린더 벽의 온도
   실린더 내에서 냉매증기의 체적이 증가하므로 체적효율 감소

4 체적효율 향상 방법

① Top Clearance를 줄임
② 실린더 방열을 촉진하고, 흡입통로의 저항 감소
③ 흡입밸브의 동작을 확실하게 함
④ 실린더 및 Vane 틈새로의 냉매누설 방지

QUESTION 12

냉동톤(RT)의 정의를 설명하고 1USRT를 kW로 환산하시오. (108회, 119회)

1 1USRT

32°F의 순수한 물 1ton(2,000lb)을 24시간 동안에 32°F의 순수한 얼음으로 만드는 데 필요한 냉동능력

$$1\text{USRT} = \frac{144\text{Btu/lb} \times 2,000\text{lb}}{24\text{h}} = 12,000\text{Btu/h} \times 1.055\text{kJ/Btu}$$
$$= 12,660\text{kJ/h} = 3.517\text{kW}$$

2 국제냉동톤(CGS RT)

0°C의 순수한 물 1ton을 24시간 동안에 0°C 얼음으로 만드는 데 필요한 냉동능력

$$1\text{CGS RT} = \frac{333.54\text{kJ/kg} \times 1,000\text{kg}}{24\text{h}} = 13,894\text{kJ/h} = 3.86\text{kW}$$

QUESTION 13

열전냉동(Thermoelectric Refrigeration)을 설명하시오. (109회)

1 개요

① 종류가 다른 두 금속도체를 접합하여 전류를 통하면, 전류의 방향에 따라 한쪽 접합점에서는 열을 방출하고, 다른 쪽 접합점에서는 열을 흡수하게 된다.

② 이러한 원리를 펠티에 효과(Peltier's Effect)라 하는데[이것의 역현상은 제백(Seeback)효과라 하여 온도의 측정에 널리 이용되고 있음], 전자냉동법은 이 원리를 이용한 냉동법으로, 반도체 기술이 발달하면서 실용화되기 시작하였다.

③ 전자기기의 냉각 등 특수한 분야에서 이용되는 예가 있고, 최근에 와서는 전자 냉장고, 전자식 룸-쿨러(Room-cooler) 등의 시제품이 개발되고 있다.

2 구성 및 작동원리

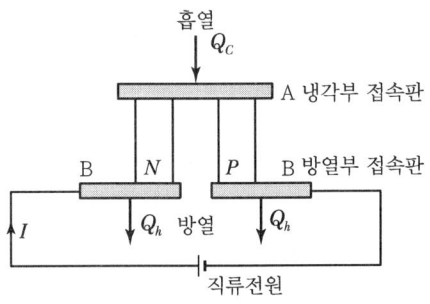

‖ 열전냉동 원리 ‖

1) 구성

전자냉동기의 구성은 그림과 같이 2종류의 P형, N형 전자냉각소자를 π 모양으로 접합한 것이 최소단위이며, 이러한 것이 여러 개 결합되어 전자냉동기를 이룬다.

2) 작동원리

① 그림과 같은 방향으로 전류를 흐르게 하면, Peltier효과에 의해 $P-N$접합 전극 A는 흡열하고, 상대 극인 B는 발열한다.

② 전자냉동기는 A극의 흡열을 이용한 것이다.

③ 현재 주로 사용되는 재료에는 비스무트 텔루르, 안티몬 텔루르, 비스무트 셀렌 등이 있다.

3 적용사항

① 전자기기의 냉각
② 광통신용 반도체 레이저의 냉각
③ 의료 · 의학물성실험장치 등 특수분야에 많이 사용됨

4 특징

① 소음이 없다(압축기, 응축기 등의 기기가 없고, 냉매순환도 없음).
② 수리가 간단하고 수명이 반영구적이다.
③ 용량을 정밀하게 간단히 조절할 수 있다(전류의 흐름 제어로).
④ 가격이나 효율 면에서는 불리하다.

QUESTION 14

증기압축식 열펌프 사이클의 냉방 및 난방 시의 성적계수(COP : Coefficient of Performance)의 관계에 대하여 설명하시오. (112회)

1 히트펌프의 냉방 및 난방 시의 성적계수(COP) 관계

① 히트펌프의 좋고 나쁨을 나타내기 위해 성적계수를 사용한다.
② 히트펌프는 냉방과 난방이 동시에 가능하기 때문에 성적계수도 구분하여 산정한다.
③ 일반적으로 히트펌프의 성적계수는 기종과 열원의 종류에 따라 다르지만, 냉방 시보다 난방 시가 높다. 이 때문에 히트펌프의 난방이 유리하다.
④ 히트펌프로 이용한 성적계수가 냉동기로 이용한 성적계수보다 1만큼 크다.

∥ 몰리에르 선도 ∥

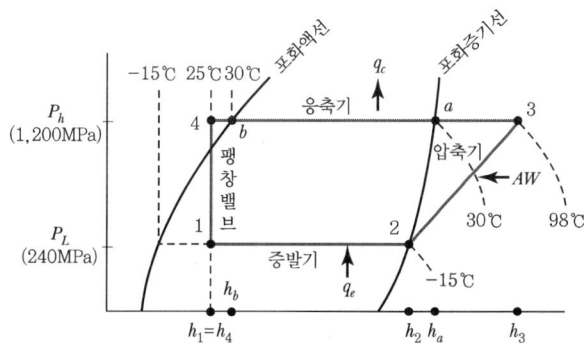

- COP_R(냉방 시)

$$= \frac{\text{저열원에서 흡수하는 열량}}{\text{공급열량}} = \frac{\text{냉동능력}}{\text{압축일}}$$

$$= \frac{q_e}{AW} = \frac{h_2 - h_1}{h_3 - h_2}$$

- COP_H(난방 시)

$$= \frac{\text{고열원으로 방출하는 열량}}{\text{공급열량}} = \frac{\text{난방능력}}{\text{압축일}}$$

$$= \frac{q_c}{AW} = \frac{h_3 - h_4}{h_3 - h_2} = \frac{(h_3 - h_2) + (h_2 - h_4)}{h_3 - h_2}$$

$$= 1 + \frac{h_2 - h_4}{h_3 - h_2} = 1 + COP_R \quad (\because h_4 = h_1)$$

∥ 히트펌프의 성적계수 ∥

QUESTION 15

히트파이프(Heat Pipe)에 대하여 설명하시오. (117회)

1 개념

① 금속관 내부가 진공처리 되어 있고, 작동유체가 들어 있는 열전도체
② 어느 한 부분에 열이 가해지면 열역학 원리에 의해 유체가 순환하는 장치

2 Heat Pipe의 구조

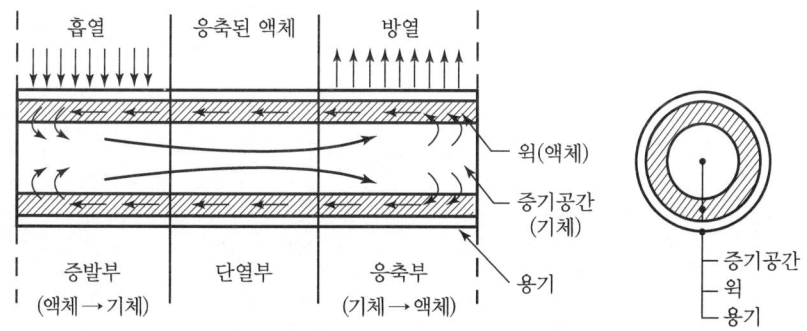

1) 용기(원통형, 평판형, 분리형, 롱, 마이크로)

① 내부를 충분히 탈기하고 작동액을 봉입한 것
② 누설이 없고 내외의 압력에 충분한 강도를 유지할 것

2) Wick

① 구조체 : 금망, 발포재, 펠트, 섬유 등 다공성 물질
② 기능 : 모세관 작용에 의해 작동액 환류
③ 작동액
- 극저온(0~150K) : 수소, 네온, 질소, 산소, 메탄, 헬륨, 아르곤, 크립톤
- 상온(150~750K) : 프레온, 에탄올, 메탄올, 암모니아, 물, 아세톤
- 고온(750~3,000K) : 수은, 칼륨, 은, 나트륨, 리듐, 나프탈렌, 유황, 세슘, 리튬, 납

3) 증기공간

외부로부터 열회수에 의해 작동유체가 증발하여 응축부로 이동하는 공간

3 Heat Pipe의 작동원리

① 외부열원으로 증발부를 가열
② 액온도가 상승하면 포화압에 달할 때까지 증발 촉진
③ 증기는 낮은 온도의 응축부로 흐름
④ 증기는 응축부에서 응축되고 잠열 발생
⑤ 방출열은 관의 표면을 통해 흡열원으로 방출
⑥ 응축액은 Wick을 통해 모세관 압력으로 증발부로 환류되어 사이클 완결

QUESTION 16

제습기의 제습 원리에 대하여 설명하시오. (122회)

1 제습방식의 종류별 원리

1) 냉각식 제습
냉각코일을 이용하여 습공기를 노점온도 이하로 냉각하여 제습하는 방식이다.

2) 압축식 제습
습공기를 압축하여 응축시켜 제습하는 방식이다.

3) 흡수식 제습(Liquid Desiccant)
흡수성 수용액을 습한 공기와 접촉시켜 공기 중의 수분을 흡수하여 제습하며 흡수제로 염화리튬이나 에틸렌글리콜 용액 등이 사용된다.

4) 흡착식 제습(Solid Desiccant)
물체의 표면에 흡착되기 쉬운 물분자가 흡착제를 통과할 때 공기로부터 수분이 흡착되어 모세관 이동하는 원리를 이용한다.

QUESTION 17

공동주택 실외기가 아래 그림과 같이 설치되어 있다. 에어컨 냉방 능력 성능저하가 발생되는 원인과 해결방안을 설명하시오.(단, 실외기실 바닥에서 그릴 개구부 하단의 높이는 380mm이다.) (122회)

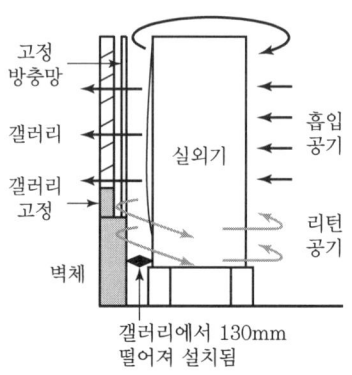

1 성능저하 발생원인

① 실외기의 응축열 해소가 미흡
② 실외기와 갤러리 간의 간격(130mm)이 협소하여 외부로의 통풍이 난해
③ 실외기 토출부분에 벽체가 간섭되고 있어 와류가 발생하여 흡입 측으로 공기가 리턴
④ 실외기 토출부분 일부에 벽체 간섭에 따라 전면에 있는 고정 방충망에서 전체 토출공기의 처리가 난해
⑤ 실외기 측에 과열이 예상되어, 실내기 측의 냉방능력이 감소

2 성능저하 해결방안

1) 실외기와 갤러리 간에 이격거리 확보

최소 150mm 이상의 이격거리 확보가 요구되며, 실외기실에서 가로의 총 여유 공간이 500mm 이상으로 확보되어야 한다.

2) 실외기 토출부분과 벽체가 간섭되지 않도록 조치

그릴 개구부를 실외기실 바닥에서 낮게 설치하여 토출풍량이 벽체와 간섭되지 않도록 한다.

3) 고정방충망 외부의 루버의 개구율 및 각도 준수

고정방충망 외부의 루버의 경우 개구율은 80% 이상 유지하고, 각도는 수평 기준으로 20° 이하로 유지한다.

QUESTION 18

CFC(Chloro Fluoro Carbons)계 냉매의 오존층 파괴현상의 메커니즘과 영향에 대하여 설명하시오. (127회)

1 오존층 파괴 메커니즘(프레온가스 : $CFCl_3$ 와 CF_2Cl_2)

① 프레온가스($CFCl_3$와 CF_2Cl_2)와 자외선의 결합
   $CFCl_3$ + 자외선 = $CFCl_2$ + Cl(염소)
   CF_2Cl_2 + 자외선 = CF_2Cl + Cl(염소)

② 생성된 염소는 오존층으로 올라가서 오존 분자와 반응
   $Cl + O_3$ (오존) = $ClO + O_2$
   → O_3가 산소 원자 한 개를 뺏기고 O_2로 변하면서 오존이 파괴되며 ClO를 만들어 낸다.

③ 위에서 만들어진 ClO가 산소를 만나 또다시 O_2와 Cl로 나누어지고 Cl은 또다시 오존을 파괴한다.
   $ClO + O = O_2 + Cl$

④ 위의 메커니즘이 대략 10만 번 이상 연쇄작용을 일으키며 반복적으로 오존층을 파괴하게 된다.

2 오존층 파괴의 영향(프레온가스 : $CFCl_3$ 와 CF_2Cl_2)

오존층은 태양의 자외선(UV)복사를 흡수하여 자외선이 지표면에 도달하기 전에 막아 주는 역할을 하는 바, 오존층이 파괴되면 지표면에 도달하는 자외선이 증가하여 각종 피부병과 백내장 등 인체에 유해한 결과를 초래할 수 있다.

QUESTION 19

증기압축식 냉동장치의 표준냉동Cycle에 대하여 설명하시오. (127회)

1 표준냉동Cycle의 의의

냉동기 능력의 대소를 표시하기 위해서는 어느 일정한 기준이 필요한데, 이 정해진 온도조건에 의한 냉동사이클을 표준냉동사이클이라 한다.

2 표준냉동Cycle 조건

① 냉매 : 암모니아(NH_3)
② 증발온도 : $-15℃$(258K)
③ 응축온도 : $30℃$(303K)
④ 압축기 흡입가스 : $-15℃$(258K)
⑤ 팽창밸브 직전 온도 : $25℃$(273K)

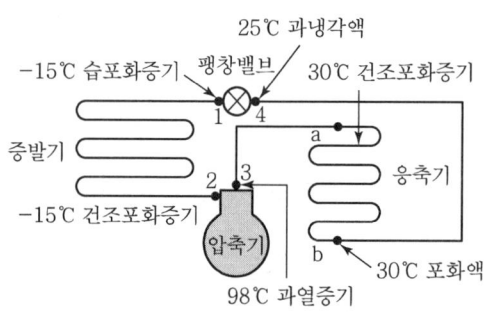

∥ 표준냉동사이클 ∥

3 몰리에르 선도

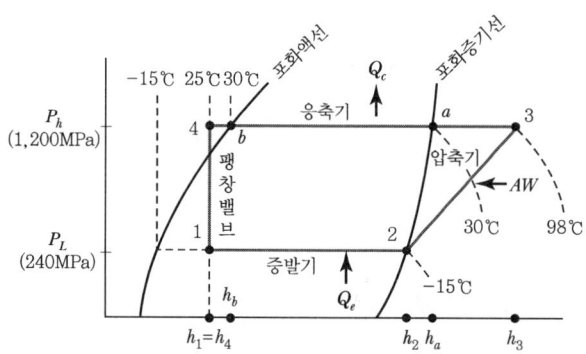

∥ 몰리에르 선도 ∥

QUESTION 20

> 에어컨 공사 완료 후 질소로 기밀시험을 하던 중 질소가 모두 소진되어 산소를 이용하여 기밀시험을 하다가 폭발이 발생하였다. 폭발이 발생한 이유에 대하여 설명하시오. (128회)

1 폭발의 발생 이유(원인)

① 에어컨 실외기 배관에 기밀시험 시 고압산소를 주입하여 폭발 분위기가 조성된 상태에서 점화원(용접작업 등)에 의해 폭발 발생
② 냉동기 내부의 압축기 유분(유지류 성분)과 산소의 반응에 의해 폭발 발생

2 폭발방지 대책

① 불활성가스(질소 등)를 활용하여 폭발 분위기가 조성되지 않도록 함
② 점화원이 될 수 있는 작업은 가연성가스가 불활성가스로 완전히 치환된 후 실시

QUESTION 21

냉동 사이클(Cycle)에서의 액봉현상을 정의하고 방지대책에 대하여 설명하시오. (131회)

1 액봉(液封)현상의 개념

밀폐된 냉매배관 계통 내부에 갇힌 액체 냉매가 주위 온도가 상승함에 따라, 냉매액이 체적 팽창하여 이상 고압의 발생 혹은 파열되는 현상을 말한다.

2 발생현상

① 액봉 발생 부분이 상당한 고압이 되므로 밸브 배관 등의 파괴 발생이 가능하다.
② 보통은 냉매배관 계통 중 약한 부위(용접부위, 밸브 연결부위 등)가 잘 파열된다.

3 발생원인

① 냉동장치를 수리할 때, 펌프다운을 하지 않고 하는 경우
② 응축기나 수액기를 수리하기 때문에 펌프다운을 할 수 없는 경우
③ 운전휴지 중 스톱밸브를 모두 닫아 놓은 경우
④ 기타 밸브조작의 잘못으로 냉매액이 충만하고 있는 부분이 밀봉되어 냉매액이 빠져나갈 부분이 없는 경우

4 방지대책

① 냉동장치의 운전을 정지할 때는 수액기와 가까운 부분의 스톱밸브를 닫고 난 다음 액헤더 이후의 스톱밸브를 닫아서, 액헤더에 액이 충만하지 않는 공간을 만들어 준다.
② 액봉 발생이 예상되는 부분에 안전밸브 등 이상고압 발생 시 압력을 도피시킬 수 있는 방지장치를 설치한다(액봉의 우려 부위에 전자밸브를 설치하여 주기적으로 개방함).
③ 직렬로 연이어 설치된 2개 이상의 밸브를 동시에 닫지 않게 한다(Pump Down Cycle 운전 등).
④ 냉매배관계통의 주위 온도가 과열되지 않게 한다.
⑤ 냉동장치 수리 시 펌프다운을 실시한다.

… CHAPTER 09

TAB 및 제어설비

감압밸브 선정, 설치 시 유의사항에 대하여 설명하시오. (106회)

1 감압밸브의 선정기준

① 설비 감압 System 방식(세대감압 / 층감압 등) 고려
② 유량지속시간 및 사용빈도 검토
③ 입구 및 출구 측 압력 고려
④ 내구성 및 경제성
⑤ 감압범위

2 감압밸브의 설치 시 유의사항

① 감압밸브는 일차 압력보다 이차 압력을 낮게 하는 압력조정기구로써, 일차 측 압력이 변화하여도 이차 측 압력은 설정압력으로 항상 일정하게 유지시켜 관내 압력의 안전확보를 위해 설치·사용하여야 한다.
② 밸브의 보호를 위하여 인입 측에 스트레이너를 설치하여야 하며, 보수, 점검, 수리 등 유지관리를 위하여 단수를 하지 않고도 유지관리를 실시하기 위한 우회관(By-pass)을 설치하고 출구 측에 공기밸브를 설치하여 캐비테이션 발생을 방지하여야 한다.
③ 감압밸브의 적정감압비는 3 : 1 정도로 하는 것이 바람직하고, 하나의 밸브에서 지나친 감압을 해서는 안 된다.
④ 감압밸브 설치 시 배관은 수평을 유지하도록 하여야 하며, 점검 및 보수가 용이하도록 설치하여야 한다.
⑤ 감압밸브 설치 시 이물질 제거가 용이하도록 스트레이너 하단부에 개폐밸브 부착 등 이물질 배출구를 설치하는 게 바람직하고, 감압밸브는 점검주기를 정하여 정기적으로 유지관리에 철저를 기하여야 한다.
⑥ 감압밸브 설치 후 유출부 수압을 조절하면서 설치 전·후 수압의 변화와 최대사용시간 출수 상태를 확인하고, 출수불량 민원발생 사유 등 종합적인 효과분석이 필요하다.
⑦ 감압밸브의 설치 후 관망도 및 조서에 설치내역 및 유지관리이력을 기록하여 관리하여야 한다.

QUESTION 02

인텔리전트 빌딩의 BAP(Building Automation Planning)에 대하여 설명하시오. (89회)

1 인텔리전트 빌딩의 BAP 개념

BAP(Building Automation Planning), 즉 빌딩 자동화 계획은 인텔리전트 빌딩 시스템(IBS : Intelligent Building System)에서 가장 골격이 되는 기능으로 빌딩 설비의 운용을 자동화하고 이상 발생 시에 대비한 감시 체계를 갖추는 것을 말한다.

2 BAS의 구성

1) 빌딩관리시스템(BMS : Building Management System)

① 공조, 전력, 조명, 엘리베이터 등의 원격 감시 및 제어
② 자료 관리 및 전반적인 빌딩운용의 최적화

2) 시큐리티(Security)시스템

① 빌딩의 안전성 확보
② 방범, 방화, 방재 등의 감시 및 제어
③ CCTV나 각종 센서를 이용한 자동적인 감지, 경보조치

3 BAS의 효과

① 환경의 최적화 유지
② 에너지 절감
③ 안전성의 확보
④ 인원 절감 및 질적 향상

QUESTION 03

> 시험 · 조정 · 평가(Testing, Adjusting, Balancing)를 수행함으로써 얻을 수 있는 기대 효과에 대하여 나열하시오. (90회, 107회, 121회)

1 TAB의 개념

시스템의 시험 · 조정 · 평가(Testing, Adjusting, Balancing)는 설계 목적에 부합되도록 모든 빌딩의 환경 시스템을 검토하고, 조정하는 과정이다.

2 TAB의 목적(기대효과, 필요성)

① 설비 초기 투자비 절감
② 공사과정의 품질 향상
③ 쾌적한 실내환경 조성
④ 불필요한 열손실 방지
⑤ 운전비용 절감 및 효율적인 시설관리
⑥ 공조설비의 수명 연장
⑦ 설계 및 시공의 오류 수정

3 TAB의 적용범위

① 공기 및 물 분배의 밸런싱
② 공기량 및 수량에 관한 설계치를 유지할 수 있는 전체 계통의 조정
③ 전기 계측
④ 공기량 및 수량에 관한 장비와 자동제어 장치의 성능 확인
⑤ 대상설비 : 공기공급계통, 환기 및 배기계통, 냉난방용 물공급 및 순환계통, 자동제어시스템, 소음시험, 진동시험

4 시공 및 준공단계에서의 TAB 업무과정

1) 시공단계
① 측정점의 확보 및 선정
② 기기 및 구성요소의 성능자료를 입수하여 설계자료와 비교·검토
③ 예비보고서의 작성 및 제출
④ 시공상태의 점검(현장점검)
⑤ 시공기술자의 자문

2) 준공단계
① 완료시스템의 점검·확인
② TAB 현장 측정 및 조정
③ TAB 최종보고서의 작성·제출

QUESTION 04

백화점 건축물의 외기냉방 가능성에 대하여 설명하시오. (94회)

1 외기냉방의 개념

① 외기냉방이란 건물의 기밀화 및 각종 기기에 따른 실내발열이 증가하여 중간기나 동절기에도 실내 냉방부하가 발생하게 되는데, 이때 실내보다 낮은 외기온도를 이용하여 실내 냉방부하의 전체 또는 일부를 제거하는 시스템이다.
② 냉동기를 가동하지 않고 냉방을 수행할 수 있다는 점에서 에너지 절약적인 공조방식이다.

2 백화점 건축물의 부하특성에 따른 외기냉방 가능성

① 일반건물에 비해 냉방부하가 크다.
② 면적당 인원밀도가 높다.
③ 조명부하 등 각종 기기부하에 의한 발열이 크다.
④ 중간기 및 겨울철에도 냉방부하가 발생할 가능성이 크다.
⑤ 중간기 및 겨울철에 냉동기를 가동하지 않고, 외기냉방을 통해 실내 냉방부하를 해소할 수 있는 외기냉방의 적용이 가능하다.

3 외기냉방 시 공조기의 팬, 댐퍼, 밸브, 인버터의 가동상태

구분	급·배기팬	외기댐퍼	배기댐퍼	환기댐퍼	냉난방밸브	인버터
운전 시	가동	비례	비례	비례	비례	비례
정지 시	정지	Close	Close	Open	Close	정지
예열 시	가동	Close	Close	Open	Open	비례
외기냉방 시	가동	비례	비례	Close	Close	비례

QUESTION 05

덕트 설치 시 누기율 테스트에 대하여 설명하시오. (95회)

1 일반사항

Duct 기밀시험(누설시험)은 시험대상 덕트의 개구부를 밀폐하고 시험용 송풍기를 접속한 후 공기를 덕트 내부로 불어넣어 시험압력을 유지하면서 이때 압입되는 송풍기의 풍량을 측정하여 누기량을 점검하는 방법을 적용한다.

2 기기의 구성

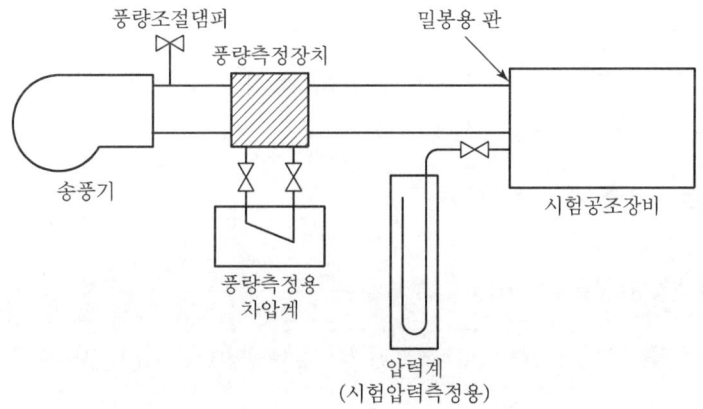

∥ 양압 시험을 위한 장치 개요 ∥

1) 송풍기

① 시험덕트 내부에 공기를 공급하여 일정압력을 유지
② 후곡형 날개의 원심형 송풍기

2) 풍량 측정기

① 시험덕트 내로 공급되는 공기의 누기량을 측정한다.
② 풍량 측정기구는 오리피스, 노즐 또는 이와 유사한 성능을 갖는 것으로 한다.
③ 측정 장비의 정확도는 지시 풍량의 ±7.5% 이내이고, 시험 중인 덕트 내의 정압은 계기판에 표시된 정압에서 ±5% 이내이어야 한다.

3) 압력 측정기

① 시험덕트 구간의 압력과 누기량 판독장치
② U자형 액주계(U – Tube Manometer) : 덕트 내 압력 측정
③ 마그네헬릭 게이지 : 오리피스 차압 측정

❸ 덕트기밀시험 절차

1) 시험 대상 덕트 선정 및 시험보고서 준비

2) 시험압력 선정

① 덕트의 허용압력 범위 내로 정하되 250Pa 이상으로 한다.
② 변풍량(VAV) 시스템에서는 500Pa 이상으로 한다.

3) 허용누기량 결정

허용누기량은 누기율에 의한 기준과 누기등급에 의한 기준으로 분류되며, 특별한 경우를 제외하고는 이 두 가지 기준을 동시에 만족시키도록 한다.

① 시스템 누기율에 의한 기준

- 표면적당 허용누기량(L/s·m^2) = $\dfrac{\text{시스템 총풍량}(m^3/h) \times \text{누기율}(\%)}{3.6 \times \text{시스템 덕트 표면적}(m^2)}$
- 시험덕트 허용누기량(L/s) = 표면적당 허용누기량(L/s·m^2) × 시험구간 덕트 표면적(m^2)

시스템 누기율	권장 적용대상
5% 초과 10% 미만	비공조 공간 환기
5% 이하	각층 공조방식의 CAV 시스템, 제연덕트
3% 이하	VAV 시스템, 주방배기, 정화조 배기, 화장실 배기
1% 이하	특수용도(수술실, 청정실 등)

② 누기등급

- 시험덕트 허용누기량(L/s) = 누기등급별 표면적당 허용누기량(L/s·m^2) × 시험구간 덕트 표면적(m^2)

시험압력(Pa)	덕트 표면적당 최대 허용누기량(L/s·m²)			
	A급	B급	C급	D급
100	0.40	0.20		
200	0.63	0.31		
300	0.82	0.41		
400	0.98	0.49		
500	1.10	0.57		
600		0.64	0.32	
700		0.71	0.35	
800		0.77	0.39	
900		0.83	0.42	
1,000		0.89	0.45	
1,300			0.53	0.26
1,800			0.65	0.33
2,300				0.38
권장적용(기외정압기준)	500Pa 이하	750Pa 이하	1,500Pa 이하	1,501Pa 이상

4) 송풍기 능력 확인 및 시험 대상 덕트 범위 결정

일반적으로 주덕트와 분기덕트를 포함하며 각종 기구(흡입, 취출구)의 연결접속구와 플렉시블 덕트로 연결되는 경우는 덕트칼라(플렉시블 연결구)까지를 시험 범위로 한다.

5) 시험 범위에 포함되는 덕트의 기밀 유지(비닐, 테이프 등)

6) 송풍기, 압력계 및 풍량계측기를 연결하고 연결부위 기밀 유지

7) 송풍기 가동

① 시험용 송풍기를 가동하여 덕트 내부압력이 시험압력에 도달하도록 송풍기를 적절히 운전한다.
② 시험은 15분간 실시한다.

8) 송풍기의 송풍량 검침 및 허용누기량과 대비

덕트 내부의 압력이 시험압력에 도달하면 송풍기의 송풍량을 읽고 허용누기량과 대비한다.

9) 시험결과 기록 및 관계자 날인

10) 누기부분 점검 및 보수 후 재시험 실시

QUESTION 06

냉·온수 배관의 차압밸브와 밸런싱밸브 선정 시 고려사항을 설명하시오. (95회)

1 차압밸브와 밸런싱밸브의 개념

1) 차압밸브

냉·온수공급시스템에서 부하계의 유량제어에 따른 유량밸브 동시 공급 측과 환수 측 간에 차압이 발생하며, 이를 해소하기 위하여 공급 측과 환수 측을 By-pass시켜 차압을 해소하여 열원계에 일정 유량을 확보해주는 밸브이다.

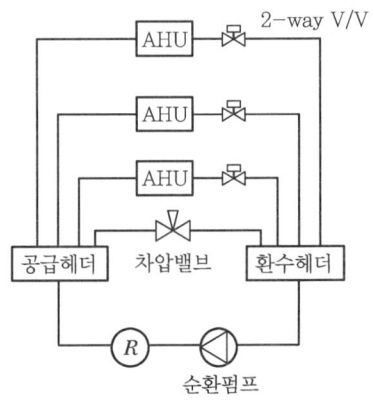

∥ 차압밸브의 설치위치 ∥

2) 밸런싱밸브

각 부하에 공급되는 냉난방 온수의 유량을 제어하여, 적합한 열량의 공급이 이루어질 수 있도록 설치하는 밸브이다.

2 차압밸브 선정 시 고려사항

① 일반적으로 부하 변동에 따라 펌프 용량의 25~75% 범위에서 선정
② 스텝-제어(Step Control) 시에는 조건에 따라 펌프 용량의 1대(100%)를 기준으로 선정
③ 냉온수 순환 계통의 펌프는 유량 변화 대비 양정의 변화가 적기 때문에 차압밸브의 작동 특성상 양정의 변화에 충분히 응답할 수 있는 제품을 선정

3 밸런싱밸브

① 정확한 유량과 차압의 계산
② 통과유량(유량계수, C_v)을 고려한 밸브 선정
③ 밸브 구경은 가급적 배관 크기와 동일하게 설계
④ 제어되는 부하의 특성을 파악한 밸브 선정

QUESTION 07

> 공실제어 관련 다음의 용어에 대하여 설명하시오. (100회)
> (1) 예열
> (2) 예냉
> (3) 나이트퍼지
> (4) 야간기동
> (5) 최적기동제어

1 예열(Night Setback)

아침 운전 초기 예열부하의 감소를 목적으로 야간에 난방 하한온도까지 난방하는 운전방법을 말한다.

2 예냉(Precooling)

여름철 외기(O.A)를 환기(R.A)와 혼합하기 전에 미리 냉각(Pre-cooling)하는 방식을 말한다.

3 나이트 퍼지(Night Purge)

① 건물의 냉방부하 감소를 목적으로 야간에 저온의 외기를 이용하여 구조체 축열을 제거하고 기계적인 냉방이 시작되기 전에 건물을 예냉하는 운전방법을 말한다.
② 저온의 외기를 다량 도입할 수 있는 전공기 공조시스템일 때, 구조체의 열용량이 커 냉열 축적량이 클 때 효과적이다.

4 야간기동(Night Cycle)

야간운전은 하한온도(동계) / 상한온도(하계)를 유지할 수 있도록 하기 위하여 냉난방장치를 운전하는 프로그램으로 공실기간 동안의 외기댐퍼는 닫혀 있는 상태이다.

5 최적기동제어(Optimum Start / Stop)

부하조건에 의하여 최적한 기동시간을 판단하여 불필요한 예열, 예냉시간을 줄임으로써 전력 및 공조에너지를 절감한다.

QUESTION 08

피드포워드 제어(Feed Forward Control)에 대하여 설명하시오. (111회)

1 피드포워드(Feed Forward) 제어의 개념

외란이 제어대상으로 나타나기 전에 필요한 정정 동작을 행하는 것이다.

2 자동제어계의 구성

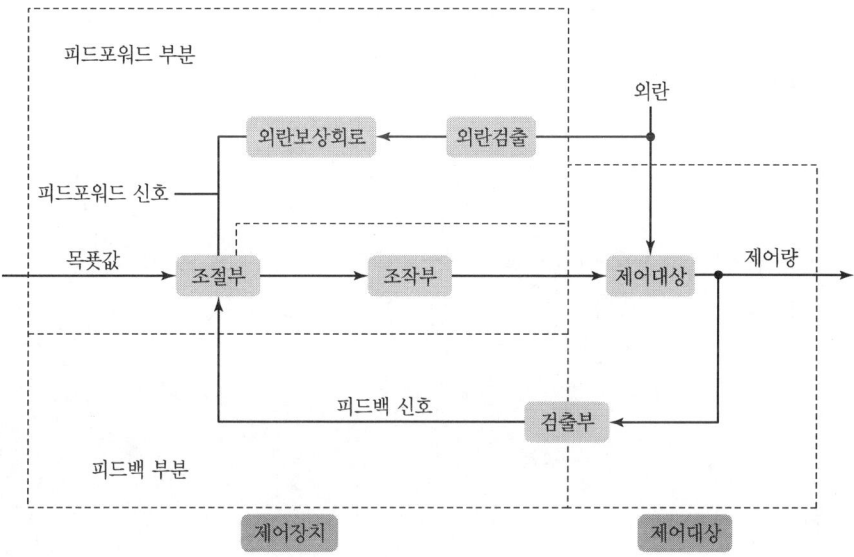

3 피드포워드(Feed Forward) 제어의 특징

① 피드포워드 제어는 피제어변수를 피드백시키지 않는다.
② 외란을 측정하여 피제어변수에 미칠 영향을 계산한 후 이를 상쇄시키기 위한 조작변수 값을 구하여 조절계에 적용한다.
③ 피드포워드 제어는 외란이 측정 가능하고 관련 입출력 변수 사이에 수식모델이 주어질 때에만 설계가 가능하다.

QUESTION 09

지하수를 냉동기의 응축기용 냉각수로 사용할 때, 아래 그림과 같이 외기를 예냉시킬 경우의 공기선도를 작성하시오. (112회)

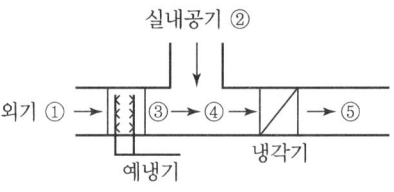

1 습공기선도 작도

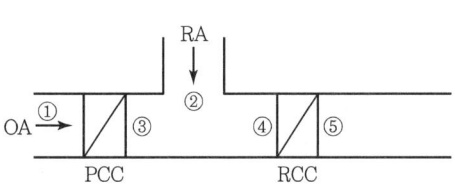 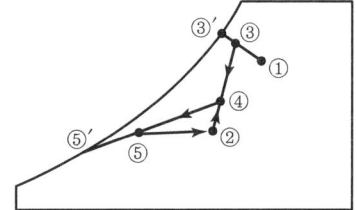

QUESTION 10

IoT 기반 빌딩통합제어 관리시스템을 정의하고, 시스템의 구성 및 제어 특징에 대하여 설명하시오. (118회)

1 IoT 기반 빌딩통합제어 관리시스템의 정의

① IoT 기술을 활용하여 유·무선을 통한 온습도, 환경, 재실공실, 출입 여부 등에 대한 감시신호와 외부환경을 고려한 제어를 실시하게 된다.
② 제어 알고리즘, 제어 네트워크를 통한 정보공유와 분석에 따른 최적제어를 이룰 수 있으며 IoT 기반의 지능형 공조 제어는 시스템의 설계, 시공, 유지관리 과정을 표준화, 제도화함으로서 공사비와 에너지를 절감한다.

2 시스템의 구성

1) 분산형 제어기

① 건축물에 설치되는 HVAC 시스템은 BAS 연동을 위해 정보통신 관련 기술 등과 통신 표준화가 이루어지고 있으며, IoT를 이용한 세분화와 분산화로 구성된다.
② DDC는 전 관제점이 집중되어 고장 시 전체를 사용할 수 없거나 불가피하게 수동 운전을 할 수밖에 없던 방식을 분산 세분화한다.

2) 실별 IoT 제어기

① 가변풍량(VAV : Variable Air Volume)과 팬코일 제어는 온·습도에 의해 해당실을 제어하며 IoT 네트워크를 이용하여 최적제어를 실시한다.
② 실의 배치, 가구, 파티션 등과 무관하게 언제든지 설치위치를 이동할 수 있고, 제어기 자체가 측정, 감시, 설정, 제어, 통신 저장 등의 기능을 수행한다.

3) IoT 센서류

① 분산형 제어기와 실별 IoT를 연결하는 각종 IoT 센서는 온도, 습도, CO_2, 풍속센서 등으로 무선 네트워크에 전송하여 실시간으로 데이터를 수집한다.
② IoT 센서와 장비 간의 프로토콜 및 연동 서비스가 가능하도록 하고, BACnet, LonWork, OPC, TCP/IP, UDP/IP, USB, DDE, Telephone/CDMA 통신을 지원한다.
③ 건물에너지효율 향상을 위하여 센서에서 수신된 정보에 대하여 Realtime Trend 및 Historical Trend 감시를 실시한다.

3 제어 특징

1) 에너지 절감적인 측면
① 외기 엔탈피 제어 알고리즘에 의한 유량, 풍량 인공지능 퍼지 제어(Fuzzy Control)
② Zone Control 기능으로 세분화된 각 실 냉난방 제어로 에너지 절감
③ IoT 기반 재실 / 공실, 조도에 의한 Zone별 Global Control 연동제어로 에너지 절감

2) 시공비 절감적 측면
① 공조 전용 분산형 제어기와 IoT 센서를 통하여 기존의 배관 배선비 절감
② 시공 및 유지관리, 개보수 등 건물의 총 생애비용(Total Life Cycle Cost) 절감
③ 정보통신환경 변화에 능동적으로 대응함으로써 건설비용 절감 및 생산성 향상

QUESTION 11

> 건물의 에너지 사용량 파악과 설비운전 추이를 종합분석하는 건물에너지관리시스템(Building Energy Management System)의 기능을 설명하시오. (122회)

1 건물에너지관리시스템(Building Energy Management System)의 개념

BEMS(Building Energy Management System)란 건물 내 에너지 사용기기에 센서 및 계측 장비를 설치하고 수집된 에너지 사용 정보를 최적화 분석하여 가장 효율적인 관리방안으로 자동 제어하는 '에너지수요관리 최적화 시스템'을 말한다.

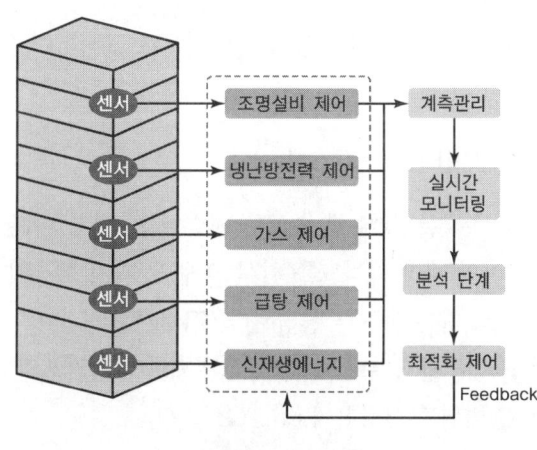

| BEMS의 개념도 |

2 건물에너지관리시스템(Building Energy Management System)의 기능

분류	내용
가시화 기능 (Visualization)	에너지 사용 정보를 실시간으로 화면에 표시 · 감시하여 모니터링하고, 소비량에 대한 트렌드를 사용자에게 제공
분석 기능 (Analysis)	에너지 정보를 이용하여 원별 · 장비별 · 수요처별 에너지 소비량 분석, 수요처별 온습도, CO_2 발생량, 조도 분석, 기기 운전상황 등 제공
관리 기능 (Management)	에너지 사용량 예측, 에너지 소비 비용 분석, 정책 결정, 제어시스템 연동 정보 제공

QUESTION 12

> 냉동기 제어방법 중 하나인 퍼지제어(Fuzzy Control)에 대하여 기술하시오.
> (123회)

1 퍼지제어(Fuzzy Control)의 개념

① 퍼지제어는 경험적 제어의 일종으로서, 실험 및 과거 사례, 엔지니어의 경험 등을 기반으로 설정하는 제어방식이다.
② 냉동기 등 공조기기에 적용되는 각종 루프(회로)별 on / off 등 가동에 대한 범위를 설정하고 그에 따른 제어를 실시한다.
③ 가동범위는 경험(실험 및 과거 사례) 등을 종합적으로 고려하여 설정한다.

2 냉동기에서의 퍼지제어(Fuzzy Control)

① 냉동기의 루프(회로) 종류는 크게 냉매계통, 냉수계통, 냉각수계통으로 나눌 수 있다.
② 제어의 목표인 제실자의 냉방 쾌적도를 위해 크게 세 가지 계통이 다변수 제어된다.
③ 우선, 제실자가 목표로 하는 온도가 설정된다.(예 24℃)
④ 24℃의 재실자 목표 온도를 맞추기 위해 냉수계통의 순환펌프의 on / off가 일어난다(이때는 예를 들어 10~16℃ 범위를 설정하여 on / off 실시).
⑤ 이때 응축기와 연결된 냉각수 계통의 순환펌프의 on / off를 통해 냉각수의 열의 배열이 일어난다(이 또한 냉각수의 온도범위 설정 안에서 on / off가 실시된다).
⑥ 또한 냉매계통인 냉동기 압축부분에서 재실자가 목표한 온도에 맞출 수 있게 범위를 설정하여 압축일이 행하여진다.

3 특징

장점	단점
• 실제적 Data 및 경험을 활용하여 제어하므로 정확도가 상승 • 재실자가 원하는 온도에 빠르게 접근 가능 • 각종 펌프의 효율적인 제어로 반송동력 저감 가능 • 실제적 Data의 빅데이터화로 지속적인 Feedback이 가능하고 이에 따라 계속적인 냉동제어부분의 발전 계승이 가능	• 실험적 Data 및 경험적 사항에 의존하므로 Data의 축적 등의 사전 조건이 필요 • 여러 변수들이 중첩적으로 작용하므로 복잡한 제어 시스템 구성이 될 수 있음 • 복잡한 제어 설정과정이 동반되므로 숙련된 설계자가 필요

QUESTION 13

안전밸브와 릴리프밸브의 차이점에 대하여 설명하시오. (123회)

1 안전밸브(Safety Valve)와 릴리프밸브(Relief Valve)의 공통점

시스템 내의 압력을 제한하기 위한 밸브로서 특정 압력 이상이 되면 유로를 개방하여 압력을 경감시키고 특정 압력에서는 자동으로 닫히게 된다.

2 안전밸브(Safety Valve)와 릴리프밸브(Relief Valve)의 차이점

1) 작동 유체

① 안전밸브 : 압축성 유체(증기, 가스 등)
② 릴리프밸브 : 비압축성 유체(오일, 물 등)

2) 압력 경감 컨트롤

① 안전밸브
- 압력이 일정 한계에 이르면 Full Open되고, 압력이 내려가면 Close된다.
- 설정압력에 도달하면 밸브가 빠르게 열리고, 재설정 압력(Reset Pressure) 이하로 압력이 떨어질 때까지 열려 있다(재설정 압력<설정압력). (순간적 방출)

② 릴리프밸브
- 압력의 증감에 따라 밸브의 Open & Close가 비례작동한다.
- 설정압력 이상이 되면 밸브가 서서히 열리게 되며, 오직 설정압력 이상의 압력만을 경감하게 된다.

QUESTION 14

건물에너지관리시스템(BEMS : Building Energy Management System)의 설계기준(시스템의 개요, 시스템의 기본 기능)에 대하여 설명하시오. (126회)

1 건물에너지관리시스템(BEMS : Building Energy Management System)의 개요

① 건물에너지관리시스템(BEMS : Building Energy Management System)은 건축물, 시설물의 에너지 사용량 파악과 설비운전 추이를 종합 분석하여 에너지를 절감할 수 있게 하는 기능과 원격검침 및 열원별 에너지 사용량 감시 기능을 통합한다.
② 건물자동화시스템의 계측·계량 데이터를 장기간 수집·보존하여 운전관리자나 설계자에게 수집한 데이터를 알기 쉽게 정리·가공하는 기능과 그 기능을 이용해 평가·해석하는 행위를 지원할 수 있는 시스템을 구현해야 한다.

2 시스템의 기본 기능

	기본 기능	설치기준
1	데이터 수집 및 표시	대상 건물에서 생산·저장·사용하는 에너지를 에너지원별(전기 / 연료 / 열 등)로 데이터 수집 및 표시
2	정보 감시	에너지 손실, 비용 상승, 쾌적성 저하, 설비 고장 등 에너지관리에 영향을 미치는 관련 관제값 중 5종 이상에 대한 기준값 입력 및 가시화
3	데이터 조회	일간, 주간, 월간, 연간 등 정기 및 특정 기간을 설정하여 데이터를 조회
4	에너지 소비현황 분석	2종 이상의 에너지원단위와 3종 이상의 에너지용도에 대한 에너지 소비현황 및 증감 분석
5	설비의 성능 및 효율 분석	에너지 사용량이 전체의 5% 이상인 모든 열원설비의 기기별 성능 및 효율 분석
6	실내외 환경 정보 제공	온도, 습도 등 실내외 환경 정보 제공 및 활용
7	에너지 소비 예측	에너지사용량 목표치 설정 및 관리
8	에너지비용 조회 및 분석	에너지원별 사용량에 따른 에너지비용 조회
9	제어시스템 연동	1종 이상의 에너지용도에 사용되는 설비의 자동 제어 연동

QUESTION 15

EMS(Energy Management System)의 종류 및 특징에 대해 설명하시오.
(126회)

1 에너지 소비영역에 따른 EMS의 종류 및 특징

구분	특징
CEMS (Cluster / Community EMS, 지역EMS)	• CEMS는 스마트그리드의 주축이 되는 시스템으로, 수요 측 자원인 분산전원을 포함한 전력계통의 하류 측 설비에 대해 감시 및 제어를 하는 동시에 개별 수요자의 HEMS, BEMS, FEMS를 포함한 지역 전체의 에너지를 관리하는 시스템이다. • CEMS는 지역단위의 수요 측 정보 및 수요시스템 정보를 모니터링하고 시스템을 통합하여 수요 측 자원을 제어하는 등의 최적화된 관리를 한다.
BEMS (Building EMS, 빌딩EMS)	• BEMS는 건물 내 에너지 사용기기에 센서 및 계측장비를 설치하고 수집된 에너지 사용정보를 최적화 분석하여 가장 효율적인 관리방안으로 자동 제어하는 '에너지수요관리 최적화시스템'을 말한다. • 에너지 절감 및 온실가스 배출량 감축, 유지관리비용 최소화 등의 효과를 거둘 수 있다.
HEMS (Home EMS, 주택EMS)	• HEMS는 가정용 에너지관리시스템으로서 가정에서 사용하는 전력, 가스, 열 등의 이용을 IT기술을 활용하여 종합적으로 관리하는 시스템을 의미한다. • 가정 내 에너지의 흐름과 사용량을 수치로 확인할 수 있다는 점을 특징으로 한다. • 스마트 가전기기를 대상으로, 가전제품의 소비전력 감시 및 원격제어 등을 실시할 수 있다.
FEMS (Factory EMS, 공장EMS)	• FEMS는 공장 내의 배전설비, 공조설비, 조명설비, 생산라인설비에 대한 에너지 사용 및 가동사항을 모니터링하고 제어하는 에너지관리시스템이다. • FEMS는 에너지 사용 합리화와 설비·기기의 토털라이프사이클(Total Life Cycle)관리를 가능하게 한다.
MGEMS (MicroGrid EMS, 전력망EMS)	MicroGrid의 안정적인 운영을 위해 계통 내 전력에 대한 분산전원의 생산량, 부하의 소비량을 예측하고 이를 통하여 안정적인 계통 운영을 지원하는 시스템이다.
REMS (Renewable EMS, 신재생EMS)	신재생에너지설비의 발전현황, 운영현황, 오류 여부 등을 실시간으로 관리(모니터링)하는 시스템이다.
TEMS (Transportaion EMS, 운송EMS)	TEMS는 전기차 충전기 및 에너지저장장치(ESS, Energy Storage System)를 이용하여 전기차 충전서비스뿐만 아니라 전력계통에 대한 V2G(Vehicle to Grid)서비스를 지원하는 시스템이다.

QUESTION 16

공공기관 에너지이용 합리화 추진에 관한 규정에 의거한 다음의 각각에 대하여 설명하시오. (127회)
(1) ESS(Energy Storage System) 설치대상
(2) BEMS(Building Energy Management System) 구축 · 운영대상
(3) 건축물에너지효율 1등급 이상 의무적 취득대상
(4) 제로에너지건축물 인증 취득대상

1 ESS(Energy Storage System) 설치대상

1) 원칙

공공기관은 전력피크 저감 등을 위해 계약전력 2,000kW 이상의 건축물에 계약전력 5% 이상 규모의 에너지저장장치(ESS)를 설치하여야 한다.

2) 예외사항

① 임대건축물
② 발전시설(집단에너지 공급시설을 포함), 전기공급시설, 가스공급시설, 석유비축시설, 상하수도시설 및 빗물 펌프장
③ 공항, 철도 및 지하철 시설
④ 기타 최대 피크전력이 계약전력의 100분의 30 미만이거나 전력피크 대응 건물 등으로서 산업통상자원부장관이 인정하는 시설

2 BEMS(Building Energy Management System) 구축 · 운영대상

공공기관 중 에너지절약계획서 제출대상이면서 연면적 10,000m^2 이상의 건축물을 신축하거나 별동으로 증축하는 경우에는 건물에너지 이용 효율화를 위해 건물에너지관리시스템(BEMS)을 구축 · 운영하여야 하며, 한국에너지공단을 통해 설치확인을 받아야 한다(공동주택 및 오피스텔, 공장, 자원순환관련 시설 등은 제외).

3 건축물에너지효율등급인증 의무적 취득대상

다음의 적용규모를 갖춘 공공기관의 신축, 재축, 증축
[적용규모 : 공동주택 30세대 이상, 기숙사 연면적 3,000m^2 이상, 공동주택 및 기숙사 외의 건축물 연면적 500m^2 이상]

4 제로에너지건축물인증 의무적 취득대상

다음의 적용규모를 갖춘 공공기관의 신축, 재축, 증축
[적용규모 : 공동주택 30세대 이상, 공동주택 외의 건축물 연면적 500m² 이상]

QUESTION 17

유량 제어밸브에서 어소리티(Authority)의 중요성이 증대되고 있다. 어소리티(Authority)의 정의와 중요성에 대하여 설명하시오. (133회)

1 어소리티(Authority)의 정의

제어밸브가 완전 개방일 때의 설계 유량에 대한 차압과 밸브가 완전히 닫히게 되었을 때 증가된 제어밸브 통과 차압의 비를 말한다.

$$\beta(authority) = \frac{\Delta P_{설계유량(완전개방)에서\,컨트롤밸브}}{\Delta P_{컨트롤\,밸브\,완전차단}}$$

2 어소리티(Authority)의 중요성 : 수배관 시스템 설계 및 운전 최적화

① 어소리티는 차압을 제어하는 장치가 수시로 변화는 배관의 압력을 얼마나 일정하게 유지할 수 있는가를 나타내는 지표이다.
② 어소리티는 0~1의 값을 갖으며, 그 수치가 높을수록 제어특성이 좋음을 의미한다. 특히 부분부하에 대한 대처 특성이 우수함을 나타낸다.
③ 국제적으로 최소 0.25 이상을 확보하도록 하고 있다.

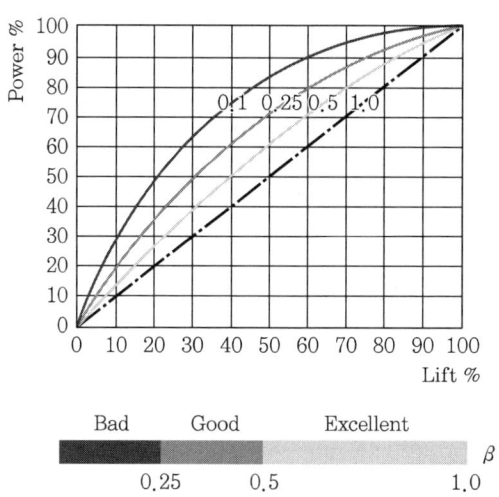

QUESTION 18

안전밸브(Safety Valve)와 릴리프밸브(Relief Valve)의 특징을 설명하시오.
(133회)

1 안전밸브와 릴리프밸브의 특징

구분	안전밸브	릴리프밸브
공통점	시스템 내의 압력을 제한하기 위한 밸브로서 특정 압력 이상이 되면 유로를 개방하여 압력을 경감시키고 특정 압력에서는 자동으로 닫히게 된다.	
작동유체	압축성 유체(증기, 가스 등)	비압축성 유체(오일, 물 등)
압력 경감 컨트롤	• 압력이 일정 한계에 이르면 Full Open되고, 압력이 내려가면 Close된다. • 설정압력에 도달하면 밸브가 빠르게 열리고, 재설정압력(Reset Pressure)이하로 압력이 떨어질 때까지 열려 있다(순간적 방출). → 재설정압력 < 설정압력	• 압력의 증감에 따라 밸브의 Open & Close가 비례작동한다. • 설정압력 이상이 되면 밸브가 서서히 열리며, 오직 설정압력 이상의 압력만을 경감하게 된다.

CHAPTER 10

신재생설비

QUESTION 01

태양열 이용 냉난방·급탕시스템 적용 시 주의사항을 기술하시오. (91회)

1 태양열 냉난방·급탕시스템의 개념

태양열시스템(Solar Thermal System)이란 태양에너지를 열에너지로 흡수·변환·저장하여 건물의 냉난방 및 온수급탕 등에 활용하는 기술이다.

2 개념도

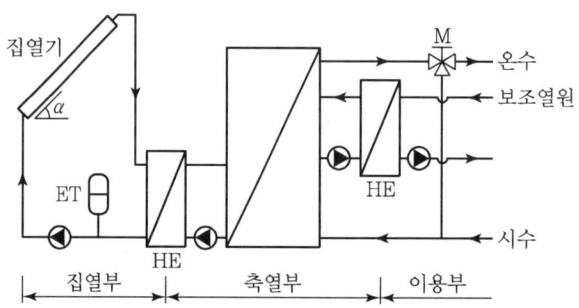

3 설계(적용) 시 고려사항(주의사항)

① 태양열시스템 설비의 타당성 검토
② 온수급탕 및 난방부하 산정
③ 집열기 선정(집열온도, 외기온도, 일사량)
④ 매수 선정
⑤ 시스템 구성 및 보조열원과의 연계
⑥ 집열 열량 산정(집열면적, 태양열 의존율)
⑦ 시스템 제어
⑧ 각 구성부품의 용량 및 성능(열교환기, 펌프, 축열조, 배관)
⑨ 성능 향상, 에너지 절약, 환경개선 효과
⑩ 안전성과 경제성

QUESTION 02

태양열 집열판에 이슬이 생기는 이유에 대하여 설명하시오. (92회)

1 태양열 집열기 구조도

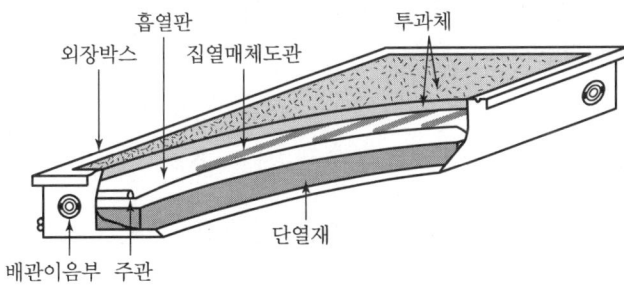

2 태양열 집열판에 이슬(결로) 발생 시 문제점

① 투과도 감소에 따른 태양열 집열 효율 저하
② 집열판 내 단열재 내구성 저하에 따른 단열성능 감소
③ 흡열판 흡열성능 저하로 인한 태양열 흡수 감소
④ 태양열 온수 / 급탕 시스템의 전체적 효율 저하

3 태양열 집열판에 이슬(결로) 발생 이유(원인)

① 외장박스의 기밀도 부족으로 인한 외부습기 유입
② 집열매체도관을 흐르는 시수의 온도가 노점온도 이하로 강하
③ 집열판 설치부위에 음영 발생
④ 집열판과 배관 이음부 간의 결속불량에 따른 습기 유입

4 태양열 집열판에 이슬(결로) 발생 시 대책

① 외장박스의 기밀도 점검 및 외부 습기유입 차단
② 집열매체도관의 시수의 온도 체크
③ 음영 발생이 최소화될 수 있도록 설치위치 검토
④ 집열판과 배관 이음부 간의 기밀도 점검

QUESTION 03

BIPV시스템의 정의 및 설계, 시공 시 고려사항에 대하여 설명하시오. (93회)

1 BIPV시스템(Building Intergrated Photo Voltaic System)의 개념

BIPV(건물 일체형 태양광발전시스템)란 건물의 외벽 마감재 대신에 태양광 모듈로 외피마감 재료를 대체하는 시스템이다.

2 설계 시 고려사항

① 방위각은 그림자의 영향을 받지 않는 곳에 정남향 설치를 원칙으로 하되, 건축물의 디자인 등에 부합되도록 현장여건에 따라 배치할 수 있다.
② 경사각은 지역별로 최대 일사량을 받을 수 있도록 설치하여야 한다(최적의 설치각도 30~40°).
③ 설치 가능 면적과 발전 효율을 고려하여 최적의 효율을 얻을 수 있도록 설치하여야 한다.
④ 주변에 일사량을 저해하는 장애물이 없도록 배치한다.
⑤ 구조체와의 간격을 15cm 유지하여 방열에 따른 환기를 검토한다.

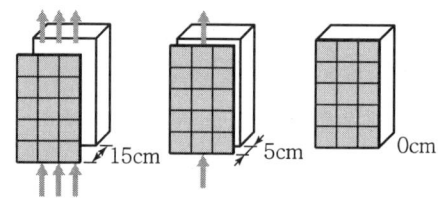

구조체와의 간격	냉각 기능	손실률
15cm	매우 양호	없음
5cm	양호	5%
0cm	없음	15%

3 시공 시 고려사항

① 태양전지판은 피뢰설비로 보호하여야 한다.
② 패널의 수평이동 및 전도(넘어짐) 사고를 방지할 수 있도록 필요한 안전대책을 검토한다.
③ 지지대는 자중·적재하중·적설·풍압·지진·진동·충격 등에 대하여 안전한 구조의 것으로 하고, 건축물 설치 시 방수 등의 문제가 없도록 하여야 한다.
④ 지지대 제작 시 형강류 및 모든 철재부위(부속 포함)는 용융아연도금 또는 녹방지 처리되어야 한다. 다만, 스테인리스제인 경우는 예외로 한다.

QUESTION 04

냉·난방 부하를 경감시킬 수 있는 쿨 튜브 시스템(Cool Tube System)에 대하여 설명하시오. (95회)

1 쿨 튜브 시스템(Cool Tube System)의 개념

땅속의 온도는 사시사철 거의 13~16℃를 유지한다는 데 착안하여 땅속에 녹 발생이 거의 없는 지름이 큰 스테인리스관(또는 지름이 큰 엑셀파이프)을 3m 깊이로 묻고 이 관을 통해 여름철에는 시원하고 겨울철에는 따뜻한 바깥의 공기를 실내에 공급하는 파이프를 Cool Tube System이라 한다.

2 쿨 튜브 시스템을 이용한 냉난방시스템

1) 냉방

냉방 시에는 Cool Tube를 통과한 냉풍을 실내에 공급하고, 이때 자연 통풍력이나 강제 통풍력을 이용한다. 흡입구 주변은 나무를 이용하여 뿌리가 흡수한 물이 나뭇잎을 통해 증발할 때 주변의 열을 빼앗아 시원한 공기를 흡입한다.

2) 난방

난방 시에는 Cool Tube를 통과한 온풍을 이중벽(Double Skin)으로 더욱 가열하여 실내에 급기하여 난방한다.

3 쿨 튜브 시스템의 열적 성능에 영향을 미치는 요소

① 외기온도 및 공기풍량
② Tube의 직경 및 길이
③ 매설깊이 및 흙의 열전도율, 지중의 수분 함습률

4 쿨 튜브 시스템의 설계 및 시공지침

1) Cool Tube의 재질 및 직경

　① Cool Tube 재질 : 내구성과 열교환성이 우수한 스테인리스 강관 사용
　② 관의 직경 : 300mm 이상

2) Cool Tube의 길이 : 70~100m가 권장되며, 최소 50m 이상

3) Cool Tube의 매설깊이 : 건물의 바닥면으로부터 3m 이상

4) Cool Tube의 매설간격 : Tube 3개 각각 1.5m 이상

5) Cool Tube의 Slope : 1/500 이상으로 하여 응축수 탱크에 집수

6) Cool Tube의 풍량 : 300CMH 3개(급기용 Fan 900CMH)

7) 송풍실의 구조

　① 빗물침투가 방지되며, 직접일사나 온도에 영향을 받지 않는 곳
　② Fan의 설치 및 유지관리가 용이하도록 설계

8) 송풍실 주위의 조경

　① 여름철 급기온도 상승 방지를 위해 그늘지게 함
　② 겨울철에는 태양열의 영향으로 급기 온도 상승을 유도함

9) 응축수 탱크 및 Sub-pump 설치 : 관 내부에 온도차에 의한 결로 발생

10) 부동침하로 인한 Cool Tube의 변형방지

11) 헤더의 재료 : 스테인리스관

12) Cool Tube의 댐퍼 설치

13) 응축수 탱크와 Cool Tube 접합부위 습기 침투 방지

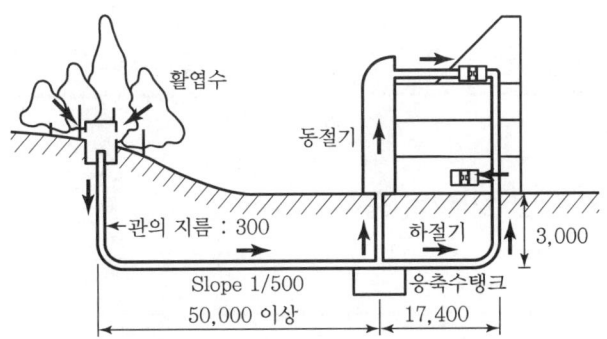

∥ 최적 Cool Tube 시스템의 단면도 ∥

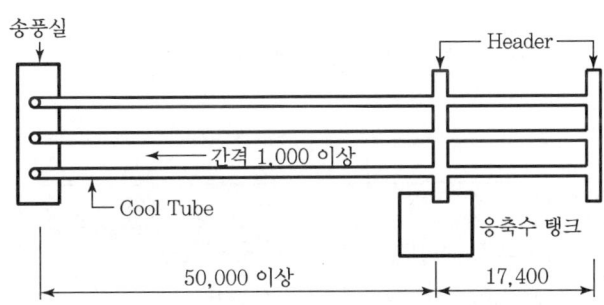

∥ 최적 Cool Tube 시스템의 평면도 ∥

5 설계 및 운용에 따른 Cool Tube의 성능변화

구분	세부사항
운전 시간	• 0.5~1시간 경과 시까지 극심한 온도변화를 보여 줌 • 2~12시간 거의 변화 없음
유량	300CMH×3개가 900CMH 1개보다 효율이 좋음
매설 깊이	3m 이하 매설 시 성능변화에 크게 영향을 미치지 못함
관의 길이	• 관의 길이가 길어질수록 온도강하율 순화 • 50m 이상이나 70~100m 정도가 좋음

QUESTION 05

신재생에너지 개발보급의 필요성에 대하여 설명하시오. (97회)

1 신재생에너지의 개념 및 설비 종류

1) 개념

구분	개념
신에너지	기존의 화석연료를 변환시켜 이용하거나 수소·산소 등의 화학 반응을 통하여 전기 또는 열을 이용하는 에너지
재생에너지	햇빛·물·지열(地熱)·강수(降水)·생물유기체 등을 포함하는 재생 가능한 에너지를 변환시켜 이용하는 에너지

2) 설비 종류

구분	개념
신에너지	수소에너지설비, 연료전지설비, 석탄을 액화·가스화한 에너지 및 중질잔사유(重質殘渣油)를 가스화한 에너지 설비
재생에너지	태양에너지설비, 풍력설비, 수력설비, 해양에너지설비, 지열에너지설비, 바이오에너지설비, 폐기물에너지설비, 수열에너지설비

2 신재생에너지 개발보급의 필요성

① 기후변화 대응 및 온실가스 감축 수단
② 석유파동, 고유가 등 에너지 위기의 상시화
③ 신규 투자처 확대 및 일자리 창출
④ 자연친화적 에너지 적용 및 화석연료 대체

3 신재생에너지 보급 확대 방안

① 신재생에너지 기술개발을 통한 효율 향상
② 신재생에너지 설치 관련 보조금 확대 및 세제지원 강화
③ 공공기관 신재생에너지 생산량 의무 비율 확대
④ 제로에너지건축물 인증 의무대상범위 확대
⑤ A/S 관련 전문인력 육성을 통한 유지관리 편의 확대

QUESTION 06

태양열 집열기의 종류 3가지를 들고, 각각에 대하여 설명하시오. (98회)

1 평판형 태양열 집열기

1) 적용원리

평판 형태의 집열기로 단순하여 조립 및 설치, 유지관리에 소요되는 비용이 저렴하고 건물과 조화를 이룰 수 있는 구조로 가장 널리 사용되는 집열기이다.

2) 구성 요소

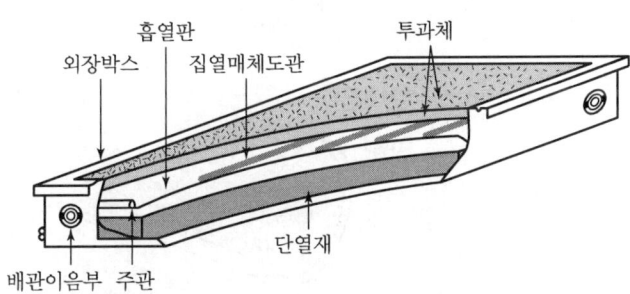

∥ 평판형 태양열 집열기(액체식) 구성요소 ∥

① 투과체(Glass Cover)

태양에너지를 투과시키고 집열기 전면으로의 열손실을 방지하는 역할을 한다.

② 흡수판(Absober, 집열기)

투과된 태양에너지를 흡수해서 열에너지로 변환시키는 역할을 한다.

③ 외장박스(Casing, 케이싱)

집열기의 틀로서 동, 알루미늄, 스테인리스, FRP 등으로 제작된다.

④ 단열재(Insulation)

집열판이 흡수한 태양에너지의 집열기 후면으로의 열손실을 방지하는 역할을 한다.

⑤ 열매체 종류에 따른 열전달 구성요소
- 액체식 집열기인 경우, 집열된 열에너지가 흡수판에 부착된 열매체관의 액체로 전달되어 주관을 통해 축열부와 이용부로 이송된다.
- 공기식 집열기인 경우, 집열된 열에너지가 흡수판 하부 공간의 공기로 전달되어 축열부와 이용부로 이송된다.

3) 특징

① 가장 많이 보급된 집열기로 온수급탕(최고 60℃) 및 난방용으로 주로 사용된다.
② 태양에너지 흡수면적이 태양에너지 입사면적과 동일하다.
③ 태양광 추적장치가 불필요하다.
④ 전 일사량(직달일사, 확산일사)을 모두 이용 가능하다.

2 진공관식 태양열 집열기

1) 원리

동관이 접착된 집열판과 유리관 사이의 빈 공간을 진공으로 만들어 그 안에서 일어나는 자연대류의 영향을 제거함으로써 열손실을 최소화하여 고온의 열을 얻는다.

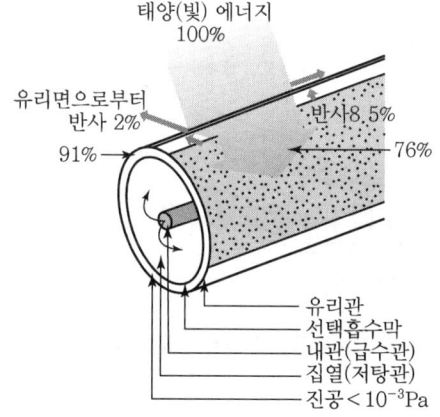

┃ 진공관식 태양열 집열기 ┃

2) 종류

① 2중 튜브형 진공관식(이중진공유리관형)
② 판·튜브형 진공관식
③ 히트파이프형 진공관식(단일진공유리관형)

3) 특징

① 급탕 및 난방 열원 공급이 가능하다.
② 난방이 가능한 85~95℃의 온수공급이 가능하다.
③ 최고 140℃ 정도의 중온수공급이 가능하다.
④ 설치면적이 평판형에 비해 작다.
⑤ 평판형 대비 집열 효율이 높다.
⑥ 가볍고 설치가 용이하다.
⑦ 수평설치가 가능하여 태양입사각의 영향을 받지 않는다.

⑧ 산업공정별로 이용이 가능하다.
⑨ 건물에 설치 시 조형미가 뛰어나다.
⑩ 고도의 진공기술이 필요하다.

❸ 2중 튜브형 진공관식 집열기(이중진공유리관형)

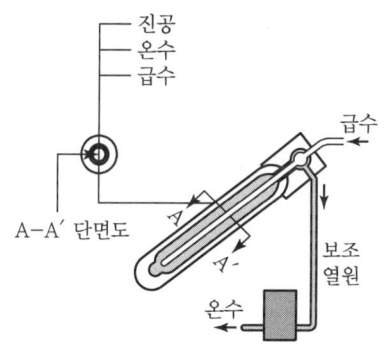

‖ 2중 튜브형 진공관식 집열기 ‖

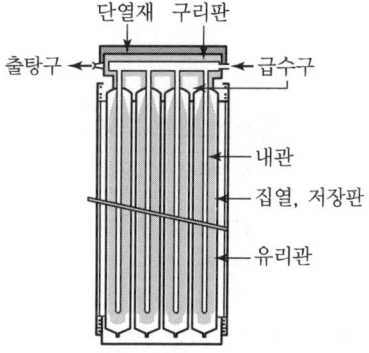

‖ 2중 튜브형 진공관식 집열기 세트 ‖

1) 원리

진공이 이루어진 유리관 내에 지름이 큰 외관과 작은 내관 사이의 빈 공간에서 상당한 양의 열매체를 저장할 수 있다.

2) 특징

① 축열조 용량을 줄일 수 있다. 경우에 따라서는 축열조가 필요 없다.
② 집열기 내의 다량의 온수로 인하여 야간 열손실이 크다.
③ 급수·급탕 배관에서의 동결 방지대책이 필요하다.
④ 선택흡수막은 내부유리관 외벽에 코팅한다.

❹ 판·튜브형 진공관식

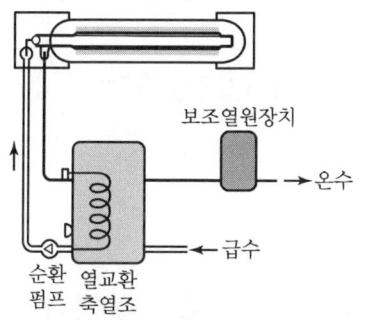

‖ 판·튜브형 진공관식 집열기 ‖

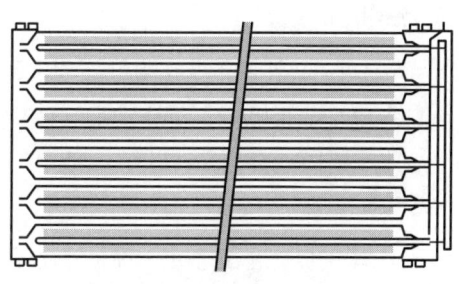

‖ 판·튜브형 진공관식 집열기 세트 ‖

1) 원리

진공이 이루어진 유리관 내에 흡열판이 지름이 작은 집열관 위에 접착되어 있어 자유도가 높은 급탕시스템이다.

2) 특징

① 열교환형 축열조를 이용하며 부동액 사용으로 동결문제를 해결한다.
② 흡열판의 경사각도 조정 및 축열조 용량을 변화시킴으로써 급탕온도의 자유로운 설계가 가능하다.
③ 건물용도에 맞는 설계가 가능하다.
④ 열응답이 빠르고 집열기 효율이 좋다.
⑤ 강제순환방식을 채택함으로써 펌프동력이 필요하다.

5 히트파이프형 진공관식(단일진공유리관형)

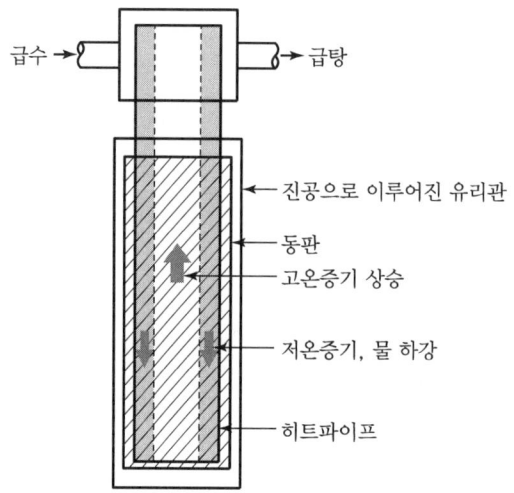

| 히트파이프형 진공관식 집열기 |

1) 원리

히트파이프와 흡열판을 결합한 것으로, 집열부의 열매체가 진공상태에 있기 때문에 물을 포함한 열매체의 빙점이 정상상태보다 훨씬 낮다.

2) 특징

① 열매채의 빙점이 낮기 때문에 동결문제가 해결된다.
② 지관이 필요 없기 때문에 압력손실이 작다.

③ 펌프동력이 적다.
④ 야간의 열손실이 적다.
⑤ 특정 시간대에 설정온도에 도달하기 위한 시간지연이 적다.

6 중고온 집열기

1) 원리

태양에너지를 집광하여 고밀도의 에너지형태로 변환시키는 별도의 집광장치(Concentrator)가 있는 태양열시스템으로 100℃ 이상의 중온, 300℃ 이상의 고온 집열이 가능하다.

2) 특징

① 100~1,000℃ 이상의 온도를 얻을 수 있어 태양열 발전 및 산업에 활용된다.
② 확산일사는 입사각도가 일정하지 않아 한 점에 집광이 되지 않기 때문에 주로 직달 일사를 집광에 이용한다.
③ 집광장치를 사용하는 중고온 집열기는 집광비를 사용하여 집광능력을 표시한다.
④ 집광비(輯光比, Concentration Ratio)
  • 흡수기(집열기)의 면적에 대한 집광장치(반사판)의 면적 비이다.
  • 집광비 = $\dfrac{집광장치(반사판)의 면적}{흡수기(집열기)의 면적}$
  • 집광장치의 직달일사 집광능력을 나타낸다.

QUESTION 07

지열설비(수직밀폐형)의 시공 순서 및 중점 관리사항에 대하여 설명하시오.
(100회)

1 지열설비(수직밀폐형) 시공순서

1) 천공

착정기를 사용하여 지하에 구경 150~200mm로 수직천공(케이싱 설치)하여 설치공을 만든다.

2) U자관(PE관 삽입)

3) 그라우팅(Grouting) 작업

지중열교환기로 사용되는 U자관(PE관)을 시추공에 삽입한 다음 파이프와 시추공 사이의 빈 공간을 벤토나이트, 시멘트 밀크로 채운다.

4) 파이프 배관 연결

보일러와 히트펌프, 축열조를 연결하고 지중열교환기에 열매체를 채운 후 유동시킨다.

2 중점관리사항

① 천공 시 지반의 안전성 검토
② 그라우팅 재료로 열전도율이 높은 재료를 선정(시멘트모르타르 – 열촉진재 혼합물)
③ 지중 열교환 시는 고밀도 폴리에틸렌(HDPE)파이프 사용
④ 되메우기 전 누수 여부 확인(최고 사용압력의 1.5배 이상 60분간 수압시험 실시)
⑤ 지중열교환기 간격 준수

QUESTION 08

태양전지 모듈의 (1) 프론트 커버, (2) 프레임에 대하여 설명하시오. (103회)

1 모듈(Solar Module, PV Module, 태양전지 모듈)의 개념

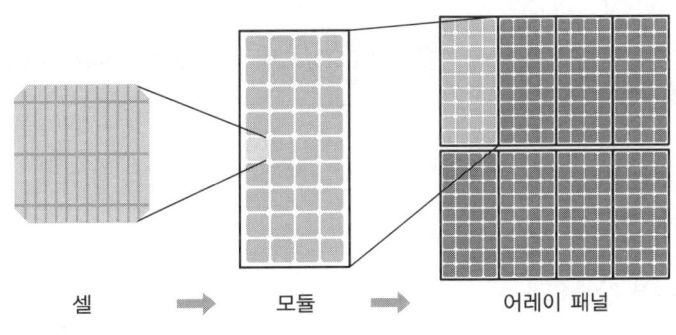

| 셀, 모듈, 어레이 개념도 |

① 모듈이란 셀 여러 장(보통 60장)을 직렬로 연결시키고 유리와 프레임으로 보호한 것으로 전력 생산의 기본 단위이다.
② 모듈 한 개의 출력은 약 250W, 전압은 약 36V이다.

2 모듈의 구성요소

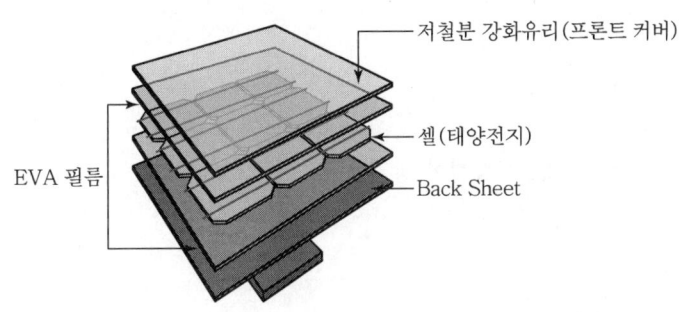

1) 셀(태양전지)

셀은 EVA 필름과 저철분 강화유리 사이에 고열 진공 압착한다.

2) EVA 필름(Ethylen Vynyl Acetate Sheet)

셀의 전도율을 높이고 외부환경으로부터 셀을 보호한다.

3) Back Sheet

낮은 열저항을 갖고 수분의 침투를 방지하여 모듈 후면을 보호한다.

4) 저철분 강화유리(프론트 커버)

고강도, 고효율, 내충격성, 투과성이 우수하며, 비·먼지 등의 오염으로부터 셀을 보호한다.

5) 프레임(Frame)

알루미늄 재질로서 모듈의 둘레를 감싸고 있으며 모듈을 보호하는 기능과 방열 기능을 가지고 있다.

3 프론트 커버

1) **재질** : 저철분 강화유리

2) **적용 목적** : 비·먼지 등으로부터 셀 보호

3) **요구 성능**
   ① 내충격성 및 고강도
   ② 고투과 특성

4 프레임

1) **재질** : 알루미늄

2) **적용 목적** : 모듈 보호 및 적절한 방열

3) **요구 성능**
   ① 높은 열전도 특성
   ② 고강도 및 내충격 특성
   ③ 기밀 확보

QUESTION 09

「신에너지 및 재생에너지 개발·이용·보급 촉진법」에서 정한 신재생에너지 설비를 설명하시오. (103회, 123회)

1 신에너지 및 재생에너지 설비

신에너지 및 재생에너지를 생산 또는 이용하거나 신·재생에너지의 전력계통 연계조건을 개선하기 위한 설비를 말한다.

2 신재생에너지 설비의 종류

1) 수소에너지 설비

   물이나 그 밖에 연료를 변환시켜 수소를 생산하거나 이용하는 설비

2) 연료전지 설비

   수소와 산소의 전기화학 반응을 통하여 전기 또는 열을 생산하는 설비

3) 석탄을 액화·가스화한 에너지 및 중질잔사유(重質殘渣油)를 가스화한 에너지 설비

   석탄 및 중질잔사유의 저급 연료를 액화 또는 가스화시켜 전기 또는 열을 생산하는 설비

4) 태양에너지 설비

   ① 태양열 설비 : 태양의 열에너지를 변환시켜 전기를 생산하거나 에너지원으로 이용하는 설비
   ② 태양광 설비 : 태양의 빛에너지를 변환시켜 전기를 생산하거나 채광(採光)에 이용하는 설비

5) 풍력 설비

   바람의 에너지를 변환시켜 전기를 생산하는 설비

6) 수력 설비

   물의 유동(流動)에너지를 변환시켜 전기를 생산하는 설비

7) 해양에너지 설비
해양의 조수, 파도, 해류, 온도차 등을 변환시켜 전기 또는 열을 생산하는 설비

8) 지열에너지 설비
물, 지하수 및 지하의 열 등의 온도차를 변환시켜 에너지를 생산하는 설비

9) 바이오에너지 설비
바이오에너지를 생산하거나 이를 에너지원으로 이용하는 설비

10) 폐기물에너지 설비
폐기물을 변환시켜 연료 및 에너지를 생산하는 설비

11) 수열에너지 설비
물의 열을 변환시켜 에너지를 생산하는 설비

12) 전력저장 설비
신에너지 및 재생에너지를 이용하여 전기를 생산하는 설비와 연계된 전력저장 설비

❸ 신에너지 및 재생에너지설비의 특징

장점	단점
• 에너지원이 청정, 환경부하 저감	• 전력 생산량이 지역별 특성에 따라 상이
• 탄산가스(CO_2) 배출 저감으로 탄소중립 실현(지구 온난화에 대처)	• 에너지 밀도가 낮아 큰 설치면적이 필요
	• 생산이 간헐적
• 제로에너지건축물 건립 가능	• 초기 투자비와 발전단가가 높음
• 유지보수비용 절감(완전 자동운전 가능)	• 개방식 지열발전의 경우 수질오염 발생
• 연간 냉난방비용 절감	• 풍력의 경우 소음 발생
• 높은 내구성과 안전성 확보	• 별도 축전 및 축열시설 설치 필요
• 건축물과 디자인적으로 결합 가능	• 설계, 시공, 유지관리에 대한 기술 능력 필요

QUESTION 10

Plate Heat Exchanger Type에 대하여 다음을 설명하시오. (106회)
(1) 구조와 기능
(2) 성능과 설계법

1 판형 열교환기의 구조와 기능

① 판형열교환기는 열판을 이용하여 열교환이 이루어지게 만든 구조이다.
② 판의 탈부착이 가능하여 판의 수를 조정할 수 있다.

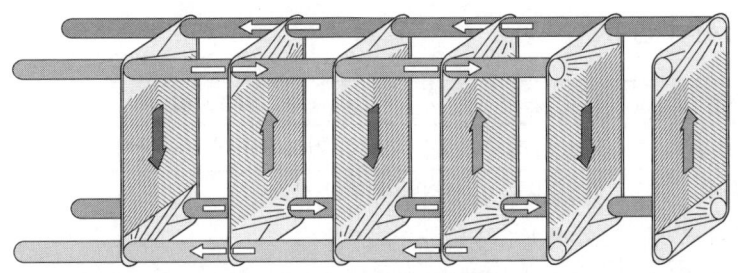

③ 그림에서 고온의 물은 상단으로 투입되어 열교환기를 거치면서 열을 빼앗기고 하단으로 돌아 나가며, 후면의 저온의 물은 하단으로 투입되어 열교환기를 거친 후 열을 얻어 상단으로 나간다. 이때 열판과 열판 사이는 고온의 물과 저온의 물이 교차로 이동하여 열전달을 가능하게 한다.

2 판형 열교환기의 성능과 설계법

1) 열교환기의 성능

열교환기 성능은 열전달길이(Thermal Length, 열전달 단위수, NTU, θ)로 표현될 수 있다.

$$\theta = \frac{k \times A}{m \times C}$$

여기서, θ : 열교환기 성능, k : 총괄열전달계수, A : Plate 면적, m : 질량 유량, C : 비열

2) 열교환기 설계법

$$A = \frac{m \times C \times \theta}{k}$$

m이 증가된다면 전열면적, 즉 Plate 면적이 더 크게 요구된다는 것을 알 수 있고 θ 값이 크면 열전달 면적도 크게 된다는 것을 알 수 있다.

QUESTION 11

건물에 이용할 수 있는 자연에너지에 대하여 설명하시오. (106회)

1 자연에너지의 개념

자연에너지란 태양, 바람, 지열 등 자연에서 얻을 수 있는 에너지로서, 신재생에너지 중 재생에너지에 해당한다.

2 자연에너지의 종류

구분	세부사항
태양에너지	태양열, 태양광 등을 활용한 전력생산 및 냉난방시설에 적용
풍력	풍력을 활용한 풍력발전 등의 전력생산
수력	소수력 등을 활용한 전력생산
해양에너지	조력을 활용한 전력생산 및 수열을 이용한 냉난방시설에 적용
지열에너지	지열을 이용한 전력생산 및 지열 Heat Pump 등 냉난방시설에 적용
바이오에너지	생물 유기체를 변환시켜 기체, 액체 또는 고체의 연료를 생산
폐기물에너지	폐기물의 소각열 활용 및 폐기물을 변환시켜 기체, 액체 또는 고체의 연료를 생산

3 자연에너지의 활성화 방안

① 제도개선을 통한 자연에너지 의무적용 확대
② 자연에너지 적용 기술의 개발
③ 자연에너지 생산 단가의 합리화 및 보급 활성화

QUESTION 12

지열에너지의 특징을 설명하고 지열시스템을 위한 천공 시 그라우팅(Grouting)의 목적을 설명하시오. (110회)

1 지열에너지의 개념

지구 내부에 축적된 지하 및 지하수의 열을 이용하여 냉난방, 급탕, 전기에너지 등으로 변환하여 활용 가능한 에너지원을 말한다.

2 그라우팅(Grouting)의 목적

① 지중의 토양·암반과 열교환기의 원활한 열전달
② 보어홀 내부에서 열교환기 보호 및 자립 유지를 통한 열매체 누수 방지
③ 열교환기와 보어홀 벽과의 이격 방지를 위해 팽윤성이 큰 재료 사용

3 지열설비(수직밀폐형) 시공순서

1) 천공

착정기를 사용하여 지하에 구경 150~200mm로 수직천공(케이싱 설치) 하여 설치공을 만든다.

2) U자관(PE관 삽입)

3) 그라우팅(Grouting) 작업

지중열교환기로 사용하는 U자관(PE관)을 시추공에 삽입한 다음 파이프와 시추공 사이의 빈 공간을 벤토나이트, 시멘트밀크로 채운다.

4) 파이프 배관 연결

보일러와 히트펌프, 축열조를 연결하고 지중열교환기에 열매체를 채운 후 유동시킨다.

QUESTION 13

지열시스템을 위한 천공 시 그라우팅(Grouting) 작업에 대하여 다음 사항을 설명하시오. (131회)
(1) 목적(환경 및 성능상의 목적)
(2) 시멘트 계열 그라우트 재료의 특징

1 목적(환경 및 성능상의 목적)

① 지중의 토양·암반과 열교환기의 원활한 열전달
② 보어홀 내부에서 열교환기 보호 및 자립 유지를 통한 열매체 누수 방지
③ 열교환기와 보어홀 벽과의 이격 방지를 위해 팽윤성이 큰 재료 사용

2 시멘트 계열 그라우트 재료의 특징

① 모래를 혼합할 경우 순수 시멘트나 벤토나이트보다 높은 열전도 및 부착력과 낮은 투수계수의 특성이 있다.
② 시간이 경과할수록 수축하여 지중 열교환기 파이프와의 접착력 감소 및 이격 발생 가능성이 있으며 이 경우 열전도율 및 효율저하를 가져온다.
③ 벤토나이트계 그라우트에 비해 초기 열전도는 높고, 시간 경과에 따른 부착특성은 좋지 않다.

CHAPTER 11

친환경 및 설비 관련 법규

QUESTION 01
온실가스와 탄소포인트제도에 대하여 간단히 설명하시오. (89회)

1 온실가스

1) 정의

온실가스(Greenhouse Gas)란 온실효과를 일으키는 대기 중의 자연적 또는 인위적 가스성분을 의미하는데, 화석연료의 과다한 소비로 인위적인 온실가스가 폭발적으로 증가되어 지나친 온실효과에 기인한 지구온난화를 발생시킨다.

2) 6대 온실가스

이산화탄소(CO_2), 메탄(CH_4), 아산화질소(N_2O), 수소불화탄소(HFCs), 과불화탄소(PFCs), 육불화황(SF_6)

2 탄소포인트제

1) 정의

탄소포인트제란 가정, 상업(건물)에서 전기, 상수도, 도시가스 등의 사용량 절감에 따른 온실가스 감축률에 따라 포인트를 발급하고 이에 상응하는 인센티브를 제공하는 온실가스 감축 프로그램이다.

2) 포인트의 산정 및 인센티브

① 참여 시점에서 과거 2년간 월별 평균 사용량 대비 금월 사용량 확인
② 지방자치단체가 시행하는 개별 항목별 온실가스 감축률에 따라 해당 포인트 부여
③ 포인트당 2원 이내의 인센티브 지급(인센티브 연 2회 지급)

QUESTION 02

LEED(Leadership in Energy and Environmental Design)에 대하여 설명하시오.
(89회)

1 개념

자연친화적 건축물에 부여하는 국제적으로 공인된 친환경 건축물 인증제도로서 미국 그린빌딩위원회(US Green Building Council)에서 개발하여 1998년부터 시행 중이다.

2 인증평가방법

1) 평가내용

주택, 상업시설, 학교, 의료기관 등 건물 유형별로 설계, 시공 및 운영 등 전체적인 Life-cycle에 대해 평가한다.

2) 평가분야

위치 및 교통, 지속가능한 부지 선정, 수자원 효율, 에너지와 대기환경, 자재와 자원, 실내환경, 창의적 디자인, 지역 우선 등

3 LEED 인증분야

구분	내용
LEED BD+C (Building Design and Construction)	건축물 설계단계에서부터 시공단계 후까지 전 과정 평가
LEED ID+C (Interior Design and Construction)	실내디자인 및 시공
LEED O+M (Building Operations and Maintenance)	유지관리평가
LEED ND (Neighborhood Development)	단지개발평가
LEED HOMES (Homes)	주택건축평가

4 인증등급

① Platinum(80점 이상)
② Gold(60~79점)
③ Silver(50~59점)
④ Certified(40~49점)

QUESTION 03

LCCO₂의 정의 및 필요성을 설명하시오. (90회)

1 LCCO₂의 정의

Life Cycle CO_2를 말하며, 어떤 제품이나 건물의 전 생애 동안의 이산화탄소 배출량을 의미한다.

2 LCCO₂의 필요성

① 건축물의 전 생애에 걸친 이산화탄소 배출량을 통한 환경부하 산출
② 사용단계뿐만 아니라, 각 설비 요소의 생산 및 조립·시공단계까지 환경부하 설정
③ 이산화탄소 배출량을 최소화하는 설비 자재 및 공법의 선정
④ 온실효과 최소화를 통한 친환경 녹색 건축물 건립

3 LCCO₂ 저감방안

① 탄소포인트제도의 시행
② 환경영향평가제도의 실시
③ 신재생에너지 기술 활용
④ 생태면적의 확대
⑤ 친환경·에너지 인증의 활성화
⑥ 고효율 설비 및 최적화 운영 가동

4 LCCO₂ 관리방법

① 구매하는 설비 자재의 생산과정에서 CO_2 발생이 적은 품목을 선정한다.
② 시공과정에서 에너지 사용이 적고 부자재의 소비가 적은 공법을 적용한다.
③ 펌프, 열원장치, 팬 등 동력을 소비하는 장치들은 효율이 높고 에너지 소비가 적은 제품을 선정한다.
④ 설비 설계 시 에너지 절약을 고려하여 최적 용량 적용, 대수제어, 회전수 제어 등을 충분히 고려한다.
⑤ 수명이 길고 고장이 적으며 유지관리 시 에너지와 비용이 적게 드는 제품과 공법을 적용한다.
⑥ 수명이 다해 폐기할 때 환경파괴가 적고 비용이 적게 드는 제품을 선정한다.

QUESTION 04

에너지절약계획서 제출 대상 건축물을 기술하시오. (93회)

1 에너지절약계획서 제출 대상 건축물

1) 연면적의 합계가 500m² 이상인 건축물

2) 제출 예외 건축물
   ① 연면적 합계와 관계없이 단독주택, 문화 및 집회시설 중 동물원, 식물원
   ② 냉난방 설비를 설치하지 아니하거나, 냉난방 열원을 공급하는 대상의 연면적 합계가 500m² 미만인 아래 건축물
   - 공장
   - 창고시설
   - 위험물 저장 및 처리 시설
   - 자동차 관련 시설
   - 동물 및 식물 관련 시설
   - 자원순환 관련 시설
   - 교정 및 군사 시설
   - 방송통신시설
   - 발전시설
   - 묘지 관련 시설
   ③ 그 밖에 국토교통부장관이 에너지절약계획서를 첨부할 필요가 없다고 정하여 고시하는 건축물
   - 근린생활시설 중 변전소, 도시가스배관시설, 정수장, 양수장
   - 운동시설
   - 위락시설
   - 관광 휴게시설

QUESTION 05

에너지 절약 차원에서 시행하는 건물의 냉난방 온도제한 건물에 대하여 설명하시오.
(93회, 94회)

1 냉난방 온도제한 건물의 지정

1) 냉난방 온도제한 건물

① 국가·지방자치단체·공공기관에 해당하는 자가 업무용으로 사용하는 건물
② 에너지다소비사업자의 에너지사용시설 중 연간 에너지사용량이 2,000TOE 이상인 건물

2) 냉난방 온도제한 건물 제외

연간 에너지사용량이 2,000TOE 이상인 건물 중 「산업집적활성화 및 공장설립에 관한 법률」에 따른 공장과 「건축법」에 따른 공동주택은 제외한다.

3) 냉난방 온도제한 건물 중 제한 온도 비적용 구역

냉난방온도제한건물 중 다음의 어느 하나에 해당하는 구역에는 냉난방온도의 제한온도를 적용하지 않을 수 있다.

① 「의료법」에 따른 의료기관의 실내구역
② 식품 등의 품질관리를 위해 냉난방온도의 제한온도 적용이 적절하지 않은 구역
③ 숙박시설 중 객실 내부구역
④ 그 밖에 관련 법령 또는 국제기준에서 특수성을 인정하거나 건물의 용도상 냉난방온도의 제한온도를 적용하는 것이 적절하지 않다고 산업통상자원부장관이 고시하는 구역

2 냉난방 온도의 제한 온도 기준

① 냉방 : 26℃ 이상(판매시설 및 공항의 냉방온도는 25℃ 이상)
② 난방 : 20℃ 이하

QUESTION 06

제로에너지(Zero Net Energy) 건물의 개념에 대하여 설명하시오. (95회, 101회)

1 제로에너지(Zero Net Energy) 건물의 개념

① 제로에너지 건물은 건축물 내부의 에너지 유출을 차단함과 동시에 신재생에너지 등을 이용하여 건축물에 필요한 에너지를 생산·사용함으로써 외부의 에너지를 필요로 하지 않는 에너지 자립형 건축물(Zero Energy Building)을 말한다.

② 탄소배출 억제와 친환경 주거공간의 창출을 위해 기획 및 설계 단계에서부터 Passive 요소와 Active 요소가 고려되어야 한다.

③ 일반적인 건축물이 100%의 에너지를 사용한다고 가정할 때, Passive 요소 적용 시 70% 에너지의 절감이 가능하며, Active 요소 적용 시 30%의 에너지 절감이 가능하다.

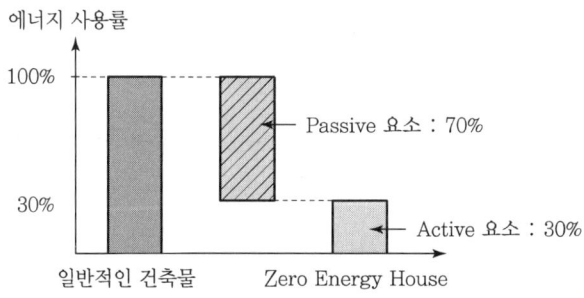

‖ Zero Energy House ‖

2 제로에너지 건물의 목적

① 건축물 내 재실자의 쾌적성 극대화
② 건축물 유지를 위한 에너지 사용의 억제
③ 이산화탄소의 배출 억제
④ 친환경적 건축기술의 확대

QUESTION 07

에너지 자립형 건물에 적용되는 신기술의 종류와 특징에 대하여 설명하시오.
(96회)

난방	급탕	냉방	전기
통합설계 및 평가, 시공 기술			
· 슈퍼단열시스템 · 고성능복합창호시스템 · 투명단열시스템 · 지중매설관시스템 · 부착온실시스템 · 축열벽시스템 · 환기배열회수시스템 · 설비형태양열시스템 · 통합기계설비시스템 · 홈오토메이션시스템 · 연료전지시스템	· 설비형태양열시스템 · 투명단열시스템 · 통합기계설비시스템 · 연료전지시스템	· 슈퍼단열시스템 · 고성능복합창호시스템 · 지중매설관시스템 · 환기배열회수시스템 · 통합기계설비시스템 · 홈오토메이션시스템 · 태양전지시스템 · 연료전지시스템	· 고효율조명 및 전기기기 · 홈오토메이션시스템 · 태양전지시스템 · 연료전지시스템

100% 에너지자립 제로에너지 주택

· 진공단열패널(VIP) · 진공창(VIG) · 투명단열(TIM)/에어로젤 · 스마트창(SMART Window)	· 콤팩트배열회수장치 · LED조명 · 초고효율 가전/취사기기 · 스마트그리드	· 건물일체형 태양열 BIST · 건물일체형 태양광 BIPV · 지열히트펌프 GSHP · 바이오펠릿보일러	· 바이오펠릿열병합 · 마이크로열병합발전 · 연료전지 · 소형풍력

QUESTION 08

다음에 대하여 설명하시오. (98회)
(1) 온실가스
(2) 지구온난화지수
(3) 교토의정서에서 정한 온실가스의 종류(단, 한글명칭과 원소기호를 모두 기입하시오.)
(4) TOE

1 온실가스

온실가스란 온실효과를 일으키는 대기 중의 자연적 또는 인위적 가스성분을 의미하는데, 화석연료의 과다한 소비로 인위적인 온실가스가 폭발적으로 증가되어 지나친 온실효과에 기인한 지구온난화를 발생시킨다.

2 지구온난화지수(Global Warming Potentials)

① 온난화에 기여하는 상대적 효과를 나타내는 지수
② 일정무게 CO_2가 대기 중에 방출되어 지구온실화 기여 정도를 1로 정했을 때 같은 무게의 어떤 물질이 기여하는 정도

$$GWP = \frac{물질\ 1kg의\ 온실화\ 기여\ 정도}{CO_2\ 1kg의\ 온실화\ 기여\ 정도}$$

3 온실가스의 종류

이산화탄소(CO_2), 메탄(CH_4), 아산화질소(N_2O), 수소불화탄소(HFCs), 과불화탄소(PFCs), 육불화황(SF_6)

4 석유환산톤(Ton of Oil Equivalent)

① kL, t, m^3, kWh 등 여러 가지 단위로 표시되는 각종 에너지원들을 원유 1톤이 발열하는 칼로리(cal)를 기준으로 표준화한 단위
② 석유환산톤인 1TOE는 원유 1톤이 갖는 열량으로 10^7 kcal를 말한다.

QUESTION 09

Zero Energy House와 Zero Carbon House를 각각 설명하시오. (98회)

1 Zero Energy House

① 건물에너지 소요량을 최소화하고 화석연료를 사용하지 않으며 신재생에너지로 House에 필요한 에너지를 생산하여 운영되는 House를 말한다.

② 생산(신재생)에너지를 통해 소비에너지를 해결하는 에너지자립형 주택이다.

2 Zero Carbon House

① 영국에서 활발히 진행되는 건축물에너지절약 개념으로서, Zero Energy House의 기준을 탄소배출량(탄소 배출 한도 설정)으로 하고 있는 것을 의미한다.

② Zero Carbon House 단계적 접근방법(3단계, 영국 – 잉글랜드)

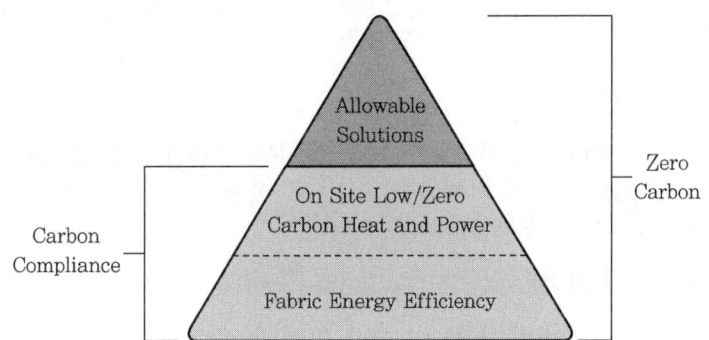

- Fabric Energy Efficiency → Passive(외피의 에너지효율 향상)
- On Site Low / Zero Carbon Heat and Power → 저탄소 열 및 전력 기술
- Allowable Solutions → 신재생에너지 설비(생산)

QUESTION 10

「친환경건축물의 인증(녹색건축인증)에 관한 규칙」 중 친환경건축물의 인증(녹색건축인증) 심사 분야와 세부 심사 분야에 대하여 각각 설명하시오. (100회, 134회)

1 인증 심사 분야와 세부 심사 분야

전문 분야	해당 세부 분야
토지이용 및 교통	단지계획, 교통계획, 교통공학, 건축계획 또는 도시계획
에너지 및 환경오염	에너지, 전기공학, 건축환경, 건축설비, 대기환경, 폐기물처리 또는 기계공학
재료 및 자원	건축시공 및 재료, 재료공학, 자원공학 또는 건축구조
물순환 관리	수공학, 상하수도공학, 수질환경, 건축환경 또는 건축설비
유지관리	건축계획, 건설관리, 건축설비 또는 건축시공 및 재료
생태환경	건축계획, 생태건축, 조경 또는 생물학
실내환경	온열환경, 소음·진동, 빛환경, 실내공기환경, 건축계획, 건축환경 또는 건축설비

1) 공동주택(8개 분야)

토지이용 및 교통, 에너지 및 환경오염, 재료 및 자원, 물순환 관리, 유지관리, 생태환경, 실내환경, 주택성능 분야

2) 공동주택 이외(7개 분야)

토지이용 및 교통, 에너지 및 환경오염, 재료 및 자원, 물순환 관리, 유지관리, 생태환경, 실내환경

2 인증유효기간 및 인증등급

1) 인증유효기간 : 5년

2) 인증등급

① 최우수(그린 1등급)
② 우수(그린 2등급)
③ 우량(그린 3등급)
④ 일반(그린 4등급)

QUESTION 11

「건축물의 설비기준 등에 관한 규칙」에서 수도계량기보호함의 설치기준에 대하여 설명하시오. (101회, 120회)

1 수도계량기보호함의 설치기준(「건축물의 설비기준 등에 관한 규칙」 제18조)

※ 난방공간 내 설치하는 것은 제외

① 수도계량기와 지수전 및 역지밸브를 지중 혹은 공동주택의 벽면 내부에 설치하는 경우에는 콘크리트 또는 합성수지제 등의 보호함에 넣어 보호할 것
② 보호함 내 옆면 및 뒷면과 전면판에 각각 단열재를 부착할 것(단열재는 밀도가 높고 열전도율이 낮은 것으로 한국산업표준제품을 사용할 것)
③ 보호함의 배관입출구는 단열재 등으로 밀폐하여 냉기의 침입이 없도록 할 것
④ 보온용 단열재와 계량기 사이 공간을 유리섬유 등 보온재로 채울 것
⑤ 보호통과 벽체 사이틈을 밀봉재 등으로 채워 냉기의 침투를 방지할 것

QUESTION 12
건축물에 설치하는 방화구획의 설치기준에 대하여 설명하시오. (101회)

1 방화구획의 설정기준

① 10층 이하의 층은 바닥면적 1,000m²(스프링클러 기타 이와 유사한 자동식 소화설비를 설치한 경우에는 바닥면적 3,000m²) 이내마다 구획할 것
② 매 층마다 구획할 것. 다만, 지하 1층에서 지상으로 직접 연결하는 경사로 부위는 제외한다.
③ 11층 이상의 층은 바닥면적 200m²(스프링클러 기타 이와 유사한 자동식 소화설비를 설치한 경우에는 600m²) 이내마다 구획할 것. 다만, 벽 및 반자의 실내에 접하는 부분의 마감을 불연재료로 한 경우에는 바닥면적 500m²(스프링클러 기타 이와 유사한 자동식 소화설비를 설치한 경우에는 1,500m²) 이내마다 구획하여야 한다.
④ 필로티나 그 밖에 이와 비슷한 구조(벽면적의 2분의 1 이상이 그 층의 바닥면에서 위층 바닥 아래면까지 공간으로 된 것만 해당한다)의 부분을 주차장으로 사용하는 경우 그 부분은 건축물의 다른 부분과 구획할 것

2 방화구획의 설치기준

① 방화구획으로 사용하는 60+방화문 또는 60분방화문은 언제나 닫힌 상태를 유지하거나 화재로 인한 연기 또는 불꽃을 감지하여 자동적으로 닫히는 구조로 할 것. 다만, 연기 또는 불꽃을 감지하여 자동적으로 닫히는 구조로 할 수 없는 경우에는 온도를 감지하여 자동적으로 닫히는 구조로 할 수 있다.
② 외벽과 바닥 사이에 틈이 생긴 때나 급수관·배전관 그 밖의 관이 방화구획으로 되어 있는 부분을 관통하는 경우 그로 인하여 방화구획에 틈이 생긴 때에는 그 틈을 한국건설기술연구원장이 국토교통부장관이 정하여 고시하는 기준에 따라 내화채움성능을 인정한 구조로 메울 것
③ 환기·난방 또는 냉방시설의 풍도가 방화구획을 관통하는 경우에는 그 관통부분 또는 이에 근접한 부분에 다음의 기준에 적합한 댐퍼를 설치할 것. 다만, 반도체공장건축물로서 방화구획을 관통하는 풍도의 주위에 스프링클러 헤드를 설치하는 경우에는 그렇지 않다.
- 화재로 인한 연기 또는 불꽃을 감지하여 자동적으로 닫히는 구조로 할 것. 다만, 주방 등 연기가 항상 발생하는 부분에는 온도를 감지하여 자동적으로 닫히는 구조로 할 수 있다.
- 비차열(非遮熱) 성능(비차열 1시간 이상) 및 방연성능 등의 기준에 적합할 것

④ 자동방화셔터는 피난이 가능한 60+방화문 또는 60분 방화문으로부터 3m 이내에 별도로 설치할 것
※ 방화문의 구분
- 60분+방화문 : 연기 및 불꽃을 차단할 수 있는 시간이 60분 이상이고, 열을 차단할 수 있는 시간이 30분 이상인 방화문
- 60분 방화문 : 연기 및 불꽃을 차단할 수 있는 시간이 60분 이상인 방화문
- 30분 방화문 : 연기 및 불꽃을 차단할 수 있는 시간이 30분 이상 60분 미만인 방화문

3 하향식 피난구의 설치기준

① 피난구의 덮개는 품질시험을 실시한 결과 비차열 1시간 이상의 내화성능을 가져야 하며, 피난구의 유효 개구부 규격은 직경 60cm 이상일 것
② 상층·하층 간 피난구의 설치위치는 수직방향 간격을 15cm 이상 띄어서 설치할 것
③ 아래층에서는 바로 위층의 피난구를 열 수 없는 구조일 것
④ 사다리는 바로 아래층의 바닥면으로부터 50cm 이하까지 내려오는 길이로 할 것
⑤ 덮개가 개방될 경우에는 건축물관리시스템 등을 통하여 경보음이 울리는 구조일 것
⑥ 피난구가 있는 곳에는 예비전원에 의한 조명설비를 설치할 것

QUESTION 13

「건축법」에 규정된 실내 허용환경조건과 쾌적성에 영향을 미치는 6가지 요소에 대하여 설명하시오. (102회, 109회, 129회)

1 실내 허용환경조건과 쾌적성에 영향을 미치는 6가지 요소

구분	허용기준
온도(DB)	18~27℃
상대습도(RH)	40~70%
이산화탄소(CO_2)	1,000ppm 이하
기류속도	0.5m/sec 이하
부유분진(TSP)	0.15mg/m^3 이하
일산화탄소(CO)	10ppm 이하

1) 온도(DB)

2) 상대습도(RH)

3) 이산화탄소(CO_2)

   ① 세계보건기구(WHO) : 실내 CO_2 허용농도 0.5%(5,000ppm)
   ② 미국공조냉동공학회(ASHRAE) : 실내 CO_2 허용농도 0.1%(1,000ppm)
   ③ 우리나라 : 실내 CO_2 허용농도 0.1%(1,000ppm)
   ④ CO_2의 농도는 각종 오염요소들의 농도와 비례하고 산소의 농도와 반비례하므로 실내공기 오염의 지표로 활용된다.

4) 기류속도

5) 부유분진(TSP : Total Suspended Particle)

   ① 부유분진은 대기 중에 부유하거나 하강하는 직경 0.05~500μm 크기의 모든 입자상물질로 총 먼지를 의미한다.
   ② 실내의 먼지에 부착하여 서식하는 세균이 분진과 함께 부유하면서 인체 내부로 유입되면 각종 질병을 유발한다.

③ PM10(Particle Matter 10)은 입자크기가 직경 10μm 이하인 먼지 · 미세먼지로 호흡을 통해 폐까지 전달되어 호흡성 먼지라고 하며 별도 관리기준을 둔다.

6) 일산화탄소(CO)

① 일산화탄소는 무색, 무취의 기체로 각종 유류나 석탄과 같이 탄소를 포함한 물질의 불완전 연소과정에서 발생한다.
② 실내에서는 취사, 난방 연소과정에서 발생하며, 흡연에 의해서도 상당량 발생한다.
③ 지하주차장에서는 자동차로 인한 일산화탄소 발생으로 CO 농도 제어가 필요하다.

QUESTION 14

「건축물의 피난·방화구조 등의 기준에 관한 규칙」 중 방화구획의 설치기준의 환기·난방 또는 냉방시설의 풍도가 방화구획을 관통하는 경우에 설치하도록 되어 있는 댐퍼의 기준에 대하여 설명하시오. (103회)

1 댐퍼의 설치기준

환기·난방 또는 냉방시설의 풍도가 방화구획을 관통하는 경우에는 그 관통부분 또는 이에 근접한 부분에 다음의 기준에 적합한 댐퍼를 설치할 것. 다만, 반도체공장건축물로서 방화구획을 관통하는 풍도의 주위에 스프링클러헤드를 설치하는 경우에는 그렇지 않다.

① 화재로 인한 연기 또는 불꽃을 감지하여 자동적으로 닫히는 구조로 할 것. 다만, 주방 등 연기가 항상 발생하는 부분에는 온도를 감지하여 자동적으로 닫히는 구조로 할 수 있다.
② 비차열(非遮熱) 성능(비차열 1시간 이상) 및 방연성능 등의 기준에 적합할 것

QUESTION 15

에너지원단위에 대하여 설명하시오. (108회, 111회)

1 에너지원단위의 정의

① 단위 부가가치 생산에 필요한 에너지 투입량을 나타내는 것으로 에너지 이용의 효율성을 나타내는 지표로 이용된다.
② 건물의 바닥 면적 $1m^2$당이나 거주자 1인당 등 단위량당, 단위 시간 또는 단위 기간에 필요로 하는 에너지의 총량을 의미한다.

2 에너지원단위의 사용 목적 : 건물의 에너지 이용효율성 파악

3 목표에너지원단위의 설정

① 산업통상자원부장관은 에너지의 이용효율을 높이기 위하여 에너지를 사용하여 만드는 제품의 단위당 에너지사용목표량 또는 건축물의 단위면적당 에너지사용목표량을 정하여 고시한다.
② 산업통상자원부장관은 산업통상자원부령으로 정하는 바에 따라 목표에너지원단위의 달성에 필요한 자금을 융자할 수 있다.

4 제6차 에너지이용합리화 기본계획에 따른 에너지원단위 절감목표

1) 에너지원단위(TOE/백만 원) : 2020년 0.108 → 2024년 0.094로 13% 개선
   ※ TOE/백만 원 : GDP 기준 백만 원당 TOE 산정

2) 부문별 최종에너지 감축목표(단위 : 백만 TOE)

구분	2020년 수요	2024년 전망(A)	2024년 목표(B)	감축량(A-B)	감축률
산업	93.1	100.1(1.8%)	92.0(△0.3%)	8.1	8.1%
건물	47.3	49.2(1.0%)	45.5(△1.0%)	3.7	7.5%
수송	43.9	45.4(0.8%)	39.0(△2.9%)	6.4	14.0%
합계	184.3	194.7(1.4%)	176.5(△1.1%)	18.2	9.3%

QUESTION 16

건축물에 중앙집중냉방설비를 설치하는 축냉식 또는 가스를 이용한 중앙집중 냉방방식의 의무대상 및 기준에 대하여 설명하시오. (109회)

1 축냉식 또는 가스를 이용한 중앙집중냉방방식 설치 의무대상

용도분류	해당 용도 바닥면적의 합계
• 제1종 근린생활시설 중 목욕장 • 운동시설 중 수영장(실내에 설치되는 것)	1,000m² 이상
• 공동주택 중 기숙사 • 의료시설, 숙박시설 • 수련시설 중 유스호스텔	2,000m² 이상
• 판매시설 • 교육연구시설 중 연구소 • 업무시설	3,000m² 이상
• 문화 및 집회시설(동·식물원은 제외) • 종교시설 • 교육연구시설(연구소는 제외) • 장례식장	1만m² 이상

2 건축물의 중앙집중냉방설비 설치기준

① 건축물에 중앙집중 냉방설비를 설치할 때에는 해당 건축물에 소요되는 주간 최대 냉방부하의 60% 이상을 심야전기를 이용한 축냉식, 가스를 이용한 냉방방식, 집단에너지사업허가를 받은 자로부터 공급되는 집단에너지를 이용한 지역냉방방식, 소형 열병합발전을 이용한 냉방방식, 신재생에너지를 이용한 냉방방식, 그 밖에 전기를 사용하지 아니한 냉방방식의 냉방설비로 수용하여야 한다.

② 축냉식 전기냉방설비의 설계기준
- 냉동기는 「고압가스 안전관리법 시행규칙」에 따른 「냉동제조의 시설기준 및 기술기준」에 적합하여야 한다.
- 부분축냉방식의 경우에는 냉동기가 축냉운전과 방냉운전 또는 냉동기와 축열조의 동시운전이 반복적으로 수행하는 데 아무런 지장이 없어야 한다.

- 축열조는 축냉 및 방냉운전을 반복적으로 수행하는 데 적합한 재질의 축냉재를 사용해야 하며, 내부청소가 용이하고 부식되지 않는 재질을 사용하거나 방청 및 방식처리를 하여야 한다.
- 축열조는 내부 또는 외부의 응력에 충분히 견딜 수 있는 구조이어야 한다.
- 축열조를 여러 개로 조립하여 설치하는 경우에는 관리 또는 운전이 용이하도록 설계하여야 한다.
- 축열조는 보온을 철저히 하여 열손실과 결로를 방지해야 하며, 맨홀 등 점검을 위한 부분은 해체와 조립이 용이하도록 하여야 한다.
- 열교환기는 시간당 최대냉방열량을 처리할 수 있는 용량 이상으로 설치하여야 한다.
- 열교환기는 보온을 철저히 하여 열손실과 결로를 방지하여야 하며, 점검을 위한 부분은 해체와 조립이 용이하도록 하여야 한다.
- 자동제어설비는 축냉운전, 방냉운전 또는 냉동기와 축열조를 동시에 이용하여 냉방운전이 가능한 기능을 갖추어야 하고, 필요할 경우 수동조작이 가능하도록 하여야 하며 감시기능 또한 갖추어야 한다.

QUESTION 17

에너지성능지표(Energy Performance Index)의 개요와 검토서 중 검토항목을 설명하시오. (110회)

1 에너지성능지표(Energy Performance Index)의 개요

① 에너지성능지표(EPI)는 건축물의 계획단계에서 적용되는 건축, 기계, 전기, 신재생 부문의 에너지 절약 대응 정도를 간편하게 판단해 볼 수 있는 지표이다.
② 건축 허가 시 에너지성능지표는 일반건축은 65점 이상, 공공건축은 74점 이상의 점수를 획득하여야 허가 조건을 만족하게 된다.

2 검토항목

건축부문, 기계부문, 전기부문, 신재생부문

3 에너지성능지표 기계부문 검토사항

① 난방설비 효율(%), 냉방설비 COP
② 공조용 송풍기의 효율(%)
③ 냉온수 순환, 급수 및 급탕 펌프의 평균효율(%)
④ 이코노마이저시스템 등 외기냉방시스템의 도입
⑤ 고효율 열회수형 환기장치 채택(공조기 부착형, 개별형)
⑥ 기기, 배관 및 덕트 단열
⑦ 열원설비의 대수분할, 비례제어 또는 다단제어 운전
⑧ 공기조화기 팬에 가변속제어 등 에너지 절약적 제어방식 채택
⑨ 축랭식 전기냉방, 가스 및 유류 이용 냉방, 지역냉방, 소형열병합 냉방 적용, 신재생에너지 이용 냉방 적용(냉방용량 담당비율, %)
⑩ 전체 급탕용 보일러 용량에 대한 우수한 효율설비(고효율제품) 용량비율(%)
⑪ 냉방 또는 난방순환수, 냉각수 순환 펌프의 대수제어 또는 가변속제어 등 에너지 절약적 제어방식 채택
⑫ 급수용 펌프 또는 가압급수펌프 전동기에 가변속제어 등 에너지 절약적 제어방식 채택
⑬ 기계환기설비의 지하주차장 환기용 팬에 에너지 절약적 제어방식 설비 채택
⑭ T.A.B 또는 커미셔닝 실시
⑮ 지역난방방식 또는 소형가스열병합발전시스템, 소각로 활용 폐열시스템 채택에 따른 보상점수
⑯ 개별난방 또는 개별냉난방방식 채택에 따른 보상점수

QUESTION 18

「녹색건축인증에 관한 규칙」에 따른 녹색건축인증을 획득한 경우 (1) 건축기준 완화비율과 (2) 세금(취득세, 재산세) 경감률 기준에 대하여 설명하시오. (113회)

1 녹색건축인증 완화기준

1) 건축기준 완화비율(「건축물의 에너지절약설계기준」 별표 9)

녹색건축 인증 등급	최대완화비율(높이 및 용적률)
최우수	6%
우수	3%

※ 녹색건축물조성 시범사업 대상으로 지정된 건축물의 경우는 최대완화비율(높이 및 용적률)을 10%로 적용한다.

2) 세금(취득세, 재산세) 경감률 기준(「지방세특례제한법 시행령」 제24조)

건축물 에너지효율 인증 등급	녹색건축 인증 등급	최대완화비율	
		취득세	재산세
1+	최우수	10%	10%
1+	우수	5%	7%
1	최우수	–	7%
1	우수	–	3%

※ 2025.7.18 기준 「지방세특례제한법 시행령 제24조」에서는 현재 삭제된 건축물에너지효율 인증등급이 반영된 기준이 명시되어 있음

2 제로에너지건축물 인증 완화기준

1) 건축기준 완화비율(「건축물에너지절약설계기준」 별표 9)

제로에너지건축물 인증 등급	최대완화비율(용적률 및 높이)
ZEB+, ZEB 1	15%
ZEB 2	14%
ZEB 3	13%
ZEB 4	12%
ZEB 5	11%

2) 세금(취득세) 경감률 기준(「지방세특례제한법 시행령」 제24조)

① 제로에너지건축물인증등급에 따른 경감률

인증등급	최대완화비율
	취득세
1~3등급	20%
4등급	18%
5등급	15%

② 신재생에너지공급률에 따른 경감률

신재생에너지공급률 (총에너지사용량에 대한 공급비율)	최대완화비율
	취득세
20% 초과	15%
15% 초과 20% 이하	10%
10% 초과 15% 이하	5%

QUESTION 19

건축물 에너지효율등급 인증에서 연간 단위면적당 에너지소요량 평가 대상이 되는 에너지 사용 용도 5개를 쓰시오. (114회)

※ 2025년 1월 1일부로 삭제된 기준임

1 에너지 사용 용도

① 급탕에너지 소요량
② 난방에너지 소요량
③ 냉방에너지 소요량
④ 조명에너지 소요량
⑤ 환기에너지 소요량

2 건축물 에너지효율등급 인증 에너지소요량 산출기준

단위면적당 에너지소요량 산출 → 단위면적당 1차 에너지소요량 산출

1) 단위면적당 에너지소요량 산출

$$단위면적당\ 에너지소요량 = \frac{난방에너지소요량}{난방에너지가\ 요구되는\ 공간의\ 바닥면적} + \frac{냉방에너지소요량}{냉방에너지가\ 요구되는\ 공간의\ 바닥면적} + \frac{급탕에너지소요량}{급탕에너지가\ 요구되는\ 공간의\ 바닥면적} + \frac{조명에너지소요량}{조명에너지가\ 요구되는\ 공간의\ 바닥면적} + \frac{환기에너지소요량}{환기에너지가\ 요구되는\ 공간의\ 바닥면적}$$

※ 단, 냉방설비가 없는 주거용 건축물(단독주택 및 기숙사를 제외한 공동주택)의 경우 냉방 평가 항목 제외
※ 단, 신재생에너지생산량은 에너지소요량에 반영되어 효율등급 평가에 포함

2) 단위면적당 1차 에너지소요량 산출

> 단위면적당 1차 에너지소요량=단위면적당 에너지소요량 × 1차 에너지 환산계수

1차 에너지 환산계수는 다음과 같다.
① 가스 · 석유 : 1.1
② 전력 : 2.75
③ 지역난방 : 0.728
④ 지역냉방 : 0.937

QUESTION 20

「공동주택 결로 방지를 위한 설계기준」에서 정하고 있는 결로 방지 성능기준 만족이 필요한 부위 3개를 쓰시오. (114회)

1 결로 방지 성능기준 만족이 필요한 부위

1) **출입문**

   ① 거실의 1m² 이상 직·간접 출입문
   ② 현관문 및 대피공간 방화문

2) **벽체접합부**

   외기에 직접 접하는 부위의 벽체와 세대 내의 천장 및 바닥이 동시에 만나는 접합부

3) **창**

   ① 거실의 1m² 이상 외기 직접 창
   ② 난방설비가 설치되는 공간에 설치되는 외기에 직접 접하는 창(비확장 발코니 등 난방 설비가 설치되지 않은 공간에 설치하는 창은 제외한다)

QUESTION 21

다음 설명의 빈칸에 들어갈 단어를 쓰고, 중공층의 열저항을 더 크게 인정해 주는 이유를 설명하시오. (114회)

"「건축물의 에너지절약설계기준」에서는 중공층 내부에 설치된 반사형 단열재의 (　　) 이(가) 0.5 이하 등으로 작으면, 열관류율 계산 시 적용되는 중공층의 열저항을 더 크게 인정해준다."

1 빈칸에 들어갈 단어 : 방사율

2 방사율이 작은 중공층의 열저항을 더 크게 인정해 주는 이유

① 방사율은 0~1의 값을 가지며, 1일 경우 모든 적외선을 흡수하며, 0일 경우는 흡수량 없이 반사된다고 본다.
② 방사율이 낮은 반사형 단열재를 적용할 경우 실내에서 외부로 나가는 열을 다시 실내로 반사시켜 외부로의 손실을 최소화시켜 줄 수 있기 때문에 높은 열저항을 인정해 주게 된다.

3 열관류율 계산 시 적용되는 중공층의 열저항

공기층의 종류	공기층의 두께 d_a(cm)	공기층의 열저항 R_a(단위 : m²·K/W) [괄호 안은 m²·h·℃/kcal]
① 공장생산된 기밀제품	2cm 이하	$0.086 \times d_a$(cm) [$0.10 \times d_a$(cm)]
	2cm 초과	0.17 [0.20]
② 현장시공 등	1cm 이하	$0.086 \times d_a$(cm) [$0.10 \times d_a$(cm)]
	1cm 초과	0.086 [0.10]
③ 중공층 내부에 반사형 단열재가 설치된 경우	• 방사율 0.5 이하 : ① 또는 ②에서 계산된 열저항의 1.5배 • 방사율 0.1 이하 : ① 또는 ②에서 계산된 열저항의 2.0배	

QUESTION 22

다음 용어에 대하여 설명하시오. (116회)
(1) 에너지요구량
(2) 에너지소요량
(3) 1차 에너지소요량

1 에너지요구량

해당 건축물의 난방, 냉방, 급탕, 조명 부문에서 요구되는 단위면적당 에너지양

2 에너지소요량

해당 건축물에 설치된 난방, 냉방, 급탕, 조명, 환기시스템에서 소요되는 단위면적당 에너지양

$$\text{단위면적당 에너지소요량} = \frac{\text{난방에너지소요량}}{\text{난방에너지가 요구되는 공간의 바닥면적}} + \frac{\text{냉방에너지소요량}}{\text{냉방에너지가 요구되는 공간의 바닥면적}} + \frac{\text{급탕에너지소요량}}{\text{급탕에너지가 요구되는 공간의 바닥면적}} + \frac{\text{조명에너지소요량}}{\text{조명에너지가 요구되는 공간의 바닥면적}} + \frac{\text{환기에너지소요량}}{\text{환기에너지가 요구되는 공간의 바닥면적}}$$

3 1차 에너지소요량

에너지소요량에 연료의 채취, 가공, 운송, 변환, 공급 과정 등의 손실을 포함한 단위면적당 에너지양

$$\text{단위면적당 1차 에너지소요량} = \text{단위면적당 에너지소요량} \times \text{1차 에너지 환산계수}$$

1차 에너지 환산계수는 다음과 같다.
① 가스·석유 : 1.1
② 전력 : 2.75
③ 지역난방 : 0.728
④ 지역냉방 : 0.937

QUESTION 23

> 2018년 3월 30일 국회 본 회의를 통과한 「기계설비법」 개정안의 주요 내용을 설명하시오. (117회)

1 제정 목적(2018년 4월 17일 제정공포, 2020년 4월 18일 시행)

① 국가 차원에서 기계설비 발전 기본계획을 수립하고, 기계설비산업의 연구·개발, 전문 인력의 양성, 국제협력 및 해외진출 등 지원과 기반을 구축하여 기계설비산업이 4차 산업으로 나아갈 수 있는 토대를 조성
② 기계설비에 대한 설계, 시공 및 유지관리 등에 관한 기술기준과 유지관리기준 등을 마련하여 기계설비의 효율적 유지관리
③ 기계설비산업 발전과 신시장 개척으로 새로운 일자리를 창출할 수 있는 제도적 기반을 마련

2 주요 내용

① 국가 및 지방자치단체는 기계설비산업의 발전과 기계설비의 안전 및 유지관리에 필요한 시책을 수립·시행 및 추진에 필요한 행정적·재정적 지원방안 등을 마련할 수 있도록 함
② 기계설비산업의 발전과 기계설비의 기술기준 및 유지관리 관련 기준 마련
③ 기계설비 발전 기본계획을 수립·시행
④ 기계설비산업 발전에 필요한 연구·개발 사업을 실시할 수 있도록 함
⑤ 기계설비 유지관리에 관한 교육, 전문인력 양성기관을 지정하며, 교육 및 훈련에 필요한 비용의 전부 또는 일부를 지원할 수 있도록 함
⑥ 국제협력 및 해외진출 관련 정보의 제공, 국제행사 유치 등 기계설비산업의 국제협력과 해외진출의 촉진에 관한 지원
⑦ 기계설비산업의 발전을 위하여 세제·금융지원, 그 밖의 행정상의 필요한 조치를 강구할 수 있도록 함
⑧ 발주자와 기계설비사업자는 기술기준을 준수하여야 함
⑨ 기계설비유지관리자 선임 관련 사항
⑩ 착공 전 확인 관련한 벌금, 유지관리기준 관련한 과태료 기준

QUESTION 24

「에너지절약형 친환경주택의 건설기준」(국토교통부 고시 제2018-747호)에 의한 친환경주택 구성기술 요소 5가지에 대하여 각각 설명하시오. (117회)

1 친환경주택 구성기술 요소(에너지절약형 친환경주택의 건설기준 제4조)

1) 저에너지 건물 조성기술

고단열·고기능 외피구조, 기밀설계, 일조 확보, 친환경자재 사용 등을 통해 건물의 에너지 및 환경부하를 절감하는 기술

2) 고효율 설비기술

고효율열원설비, 최적 제어설비, 고효율환기설비 등을 이용하여 건물에서 사용하는 에너지양을 절감하는 기술

3) 신재생에너지 이용기술

태양열, 태양광, 지열, 풍력, 바이오매스 등의 신재생에너지를 이용하여 건물에서 필요한 에너지를 생산·이용하는 기술

4) 외부환경 조성기술

자연지반의 보존, 생태면적률의 확보, 미기후의 활용, 빗물의 순환 등 건물 외부의 생태적 순환기능의 확보를 통해 건물의 에너지부하를 절감하는 기술

5) 에너지절감 정보기술

건물에너지 정보화 기술, LED 조명, 자동제어장치 및 지능형 전력망 연계기술 등을 이용하여 건물의 에너지를 절감하는 기술

QUESTION 25

> 「건축물의 에너지절약설계기준」 제15조(에너지성능지표의 판정) 또는 제21조 (건축물의 에너지소요량 평가서의 판정)의 적용 제외 요건에 대하여 5가지 설명하시오. (118회)

1 적용 제외 요건(제4조)

1) 제15조 에너지성능지표의 판정 적용 제외

   ① 지방건축위원회 또는 관련 전문연구기관 등에서 심의를 거친 결과, 새로운 기술이 적용되거나 연간 단위면적당 에너지소비총량에 근거하여 설계됨으로써 이 기준에서 정하는 수준 이상으로 에너지절약 성능이 있는 것으로 인정되는 건축물의 경우
   ② 건축물을 증축하거나 용도변경, 건축물대장의 기재내용을 변경하는 경우. 다만, 별동으로 건축물을 증축하는 경우와 기존 건축물 연면적의 100분의 50 이상을 증축하면서 해당 증축 연면적의 합계가 2,000m² 이상인 경우에는 제외대상이 아님
   ③ 건축물 에너지소요량 평가서를 제출해야 하는 대상 건축물이 건축물의 에너지소요량 평가기준(1차 에너지소요량 합계 민간건축 200kWh/m²년, 공공건축 140kWh/m²년 미만)을 만족하는 경우

2) 제15조 에너지성능지표 판정 및 제21조 건축물의 에너지소요량 평가서의 판정 적용 제외

   ① 건축물 에너지 효율등급 1$^+$등급 이상 또는 제로에너지건축물 인증을 취득한 경우. 다만, 공공기관이 신축하는 건축물(별동으로 증축하는 건축물을 포함)은 1^{++}등급 이상 또는 제로에너지건축물 인증을 취득한 경우
   ② 허가 또는 신고대상의 같은 대지 내 주거 또는 비주거를 구분한 연면적의 합계가 500m² 이상이고 2,000m² 미만인 건축물 중 연면적의 합계가 500m² 미만인 개별동의 경우

QUESTION 26

기계설비 유지관리 준수 대상 건축물 등에 대하여 설명하시오. (122회)

1 기계설비 유지관리 준수 대상 건축물(「기계설비법 시행령」 제14조)

1) 연면적 10,000m² 이상의 건축물(창고시설은 제외)

2) 500세대 이상의 공동주택 또는 300세대 이상으로서 중앙집중식 난방방식(지역난방방식 포함)의 공동주택

3) 다음 각 목의 건축물 등 중 해당 건축물 등의 규모를 고려하여 국토교통부장관이 정하여 고시하는 건축물 등

　① 건설공사를 통하여 만들어진 교량·터널·항만·댐·건축물 등 구조물과 그 부대시설
　② 학교시설
　③ 지하역사 및 지하도상가

4) 중앙행정기관의 장, 지방자치단체의 장 및 그 밖에 국토교통부장관이 정하는 자가 소유하거나 관리하는 건축물 등

QUESTION 27

> TCO₂, TOE, 온실가스의 정의와 종류, 오존층의 역할에 대하여 설명하시오.
> (122회)

1 TCO₂의 정의

① 이산화탄소 배출량의 단위로 온실가스 배출량을 나타내는 단위이다.

② 이산화탄소 배출량(TCO_2) = 탄소 배출량(TC) × $\dfrac{44}{12}$

2 TOE의 정의

① kL, t, m³, kWh 등 여러 가지 단위로 표시되는 각종 에너지원들을 원유 1톤이 발열하는 칼로리(cal)를 기준으로 표준화한 단위이다.

② 석유환산톤인 1TOE는 원유 1톤이 갖는 열량으로 10^7kcal를 말한다.

3 온실가스의 정의와 종류

1) 정의

온실가스란 온실효과를 일으키는 대기 중의 자연적 또는 인위적 가스성분을 의미하는데, 화석연료의 과다한 소비로 인위적인 온실가스가 폭발적으로 증가되어 지나친 온실효과에 기인한 지구온난화를 발생시킨다.

2) 종류

이산화탄소(CO_2), 메탄(CH_4), 아산화질소(N_2O), 수소불화탄소(HFCs), 과불화탄소(PECs), 육불화황(SF_6)

4 오존층의 역할

① 성층권에 형성된 오존층은 태양에서 오는 강하고 해로운 자외선이 지표면에 도달하지 않도록 흡수하는 역할을 한다.

② 오존층의 파괴 시 자외선의 투과량 증가로 생물의 세포 단백질 및 DNA를 손상시켜 피부암이나 돌연변이 등의 유발을 촉진시킬 수 있는 위험이 따르게 된다.

QUESTION 28

「장애인·노인·임산부 등의 편의증진 보장에 관한 법률」 중 편의시설의 구조·재질 등에 관한 세부기준 중 소변기와 세면대에 대하여 설명하시오. (122회)

1 소변기

1) 구조
소변기는 바닥부착형으로 할 수 있다.

2) 손잡이
① 소변기의 양옆에는 수평 및 수직손잡이를 설치하여야 한다.
② 수평손잡이의 높이는 바닥면으로부터 0.8m 이상 0.9m 이하, 길이는 벽면으로부터 0.55m 내외, 좌우 손잡이의 간격은 0.6m 내외로 하여야 한다.
③ 수직손잡이의 높이는 바닥면으로부터 1.1m 이상 1.2m 이하, 돌출폭은 벽면으로부터 0.25m 내외로 하여야 하며, 하단부가 휠체어의 이동에 방해가 되지 아니하도록 하여야 한다.

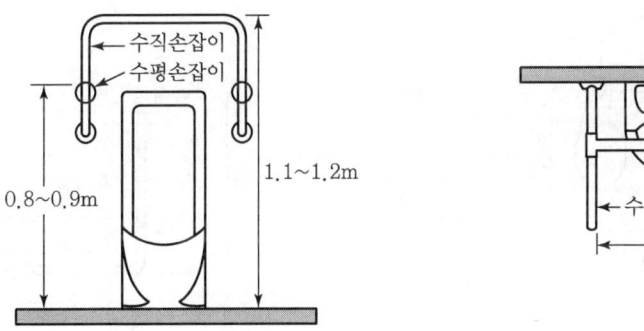

2 대변기

1) 활동공간
① 건물을 신축하는 경우에는 대변기의 유효바닥면적이 폭 1.6m 이상, 깊이 2.0m 이상이 되도록 설치하여야 하며, 대변기의 좌측 또는 우측에는 휠체어의 측면 접근을 위하여 유효폭 0.75m 이상의 활동공간을 확보하여야 한다. 이 경우 대변기의 전면에는 휠체어가 회전할 수 있도록 1.4m×1.4m 이상의 활동공간을 확보할 수 있다.
② 출입문의 통과유효폭은 0.9m 이상으로 하여야 한다.

③ 출입문의 형태는 자동문, 미닫이문 또는 접이문 등으로 할 수 있으며, 여닫이문을 설치하는 경우에는 바깥쪽으로 개폐되도록 하여야 한다. 다만, 휠체어 사용자를 위하여 충분한 활동공간을 확보한 경우에는 안쪽으로 개폐되도록 할 수 있다.

2) 구조

대변기의 좌대의 높이는 바닥면으로부터 0.4m 이상 0.45m 이하로 하여야 한다.

3) 손잡이

① 대변기의 양옆에는 수평 및 수직손잡이를 설치하되, 수평손잡이는 양쪽에 모두 설치하여야 하며, 수직손잡이는 한쪽에만 설치할 수 있다.
② 수평손잡이는 바닥면으로부터 0.6m 이상 0.7m 이하의 높이에 설치하되, 한쪽 손잡이는 변기 중심에서 0.4m 이내의 지점에 고정하여 설치하여야 하며, 다른 쪽 손잡이는 0.6m 내외의 길이로 회전식으로 설치하여야 한다. 이 경우 손잡이 간의 간격은 0.7m 내외로 할 수 있다.
③ 수직손잡이의 길이는 0.9m 이상으로 하되, 손잡이의 제일 아랫부분이 바닥면으로부터 0.6m 내외의 높이에 오도록 벽에 고정하여 설치하여야 한다. 다만, 손잡이의 안전성 등 부득이한 사유로 벽에 설치하는 것이 곤란한 경우에는 바닥에 고정하여 설치하되, 손잡이의 아랫부분이 휠체어의 이동에 방해가 되지 아니하도록 하여야 한다.

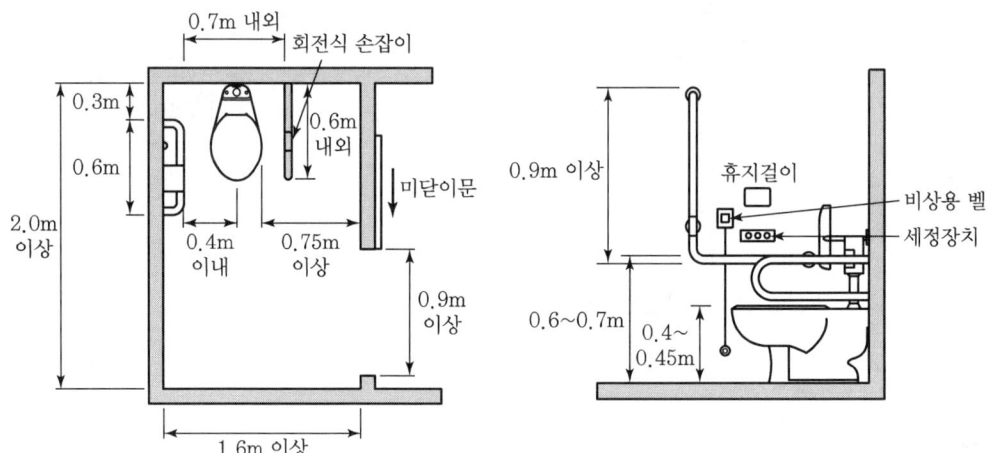

QUESTION 29

> 제로에너지 건축물에서 다음 내용에 대하여 설명하시오. (122회)
> (1) 패시브 기술과 액티브 기술의 정의
> (2) 제로에너지 건축물에 적용되는 기술

1 패시브 기술과 액티브 기술의 정의

1) 패시브 기술

① 기계장치를 이용하지 않고 건축적 수법으로 자연이 가진 이점을 최대한 이용하는 방법
② 건축물의 에너지 요구량을 최소화하는 건축계획적 요소

2) 액티브 기술

① 기계장치를 이용하는 적극적인 환경 조절방법
② 설비시스템 효율 향상
③ 신재생에너지 활용

2 제로에너지 건축물에 적용되는 기술

구분		기술사항
Passive 요소		고단열, 고기밀, 고성능 창호, 외부차양 등
Active 요소	E 소비형 설비	• 고효율 열원설비, 이코노마이저 시스템 • 가변속제어방식의 풍량제어 • 비례제어 및 대수제어 • 폐열회수형 환기장치 • 급탕 · 저탕온도 55℃ 이하로 설정
	E 생산형 설비 (신재생에너지)	• 신에너지 : 수소에너지설비, 연료전지설비, 석탄을 액화 · 가스화한 에너지 및 중질잔사유(重質殘渣油)를 가스화한 에너지 설비 • 재생에너지 : 태양에너지설비, 풍력설비, 수력설비, 해양에너지설비, 지열에너지설비, 바이오에너지설비, 폐기물에너지설비, 수열에너지설비

QUESTION 30

에너지 절약 분야의 ESCO(Energy Saving COmpany) 사업의 개요, 특징, 사업수행범위에 대하여 기술하시오. (123회)

1 ESCO 사업의 개요

1) ESCO(Energy Saving COmpany, 에너지절약전문기업)

사용자의 에너지 절약형 설치사업에 참여하여 기술(에너지 진단, 유지/보수 등) 및 자금을 제공하고, 그에 따른 에너지 절감액으로 투자비를 회수하는 기업

2) ESCO 사업

에너지 사용자가 ESCO(에너지절약전문기업)를 통해 기술적 또는 경제적 부담 없이 에너지 절약형 시설로 개보수할 수 있는 사업

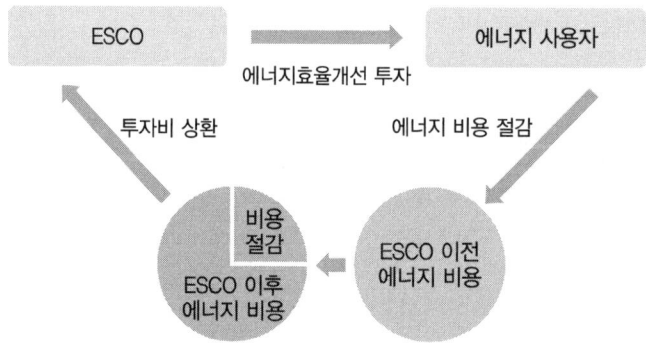

2 ESCO 사업의 특징

장점	단점
• 에너지 절약형 시설 설치 및 에너지 비용 절감	• ESCO 업체들의 전문성 부족
• 에너지절약시설 투자에 따른 기술적 위험부담 해소	• 산업체(금속, 석유화학)의 공정개선에 따른 에너지 절감보다는 건축물의 단순설비(조명, 보일러 등)에 국한된 ESCO 활동
• ESCO로부터 에너지절약시설에 대한 체계적, 전문적 서비스 제공	
• ESCO 투자사업 시 자금지원 및 세제지원 혜택	• 에너지성능 향상의 성과 보증에 대한 확신 결여

3 ESCO 사업 수행 범위

① 에너지사용시설의 에너지 절약을 위한 관리용역 사업
② 에너지 절약형 시설투자에 관한 사업
③ 에너지 절약형 시설 및 기자재의 연구개발 사업

QUESTION 31

환경정책기본법령상 대기, 소음, 수질(하천) 외부 환경 기준에 대하여 기술하시오. (123회)

※ 「환경정책기본법 시행령」 별표 1 환경기준 참조

1 대기

항목	기준
아황산가스(SO_2)	• 연간 평균치 0.02ppm 이하 • 24시간 평균치 0.05ppm 이하 • 1시간 평균치 0.15ppm 이하
일산화탄소(CO)	• 8시간 평균치 9ppm 이하 • 1시간 평균치 25ppm 이하
이산화질소(NO_2)	• 연간 평균치 0.03ppm 이하 • 24시간 평균치 0.06ppm 이하 • 1시간 평균치 0.10ppm 이하
미세먼지(PM-10)	• 연간 평균치 $50\mu g/m^3$ 이하 • 24시간 평균치 $100\mu g/m^3$ 이하
초미세먼지(PM-2.5)	• 연간 평균치 $15\mu g/m^3$ 이하 • 24시간 평균치 $35\mu g/m^3$ 이하
오존(O_3)	• 8시간 평균치 0.06ppm 이하 • 1시간 평균치 0.1ppm 이하
납(Pb)	연간 평균치 $0.5\mu g/m^3$ 이하
벤젠	연간 평균치 $5\mu g/m^3$ 이하

2 소음

지역 구분	적용 대상지역	기준[단위 : Leq dB(A)]	
		낮 (06:00~22:00)	밤 (22:00~06:00)
일반지역	"가" 지역	50	40
	"나" 지역	55	45
	"다" 지역	65	55
	"라" 지역	70	65

지역 구분	적용 대상지역	기준[단위 : Leq dB(A)]	
		낮 (06:00~22:00)	밤 (22:00~06:00)
도로변 지역	"가" 및 "나" 지역	65	55
	"다" 지역	70	60
	"라" 지역	75	70

지역의 구분은 다음과 같다.
① "가" 지역 : 녹지지역, 보전관리지역, 농림지역 및 자연환경보전지역, 전용주거지역, 종합병원의 부지경계로부터 50m 이내의 지역, 학교의 부지경계로부터 50m 이내의 지역, 공공도서관의 부지경계로부터 50m 이내의 지역
② "나" 지역 : 생산관리지역, 일반주거지역 및 준주거지역
③ "다" 지역 : 상업지역, 계획관리지역, 준공업지역
④ "라" 지역 : 전용공업지역 및 일반공업지역
※ 이 소음환경기준은 항공기소음, 철도소음 및 건설작업 소음에는 적용하지 않는다.

3 수질(하천)

1) 사람의 건강보호 기준

항목	기준값(mg/L)
카드뮴(Cd)	0.005 이하
비소(As)	0.05 이하
시안(CN)	검출되어서는 안 됨(검출한계 0.01)
수은(Hg)	검출되어서는 안 됨(검출한계 0.001)
유기인	검출되어서는 안 됨(검출한계 0.0005)
폴리클로리네이티드비페닐(PCB)	검출되어서는 안 됨(검출한계 0.0005)
납(Pb)	0.05 이하
6가 크롬(Cr^{6+})	0.05 이하
음이온 계면활성제(ABS)	0.5 이하
사염화탄소	0.004 이하
1,2-디클로로에탄	0.03 이하
테트라클로로에틸렌(PCE)	0.04 이하
디클로로메탄	0.02 이하
벤젠	0.01 이하
클로로포름	0.08 이하

항목	기준값(mg/L)
디에틸헥실프탈레이트(DEHP)	0.008 이하
안티몬	0.02 이하
1,4-다이옥세인	0.05 이하
포름알데히드	0.5 이하
헥사클로로벤젠	0.00004 이하

2) 생활환경기준

등급		상태 (캐릭터)	기준								
			수소 이온 농도 (pH)	생물 화학적 산소 요구량 (BOD) (mg/L)	화학적 산소 요구량 (COD) (mg/L)	총유기 탄소량 (TOC) (mg/L)	부유 물질량 (SS) (mg/L)	용존 산소량 (DO) (mg/L)	총인 (total phos-phorus) (mg/L)	대장균군 (군수/100mL)	
										총 대장균군	분원성 대장균군
매우 좋음	Ia		6.5~8.5	1 이하	2 이하	2 이하	25 이하	7.5 이상	0.02 이하	50 이하	10 이하
좋음	Ib		6.5~8.5	2 이하	4 이하	3 이하	25 이하	5.0 이상	0.04 이하	500 이하	100 이하
약간 좋음	II		6.5~8.5	3 이하	5 이하	4 이하	25 이하	5.0 이상	0.1 이하	1,000 이하	200 이하
보통	III		6.5~8.5	5 이하	7 이하	5 이하	25 이하	5.0 이상	0.2 이하	5,000 이하	1,000 이하
약간 나쁨	IV		6.0~8.5	8 이하	9 이하	6 이하	100 이하	2.0 이상	0.3 이하		
나쁨	V		6.0~8.5	10 이하	11 이하	8 이하	쓰레기 등이 떠 있지 않을 것	2.0 이상	0.5 이하		
매우 나쁨	VI			10 초과	11 초과	8 초과		2.0 미만	0.5 초과		

QUESTION 32
환경보호 노력의 일환인 탄소중립에 대하여 기술하시오. (123회)

1 탄소중립(Carbon-neutral)의 개념

① 산업체, 가정 등에서 배출한 이산화탄소를 다시 흡수해 실질적인 배출량을 0으로 만드는 것으로, 탄소제로(Carbon Zero)라고도 한다.
② 이산화탄소를 흡수하기 위해서는 배출한 이산화탄소의 양을 계산하고 탄소의 양만큼 나무를 심거나, 풍력·태양열 발전과 같은 청정에너지 분야에 투자해 오염을 상쇄한다.

2 2020 탄소중립 추진전략

1) 개요
정부가 2020년 12월 7일 발표한 사항으로 경제구조의 저탄소화 등 3대 정책방향과 더불어 이를 추진하기 위한 제도적 기반강화 방안이 제시되었다.

2) 3대 추진전략

정책방향	과제
경제구조의 저탄소화	• 에너지 전환 가속화 • 고탄소 산업구조 혁신 • 미래모빌리티로 전환 • 도시·국토의 저탄소화
신(新) 유망 저탄소산업 생태계 조성	• 신(新) 유망 산업 육성 • 혁신 생태계 저변 구축 • 순환경제 활성화
탄소중립 사회로의 공정 전환	• 취약 산업·계층 보호 • 지역 중심의 탄소중립 실현 • 탄소중립 사회에 대한 국민인식 제고

3) 탄소중립의 제도적 기반 강화 : 재정+녹색금융+R&D+국제협력

QUESTION 33

국가건설기준(KCS)에서 규정하는 신기술 적용기준에 대하여 기술하시오. (123회)

1 국가건설기준(KCS)에서 규정하는 신기술 적용기준

새로운 기술의 적용은 검증된 기술, 공법 또는 방법으로 발주자의 승인을 얻어 사용하여야 한다. 단, 이 경우 승인을 얻어야 하는 기술은 국제적 검증 또는 발주자가 요구하는 별도의 기술심의를 통하여야 한다.

2 건설신기술 적용 검증

```
                    현장적용성 검증
    (1) 특허    ─────────────────    (2) 건설신기술
                    실험으로 기술을 완성
```

① 건설현장의 기술적인 아이디어인 특허를 기반으로 신규성, 진보성, 경제성, 현장적용성, 보급성 등을 실험과 실증 등을 통해 검증하여 국가가 보증하는 신공법
② 특허실적을 보유한 후, 건설신기술을 지정 신청
 ※ 특허공법 : 기존에 없는 아이디어를 바탕으로 한 공업적 발명의 전용권을 특정인에게 부여하는 제도
③ 검증 단계
 • 1단계 : 실제 크기를 축소한 실험모형으로 기술적 효과를 검증
 • 2단계 : 실제 시공 현장에서 현장적용성 및 보급성 등을 검토

3 건설신기술과 특허공법

구분	건설신기술	특허공법
정의	검증된 신공법	신아이디어를 기반으로 하는 공법
기술사용 면책권	사용에 따른 발주처의 책임이 면책	사용 시 면책권 없음
비용	고가	저가

4 건설신기술 예시

① 공동주택 세면욕실의 당해층 일부 이중배관 공법 : 건설신기술 623호
② 공동주택의 바닥온열을 이용한 급기시스템 : 건설신기술 514호
③ 물흐름센서, 온도센서, 발열선 및 모듈을 이용한 급수배관 동파 방지기술 : 건설신기술 725호

5 건설신기술 활용 증대방안

① 건설신기술과 특허를 변별하는 제도 제정
② 건설신기술과 특허공법을 동일시하는 입찰계약집행기준 개정
③ 신기술 사용자에 대한 인센티브 부여
④ 기술개발보상제도 등의 제도의 활용 및 다양화
⑤ 신기술 발굴지원 체계 구축
⑥ LCC 관점에서 시공 후 품질까지 고려한 공법 선정
⑦ 특허공법 심의 개선, 기술검증 강화
⑧ 설계엔지니어의 공법 선정 독립권 강화
⑨ 신기술을 출원한 구성원의 참여 기여도를 객관화할 제도 장치 고안

QUESTION 34

「기계설비법」 시행에 따른 기계설비법 범위 및 유지관리자 선임목적과 기계설비 유지관리자 선임대상 건축물에 대하여 설명하시오. (124회)

1 기계설비법 범위

1) 기계설비의 범위

① 열원설비, 냉난방설비, 공기조화 · 공기청정 · 환기설비, 위생기구 · 급수 · 급탕 · 오배수 · 통기설비, 오수정화 · 물재이용설비, 우수배수설비
② 보온설비, 덕트(Duct)설비, 자동제어설비
③ 방음 · 방진 · 내진설비, 플랜트설비, 특수설비(클린룸 등)

2) 기계설비기술자의 범위

기계설비 관련 분야의 기술자격을 취득하거나 기계설비에 관한 기술 또는 기능을 인정받은 사람

3) 기계설비유지관리자의 범위

기계설비 유지관리(기계설비의 점검 및 관리를 실시하고 운전 · 운용하는 모든 행위)를 수행하는 자

2 유지관리자 선임목적

건축물의 기계설비의 안전 및 성능 확보와 효율적 관리를 위하여 건축물 등에 설치된 기계설비의 소유자 또는 관리자(관리주체)는 유지관리기준 준수를 위해 기계설비유지관리자 선임 또는 시설물 관리 전문업체에 위탁

3 기계설비유지관리자 선임대상 건축물

구분	선임대상	선임자격	선임인원
1. 연면적 10,000m² 이상의 용도별 건축물	가. 연면적 60,000m² 이상	특급 책임기계설비유지관리자	1
		보조기계설비유지관리자	1
	나. 연면적 30,000m² 이상 연면적 60,000m² 미만	고급 책임기계설비유지관리자	1
		보조기계설비유지관리자	1
	다. 연면적 15,000m² 이상 연면적 30,000m² 미만	중급 책임기계설비유지관리자	1
	라. 연면적 10,000m² 이상 연면적 15,000m² 미만	초급 책임기계설비유지관리자	1
2. 500세대 이상의 공동주택 또는 300세대 이상으로서 중앙집중식 난방방식(지역난방방식을 포함한다)의 공동주택	가. 3,000세대 이상	특급 책임기계설비유지관리자	1
		보조기계설비유지관리자	1
	나. 2,000세대 이상 3,000세대 미만	고급 책임기계설비유지관리자	1
		보조기계설비유지관리자	1
	다. 1,000세대 이상 2,000세대 미만	중급 책임기계설비유지관리자	1
	라. 500세대 이상 1,000세대 미만	초급 책임기계설비유지관리자	1
	마. 300세대 이상 500세대 미만으로서 중앙집중식 난방방식(지역난방방식을 포함한다)의 공동주택	초급 책임기계설비유지관리자	1
3. 교량·터널·항만·댐·건축물 등 구조물과 그 부대시설, 학교시설, 지하역사 및 지하도상가, 공공기관 소유 건축물(단, 위의 1, 2에 속하는 건축물은 제외한다)		중급 책임기계설비유지관리자	1

QUESTION 35

「기계설비 기술기준」의 환기설비 설계기준 중 공동구 환기설비기준(5개 항목)에 대하여 설명하시오. (125회)

1 공동구 환기설비기준

① 공동구 내 설치되는 배관, 배선 시설물의 기능을 양호하게 유지하고 유지관리가 용이하도록 적정 온도 유지, 결로 방지, 유해가스 및 악취 제거 등의 목적으로 환기설비를 설치한다.

② 전력이송용 공동구나 통신용 공동구인 경우도 각 케이블에서 발생하는 열을 냉각하기 위하여 환기하여야 하며, 여름철에도 공동구 내의 온도는 40℃ 이상 상승되지 않도록 한다.

③ 제연 겸용 환기송풍기는 화재 시를 대비하여 250℃에서 60분 이상 가동이 가능한 기능을 보유해야 된다. 또한 비상시를 위하여 공동구 내 환기는 정·역방향으로 공기흐름을 조정할 수 있어야 한다.

④ 환기설비의 용량은 가동 후 시간당 2회 이상 환기가 완료될 수 있는 용량이어야 하며, 현장여건에 따라 적정 용량을 산정한다. 발열이 있는 전력구의 경우 전력구 내 환기풍속은 2m/s 이하, 환기구그레이팅 상부에서의 풍속은 5m/s 이하로 한다.

⑤ 환기방식은 원칙적으로 종류식을 적용해야 하며, 현장여건상 부득이한 경우 덕트방식으로 시공한다.

⑥ 환풍기는 환기구그레이팅 상부 0.5m(또는 1m)에서의 소음을 75dB(A) 이하로 하며, 주변 지역에 대해 「환경정책기본법 시행령」 환경기준을 준수할 수 있도록 필요시 소음저감장치를 설치한다.

⑦ 공동구의 지상환기구는 250m 이내의 간격으로 설치하되 환기시뮬레이션을 수행하여 설치간격을 결정할 수 있으며, 지상환기구를 이용하여 공동구 내로 장비 반입 및 관리자가 입출 가능하도록 계획한다.

QUESTION 36

제로에너지건축물 인증제도에 대하여 설명하시오. (125회)

1 제로에너지 건축물 인증제도의 목적

① 건축물의 에너지 자립도 향상
② 신재생에너지의 활용
③ 에너지 절감을 통한 온실가스 감축

2 인증 의무대상(「녹색건축물 조성지원법 시행령」 별표 1)

요건	제로에너지건축물 인증 의무 대상
소유 또는 관리 주체	• 중앙행정기관의 장, 지방자치단체의 장, 공공기관 및 교육기관의 장 • 교육감 • 공공주택사업자
건축 또는 리모델링의 범위	• 건축물을 신축 또는 재축하는 경우 • 건축물을 전부 개축하는 경우 • 기존 건축물의 대지에 별개의 건축물을 증축하는 경우
건축물의 범위	건축법 시행령 별표1 각 호의 건축물(단, 기숙사는 제외)
공동주택의 세대수 또는 건축물의 연면적	• 공동주택의 경우 : 전체 세대수 30세대 이상 • 공동주택 외의 건축물의 경우 : 연면적 5백제곱미터 이상
에너지 절약계획서 등 제출 대상 여부	• 공동주택의 경우 : 에너지 절약계획서 제출 대상 또는 친환경 주택 에너지 절약계획 제출 대상일 것 • 공동주택 외의 건축물의 경우 : 에너지 절약계획서 제출 대상일 것

3 에너지자립률(「제로에너지건축물 인증기준」 별표 1)

$$에너지자립률(\%) = \frac{연간\ 단위면적당\ 1차\ 에너지\ 순생산량}{연간\ 단위면적당\ 1차\ 에너지\ 총소요량} \times 100(\%)$$

1) 연간 단위면적당 1차 에너지 순생산량(kWh/m²·년)

= 대지 내 연간 단위면적당 1차 에너지 순생산량 + (대지 외 연간 단위면적당 1차 에너지 순생산량 × 보정계수)

① 대지 내 연간 단위면적당 1차 에너지 순생산량
= Σ[(신·재생에너지 생산량−신·재생에너지 생산에 필요한 에너지소요량)×1차 에너지 환산계수]÷평가면적

② 대지 외 연간 단위면적당 1차 에너지 순생산량
= Σ[(신·재생에너지 생산량−신·재생에너지 생산에 필요한 에너지소요량)×1차 에너지 환산계수]÷평가면적

③ 보정계수

대지 내 에너지자립률	~10% 미만	10% 이상~15% 미만	15% 이상~20% 미만	20% 이상~
대지 외 생산량 가중치	0.7	0.8	0.9	1.0

※ 대지 내 에너지 자립률 산정 시 연간 단위면적당 1차 에너지 순생산량은 대지 내 연간 단위면적당 1차 에너지 순생산량만을 고려한다.

2) 연간 단위면적당 1차 에너지 총소요량(kWh/m² · 년)

= Σ[(제1호에 따른 연간 단위면적당 1차 에너지소요량+연간 단위면적당 1차 에너지 순생산량)]

4 인증 등급 및 등급획득을 위한 조건(「제로에너지건축물 인증기준」 별표 2)

구분		제1호	제2호		제3호
ZEB 등급	등급 산정 기준	에너지 자립률 (%)	주거용 연간 단위면적당 1차 에너지소요량 (kWh/m² · 년)	비주거용 연간 단위면적당 1차 에너지소요량 (kWh/m² · 년)	건축물 에너지관리 시스템
+등급		120 이상	−10 미만	−70 미만	설치여부 확인
1등급		100 이상	10 미만	−30 미만	
2등급		80 이상	30 미만	10 미만	
3등급		60 이상	50 미만	50 미만	
4등급		40 이상	70 미만	90 미만	
5등급		20 이상	90 미만	130 미만	

5 유효기간(「제로에너지건축물인증에 관한 규칙」 제9조)

10년

6 제로에너지건축물 인증에 따른 건축기준 완화비율(「건축물의 에너지절약설계기준」 별표 9)

최대완화비율	완화조건
15%	제로에너지건축물 1등급 및 제로에너지건축물 플러스(+) 등급
14%	제로에너지건축물 2등급
13%	제로에너지건축물 3등급
12%	제로에너지건축물 4등급
11%	제로에너지건축물 5등급

QUESTION 37

건설공사 환경관리에는 건설소음 및 진동, 대기환경, 폐기물 관리 문제가 있다. 건설 폐기물 관리에서 건설폐기물의 정의와 LCA(Life Cycle Assessment)의 정의에 대하여 설명하시오. (126회)

1 건설폐기물의 정의

건설공사(전기, 정보통신, 소방시설, 문화재 수리공사는 제외)로 인하여 5톤 이상의 폐기물(공사를 시작할 때부터 완료할 때까지 발생하는 것만 해당)을 발생시키는 사업장을 대상(폐기물관리법)으로 하여 대통령령(건설폐기물의 재활용촉진에 관한 시행령)으로 정하는 것을 말한다.

2 LCA(Life Cycle Assessment)의 정의

전과정평가(LCA ; Life Cycle Assessment)란 Project 수행과정에서 제반되는 원료의 채취, 제조, 사용(유지보수) 및 폐기에 이르는 전 과정에 걸쳐 발생하는 환경영향 · 환경오염물질배출량 등을 분석 · 평가함으로써 원료와 공법에 있어 최적의 환경성을 선정하는 기법이다.

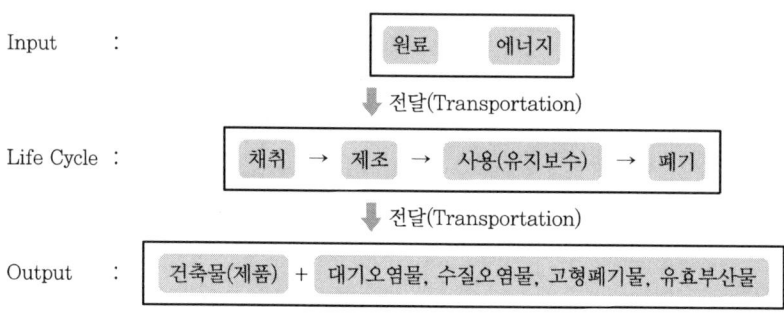

❙ Project의 Life cycle ❙

QUESTION 38

제로에너지 적용 방안에는 패시브(Passive)적인 방법과 액티브(Active)적인 방법이 있다. 이 중 액티브(Active)적인 관점에서 설명하시오. (126회)

1 제로에너지 적용 방안 – 액티브(Active 관점)

구분	기술사항
에너지 소비형 설비	• 고효율 열원설비, 이코노마이저시스템 • 가변속제어방식의 풍량 제어 • 비례 제어 및 대수 제어 • 폐열회수형 환기장치 • 급탕 · 저탕온도 55℃ 이하로 설정
에너지 생산형 설비 (신재생에너지)	• 신에너지 : 수소에너지설비, 연료전지설비, 석탄을 액화 · 가스화한 에너지 및 중질잔사유(重質殘渣油)를 가스화한 에너지설비 • 재생에너지 : 태양에너지설비, 풍력설비, 수력설비, 해양에너지설비, 지열에너지설비, 바이오에너지설비, 폐기물에너지설비, 수열에너지설비

QUESTION 39

「기계설비법」에 따른 기계설비 안전확인서에 대하여 설명하시오. (127회)

1 기계설비 안전확인서 일반사항(기계설비 기술기준 제19조)

기계설비 시공자는 기계설비공사를 끝낸 경우 기계설비의 성능 및 안전평가를 수행하고, 안전확인서 등(기계설비 사용 전 확인표, 기계설비 성능확인서 등)을 작성하여 기계설비감리업무수행자에게 제출해야 한다.

2 기계설비 안전확인서의 검사항목 및 내용(기계설비 기술기준 별지 제5호 서식)

① 보일러실의 일산화탄소 감지기, 경보기는 적합한가
② 보일러의 안전장치는 적합한가
③ 냉동기는 친환경냉매를 사용하기에 적합한가
④ 냉동기의 안전장치는 적합한가
⑤ 탱크류 안전밸브 설치는 적합한가
⑥ 환기장치의 외기도입구 및 배기구는 안전에 적합한가
⑦ 실외기는 안전에 적합한가
⑧ 냉각탑의 냉각수에 레지오넬라균 번식 방지조치는 적합한가
⑨ 저수조 청소 완료(필증)는 적합한가
⑩ 저수조 물넘침에 대비하여 배수시설과 알람시설은 적합한가
⑪ 음용수는 수질기준에 적합한가(시험성적서)
⑫ 급수, 급탕 등의 역류 방지 장치는 적합한가
⑬ 급탕가열장치의 온도 및 압력에 대한 안전장치는 적합한가
⑭ 교차배관으로 인한 오염발생 방지조치는 적합한가
⑮ 각 위생기구에 공급되는 급수압은 적합한가
⑯ 물배관 및 계량기의 동파 방지조치는 적합한가
⑰ 동파방지발열선의 과열 시 전원차단 및 경보시설은 적합한가

QUESTION 40

「건강친화형 주택 건설기준」에 의한 건강친화형 주택의 정의를 설명하고, 이 주택에 대한 의무기준과 권장기준에 대하여 설명하시오. (128회)

1 건강친화형 주택의 정의

"건강친화형 주택"이란 오염물질이 적게 방출되는 건축자재를 사용하고 환기 등을 실시하여 새집증후군 문제를 개선함으로써 거주자에게 건강하고 쾌적한 실내환경을 제공할 수 있도록 일정수준 이상의 실내공기질과 환기성능을 확보한 주택으로서 의무기준(2)을 모두 충족하고 권장기준(3) 1) 중 2개 이상, 2) 중 1개 이상 이상의 항목에 적합한 주택을 말한다.

2 의무기준

사업주체가 건강친화형 주택을 건설할 때 오염물질을 줄이기 위해 필수적으로 적용해야 하는 기준을 말한다.

1) 친환경 건축자재의 적용

① 실내에 사용하는 건축자재는 [별표 1] "실내공기 오염물질 저방출 건축자재의 적용기준"에 따른 실내공기 오염물질 저방출자재 기준에 적합할 것
② 실내마감용으로 사용하는 도료에 함유된 납(Pb), 카드뮴(Cd), 수은(Hg) 및 6가크롬(Cr^{+6}) 등의 유해원소는 환경표지 인증기준에 적합할 것

2) 쾌적하고 안전한 실내공기 환경을 확보하기 위하여 각종 공사를 완료한 후 사용검사

신청 전까지 플러시 아웃(Flush-out) 또는 베이크 아웃(Bake-out) 시행기준에 따라 플러시 아웃(Flush-out) 또는 베이크 아웃(Bake-out)을 실시할 것

3) 효율적인 환기를 위하여 [별표 3] "효율적인 환기성능의 확보"에 적합한 단위세대의 환기성능을 확보할 것

4) 설치된 환기설비의 정상적인 성능 발휘 및 운영 여부를 확인하기 위하여 [별표 4] "환기설비의 성능검증(TAB)방안"에 따른 성능검증을 시행할 것

5) 입주 전에 설치하는 빌트–인(Built–in) 가전제품, 붙박이 가구 등은 [별표 5] "친환경 생활제품의 적용기준"에 적합하게 적용할 것
6) 건축자재, 접착제 등 시공·관리기준 준수

구분	세부사항
일반 시공·관리 기준	• 입주 전에 설치하는 붙박이 가구 및 빌트–인(Built–in) 가전제품, 내장재 시공 등과 같이 실내공기 오염물질을 배출하는 공정은 공사로 인해 방출된 오염물질을 실외로 충분히 배기할 수 있는 환기계획을 수립할 것 • 시공단계에서 사용하는 실내마감용 건축자재는 품질 변화가 없고 오염물질 관리가 가능하도록 보관할 것 • 건설폐기물은 실외에 적치하도록 적치장을 확보하고 반출계획을 작성하여 공사가 완료될 때까지 다른 요인에 의해 시공 현장이 오염되지 않도록 구체적인 유지관리 계획을 수립할 것
접착제의 시공·관리 기준	• 바닥 등 건물내부 접착제 시공면의 수분함수율은 4.5% 미만이 되도록 할 것 • 접착제 시공면의 평활도는 2m마다 3mm 이하로 유지할 것 • 접착제를 시공할 때의 실내온도는 5℃ 이상으로 유지할 것 • 접착제를 시공할 때에 발생하는 오염물질의 적절한 외부배출 대책을 수립할 것(환기·공조시스템 가동중지 및 급·배기구를 밀폐한 후 자연통풍 실시 또는 배풍기 가동)
유해화학물질 확산방지를 위한 도장공사 시공·관리 기준	• 도장재의 운반·보관·저장 및 시공은 제조자 지침을 준수할 것 • 외부 도장공사 시 도료의 비산과 실내로의 유입을 방지할 수 있는 대책을 수립할 것(도장부스 사용 등) • 실내 도장공사를 실시할 때에 발생하는 오염물질의 적절한 외부배출 대책을 수립할 것(환기·공조시스템 가동중지 및 급·배기구를 밀폐한 후 자연통풍 실시 또는 배풍기 가동) • 뿜칠 도장공사시 오일리스 방식 컴프레서, 오일필터 또는 저오염오일 등 오염물질 저방출 장비를 사용할 것

3 권장기준

사업주체가 건강친화형 주택을 건설할 때 오염물질을 줄이기 위해 필요한 기준을 말한다.

1) 오염물질, 유해미생물 제거

① 흡방습 건축자재는 모든 세대에 [별표 6] "오염물질 억제 또는 저감 건축자재의 적용기준"에 적합한 건축자재를 거실과 침실 벽체 총면적의 10% 이상을 적용할 것
② 흡착 건축자재는 모든 세대에 [별표 6] "오염물질 억제 또는 저감 건축자재의 적용기준"에 적합한 건축자재를 거실과 침실 벽체 총면적의 10% 이상을 적용할 것

③ 항곰팡이 건축자재는 모든 세대에 [별표 6] "오염물질 억제 또는 저감 건축자재의 적용기준"에 적합한 건축자재를 발코니·화장실·부엌 등과 같이 곰팡이 발생이 우려되는 부위에 총 외피면적의 5% 이상을 적용할 것

④ 항균 건축자재는 모든 세대에 [별표 6] "오염물질 억제 또는 저감 건축자재의 적용기준"에 적합한 건축자재를 발코니·화장실·부엌 등과 같이 세균 발생이 우려되는 부위에 총외피면적의 5% 이상을 적용할 것

2) 실내발생 미세먼지 제거

① 주방에 설치되는 레인지후드는 "오염물질 억제 또는 저감 건축자재의 적용기준"에 따른 성능을 확보할 것

② 레인지후드의 배기효율을 높이기 위해 기계환기설비 또는 보조급기와의 연동제어가 가능할 것

QUESTION 41

「건축물의 에너지절약설계기준」에 의한 건축물 에너지소요량 평가방법에 대하여 설명하시오. (128회)

1 건축물의 에너지소요량 평가대상 및 에너지소요량 평가서의 판정

1) 에너지소요량 평가대상

신축 또는 별동으로 증축하는 경우로서 다음 어느 하나에 해당하는 건축물은 1차 에너지소요량 등을 평가하여 건축물 에너지소요량 평가서를 제출하여야 한다.

① 업무시설 중 연면적의 합계가 3천m^2 이상인 건축물
② 교육연구시설 중 연면적의 합계가 3천m^2 이상인 건축물
③ 연면적의 합계가 500m^2 이상인 모든 용도의 공공기관 건축물

2) 에너지소요량 평가서의 판정

① 건축물의 에너지소요량 평가서는 단위면적당 1차 에너지소요량의 합계가 200kWh/m^2년 미만일 경우 적합한 것으로 본다.
② 다만, 공공기관 건축물은 140kWh/m^2년 미만일 경우 적합한 것으로 본다.

2 건축물에너지소요량 평가방법

건축물 에너지소요량은 ISO 52016 등 국제규격에 따라 난방, 냉방, 급탕, 조명, 환기 등에 대해 종합적으로 평가하도록 제작된 프로그램에 따라 산출된 연간 단위면적당 1차 에너지소요량 등으로 평가한다.

단위면적당 에너지소요량 산출 → 단위면적당 1차 에너지소요량 산출

1) 단위면적당 에너지소요량 산출

$$\text{단위면적당 에너지소요량} = \frac{\text{난방에너지소요량}}{\text{난방에너지가 요구되는 공간의 바닥면적}} + \frac{\text{냉방에너지소요량}}{\text{냉방에너지가 요구되는 공간의 바닥면적}} + \frac{\text{급탕에너지소요량}}{\text{급탕에너지가 요구되는 공간의 바닥면적}} + \frac{\text{조명에너지소요량}}{\text{조명에너지가 요구되는 공간의 바닥면적}} + \frac{\text{환기에너지소요량}}{\text{환기에너지가 요구되는 공간의 바닥면적}}$$

※ 단, 냉방설비가 없는 주거용 건축물(단독주택 및 기숙사를 제외한 공동주택)의 경우 냉방 평가 항목 제외
※ 단, 신재생에너지생산량은 에너지소요량에 반영되어 효율등급 평가에 포함

2) 단위면적당 1차 에너지소요량 산출

$$\text{단위면적당 1차 에너지소요량} = \text{단위면적당 에너지소요량} \times \text{1차 에너지 환산계수}$$

1차 에너지 환산계수는 다음과 같다.
① **가스 · 석유** : 1.1
② **전력** : 2.75
③ **지역난방** : 0.728
④ **지역냉방** : 0.937

QUESTION 42

「기후위기 대응을 위한 탄소중립·녹색성장기본법」의 목적과 취지(의미)에 대하여 설명하시오. (130회)

1 목적[2021년 9월 24일 제정, 2022년 3월 25일 시행]

기후위기의 심각한 영향을 예방하기 위하여 온실가스 감축 및 기후위기 적응대책을 강화하고 탄소중립 사회로의 이행 과정에서 발생할 수 있는 경제적·환경적·사회적 불평등을 해소하며 녹색기술과 녹색산업의 육성·촉진·활성화를 통하여 경제와 환경의 조화로운 발전을 도모함으로써, 현재 세대와 미래 세대의 삶의 질을 높이고 생태계와 기후체계를 보호하며 국제사회의 지속가능발전에 이바지하는 것을 목적으로 한다.

2 취지(의미)[탄소중립 사회로의 이행과 녹색성장을 위한 기본원칙]

① 미래 세대의 생존을 보장하기 위하여 현재 세대가 져야 할 책임이라는 세대 간 형평성의 원칙과 지속 가능발전의 원칙에 입각한다.
② 범지구적인 기후위기의 심각성과 그에 대응하는 국제적 경제환경의 변화에 대한 합리적 인식을 토대로 종합적인 위기 대응 전략으로서 탄소중립 사회로의 이행과 녹색성장을 추진한다.
③ 기후변화에 대한 과학적 예측과 분석에 기반하고, 기후위기에 영향을 미치거나 기후위기로부터 영향을 받는 모든 영역과 분야를 포괄적으로 고려하여 온실가스 감축과 기후위기 적응에 관한 정책을 수립한다.
④ 기후위기로 인한 책임과 이익이 사회 전체에 균형 있게 분배되도록 하는 기후정의를 추구함으로써 기후위기와 사회적 불평등을 동시에 극복하고, 탄소중립 사회로의 이행 과정에서 피해를 입을 수 있는 취약한 계층·부문·지역을 보호하는 등 정의로운 전환을 실현한다.
⑤ 환경오염이나 온실가스 배출로 인한 경제적 비용이 재화 또는 서비스의 시장가격에 합리적으로 반영되도록 조세체계와 금융체계 등을 개편하여 오염자 부담의 원칙이 구현되도록 노력한다.
⑥ 탄소중립 사회로의 이행을 통하여 기후위기를 극복함과 동시에, 성장 잠재력과 경쟁력이 높은 녹색기술과 녹색산업에 대한 투자 및 지원을 강화함으로써 국가 성장동력을 확충하고 국제 경쟁력을 강화하며, 일자리를 창출하는 기회로 활용하도록 한다.
⑦ 탄소중립 사회로의 이행과 녹색성장의 추진 과정에서 모든 국민의 민주적 참여를 보장한다.
⑧ 기후위기가 인류 공통의 문제라는 인식 아래 지구 평균 기온 상승을 산업화 이전 대비 최대 섭씨 1.5도로 제한하기 위한 국제사회의 노력에 적극 동참하고, 개발도상국의 환경과 사회정의를 저해하지 아니하며, 기후위기 대응을 지원하기 위한 협력을 강화한다.

QUESTION 43

베이크 아웃(Bake-out)에 대하여 설명하시오. (130회)

1 개념

베이크 아웃(Bake-out)이란 건축자재로 인한 실내공기 오염물질을 제거하기 위하여 입주 전 난방기구로 실내온도를 급속히 상승시켜 VOCs(총 휘발성 유기화합물) 물질의 배출을 일시적으로 증가시킨 후 환기를 통해 제거하는 것을 말한다.

2 목적

① 새집증후군 예방
② 시공 과정 중에 발생한 오염물질 배출
③ 습식공법 실시에 따른 잔여습기 제거

3 관련 규정 및 의무적용대상

① 관련규정 : 건강친환경 주택 건설기준
② 의무적용대상 : 500세대 이상의 신축 또는 리모델링 주택

4 베이크 아웃 시행 기준

1) 사전조치

① 외기로 통하는 모든 개구부(문, 창문, 환기구 등)를 닫음
② 수납가구의 문, 서랍 등을 모두 열고, 가구에 포장재(종이나 비닐 등)가 씌워진 경우 이를 제거해야 함

2) 절차

① 실내온도를 33~38℃로 올리고 8시간 유지
② 문과 창문을 모두 열고 2시간 환기
③ 위 사항을 3회 이상 반복 실시

QUESTION 44

「공동주택 결로 방지를 위한 설계기준」에서 정하는 다음 사항에 대하여 설명하시오. (130회)
(1) 온도차이비율(TDR : Temperature Difference Ratio)의 정의
(2) 적용대상

1 온도차이비율(TDR, Temperature Difference Ratio)의 정의

① TDR(Temperature Difference Ratio, 온도차이비율)이란 실내온습도와 외부 온도의 여러 조합에 따라 해당 부위에 결로 발생 여부를 알게 해주는 지표이다.
② 공동주택 결로 방지를 위한 설계기준에서 TDR값이 설계 시에 갖추어야 할 최소성능기준(공동주택 500세대 이상 적용)으로 도입되었다.
③ 0~1 사이 값으로, 낮을수록 결로 방지에 우수함을 의미한다.

$$TDR = \frac{실내온도 - 적용대상\ 부위의\ 실내표면온도}{실내온도 - 외기온도} = \frac{t_i - t_s}{t_i - t_o}$$

여기서, t_i : 실내온도
t_o : 실외온도
t_s : 적용대상 부위의 실내표면온도
※ 셋째 자리 이하는 버림 처리하여 둘째 자리로 표기한다.

2 적용대상

1) 출입문

① 거실의 1m² 이상 직·간접 출입문
② 현관문 및 대피공간 방화문

2) 벽체접합부

외기에 직접 접하는 부위의 벽체와 세대 내의 천장 및 바닥이 동시에 만나는 접합부

3) 창

① 거실의 1m² 이상 외기에 직접 접하는 창
② 난방설비가 설치되는 공간에 설치되는 외기에 직접 접하는 창(비확장 발코니 등 난방설비가 설치되지 않은 공간에 설치하는 창은 제외한다)

QUESTION 45

「에너지이용 합리화법」에서 정하는 다음 사항에 대하여 설명하시오. (130회)
(1) 에너지사용계획 제출대상 시설규모
(2) 에너지진단주기

1 에너지사용계획 제출대상 시설규모

1) 공공사업주관자

① 연간 2천5백 TOE 이상의 연료 및 열을 사용하는 시설

② 연간 1천 만 kWh 이상의 전력을 사용하는 시설

2) 민간사업주관자

① 연간 5천 TOE 이상의 연료 및 열을 사용하는 시설

② 연간 2천 만 kWh 이상의 전력을 사용하는 시설

2 에너지진단주기

에너지진단주기는 월 단위로 계산하되, 에너지진단을 시작한 달의 다음 달부터 기산(起算)한다.

연간 에너지사용량	에너지진단주기
20만 TOE 이상	• 전체진단 : 5년 • 부분진단 : 3년
20만 TOE 미만	5년

※ 비고
- 연간 에너지사용량은 에너지진단을 하는 연도의 전년도 연간 에너지사용량을 기준으로 한다.
- 연간 에너지사용량이 20만 TOE 이상인 자에 대해서는 10만 TOE 이상의 사용량을 기준으로 구역별로 나누어 에너지진단(부분진단)을 할 수 있으며, 1개 구역 이상에 대하여 부분진단을 한 경우에는 에너지진단 주기에 에너지진단을 받은 것으로 본다.
- 부분진단은 10만 TOE 이상의 사용량을 기준으로 구역별로 나누어 순차적으로 실시하여야 한다.

QUESTION 46

환경부하 평가법 중에서 LCA(Life Cycle Assessment)에 대하여 설명하시오.
(131회)

(1) 개념
(2) 구성
(3) 평가방법

1 개념

전과정평가(LCA ; Life Cycle Assessment)란 Project 수행과정에서 제반되는 원료의 채취, 제조, 사용(유지보수) 및 폐기에 이르는 전 과정에 걸쳐 발생되는 환경영향·환경오염물질배출량 등을 분석·평가함으로써 원료와 공법에 있어 최적의 환경성을 선정하는 기법이다.

2 구성

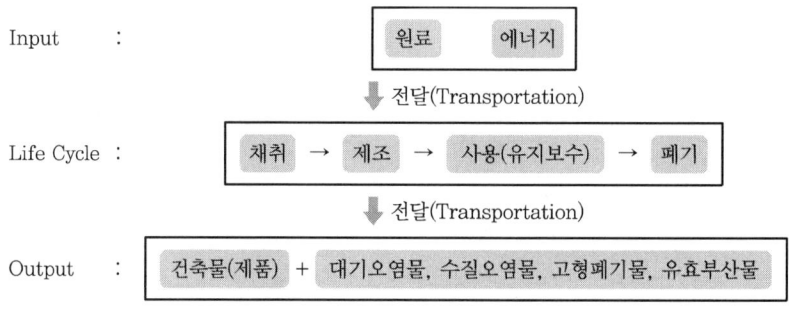

‖ 건축구조물 전과정 평가 구성 ‖

3 평가방법(ISO 14040)

1) 평가항목

6가지 환경문제(지구온난화, 오존층파괴, 자원고갈, 산성화, 부영양화, 광화학산화)를 환경영향, 환경비용적 측면에서 정량적으로 평가

2) 평가절차

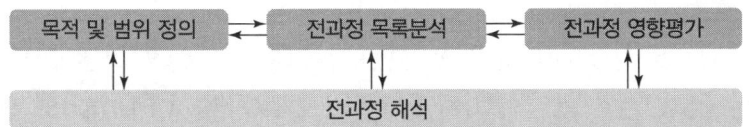

단계	절차	세부사항
1	목적 및 범위 정의	• LCA를 수행하고자 하는 목적과 대상(제품 또는 서비스)을 결정함 • 데이터 수집범위와 수집방법을 결정함 • 결과형태 및 활용방법을 결정함
2	전과정 목록분석	• 대상에 대한 데이터(투입·산출물)를 수집함 • 목적에 맞게 데이터를 계산하고 검증함
3	전과정 영향평가	수집된 데이터를 바탕으로 대상 제품의 환경영향(SO_X, CO_2, 지구온난화, 산성화, 독성 등)을 평가함
4	전과정 해석	영향평가 결과를 바탕으로 원인을 분석하고 연구수행 방법론과 사용할 데이터의 품질 등을 정밀검토 함

QUESTION 47

2023년 07월 어느 교육청에서 연면적 3,000m² 중학교를 신축 설계하였다. 이 때 건물 전체 냉·난방설비를 EHP(Electric Heat Pump)로 설계하였을 경우 법규준수 여부에 대하여 설명하시오. (132회)

1 관계 법규 해석

1) 건축물의 에너지절약설계기준[2023. 2. 28. 개정 시행]

> **제8조(기계부문의 의무사항)**
> 3. 「공공기관 에너지이용 합리화 추진에 관한 규정」 제10조의 규정을 적용받는 건축물의 경우에는 에너지성능지표 기계부문 10번 항목 배점을 0.6점 이상 획득하여야 한다.

※ 기계부문 10번 항목 : 축냉식 전기냉방, 가스 및 유류 이용 냉방, 지역냉방, 소형열병합 냉방 적용, 신재생에너지이용 냉방적용(냉방용량 담당 비율, %)

2) 공공기관 에너지이용 합리화 추진에 관한 규정

> **제10조(에너지 수급 안정 및 효율 향상을 위한 전력수요관리시설 설치)**
> ① 각 공공기관에서 연면적 1,000m² 이상의 건축물을 신축하거나 연면적 1,000m² 이상을 증축하는 경우 또는 냉방설비를 전면 개체할 경우에는 냉방설비용량의 60% 이상을 심야전기를 이용한 축냉식, 가스를 이용한 냉방방식, 집단에너지사업허가를 받은 자로부터 공급되는 집단에너지를 이용한 지역냉방방식, 소형 열병합발전을 이용한 냉방방식, 신·재생에너지를 이용한 냉방방식 등 전기를 사용하지 아니한 냉방방식으로 냉방설비를 설치하여야 하며, 냉방설비를 증설 또는 부분 개체할 경우에는 전기를 사용하지 아니한 냉방방식의 냉방설비용량이 전체의 60% 이상이 되도록 유지하여야 한다.

2 법규준수 여부 : 미준수

「건축물의 에너지절약설계기준」과 「공공기관 에너지이용 합리화 추진에 관한 규정」에 따라 공공기관(학교) 신축할 경우 전기를 사용하지 않은 냉방방식 비율이 60% 이상이 되어야 하므로 EHP 전체 적용은 법규상 부적합하다.

QUESTION 48

「건축물의 에너지절약설계기준」에서 규정하고 있는 다음 용어에 대하여 설명하시오. (133회)
(1) 대수분할 운전
(2) 비례제어 운전
(3) 이코노마이저시스템(Economizer System)
(4) 위험률

1 대수분할운전

기기를 여러 대 설치하여 부하상태에 따라 최적운전상태를 유지할 수 있도록 기기를 조합하여 운전하는 방식을 말한다.

2 비례제어 운전

기기의 출력값과 목푯값의 편차에 비례하여 입력량을 조절하여 최적운전상태를 유지할 수 있도록 운전하는 방식을 말한다.

3 이코노마이저시스템(Economizer System)

중간기 또는 동계에 발생하는 냉방부하를 실내 엔탈피보다 낮은 도입 외기에 의하여 제거 또는 감소시키는 시스템을 말한다.

4 위험률

냉(난)방기간 동안 또는 연간 총시간에 대한 온도출현분포 중에서 가장 높은(낮은) 온도쪽으로부터 총 시간의 일정 비율에 해당하는 온도를 제외시키는 비율을 말한다.

QUESTION 49

「기계설비법 시행령」 [별표 7]에서 기계설비성능점검업의 등록 요건 중 해당 장비를 모두 나열하시오. (134회)

1 기계설비성능점검업의 등록 요건 중 해당 장비

① 적외선 열화상카메라
② 초음파유량계
③ 디지털압력계
④ 데이터기록계
⑤ 연소가스분석기
⑥ 건습구온도계(乾濕球溫度計)
⑦ 표준온도계(標準溫度計)
⑧ 적외선온도계
⑨ 디지털풍속계
⑩ 디지털풍압계
⑪ 교류전력측정계
⑫ 조도계
⑬ 회전계(R.P.M측정기)
⑭ 초음파두께측정기
⑮ 아들자캘리퍼스(아들자calipers : 아들자가 달려 두께나 지름을 재는 기구)
⑯ 이산화탄소(CO_2) 측정기
⑰ 일산화탄소(CO) 측정기
⑱ 미세먼지측정기
⑲ 누수탐지기
⑳ 배관 내시경카메라
㉑ 수질분석기

QUESTION 50

「건축물의 에너지절약설계기준」 [별표 10]에서 연간 1차 에너지소요량 평가기준과 관련하여 다음을 각각 설명하시오. (134회)
(1) 단위면적당 에너지요구량
(2) 단위면적당 에너지소요량
(3) 단위면적당 1차 에너지소요량
(4) 에너지소요량

단위면적당 에너지요구량	=	$\dfrac{난방에너지요구량}{난방에너지가 요구되는 공간의 바닥면적}$ $+ \dfrac{냉방에너지요구량}{냉방에너지가 요구되는 공간의 바닥면적}$ $+ \dfrac{급탕에너지요구량}{급탕에너지가 요구되는 공간의 바닥면적}$ $+ \dfrac{조명에너지요구량}{조명에너지가 요구되는 공간의 바닥면적}$
단위면적당 에너지소요량	=	$\dfrac{난방에너지소요량}{난방에너지가 요구되는 공간의 바닥면적}$ $+ \dfrac{냉방에너지소요량}{냉방에너지가 요구되는 공간의 바닥면적}$ $+ \dfrac{급탕에너지소요량}{급탕에너지가 요구되는 공간의 바닥면적}$ $+ \dfrac{조명에너지소요량}{조명에너지가 요구되는 공간의 바닥면적}$ $+ \dfrac{환기에너지소요량}{환기에너지가 요구되는 공간의 바닥면적}$
단위면적당 1차 에너지소요량	=	단위면적당 에너지소요량 × 1차에너지 환산계수
※ 에너지소요량	=	해당 건축물에 설치된 난방, 냉방, 급탕, 조명, 환기시스템에서 소요되는 에너지량

QUESTION 51

「공동주택 결로 방지를 위한 설계기준」에서 다음 용어를 각각 설명하시오. (134회)
(1) 온도차이비율(TDR : Temperature Difference Ratio)
(2) 실내외 온습도 기준

1 온도차이비율(TDR : Temperature Difference Ratio)

1) 개념

① TDR(Temperature Difference Ratio ; 온도차이비율)이란, 실내온습도와 외부 온도의 여러 조합에 따라 해당 부위에 결로가 발생하는지 여부를 알게 해주는 지표이다.
② 공동주택 결로 방지를 위한 설계기준에서 TDR값이 설계 시에 갖추어야 할 최소 성능기준(500세대 이상 적용)으로 도입되었다.
③ 0~1 사이 값으로, 낮을수록 결로 방지에 우수함을 의미한다.
④ TDR에 맞춰 구조체 사양(두께, 재료 등) 및 시공상세 등을 결정한다.

2) 계산식

$$TDR = \frac{\text{실내온도} - \text{적용대상부위의 실내표면온도}}{\text{실내온도} - \text{외기온도}} = \frac{t_i - t_s}{t_i - t_o}$$

여기서, t_i : 실내온도
t_o : 실외온도
t_s : 적용대상부위의 실내표면온도
※ 셋째 자리 이하는 버림 처리하여 둘째 자리로 표기한다.

2 실내외 온습도 기준

1) 실내조건

① 온도 : 25℃
② 상대습도 : 50%

2) 실외 온도

지역 Ⅰ은 −20℃, 지역 Ⅱ는 −15℃, 지역 Ⅲ은 −10℃를 말한다.

QUESTION 52

「건축물의 설비기준 등에 관한 규칙」과 「건축법 시행령」에 따라 다음을 각각 설명하시오. (134회)
(1) 국토교통부령으로 정하는 건축물
(2) 건축기계설비기술사가 협력해야 할 항목

1 국토교통부령으로 정하는 건축물

① 냉동냉장시설·항온항습시설(온도와 습도를 일정하게 유지시키는 특수설비가 설치되어 있는 시설) 또는 특수청정시설(세균 또는 먼지 등을 제거하는 특수설비가 설치되어 있는 시설)로서 당해 용도에 사용되는 바닥면적의 합계가 5백제곱미터 이상인 건축물
② 아파트 및 연립주택
③ 다음의 어느 하나에 해당하는 건축물로서 해당 용도에 사용되는 바닥면적의 합계가 5백제곱미터 이상인 건축물
  • 목욕장
  • 물놀이형 시설(실내에 설치된 경우로 한정) 및 수영장(실내에 설치된 경우로 한정)
④ 다음의 어느 하나에 해당하는 건축물로서 해당 용도에 사용되는 바닥면적의 합계가 2천제곱미터 이상인 건축물 : 기숙사, 의료시설, 유스호스텔, 숙박시설
⑤ 다음의 어느 하나에 해당하는 건축물로서 해당 용도에 사용되는 바닥면적의 합계가 3천제곱미터 이상인 건축물 : 판매시설, 연구소, 업무시설
⑥ 다음의 어느 하나에 해당하는 건축물로서 해당 용도에 사용되는 바닥면적의 합계가 1만제곱미터 이상인 건축물 : 문화 및 집회시설(동·식물원 제외), 종교시설, 교육연구시설(연구소는 제외), 장례식장

2 건축기계설비기술사가 협력해야 할 항목

① 급수·배수(配水)·배수(排水)·환기·난방·소화·배연·오물처리 설비 및 승강기(기계 분야만 해당)
② 가스설비

QUESTION 53

제로에너지건축물 인증기준(2025년 1월 1일 시행)에 따른 건축물 에너지관리 시스템(Building Energy Management System)의 설치기준에 대하여 설명하시오. (135회)

1 건축물 에너지관리 시스템(Building Energy Management System)의 설치기준

	항목	설치 기준
1	일반사항	대상건물의 에너지 관리에 대한 일반적인 사항 작성
2	시스템 설치	시스템 구축 및 운영을 위하여 설치 시 필요한 일반적인 요구사항을 평가
3	데이터 수집 및 표시	대상건물에서 생산·저장·사용하는 에너지를 에너지원별(전기/연료/열 등)로 데이터 수집 및 표시
4	정보감시	에너지 손실, 비용 상승, 쾌적성 저하, 설비 고장 등 에너지관리에 영향을 미치는 관련 관제값 중 5종 이상에 대한 기준값 입력 및 가시화
5	데이터 조회	일간, 주간, 월간, 연간 등 정기 및 특정 기간을 설정하여 데이터를 조회
6	에너지소비현황 분석	2종 이상의 에너지원 단위와 3종 이상의 에너지 용도에 대한 에너지소비 현황 및 증감 분석
7	설비의 성능 및 효율 분석	에너지 사용량이 전체의 5% 이상인 모든 열원설비 기기별 성능 및 효율 분석
8	실내외 환경 정보 제공	온도, 습도 등 실내외 환경정보 제공 및 활용
9	에너지 소비 예측	에너지 사용량 목표치 설정 및 관리
10	에너지 비용 조회 및 분석	에너지원별 사용량에 따른 에너지 비용 조회
11	제어시스템 연동	1종 이상의 에너지 용도에 사용되는 설비의 자동제어 연동
12	종합 유지관리	계측 장비 및 계측 데이터에 대한 체계적 관리 수행
13	시스템 확장성	설비 등 증개축에 따른 추가 데이터 축적 관리

QUESTION 54

「건축물의 에너지절약설계기준」 기계부문의 권장사항에 대한 에너지절약 방법 5가지를 설명하시오. (136회)

1 설계용 설계온도조건

설계기준 실내온도는 난방의 경우 20℃, 냉방의 경우 28℃를 기준으로 한다.

2 열원설비

① 열원설비는 부분부하 및 전부하 운전효율이 좋은 것을 선정한다.
② 대수분할 또는 비례제어운전이 되도록 한다.
③ 고효율제품 또는 이와 동등 이상의 효율을 가진 제품을 설치한다.
④ 폐열을 회수하기 위한 열회수설비를 설치한다. 폐열회수를 위한 열회수설비를 설치할 때에는 중간기에 대비한 바이패스(By-pass)설비를 설치한다.
⑤ 냉방기기는 심야전기를 이용한 축열·축냉 시스템을 활용하여 전력피크 부하를 줄일 수 있도록 한다.

3 공조설비

① 이코노마이저시스템 등 외기냉방시스템을 적용한다.
② 팬은 부하변동에 따른 풍량제어가 가능하도록 가변익축류방식, 흡입베인제어방식, 가변속 제어방식 등 에너지절약적 제어방식을 채택한다.

4 반송설비

① 냉방 또는 난방 순환수 펌프, 냉각수 순환 펌프는 대수제어 또는 가변속제어방식을 채택하여 부하상태에 따라 최적 운전상태가 유지될 수 있도록 한다.
② 급수용 펌프 또는 급수가압펌프의 전동기에는 가변속제어방식 등 에너지절약적 제어방식을 채택한다.
③ 공조용 송풍기, 펌프는 효율이 높은 것을 채택한다.

5 환기 및 제어설비

① 성능이 우수한 열회수형환기장치를 설치한다.
② 지하주차장의 환기용 팬은 대수제어 또는 풍량조절(가변익, 가변속도), 일산화탄소(CO)의 농도에 의한 자동(On-off)제어 등의 에너지절약적 제어방식을 도입한다.
③ 건축물의 효율적인 기계설비 운영을 위해 TAB 또는 커미셔닝을 실시한다.
④ 에너지 사용설비는 에너지절약 및 에너지이용 효율의 향상을 위하여 컴퓨터에 의한 자동제어시스템 또는 네트워킹이 가능한 현장제어장치 등을 사용한 에너지제어시스템을 채택하거나, 분산제어 시스템으로서 각 설비별 에너지제어 시스템에 개방형 통신기술을 채택하여 설비별 제어시스템 간 에너지관리 데이터의 호환과 집중제어가 가능하도록 한다.

QUESTION 55

「에너지이용 합리화법」에서 규정하고 있는 에너지발열량에 대한 다음 용어를 설명하시오. (136회)
(1) 총발열량
(2) 순발열량
(3) 석유환산톤

1 총발열량

연료의 연소과정에서 발생하는 수증기의 잠열을 포함한 발열량을 말한다.

2 순발열량

연료의 연소과정에서 발생하는 수증기의 잠열을 제외한 발열량을 말한다.

3 석유환산톤

석유환산톤(toe : ton of oil equivalent)이란 원유 1톤(t)이 갖는 열량으로 10^7 kcal를 말한다.

QUESTION 56

「기계설비법」에서 기계설비의 착공 전 확인과 사용 전 검사의 대상 건축물 또는 시설물에 대하여 설명하시오. (136회)

1 기계설비의 착공 전 확인과 사용 전 검사의 대상 건축물 또는 시설물

1) 용도별 건축물 중 연면적 10,000m² 이상인 건축물(창고시설은 제외)

2) 에너지를 대량으로 소비하는 다음의 건축물

① 냉동 · 냉장, 항온 · 항습 또는 특수청정을 위한 특수설비가 설치된 건축물로서 해당 용도에 사용되는 바닥면적의 합계가 500m² 이상인 건축물
② 아파트 및 연립주택
③ 다음의 건축물로서 해당 용도에 사용되는 바닥면적의 합계가 500m² 이상인 건축물
 • 목욕장
 • 놀이형 시설(물놀이를 위하여 실내에 설치된 경우) 및 운동장(실내에 설치된 수영장과 이에 딸린 건축물)
④ 다음의 건축물로서 해당 용도에 사용되는 바닥면적의 합계가 2,000m² 이상인 건축물
 기숙사, 의료시설, 유스호스텔, 숙박시설
⑤ 다음의 건축물로서 해당 용도에 사용되는 바닥면적의 합계가 3,000m² 이상인 건축물
 판매시설, 연구소, 업무시설

3) 지하역사 및 연면적 2,000m² 이상인 지하도상가

연속되어 있는 둘 이상의 지하도상가의 연면적 합계가 2,000m² 이상인 경우를 포함

CHAPTER 12

건축일반

QUESTION 01

공사원가계산서를 구성하는 여러 비목을 구분하여 간략히 설명하시오. (85회)

1 공사원가계산서(실행예산) 구성 요소

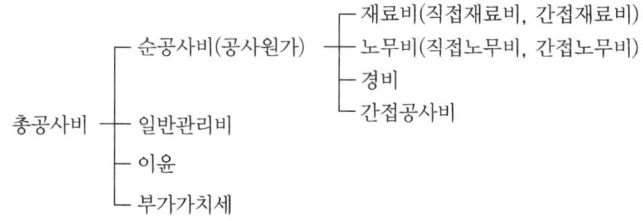

구분		세부사항
재료비	직접재료비	공사 목적물의 기본적 구성형태를 이루는 물품의 가치
	간접재료비	공사에 보조적으로 소비되는 물품의 가치 (재료 구입 시 소요되는 운임, 보험료, 보관비 등)
노무비	직접노무비	작업(노무)만을 제공하는 하도급에 지불되는 금액
	간접노무비	현장관리 인원의 노무비(감독비, 감리비, 현장직원 임금)
경비		• 공사현장에서 발생하는 순공사비 이외의 현장관리 비용 • 전력비, 운반비, 기계경비, 가설비, 특허권 사용료, 기술료, 시험검사비, 안전관리비 등 • 외주가공비 : 외주업체에 발주된 재료에서 가공비만 경비로 산정 • 감가상각비
간접공사비		4대 보험, 산업안전보건관리비, 환경보전비, 기타
일반관리비		• 기업의 유지를 위한 관리활동부분에서 발생하는 재비용 • 임원급료, 직원급료, 제수당, 퇴직금, 충당금, 복리후생비 • 여비, 교통통신비, 경상시험 연구개발비 • 본사 수도광열비, 감가상각비, 운반비, 차량비 • 임차료, 보험료, 세금공과금
이윤		• 영업이윤을 지칭 • 공사규모, 공기, 공사의 난이도에 따라 변동 • 일반적으로 총 공사비의 10% 정도
부가가치세		물건을 사다가 파는 과정에서 가치(이윤)에 대하여 부과되는 세금(국세, 보통세, 간접세)

QUESTION 02

> 물가변동으로 인한 계약금액 조정의 성립 요건과 설계도서에 대하여 각각 간략히 설명하시오[「국가를 당사자로 하는 계약에 관한 법률」 및 「건설기술관리법」(현재 「건설기술 진흥법」) 기준]. (85회)

1 물가 변동 시 계약금액의 성립(조정) 요건

1) 절대 요건

① 기간 요건
- 입찰일 후 90일 이상 경과
- 전(前) 조정기준일로부터 90일 이상 경과 후 다음 조정 가능

② 등락 요건
품목 조정률 또는 지수 조정률이 3% 이상 증감

2) 선택 요건 : 청구 요건
절대요건이 충족되면 계약 상대자의 청구에 의해 조정

2 설계도서

1) 개념
설계도서란 건축물의 건축 등에 관한 공사용 도면, 구조 계산서, 시방서 등을 말한다.

2) 설계도서의 검토사항
① 설계도서의 내용이 현장 조건과 일치하는지 여부
② 설계도서대로 시공할 수 있는지 여부
③ 그 밖에 시공과 관련된 사항

QUESTION 03

엔지니어링 사업대가 산정기준에서 실비정액가산방식에 대하여 기술하시오.
(87회)

1 정의

공사의 실비를 건축주와 도급업자가 확인하여 정산하고, 건축주는 미리 정한 보수율에 따라 도급자에게 보수를 지불하는 방식을 말한다.

2 특징

장점	단점
• 양심적인 시공 가능 • 우량의 공사 기대 • 도급업자는 불의의 손해를 입을 염려 없음	• 공사기일 지연 가능 • 공사비 절감의 노력 결여

3 종류

1) 실비비율 보수가산식 도급

공사의 진척에 따라 정해진 실비와 이 실비에 미리 계약된 비율을 곱한 금액을 시공자에게 보수로 지불하는 방식이다.

2) 실비준동율 보수가산식 도급

미리 여러 단계로 실비를 분할하여 공사비가 각 단계의 금액보다 증가될 때는 비율보수를 체감하는 방식이다.

3) 실비한정비율 보수가산식 도급

실비에 제한을 두고 시공자에게 제한된 금액 내에서 공사를 완성시키도록 책임을 지우는 방식이다.

4) 실비정액 보수가산식 도급

실비의 여하를 막론하고 미리 계약된 일정액의 보수만을 지불하는 방식이다.

QUESTION 04

LCC(Life Cycle Cost) 분석방법 중 현가법에 대하여 설명하시오. (87회)

1 LCC 인자

사용연수, 이자율, 물가상승률 및 에너지비 상승률

2 LCC 평가방법 종류

① 현가분석법
② 연가분석법
③ 회수기간법

3 현가분석법(현재가치 환산법)의 개념

현재와 미래의 모든 비용을 현재가치로 환산하여 평가하는 방법

$$P = F \cdot \frac{1}{(1+i)^n}$$

여기서, P : 현재가치
  F : n년 후의 발생비용
  i : 할인율
  n : 연수
  $1+i$: 현가지수

4 현가분석법의 평가방법

① NPV법(순현재가치 분석법)
② B/C Ratio
③ IRR(이자율)법

QUESTION 05

공정관리기법 중 PERT / CPM에 대하여 기술하시오. (88회)

1 PERT(Program Evaluation & Review Technique) / CPM(Critical Path Method)

구분	PERT	CPM
개발배경	1958년 미 해군 핵 잠수함 건조계획	1956년 미 Dupont 사 개발
주목적	공기 단축	공비 절감
사업대상	신규사업, 비반복 미경험사업	반복사업, 경험사업
일정계산	Event(단계) 중심의 일정계산 • 최조시간 : TE(ET ; Earliest Time) • 최지시간 : TL(LT ; Latest Time)	Activity(활동) 중심의 일정계산 • 최조개시시간 : EST(Earlist Start Time) • 최지개시시간 : LST(Latest Start Time) • 최조완료시간 : EFT(Earliest Finish Time) • 최지완료시간 : LFT(Latest Finish Time)
여유시간	Slack(Event에서 발생) • 정여유 : PS(Positive Slack) • 영여유 : ZS(Zero Slack) • 부여유 : NS(Negative Slack)	Float(Activity에서 발생) • 총여유 : TF(Total Float) • 자유여유 : FF(Free Float) • 간섭여유 : DF(Dependent Float)
MCX	이론이 없다(×).	CPM의 핵심 이론이다.
공기추정	• 3점 시간추정(t_o, t_m, t_p) • 가중평균치 $\left(t_e = \dfrac{t_o + 4t_m + t_p}{6}\right)$ 사용	• 1점 시간추정(t_m) • t_m이 곧 t_e가 된다.
주공정	$TL - TE = 0$ (굵은 선)	$TF = FF = 0$ (굵은 선)
일정계획	• 일정계산이 복잡 • 단계 중심의 이완도 산출	• 일정계산이 자세하고 작업 간 조정이 가능 • 활동재개에 대한 이완도 산출

QUESTION 06

「국가를 당사자로 하는 계약에 관한 법률 시행령」 중 설계변경으로 인한 계약금액 조정방법에 대하여 기술하시오. (88회)

1 일반사항

① 각 중앙관서의 장 또는 계약담당공무원은 공사계약의 경우 설계변경으로 공사량의 증감이 발생한 때에는 해당 계약금액을 조정한다. 다만, 입찰에 참가하려는 자가 물량내역서를 직접 작성하고 단가를 적은 산출내역서를 제출하는 경우로서 그 물량내역서의 누락사항이나 오류 등으로 설계변경이 있는 경우에는 그 계약금액을 변경할 수 없다.

② 계약담당공무원은 예정가격의 100분의 86 미만으로 낙찰된 공사계약의 계약금액을 제1항에 따라 증액조정하려는 경우로서 해당 증액조정금액이 당초 계약서의 계약금액의 100분의 10 이상인 경우에는 계약심의위원회, 예산집행심의회 또는 기술자문위원회의 심의를 거쳐 소속중앙관서의 장의 승인을 얻어야 한다.

2 계약금액 조정방법

① 증감된 공사량의 단가는 산출내역서상의 단가(계약단가)로 한다. 다만, 계약단가가 예정가격단가보다 높은 경우로서 물량이 증가하게 되는 경우 그 증가된 물량에 대한 적용단가는 예정가격단가로 한다.

② 계약단가가 없는 신규비목의 단가는 설계변경 당시를 기준으로 하여 산정한 단가에 낙찰률을 곱한 금액으로 한다.

③ 정부에서 설계변경을 요구한 경우(계약상대자에게 책임이 없는 사유로 인한 경우를 포함)에는 증가된 물량 또는 신규비목의 단가는 설계변경 당시를 기준으로 하여 산정한 단가와 동 단가에 낙찰률을 곱한 금액의 범위 안에서 계약당사자 간에 협의하여 결정한다. 다만, 계약당사자 간에 협의가 이루어지지 아니하는 경우에는 설계변경 당시를 기준으로 하여 산정한 단가와 동 단가에 낙찰률을 곱한 금액을 합한 금액의 100분의 50으로 한다.

※ 계약금액의 증감분에 대한 일반관리비 및 이윤 등은 산출내역서상의 일반관리비율 및 이윤율등에 의하되 기획재정부령이 정하는 율을 초과할 수 없다.

3 신기술·신공법의 경우 조정방법

① 각 중앙관서의 장 또는 계약담당공무원은 계약상대자가 새로운 기술·공법 등을 사용함으로써 공사비의 절감, 시공기간의 단축 등에 효과가 현저할 것으로 인정되어 계약상대자의 요청에 의하여 필요한 설계변경을 한 때에는 계약금액의 조정에 있어서 당해절감액의 100분의 30에 해당하는 금액을 감액한다.

② 새로운 기술·공법 등의 범위와 한계에 관하여 이의가 있을 때에는 기술자문위원회(또는 건설기술심의위원회)의 심의를 받아야 한다. 이 경우 새로운 기술·공법 등의 범위와 한계, 이의가 있을 경우의 처리방법 등 세부적인 시행절차는 각 중앙관서의 장이 정한다.

BIM(Building Information Modeling)에 대하여 설명하시오. (90회, 115회)

1 정의

BIM이란 속성을 부여한 건축정보모델링으로서 3차원으로 건축물을 모델링하여 실제공사 시 발생할 수 있는 여러 문제점을 사전에 검토하여 원활한 공사진행이 가능하도록 하는 모델링 기법을 말한다.

2 필요성

① 환경부하, 에너지 분석 및 탄소배출량 확인 가능
② 정확한 사업성 보장
③ 설계 변경 용이
④ 생산성과 투명성 향상
⑤ 설계와 시공 Database 누적
⑥ 국제 경쟁력 제고

3 BIM의 영역확대사항

① BIM 3D : 건축물의 각 요소 속성정보 입력(기본 BIM)
② BIM 4D : 3D + 공정관리
③ BIM 5D : 4D + 원가관리
④ BIM 6D : 5D + 안전, 환경, 에너지 관리
⑤ BIM 7D : 6D + 자산관리, 유지관리

4 활용 분야

구분	활용 분야	
설계 분야	• 공간계획 및 정보 흐름 • 환경 평가 및 에너지 분석	
시공 분야	• 물량 및 비용 예측 • 설계의 정확성 확인	
발주처	• 입체적 공정 시뮬레이션 • 시공 전 가상건설 • 유지관리 시뮬레이션	• 작업의 컨트롤 • 견적 분석 • VE 및 설계관리

QUESTION 08

건설사업비용 관리의 VE(Value Engineering)에 대하여 설명하시오. (91회)

1 정의

VE(가치공학, Value Engineering)란 최저의 비용(Cost)으로 제품이나 서비스에서 요구되는 기능(Function)을 확실히 달성하도록 공사를 관리하는 원가절감기법이다.

2 도입효과(필요성)

① 원가절감 : VE 적용 시 원가절감으로 인한 이익 상승
② 조직력 강화
③ 기술력 축적
④ 경쟁력 제고 : 지속적인 VE 기법 적용으로 업체의 경쟁력이 꾸준히 향상
⑤ 기업체질 개선

3 목적 및 원리

1) 목적

VE의 목적은 기능을 향상 또는 유지하면서 비용(Cost)을 최소화하여 가치(Value)를 극대화하는 데 있다.

2) 적용 원리

$$V = \frac{F}{C}$$

여기서, V(Value) : 가치
F(Function) : 기능
C(Cost) : 비용

4 비용과 기능의 상관관계 : 효과적인 VE는 LCC가 최소가 될 때

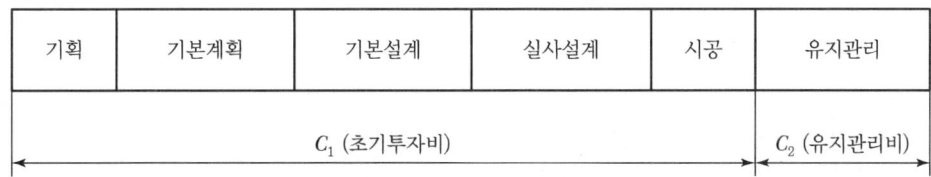

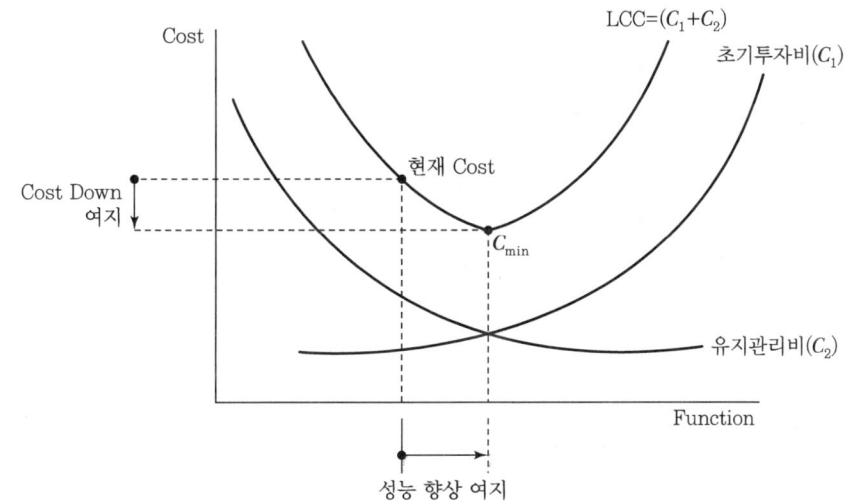

5 대상 공사의 선정 범위

① 공사기간이 긴 것
② 원가절감액이 큰 것
③ 공정이 복잡하고 물량이 많은 공사
④ 반복효과가 큰 것
⑤ 개선효과가 큰 것
⑥ 하자가 빈번할 것

6 수행시기에 따른 분류

1) 설계단계 : 설계자에 의한 VE → VE 효과 높음

① 가능한 기성재료의 Module에 맞게 설계
② 설계의 단순화 및 규격화
③ 불필요한 특수 시공요소 최소화
④ 설계 시 경험, 판단력이 풍부한 현장기술자의 자문

2) 시공단계 : 시공자에 의한 VE

① 입찰 전 현지여건, 인력공급 등의 사전 검토
② 경제적인 공법 및 장비 활용
③ 원가절감
④ 실질적인 안전대책 확립

7 추진 절차

1) 적용 절차

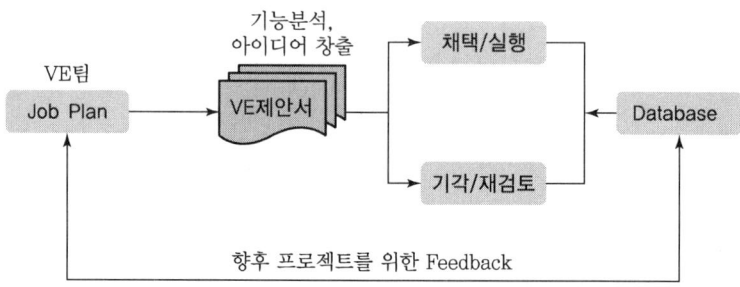

2) 기능 분석

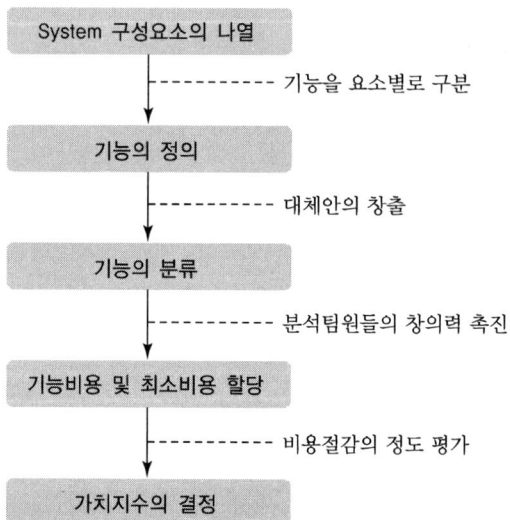

3) 세부 추진절차

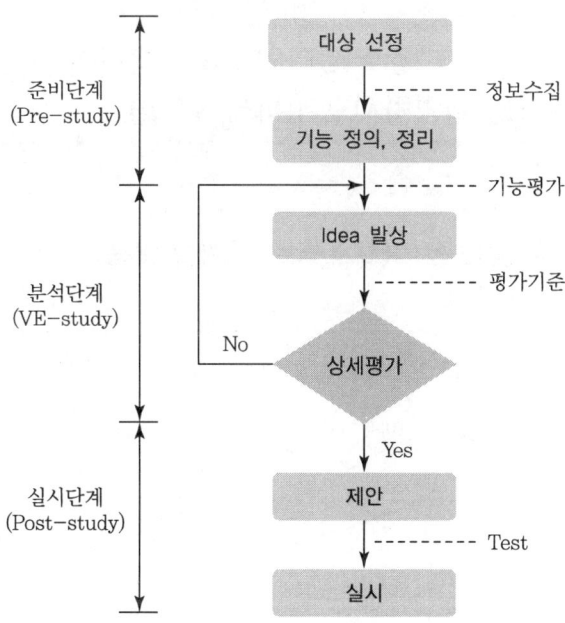

QUESTION 09

건설 분야에서 각 공종(工種)별로 다양하게 적용하여 이용할 수 있는 LCC기법의 주요 활용 분야를 설명하시오. (94회, 97회)

1 LCC기법의 주요 활용 분야(프로젝트 단계별 활용)

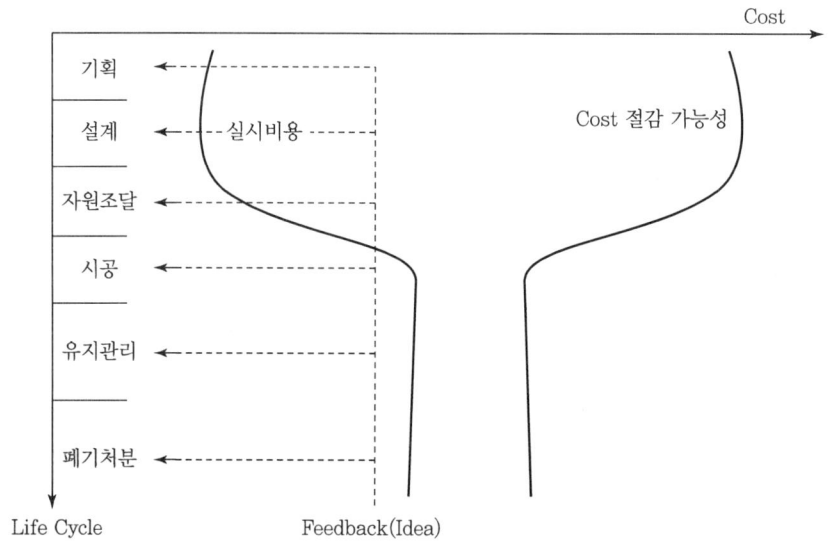

1) 기획단계

① 프로젝트 타당성 평가에 요구되는 비용정보 제공
② 비용 대비 효과가 큰 중요한 부분

2) 설계단계

① 건설비용, 운용관리비용, 폐기물 처리비용 등을 검토
② 상세설계보다는 기본설계단계에서 효과적

3) 자원조달단계

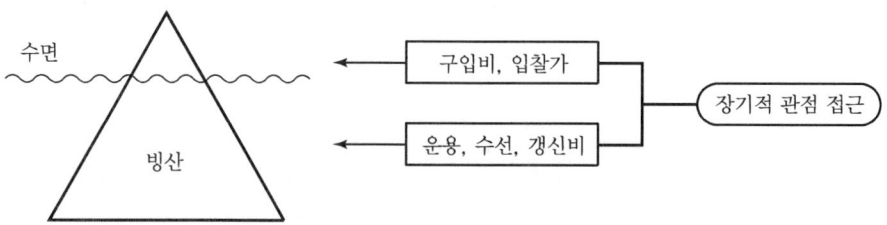

가격경쟁을 기초로 한 저가 입찰보다는 LCC 관점에서 자원결정

4) 시공단계

① 설계단계보다는 LCC 도입효과가 저감
② 가설설비, 건설장비 구입 및 임대 등에 적용

5) 유지관리단계

① 건축물 각부 수선, 갱신시기 등을 고려한 LCC 분석 적용
② 인건비, 에너지비 등을 고려한 System의 교체 검토에 활용

QUESTION 10

CM(Construction Management) 필요성에 대하여 설명하시오. (96회, 122회)

1 CM(Construction Management)의 개념

CM이란 건설업의 전 과정인 사업에 관한 기획, 타당성 조사, 설계, 계약, 시공관리, 유지관리 등에 관한 업무의 전부 또는 일부를 발주처와의 계약을 통하여 수행할 수 있는 건설사업관리제도이다.

2 CM의 기본형태

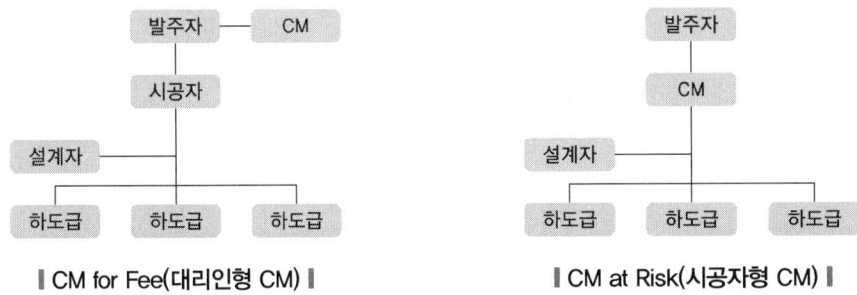

| CM for Fee(대리인형 CM) | CM at Risk(시공자형 CM) |

3 CM의 필요성

① 체계적이고 전문적인 관리의 필요성 대두
② 건설사업 전 단계에 걸쳐 비용, 기간, 품질, 안전 등을 종합적으로 관리할 수 있는 체계 도입
③ 종합적·전문적인 관리를 수용할 수 있는 제도적 장치의 필요성
④ 전문지식을 충분히 갖추지 못하고 있는 발주자를 대신하여 종합적인 관리업무 필요
⑤ 국내외 시장에서의 경쟁력 강화 유도

4 CM의 문제점 및 대책

문제점	대책
• CM은 발주자의 이해 없이는 성공하지 못함 • 국내에서는 CM에 대한 위화감이 강함 • CM 방식은 강력한 하청업체가 필요 • 발주자, 설계자, 시공자 간의 이해 상충 • CM 방식의 적용 분위기 미조성	• 건축 생산 System 개선 • Engineering Service의 극대화 • 설계·시공 조직 간의 Communication 활성화 • CM 전문가의 육성 • 간접인력 최소화 및 관리기술 향상에 의한 경쟁력 향상 • 기술 집약형태의 고부가가치 산업으로 발전 유도

QUESTION 11

네트워크식 공정표에서 EST(Earliest Start Time), EFT(Earliest Finish Time), LST(Latest Start Time) 및 LFT(Latest Finish Time)에 대하여 설명하시오.
(101회)

1 네트워크식 공정표에서 일정의 종류

1) EST(Earliest Start Time) : 최조 개시시각

   작업을 시작할 수 있는 가장 빠른 시각

2) EFT(Earliest Finishing Time) : 최조 종료시각

   작업을 종료할 수 있는 가장 빠른 시각

3) LST(Latest Start Time) : 최지 개시시각

   프로젝트의 공기에 영향이 없는 범위에서 작업을 가장 늦게 시작하여도 좋은 시각

4) LFT(Latest Finish Time) : 최지 종료시각

   프로젝트의 공기에 영향이 없는 범위에서 작업을 가장 늦게 종료하여도 좋은 시각

QUESTION 12

경제성 평가법 중 회수기간법(Payback Period)의 정의 및 문제점에 대하여 설명하시오. (113회)

1 회수기간법의 정의

① 어떤 설계안이나 대안에 대하여 연간절감액으로 초기투자비를 얼마만에 회수하는가를 평가하는 방법

② 적용 공식

$$회수기간 = \frac{초기투자비}{연간절감비}$$

2 문제점

① 현금흐름의 시간가치 무시
② 회수기간 이후의 현금흐름 무시
③ 연간 절감액의 산출기준 모호 및 부정확
④ 현가법 등에 비해 객관성 결여

3 경제성 평가기법의 종류

① 현가법(현재가치 분석법)
② 연가법
③ 회수기간법

QUESTION 13

PM(Project Management)의 역할에 대하여 설명하시오. (124회)

1 PM(Project Management)의 개념

Project의 기획단계에서 시설물 인도에 이르는 모든 활동의 계획·통제 및 관리에 필요한 제반사항을 종합적으로 관리하는 기술을 말하며, 최소의 자원을 들여 최대의 효과를 내는 것을 목표로 한다.

2 PM(Project Management)의 역할

항목	내용
업무영역관리 (Scope Management)	사업기획, 업무 범위의 설명, 진행계획 등을 통하여 프로젝트의 범위와 목표를 관리
공정관리 (Time Management)	• 프로젝트 전체 과정(Life Cycle)에 대한 일정의 효율적 분배 및 관리 • 일정계획, 일정산정, 일정관리의 방법을 이용
품질관리 (Quality Management)	프로젝트의 생산물 및 생산과정의 요구사항을 만족시키기 위한 기준의 설정과 관리
원가관리 (Cost Management)	• 프로젝트 수행의 원가적인 측면을 관리 • 사업성 평가·견적·예산편성·예산통제·비용분석·원가 예측 및 원가보고의 기능
인사관리 (Human Resource Management)	행동과학과 행정이론에 근거하여 구성 직원들의 활동을 조직하고 조정하는 기능
계약 및 구매관리 (Contact / Procurement Management)	• 프로젝트 수행을 위한 자원(인적자원·장비·자재 등)을 확보하고 관리하는 기능 • 계약전략·공급처 파악·선정 및 입찰관리가 중요 사항
정보관리 (Communications Management)	서로 다른 내외부의 조직·공종·기능들 사이의 효율적인 정보전달체계의 적절한 조직과 관리
위험관리 (Risk Management)	프로젝트의 목적 달성에 최대한 부합할 수 있도록 위험요소를 예측·분석하고 대응책을 수립하는 기능

QUESTION 14

네트워크(Network)공정표와 관련된 다음 각 사항에 대해 설명하시오. (126회)
(1) CPM(Critical Path Method)의 활용처 및 목적
(2) 크리티컬패스(CP ; Critical Path), 총여유(TF ; Total Float), 자유여유(FF ; Free Float)의 의미

1 CPM(Critical Path Method)의 활용처 및 목적

1) 활용처
반복사업, 경험사업

2) 목적
공사비 절감

2 크리티컬패스(CP ; Critical Path), 총여유(TF ; Total Float), 자유여유(FF ; Free Float)의 의미

1) 크리티컬패스(CP ; Critical Path)
개시결합점에서 종료결합점에 이르는 경로 중 가장 긴 경로이며, 주공정선이라고 한다.

2) 총여유(TF ; Total Float)
가장 빠른 개시시각에 시작하고 가장 늦은 종료시각으로 완료할 때 생기는 여유시간이다.
 ※ EST(Earliest Start Time) : 최조 개시시각(작업을 시작할 수 있는 가장 빠른 시각)
 ※ LFT(Latest Finish Time) : 최지 종료시각(프로젝트의 공기에 영향이 없는 범위에서 작업을 가장 늦게 종료하여도 좋은 시각)

3) 자유여유(FF ; Free Float)
가장 빠른 개시시각에 시작하고 후속하는 작업도 가장 빠른 개시시각에 시작하여도 존재하는 여유시간

QUESTION 15

감리업무수행지침기준에 의거한 부분중지와 전면중지에 대하여 설명하시오.
(127회)

1 공사중지 일반사항

시공된 공사가 품질확보상 미흡 또는 중대한 위해를 발생시킬 수 있다고 판단되거나 안전상 중대한 위험이 발견될 경우에는 공사중지를 지시할 수 있으며, 공사중지는 부분중지와 전면중지로 구분한다.

2 부분중지

① 재시공 지시가 이행되지 않은 상태에서 다음 단계의 공정이 진행됨으로써 하자발생의 우려가 있다고 판단될 때
② 안전시공상 중대한 위험이 예상되는 물적, 인적 중대한 피해가 예견될 때
③ 동일공정에 있어 3회 이상 시정지시가 이행되지 아니할 때
④ 동일공정에 있어 2회 이상 경고가 있었음에도 이행되지 아니할 때

3 전면중지

① 공사업자가 고의로 공사의 추진을 심히 지연시키거나, 공사의 부실 발생 우려가 농후한 상황에서 적절한 조치를 취하지 아니한 채 공사를 계속 진행하는 경우
② 부분중지가 이행되지 아니함으로써 전체 공정에 영향을 끼칠 것으로 판단될 때
③ 천재지변 등 불가항력적인 사태가 발생하여 공사를 계속할 수 없다고 판단될 때
④ 감리원은 공사업자가 감리원의 재시공, 공사중지 명령 등을 이행하지 아니한 때에는 "발주기관"에게 필요한 조치를 취하도록 요구하여야 한다.

QUESTION 16

다음의 공동주택 하자 관련 용어를 각각 설명하시오. (128회)
(1) 시공 하자
(2) 미시공 하자
(3) 변경시공 하자

1 시공 하자

건축물 또는 시설물을 해당 설계도서대로 시공하였으나, 내구성·내마모성 및 강도 등이 부족하여 품질을 제대로 갖추지 아니하였거나, 끝마무리를 제대로 하지 아니하여 안전상·기능상 또는 미관상 지장을 초래할 정도의 결함이 발생한 것을 말한다.

2 미시공 하자

「주택법」에 따른 설계도서 작성기준과 해당 설계도서에 따른 시공기준에 따라 공동주택의 내력구조별 또는 시설공사별로 구분되는 어느 공종의 전부 또는 일부를 시공하지 아니하여 그 건축물 또는 시설물(제작·설치·시공하는 제품을 포함)이 안전상·기능상 또는 미관상의 지장을 초래하는 것을 말한다.

3 변경시공 하자

건축물 또는 시설물이 다음 어느 하나에 해당하여 그 건축물 또는 시설물의 안전상·기능상 또는 미관상 지장을 초래할 정도의 하자를 말한다.

① 관계 법규에 설치하도록 규정된 시설물 또는 설계도서에 명기된 시설물의 규격·성능 및 재질에 미달하는 경우
② 설계도서에 명기된 시설물과 다른 저급자재로 시공된 경우

QUESTION 17

주택건설공사 감리업무 중 환경관리 업무에 대하여 설명하시오. (129회)

1 환경관리 업무

① 감리자는 사업주체가 「환경영향평가법」에 따라 받은 환경영향평가 내용과 이에 대한 협의내용을 충실히 이행하도록 지도·감독하는 등 해당 공사로 인한 위해를 예방하고 자연환경, 생활환경 등을 적정하게 유지·관리될 수 있도록 하여야 한다.

② 감리자는 시공자에게 환경관리책임자를 지정하게 하여 환경관리계획과 대책 등을 수립하게 하는 등 현장 환경관리업무를 책임지고 추진하게 하여야 한다.

③ 감리자는 시공 과정 중에 발생하는 폐품 또는 발생물에 대하여 발생의 적정성을 검토하여야 하며, 폐품 및 발생물 처리과정을 확인하여야 한다. 이 경우 폐품 및 발생물 처리과정이 적정하지 아니하다고 판단되는 경우에는 즉시 사업계획승인권자에게 보고하여야 한다.

④ 감리자는 마감공사 과정에서 발생하게 되는 잉여자재(석고보드 등)의 처리계획을 시공자로부터 제출받아 그 처리계획이 적정한지를 검토하여야 하며, 마감공사 과정에 수시로 입회하여 그 시공 및 잉여자재의 처리과정을 확인하여야 한다.

QUESTION 18

그린리모델링에 대하여 설명하시오. (130회)
(1) 정의
(2) 기술요소(주요소와 추가요소로 구분)

1 그린리모델링의 정의

기존 건축물의 단열, 설비 등의 성능을 개선하여 에너지 효율을 향상시킴으로써 냉난방 비용 절감과 함께 온실가스 배출을 줄이면서 쾌적하고 건강한 주거환경을 조성하는 사업이다.

2 기술요소

구분	기술요소
주요소(필수공사)	고성능창호, 폐열회수형 환기장치, 내·외벽단열재, 고효율 냉난방장치, 고효율 보일러, 고효율 조명(LED), 신재생에너지, 건물에너지관리시스템(BEMS) 또는 원격검침전자식계량기 등
추가요소(선택공사)	Cool Roof(차열도료), 일사조절장치, 스마트 에어샤워, 에너지 성능향상 및 실내공기질 개선을 위한 공사 등

QUESTION 19

신축건물 준공 시 시공사가 건축주에게 인수인계할 때 건축기계설비분야에서 확인해야 할 서류에 대하여 설명하시오. (130회)

1 준공 시 기계설비분야에서 확인해야 할 서류

1) 기계설비공사 준공설계도서
2) 기계설비 사용 전 확인표[기계설비 기술기준 별지 제3호 서식]
3) 기계설비 성능확인서[기계설비 기술기준 별지 제4호 서식]
4) 기계설비 안전확인서[기계설비 기술기준 별지 제5호 서식]
5) 기계설비 사용 적합 확인서[기계설비 기술기준 별지 제6호 서식]
6) 검사 결과서(다음에 해당하는 경우)
   ① 「에너지이용 합리화법」에 따른 검사대상기기 검사에 합격한 경우
   ② 「고압가스 안전관리법」에 따른 완성검사에 합격한 경우(감리적합판정을 받은 경우를 포함)

QUESTION 20

「중대재해 처벌 등에 관한 법률」과 관련하여 다음에 대하여 설명하시오. (130회)
(1) 중대산업재해의 정의
(2) 사업주와 경영책임자 등의 안전 및 보건 확보의무 4가지

1 중대산업재해의 정의

산업재해 중 다음의 어느 하나에 해당하는 결과를 야기한 재해를 말한다.

① 사망자가 1명 이상 발생
② 동일한 사고로 6개월 이상 치료가 필요한 부상자가 2명 이상 발생
③ 동일한 유해요인으로 급성중독 등 대통령령으로 정하는 직업성 질병자가 1년 이내에 3명 이상 발생

2 사업주와 경영책임자등의 안전 및 보건 확보의무 4가지

① 재해예방에 필요한 인력 및 예산 등 안전보건관리체계의 구축 및 그 이행에 관한 조치
② 재해 발생 시 재발방지 대책의 수립 및 그 이행에 관한 조치
③ 중앙행정기관 · 지방자치단체가 관계 법령에 따라 개선, 시정 등을 명한 사항의 이행에 관한 조치
④ 안전 · 보건 관계 법령에 따른 의무이행에 필요한 관리상의 조치

QUESTION 21

건설기술용역사업 평가방식 중 다음 사항에 대하여 설명하시오. (131회)
(1) PQ(Pre-Qualification)
(2) SOQ(Statement of Qualification)
(3) TP(Technical Proposal)

1 PQ(Pre-Qualification)

PQ(사업수행능력평가)는 건설기술용역에 참여하고자 등록한 입찰자에 대하여 사업수행능력평가서를 토대로 입찰참가자격자를 선정하기 위한 평가를 말한다.

2 SOQ(Statement of Qualification)

SOQ(기술인평가서)는 건설기술용역에 참여하고자 등록한 입찰자에 대하여 참여기술인 및 수행실적 등과 기술인평가서를 토대로 입찰참가적격자를 선정하기 위한 평가를 말한다.

3 TP(Technical Proposal)

TP(기술제안서 평가)는 건설기술용역에 참여하고자 등록한 입찰자에 대하여 참여기술인 및 수행실적 등과 기술제안서를 토대로 입찰참가적격자를 선정하기 위한 평가를 말한다.

QUESTION 22

Network 공정표의 장, 단점에 대하여 설명하시오. (132회)

1 Network 공정표 일반사항

네트워크 공정표는 작업의 상호관계를 ○표와 화살표(→)로 표시한 망상도로서, 각 화살표나 ○표에는 그 작업의 명칭, 작업량, 소요시간, 투입자재, 코스트 등 공정상 계획 및 관리상 필요한 정보를 기입하여 프로젝트 수행에 관련하여 발생하는 공정상의 문제를 도해나 수리적 모델로 해명하고 진척관리하는 것이다.

2 Network 공정표의 장단점

장점	단점
• 진도 관리가 정확하고, 관리 통제를 강화할 수 있다. • 사전 예측과 사후 대처가 가능하다. • 작업 상호 간의 관련성 파악이 용이하다. • 책임 소재가 명확하다. • 효과적으로 예산 통제가 가능하다. • 작업 상호 간의 관련성이 명확하다. • 공정 계획 관리면에서 높은 신뢰도를 기대할 수 있다.	• 공정표 작성 시간이 많이 소요된다. • 공정표 작성 및 검사에 별도의 기능이 필요하다. • 네트워크 기법의 표시상 제약으로 작업의 세분화 정도에 한계가 있다. • 공정표를 수정하는 것이 난해하다.

QUESTION 23

건설사업관리방식에서 용역형 사업관리(CM for Fee)와 위험성 사업관리(CM at Risk)에 대하여 설명하시오. (132회)

1 용역형 사업관리(CM for Fee, 대리인형 CM)

① CM은 발주자의 대리인으로서의 역할 수행
② 설계 및 시공에 대한 전문적인 관리업무로 약정된 보수만 수령

2 위험성 사업관리(CM at Risk, 시공자형 CM, 시공책임형 CM)

① CM이 원도급자 입장으로 하도급업체와 직접 계약 체결
② CM이 설계, 시공의 전반적인 사항을 관리하며, 비용 추가의 억제로 자신의 이익 추구

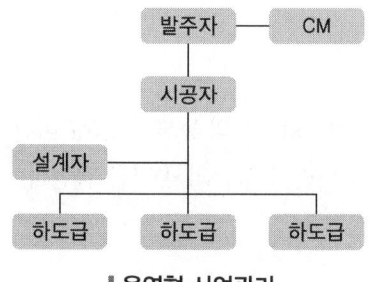

∥ 용역형 사업관리
(CM for Fee, 대리인형 CM) ∥

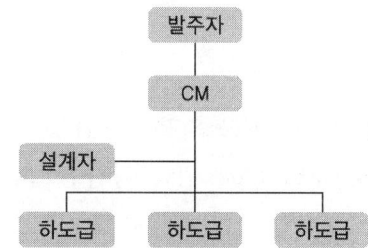

∥ 위험성 사업관리
(CM at Risk, 시공자형 CM, 시공책임형 CM) ∥

QUESTION 24

밀폐공간 작업으로 인한 건강장해의 예방에서 다음 용어에 대하여 설명하시오.
(132회)

(1) 밀폐공간
(2) 유해가스
(3) 적정공기 농도기준

1 밀폐공간

밀폐공간이란 산소결핍, 유해가스로 인한 질식·화재·폭발 등의 위험이 있는 장소를 말한다.

2 유해가스

유해가스란 이산화탄소、일산화탄소、황화수소 등의 기체로서 인체에 유해한 영향을 미치는 물질을 말한다.

3 적정공기 농도기준

적정공기란 산소농도의 범위가 18% 이상 23.5% 미만, 이산화탄소의 농도가 1.5% 미만, 일산화탄소의 농도가 30ppm 미만, 황화수소의 농도가 10ppm 미만인 수준의 공기를 말한다.

QUESTION 25

「건축물의 설계도서 작성기준」에서 설계도서 · 법령해석 · 감리자의 지시 등이 서로 상이할 경우에 적용 우선순위를 설명하시오. (133회)

1 설계도서 상호 모순이 있을 경우 우선순위(적용순서)

설계도서 · 법령해석 · 감리자의 지시 등이 서로 일치하지 아니하는 경우에 있어 계약으로 그 적용의 우선순위를 정하지 아니한 때에는 다음의 순서를 원칙으로 한다.

① 공사시방서
② 설계도면
③ 전문시방서
④ 표준시방서. 단, 표준시방서의 총칙과 총칙 이외의 시방 내용 사이에 상호 모순이 있을 경우에는 총칙 이외의 시방에 명시된 내용을 우선 적용한다.
⑤ 공종별 물량내역서
⑥ 승인된 시공도면
⑦ 관계 법령의 유권해석
⑧ 감리자의 지시사항

QUESTION 26

「건설산업기본법 시행령 및 시행규칙」 하도급계약 등의 통보서와 관련하여 다음을 각각 설명하시오. (134회)
(1) 하도급계약 통보일
(2) 하도급계약 통보 시 첨부 서류 6가지

1 하도급계약 통보일

하도급계약을 체결하거나 다시 하도급하는 것을 승낙한 날부터 30일 이내(하도급계약등을 변경 또는 해제한 때에도 또한 같다)

2 하도급계약 통보 시 첨부 서류 6가지(「건설산업기본법 시행규칙」 제26조)

① 하도급계약서(변경계약서를 포함하고, 특수조건이 있는 경우 특수조건을 포함) 사본
② 공사량(규모)·공사단가 및 공사금액 등이 분명하게 적힌 공사내역서
③ 예정공정표
④ 하도급대금지급보증서 교부의무가 면제되는 경우에는 그 증명서류
⑤ 현장설명서(현장설명을 실시한 경우만 해당)
⑥ 공동도급인 경우 공동수급체 구성원 간에 체결한 협정서 사본(다만, 건설공사대장에 해당 협정서의 내용을 첨부한 경우는 제외)

QUESTION 27

생애주기비용(Life Cycle Cost)에서 내용연수 종류와 할인율의 종류를 설명하시오. (135회)

1 내용연수(시설등의 수명) 종류

구분	내용
경제수명 (Economic Life)	대상 시설 등이 기능과 목적 수행을 위한 소요비용의 관점에서 가장 효과적인 수명기간을 의미
물리적 수명 (Physical Life)	대상 시설 등이 물리적 측면에서 존속할 것으로 예상되는 기간
기능적 수명 (Functional Life)	대상 시설 등의 기능 저하 때문에 계속 사용이 부적합해지기 시작하는 기간
기술적 수명 (Technological Life)	대상 시설 등이 타 건축물의 발전된 기술 적용으로 인해 성능이나 효율면에서 더 이상 기술적으로 유효하지 못하게 되는 기간
사회적 수명 (Social And Legal Life)	사람의 취향, 법적 요구조건 등의 변천으로 대상 시설 등을 교체하게 되는 기간

2 할인율 종류

1) 명목할인율(Nominal Discounted Rate)
물가변동과 기대이익을 모두 고려

2) 실질할인율(Real Discounted Rate)
① 물가변동은 고려하지 않고 기대이익만 고려
② 생애주기비용(LCC) 분석 시에는 실질할인율을 적용하는 것이 원칙

QUESTION 28

> 표준품셈 제도와 표준시장단가 제도를 비교하고 표준시장단가를 적용하는 기계설비 공종을 설명하시오. (135회)

1 표준품셈 제도와 표준시장단가 제도(실적공사비) 비교

구분	표준품셈 제도	표준시장단가 제도
개념	시설공사의 대표적 공종과 공법을 기준으로 작업당 소요되는 재료량, 노무량, 장비 사용시간 등을 수치로 표시한 기준	과거 공사의 계약단가, 입찰단가, 시공단가 등을 기초로 매년의 인건비, 물가상승률, 시간, 규모, 지역차 등을 보정하여 예정가격을 산출하는 제도
가격정보제공	노무량만 산정하고 가격정보는 표시하지 않음	노무량과 실제 시장에서 거래되는 금액을 조사해 공시
해당공사 작업조건 반영	특정 프로젝트 관계 없이 획일적	해당 공사와 유사하게 작업조건 반영 가능
적산 및 견적 난이도	적산 소요시간 길고 난이도 높음	축척 DB 활용을 통해 소요시간 최소화 및 업무 간편화 가능

2 표준시장단가를 적용하는 기계설비 공종

공사구분	공종명칭
배관공사	강관 옥내일반배관, 동관 옥내일반배관, PVC 옥내일반배관(소켓접합), 강관용접(아크용접), 동관용접(Brazing)
보온공사	관보온(고무발포보온재, 유리솜보온재, 발포폴리에틸렌보온재), 밸브보온(고무발포보온재, 발포폴리에틸렌), 발열선 및 분전함 설치
밸브설비	밸브 설치, 플랙시블조인트 설치, 익스팬션조인트 설치
측정기기	유량계(직독식, 원격식), 유량계 보호통, 압력계(강관용, 동관용), 온수분배기
기타 공사	슬리브 설치

QUESTION 29

「건설기술 진흥법령」상 건설사업관리의 정의, 건설엔지니어링 사업자로 하여금 건설사업 관리를 하게 하여야 하는 건설공사와 「건축법령」상 공사감리자의 정의, 상주감리 대상 건축물에 대하여 설명하시오. (135회)

1 「건설기술 진흥법령」상 건설사업관리의 정의

"건설사업관리"란 건설공사에 관한 기획, 타당성 조사, 분석, 설계, 조달, 계약, 시공관리, 감리, 평가 또는 사후관리 등에 관한 관리를 수행하는 것을 말한다.

2 건설엔지니어링 사업자로 하여금 건설사업 관리를 하게 하여야 하는 건설공사(「건설기술진흥법 시행령」 제55조)

① 총공사비가 200억 원 이상인 건설공사(공항건설공사 등)
② ① 외의 건설공사로서 교량, 터널, 배수문, 철도, 지하철, 고가도로, 폐기물처리시설, 폐수처리시설 또는 공공하수처리시설을 건설하는 건설공사 중 부분적으로 감독 권한대행 업무를 포함하는 건설사업관리가 필요하다고 발주청이 인정하는 건설공사
③ ① 및 ② 외의 건설공사로서 국토교통부장관이 고시하는 건설사업관리 적정성 검토기준에 따라 발주청이 검토한 결과 해당 건설공사의 전부 또는 일부에 대하여 감독 권한대행 등 건설사업관리가 필요하다고 인정하는 건설공사

3 건축법령상 공사감리자의 정의(「건축법」 제2조)

"공사감리자"란 자기의 책임(보조자의 도움을 받는 경우를 포함)으로 건축물, 건축설비 또는 공작물이 설계도서의 내용대로 시공되는지를 확인하고, 품질관리·공사관리·안전관리 등에 대하여 지도·감독하는 자를 말한다.

4 상주감리 대상 건축물(「건축법 시행령」 제19조제5항)

① 바닥면적의 합계가 5천 제곱미터 이상인 건축공사. 다만, 축사 또는 작물 재배사의 건축공사는 제외한다.
② 연속된 5개 층(지하층을 포함) 이상으로서 바닥면적의 합계가 3천 제곱미터 이상인 건축공사
③ 아파트 건축공사
④ 준다중이용 건축물 건축공사

QUESTION 30

도심지 싱크홀(지반함몰, 땅꺼짐 현상)의 원인과 대책에 대하여 설명하시오.
(136회)

1 도심지 싱크홀의 개념

지반침하의 한 형태로 지반 내 공동(Cavity)이 발생하여 표층 지반이 갑작스럽게 가라앉으면서(Sink) 지반에 발생한 구멍(Hole)이다.

2 원인

① 주변 지하공간 개발로 지하수위 변경(하락)
② 지중시설물 노후화
③ 집중 호우 등에 의한 지반 침식 및 약화

3 대책

① 지하수 수위 관리
② 주변 지하공간 개발 시 인접 지대 보강
③ 지중 지설물 관리 및 정비

QUESTION 31

원가계산서의 정의 및 구성요소에 대하여 설명하시오. (136회)

1 원가계산서의 정의

어떤 사업이나 공사를 수행하기 위해 필요한 비용을 상세하게 정리한 자료로서, 계약의 목적이 되는 물품 또는 용역을 구성하는 재료비, 노무비, 경비, 일반관리비 및 이윤을 계산하여 예정가격을 결정하기 위한 기초자료를 말한다.

2 원가계산서의 구성요소

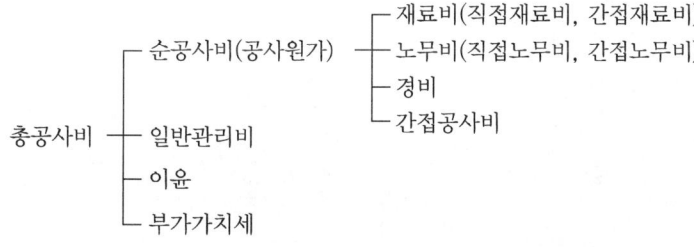

이 석 훈

- 한양대학교 졸업/서울대학교 대학원 석사과정 졸업
- 건축기계설비기술사/공조냉동기계기술사
- 건축물에너지평가사/건축시공기술사
- 국제기술사/APEC Engineer
- 한국기술사회 정회원/대한설비공학회 정회원
- JS기술사사무소 대표

건축기계설비기술사
15개년 용어설명 기출 풀이

발행일	2020. 7. 31	초판발행
	2021. 8. 20	개정 1판1쇄
	2022. 8. 20	개정 2판1쇄
	2023. 7. 10	개정 3판1쇄
	2024. 8. 20	개정 4판1쇄
	2025. 9. 30	개정 5판1쇄

저 자 | 이석훈
발행인 | 정용수
발행처 | 예문사

주 소 | 경기도 파주시 직지길 460(출판도시) 도서출판 예문사
TEL | 031) 955-0550
FAX | 031) 955-0660
등록번호 | 11-76호

- 이 책의 어느 부분도 저작권자나 발행인의 승인 없이 무단 복제하여 이용할 수 없습니다.
- 파본 및 낙장은 구입하신 서점에서 교환하여 드립니다.
- 예문사 홈페이지 http://www.yeamoonsa.com

정가 : 42,000원

ISBN 978-89-274-5931-6 13540